21世纪高等院校信息与通信工程规划教材

21st Century University Planned Textbooks of Information and Communication Engineering

黄玉兰 编著

射频电路理论与设计（第2版）

RF Circuit Theory and Design (2nd Edition)

人民邮电出版社

北京

精品系列

图书在版编目（CIP）数据

射频电路理论与设计 / 黄玉兰编著. -- 2版. -- 北京：人民邮电出版社，2014.1（2023.8重印）
21世纪高等院校信息与通信工程规划教材
ISBN 978-7-115-32530-3

Ⅰ. ①射… Ⅱ. ①黄… Ⅲ. ①射频电路—电路理论—高等学校—教材②射频电路—电路设计—高等学校—教材 Ⅳ. ①TN710

中国版本图书馆CIP数据核字(2013)第203173号

内 容 提 要

本书从传输线理论和射频网络的观点出发，系统地介绍了射频电路的基本理论及设计方法，同时将史密斯圆图的图解方法应用到射频电路的设计之中。

本书为《射频电路理论与设计》第2版。全书共12章，第1章为引言；第2～4章为传输线理论、史密斯圆图和射频网络基础，系统地介绍了射频电路的基本概念、基本参数、图解工具和基本研究方法；第5～11章为谐振电路、匹配网络、滤波器、放大器、振荡器、混频器和检波器的设计，这些电路设计可以构成完整的射频电路解决方案；第12章为ADS射频电路仿真设计简介，目的是架起射频电路理论与ADS射频仿真设计的桥梁。书中不仅列举了大量具有实用价值的例题，并且以较大的篇幅详细地给出了设计求解过程。书中每章都配有小结、思考题和练习题，并在书末附有思考题和练习题的答案。本书有配套的ADS射频电路仿真教材，分别为《ADS射频电路设计基础与典型应用》和《ADS射频电路仿真与实例详解》。

本书可作为高等学校电子工程、通信工程、自动控制、微电子学、仪器仪表及相关专业本科生的教材，也可作为射频、微波及相关专业技术人员的参考书。

◆ 编　　著　黄玉兰
　　责任编辑　武恩玉
　　责任印制　彭志环　杨林杰

◆ 人民邮电出版社出版发行　　北京市丰台区成寿寺路11号
　　邮编　100164　　电子邮件　315@ptpress.com.cn
　　网址　http://www.ptpress.com.cn
　　北京九州迅驰传媒文化有限公司印刷

◆ 开本：787×1092　1/16
　　印张：22.25　　　　　　　　2014年1月第2版
　　字数：546千字　　　　　　　2023年8月北京第12次印刷

定价：49.80元

读者服务热线：(010)81055256　印装质量热线：(010)81055316
反盗版热线：(010)81055315

　　《射频电路理论与设计》自 2008 年 10 月出版以来，已重印多次。为适应当前射频电路理论与设计的发展和教学要求，编者对第 1 版进行了修订。第 2 版在保留第 1 版主要内容的同时，本着"打好基础、面向应用"的原则，重新编写了第 1 章"引言"、第 10 章"振荡器的设计"、第 11 章"混频器和检波器的设计"和第 12 章"ADS 射频电路仿真设计简介"。第 2 版在每章最后增加了小结，将第 1 版的"习题"修改为第 2 版的"思考题和练习题"，并在书末给出了答案。本次修订对全书文字、公式、插图、设计做了全面的修改和校对，力求概念准确、设计详细、内容流畅、图文并茂。

　　随着科学技术的不断进步，无线通信系统的工作频率不断提高，目前应用日趋广泛的移动通信、全球定位、无线局域网和射频识别等，工作频率都在几百 MHz 到 GHz，这使得在此频率范围内的射频电路应用日趋广泛。此外，新型半导体器件也使高速数字系统不断发展，对计算机来说，CPU 的时钟频率已经达到 GHz，同样需要考虑在此频率下射频电路的设计问题。可以看出，射频技术在各个领域都越来越显示出其重要性。

　　在电子通信系统中，只有使用更高的载波频率，才能获得更宽的带宽，才能更有效地传输信息；无线通信需要采用天线发射和接收信号，工作频率越高，天线尺寸越小，这迎合了现代通信对尺寸小型化的要求。正是由于上述技术原因，越来越多的电子通信系统使用了频率较高的射频频段，带来了射频应用的繁荣，并推动了射频技术的进一步发展。

　　在射频频段，电路出现了许多独特的性质，这些性质在常用的低频电路中没有遇到过，因此需要建立射频电路的理论体系。射频电路理论是电磁场理论与传统电子学的融合，它将电磁场的波动理论引入电子学，形成了射频电路的理论体系和设计方法。电磁场理论的方法涵盖了微波传输线的知识，却没有触及放大器、振荡器和混频器等有源电路的内容；传统电子学涵盖了基本电路的理论，但没有涉及电压和电流的波动性质，这些波的反射和传输是影响射频电路特性的重要因素。低频电路理论称为集总参数电路理论，射频电路理论称为分布参数电路理论，低频电路理论与射频电路理论显著不同。

　　射频电路主要应用在无线通信领域，在一个射频系统里需要处理收、发 2 个过程，其中涉及很多射频电路的设计，包括滤波器、放大器、振荡器、混频器和检波器的设计等，这些电路设计构成了射频电路的基本组成部分。本书涵盖了射频电路的基本理论和基本设计方法。基本理论包括第 2 章传输线理论、第 3 章史密斯圆图、第 4 章射频网络基础，系统地介绍了射频电路的基本概念、基本参数、图解工具和基本研究方法。基本设计包括第

5章谐振电路、第6章匹配网络、第7章滤波器的设计、第8章放大器的稳定性增益和噪声、第9章放大器的设计、第10章振荡器的设计、第11章混频器和检波器的设计，这些设计方法可以构成完整的射频电路解决方案。

鉴于目前国内科研院所、大型IT公司和高校都推广使用ADS软件设计射频电路，本书第12章对ADS射频电路仿真设计进行了简单介绍，目的是架起射频电路理论与ADS射频仿真设计间的桥梁。使用软件工具已经成为射频和微波电路设计的趋势，在深入理解射频电路理论的基础上，结合ADS软件工具进行设计，是通向射频电路和射频系统设计成功的最佳路线。

本书每章都有小结，便于读者总结和复习。本书每章配有较多例题，均详细给出了设计求解过程。本书每章附有思考题和练习题，并在书末给出了答案。本书有配套的ADS射频电路教材，分别为《ADS射频电路设计基础与典型应用》和《ADS射频电路仿真与实例详解》。本书附录中给出了国际单位制（SI）词头、电磁学和光学的量和单位、常用材料的电导率、常用材料的相对介电常数和损耗角正切、常用同轴射频电缆特性参数，供读者参考。

本书由黄玉兰编写。中国科学院西安光学精密机械研究所的研究生夏璞协助完成了本书的插图和习题校对工作，在此表示感谢。

由于作者水平有限，书中难免会有缺点和错误，敬请广大读者予以指正。电子邮件：huangyulan10@sina.com。

编　者

2013年5月

于西安邮电大学

目　　录

第1章　引言………………………………1

1.1　射频概念………………………………1

　　1.1.1　频谱划分………………………1

　　1.1.2　射频和微波……………………2

　　1.1.3　射频通信系统的工作频率……3

　　1.1.4　射频的基本特性………………3

1.2　射频电路的特点………………………4

　　1.2.1　频率与波长……………………4

　　1.2.2　低频电路理论是射频
　　　　　电路理论的特例………………5

　　1.2.3　射频电路的分布参数…………6

　　1.2.4　射频电路的集肤效应…………7

1.3　射频系统………………………………8

　　1.3.1　射频系统举例…………………9

　　1.3.2　收发信机………………………9

　　1.3.3　ADS射频仿真设计……………11

1.4　本书安排………………………………12

本章小结……………………………………13

思考题和练习题……………………………14

第2章　传输线理论…………………15

2.1　传输线结构……………………………15

　　2.1.1　传输线的构成…………………15

　　2.1.2　几种常用的TEM传输线………16

2.2　传输线等效电路表示法………………18

　　2.2.1　长线……………………………18

　　2.2.2　传输线的分布参数……………19

　　2.2.3　传输线的等效电路……………20

2.3　传输线方程及其解……………………20

　　2.3.1　均匀传输线方程………………20

　　2.3.2　均匀传输线方程的解…………21

　　2.3.3　行波……………………………22

　　2.3.4　传输线的二种边界条件………23

2.4　传输线的基本特性参数………………24

　　2.4.1　特性阻抗………………………25

　　2.4.2　反射系数………………………26

　　2.4.3　输入阻抗………………………29

　　2.4.4　传播常数………………………30

　　2.4.5　传输功率………………………32

2.5　均匀无耗传输线工作状态分析………33

　　2.5.1　行波工作状态…………………33

　　2.5.2　驻波工作状态…………………34

　　2.5.3　行驻波工作状态………………39

　　2.5.4　$\lambda/4$阻抗变换器………………41

2.6　信号源的功率输出和
　　有载传输线……………………………43

　　2.6.1　包含信号源与终端负载的
　　　　　传输线…………………………43

　　2.6.2　传输线的功率…………………44

　　2.6.3　信号源的共轭匹配……………45

　　2.6.4　回波损耗和插入损耗…………46

2.7　微带线…………………………………46

　　2.7.1　微带线的有效介电常数和
　　　　　特性阻抗………………………46

　　2.7.2　微带线的传输特性……………50

　　2.7.3　微带线的损耗与衰减…………50

本章小结……………………………………51

思考题和练习题……………………………53

第3章　史密斯圆图…………………55

3.1　复平面上反射系数的表示方法………55

　　3.1.1　反射系数复平面………………55

　　3.1.2　等反射系数圆和电刻度圆……57

3.2　史密斯阻抗圆图………………………58

　　3.2.1　归一化阻抗……………………58

　　3.2.2　等电阻圆和等电抗圆…………59

　　3.2.3　史密斯阻抗圆图………………60

3.2.4　史密斯阻抗圆图的应用·········62

3.3　史密斯导纳圆图·············68
3.3.1　归一化导纳·············68
3.3.2　史密斯导纳圆图·········70
3.3.3　史密斯阻抗-导纳圆图·····71

3.4　史密斯圆图在集总参数元件
电路中的应用·············72
3.4.1　含串联集总参数元件时
电路的输入阻抗·········73
3.4.2　含并联集总参数元件时
电路的输入导纳·········73
3.4.3　含一个集总电抗元件时
电路的输入阻抗·········74
3.4.4　含多个集总电抗元件时
电路的输入阻抗·········76

本章小结···················77
思考题和练习题··············78

第4章　射频网络基础··········80

4.1　二端口低频网络参量········80
4.1.1　阻抗参量·············81
4.1.2　导纳参量·············82
4.1.3　混合参量·············84
4.1.4　转移参量·············85

4.2　二端口射频网络参量········89
4.2.1　散射参量·············89
4.2.2　传输参量·············94

4.3　二端口网络的参量特性······94
4.3.1　互易网络·············94
4.3.2　对称网络·············95
4.3.3　无耗网络·············96

4.4　二端口网络的参量互换······97
4.4.1　网络参量[Z]、[Y]、[h]、
[ABCD]之间的相互转换···97
4.4.2　网络参量[S]和[T]之间的
相互转换··············98
4.4.3　网络参量[Z]、[Y]、[h]、
[ABCD]与[S]之间的
相互转换·············99

4.5　多端口网络的散射参量·······100
4.5.1　多端口网络散射
参量的定义············100
4.5.2　常见的多端口射频网络·····101

4.6　信号流图·················104
4.6.1　信号流图的构成·········104
4.6.2　信号流图的化简规则······106

本章小结···················109
思考题和练习题··············109

第5章　谐振电路·············111

5.1　串联谐振电路·············111
5.1.1　谐振频率·············111
5.1.2　品质因数·············112
5.1.3　输入阻抗·············112
5.1.4　带宽················113
5.1.5　有载品质因数·········114

5.2　并联谐振电路·············115
5.2.1　谐振频率·············115
5.2.2　品质因数·············116
5.2.3　输入导纳·············116
5.2.4　带宽················117
5.2.5　有载品质因数·········117

5.3　传输线谐振器·············119
5.3.1　终端短路λ/2传输线·······120
5.3.2　终端短路λ/4传输线·······121
5.3.3　终端开路λ/2传输线·······121
5.3.4　终端开路λ/4传输线·······122

5.4　介质谐振器···············124
本章小结···················126
思考题和练习题··············127

第6章　匹配网络·············129

6.1　匹配网络的目的及选择方法·····129
6.2　集总参数元件电路的
匹配网络设计·············130
6.2.1　传输线与负载间L形
匹配网络··············130

6.2.2　信源与负载间 L 形
　　　共轭匹配网络 ····· 134
6.2.3　L 形匹配网络的带宽 ····· 137
6.2.4　T 形匹配网络和 π 形
　　　匹配网络 ····· 140
6.3　分布参数元件电路的
　　匹配网络设计 ····· 142
6.3.1　负载与传输线的阻抗匹配 ····· 142
6.3.2　信源与负载的共轭匹配 ····· 146
6.4　混合参数元件电路的
　　匹配网络设计 ····· 149
本章小结 ····· 150
思考题和练习题 ····· 151

第 7 章　滤波器的设计 ····· 153
7.1　滤波器的类型 ····· 153
7.2　用插入损耗法设计
　　低通滤波器原型 ····· 154
7.2.1　巴特沃斯低通滤波器原型 ····· 154
7.2.2　切比雪夫低通滤波器原型 ····· 158
7.2.3　椭圆函数低通滤波器原型 ····· 160
7.2.4　线性相位低通滤波器原型 ····· 161
7.3　滤波器的变换 ····· 162
7.3.1　阻抗变换 ····· 162
7.3.2　频率变换 ····· 162
7.4　短截线滤波器 ····· 168
7.4.1　理查德变换 ····· 168
7.4.2　科洛达规则 ····· 169
7.4.3　低通滤波器设计举例 ····· 171
7.4.4　带阻滤波器设计举例 ····· 173
7.5　阶梯阻抗低通滤波器 ····· 175
7.5.1　短传输线段的
　　　近似等效电路 ····· 176
7.5.2　滤波器设计举例 ····· 177
7.6　平行耦合微带线滤波器 ····· 178
7.6.1　奇模和偶模 ····· 179
7.6.2　平行耦合微带线的
　　　滤波特性 ····· 180
7.6.3　带通滤波器设计举例 ····· 183

本章小结 ····· 185
思考题和练习题 ····· 186

**第 8 章　放大器的稳定性、
　　　　增益和噪声** ····· 188
8.1　放大器的稳定性 ····· 188
8.1.1　稳定准则 ····· 188
8.1.2　稳定性判别的图解法 ····· 189
8.1.3　绝对稳定判别的解析法 ····· 194
8.1.4　放大器稳定措施 ····· 196
8.2　放大器的增益 ····· 198
8.2.1　功率增益的定义和
　　　计算公式 ····· 198
8.2.2　最大功率增益 ····· 204
8.2.3　晶体管单向情况 ····· 204
8.2.4　晶体管双向情况 ····· 209
8.3　输入输出电压驻波比 ····· 212
8.3.1　失配因子 ····· 212
8.3.2　输入、输出驻波分析 ····· 212
8.4　放大器的噪声 ····· 214
8.4.1　等效噪声温度和噪声系数 ····· 214
8.4.2　级连网络的等效噪声
　　　温度和噪声系数 ····· 216
8.4.3　等噪声系数圆 ····· 218
本章小结 ····· 220
思考题和练习题 ····· 221

第 9 章　放大器的设计 ····· 225
9.1　放大器的工作状态和分类 ····· 225
9.1.1　基于静态工作点的放大器
　　　分类 ····· 225
9.1.2　基于信号大小的放大器
　　　分类 ····· 226
9.2　放大器的偏置网络 ····· 227
9.2.1　偏置电路与射频电路
　　　之间的连接 ····· 227
9.2.2　偏置电路的设计 ····· 227
9.3　小信号放大器的设计 ····· 228
9.3.1　小信号放大器的设计步骤 ····· 228

9.3.2 最大增益放大器的设计·········229

9.3.3 固定增益放大器的设计·········233

9.3.4 最小噪声放大器的设计·········241

9.3.5 低噪声放大器的设计·········243

9.3.6 宽带放大器的设计·········247

9.4 功率放大器的设计·········252

9.4.1 A 类放大器的设计·········252

9.4.2 交调失真·········256

9.5 多级放大器的设计·········258

本章小结·········260

习题·········261

第 10 章 振荡器的设计·········263

10.1 振荡电路的形成·········263

10.1.1 振荡器的基本模型·········263

10.1.2 振荡器的有源器件·········264

10.1.3 振荡器与放大器的比较·········264

10.2 微波振荡器·········265

10.2.1 振荡条件·········265

10.2.2 晶体管振荡器·········268

10.2.3 二极管振荡器·········272

10.2.4 介质谐振器振荡器·········272

10.2.5 压控振荡器·········276

10.3 振荡电路的一般分析·········277

10.3.1 晶体管振荡器的
一般电路·········277

10.3.2 考毕兹（Colpitts）
振荡器·········278

10.3.3 哈特莱（Hartley）
振荡器·········281

10.3.4 皮尔斯（Pierce）
晶体振荡器·········282

10.4 振荡器的技术指标·········283

本章小结·········285

思考题和练习题·········287

第 11 章 混频器和检波器的设计·········289

11.1 混频器·········289

11.1.1 混频器的特性·········289

11.1.2 混频器的种类·········291

11.1.3 混频器主要技术指标·········293

11.1.4 单端二极管混频器·········295

11.1.5 单平衡混频器·········299

11.2 检波器·········301

11.2.1 整流器与检波器·········301

11.2.2 二极管检波器·········302

11.2.3 检波器的灵敏度·········305

本章小结·········308

思考题和练习题·········309

**第 12 章 ADS 射频电路仿真
设计简介**·········310

12.1 美国安捷伦（Agilent）公司与
ADS 软件·········310

12.2 ADS 的设计功能·········312

12.3 ADS 的仿真功能·········317

12.4 ADS 的 4 种主要工作视窗·········322

12.4.1 主视窗·········322

12.4.2 原理图视窗·········323

12.4.3 数据显示视窗·········324

12.4.4 版图视窗·········325

本章小结·········326

思考题和练习题·········327

附录 A 国际单位制（SI）词头·········328

**附录 B 电学、磁学和光学的量和
单位**·········329

附录 C 某些材料的电导率·········330

**附录 D 某些材料的相对介电常数和
损耗角正切**·········331

附录 E 常用同轴射频电缆特性参数·········332

思考题和练习题答案·········333

参考文献·········347

第 1 章 引 言

在电子通信领域，只有使用更高的工作频率，才能更有效地传输信息。目前应用日趋广泛的移动通信、全球定位、无线局域网和射频识别等领域，工作频率都已经达到 GHz 频段。此外，新型半导体器件也使高速数字系统不断发展，对计算机来说，CPU 的时钟频率已经达到 GHz。这使得与此工作频率相适应的射频电路逐渐成为工程领域中一个普遍存在的技术，这就需要熟悉相应的射频电路理论及设计方法。

在射频频段，电路出现了许多独特的性质，这些性质在常用的低频电路中没有遇到过，因此需要建立新的射频电路理论体系。由于无线通信的快速发展，需要结构更紧凑、性能更高的射频滤波器、放大器、振荡器和混频器等，只有确切地知道射频电路与低频电路有什么区别以及如何实现，才能开发、改进射频电路，满足射频领域不断发展的需求。

射频电路理论是电磁场的波动理论与传统电子学的融合，射频电路的设计比较繁杂，需要采用电子设计自动化软件工具。ADS 软件是当前射频电路设计的首选工程软件，可以支持从模块到系统的设计，已经在国内的科研院所和 IT 公司中推广使用。在深入理解射频电路理论的基础上，结合软件仿真工具进行设计，是通向射频电路设计成功的最佳路线。

1.1 射频概念

在电子通信领域，信号采用的传输方式和信号的传输特性主要是由工作频率决定的。对于电磁频谱，按照频率从低到高（波长从长到短）的次序，可以划分为不同的频段。电子通信的发展历程，实际上就是所使用的工作频率由低到高的发展过程。电子通信的容量几乎与所使用的频率成正比，人们对通信容量的要求越高，使用的工作频率就越高。

1.1.1 频谱划分

在频谱分配上有一点需要特别注意，那就是干扰问题。频谱可供使用的范围是有限的，频谱被看作大自然中的一项资源，不能无秩序地随意占用，而需要仔细地计划，加以利用。频谱的分配主要是根据电磁波传播的特性和各种通信业务的要求确定的，但也要考虑一些其他因素，例如历史的发展、国际的协定、各国的政策、目前使用的状况和干扰的避免等。各国都有相应的机构对频谱进行严格的管理，国际范围内更有详细的频谱用途规定，例如，我国进行频率分配的组织是工业和信息化部无线电管理局，国际上进行频率分配的组织有国际无线电咨询委员会（CCIR）等。

由于应用领域众多，对频谱的划分有多种方式，而今较为通用的频谱分段法是由 IEEE 建立的，见表 1.1。

表 1.1 IEEE 频谱

频 段	频 率	波 长
ELF（极低频）	30～300Hz	10 000～1 000km
VF（音频）	300～3 000Hz	1 000～100km
VLF（甚低频）	3～30kHz	100～10km
LF（低频）	30～300kHz	10～1km
MF（中频）	300 ～3 000kHz	1～0.1km
HF（高频）	3～30MHz	100～10m
VHF（甚高频）	30～300MHz	10～1m
UHF（特高频）	300～3 000MHz	100～10cm
SHF（超高频）	3～30GHz	10～1cm
EHF（极高频）	30～300GHz	1～0.1cm
亚毫米波	300～3 000GHz	1～0.1mm
P 波段	0.23～1GHz	130～30cm
L 波段	1～2GHz	30～15cm
S 波段	2～4GHz	15～7.5cm
C 波段	4～8GHz	7.5～3.75cm
X 波段	8～12.5GHz	3.75～2.4cm
Ku 波段	12.5～18GHz	2.4～1.67cm
K 波段	18～26.5GHz	1.67～1.13cm
Ka 波段	26.5～40GHz	1.13～0.75cm

在表 1.1 中，$1GHz=10^3MHz$，$1MHz=10^3kHz$，$1kHz=10^3Hz$。

1.1.2 射频和微波

目前射频（Radio Frequency）没有一个严格的频率范围定义，广义地说，可以向外辐射电磁信号的频率称为射频；而在电路设计中，当频率较高、电路的尺寸可以与波长相比拟时，电路可以称为射频电路。一般认为，当频率高于 30MHz 时电路的设计就需要考虑射频电路理论；而射频电路理论应用的典型频段为几百 MHz 至 4GHz，在这个频率范围内，电路需要考虑分布参数的影响，低频的基尔霍夫电路理论不再适用。需要说明的是，随着射频电路的广泛应用和不断发展，射频的频率范围还在向更高的频率延伸，已有资料将射频的高端频率定为大于 4GHz。

微波（Microwave）也是经常使用的频段，当频率高于 4GHz 时，电路常采用微波电路的设计方法。微波是指频率从 300MHz 到 3 000GHz 的电磁波，对应的波长从 1m 到 0.1mm，分为分米波（波长 1m～100mm）、厘米波（波长 100～10mm）、毫米波（波长 10～1mm）和亚毫米波（波长 1～0.1mm）4 个波段。从上面的频率划分可以看出，微波的低频端与射频频率相重合，目前射频频率与微波频率之间没有定义出明确的频率分界点。微波电路设计需要用到场的模式理论及 TE 和 TM 传输线，这超出了本书射频电路理论的范畴，本书不予讨论。

1.1.3 射频通信系统的工作频率

1864～1873 年，麦克斯韦（James Clerk Maxwell）集人类有关电与磁的知识于一体，提出了描述电磁场特性的著名麦克斯韦方程，并在理论上预言电磁波存在。1887～1891 年，赫兹（Heinrich Rudolf Hertz）通过一系列实验验证了麦克斯韦的理论，证实了电磁波的存在。从 1901 年马可尼（Guglielmo Marconi）将相对较低的频率应用到长距离的商业通信时起，无线通信领域就在不断发展，工作频率也在不断提高。目前移动通信 GSM 系统、第三代移动通信系统（3G）、全球定位系统（GPS）、无线局域网（WLAN）、射频识别（RFID）和电视广播（DS14～68 频道）等都工作于几百 MHz 到 GHz 频段，这使得几百 MHz 到 GHz 频段的无线通信应用日趋广泛，也使得在此频段范围内的射频电路受到广泛关注。无线通信系统的工作频率见表 1.2。

表 1.2   **无线通信系统的工作频率**

系统名称	工作频率
GSM（900MHz 频段）	上行 890～915MHz，下行 935～960MHz
GSM（1 800MHz 频段）	上行 1 710～1 785MHz，下行 1 805～1 880MHz
3G（WCDMA）	上行 1 920～1 980MHz，下行 2 110～2 170MHz
3G（TD-SCDMA）	2 010～2 025MHz，1 880～1 920MHz，2 300～2 400MHz
3G（CDMA2000）	825～835MHz，870～880MHz，1 920～1 935MHz，2 110～2 125MHz
GPS	1 227.60 ～1 575.42MHz
WLAN（802.11 标准）	2 400～2 483.5MHz
RFID（我国超高频频段）	840～845MHz，920～925MHz
RFID（微波频段）	2.400～2.483 5GHz，5.725～5.875GHz
电视广播（DS14～68 频道）	470～950MHz

另外，新型半导体器件也使高速数字系统不断发展，对计算机来说，CPU 的时钟频率已经达到 GHz，同样需要考虑在此频率下射频电路的设计问题。可以看出，随着科学技术的不断进步，射频频率的通信系统在各个领域越来越显示出其重要性。

1.1.4 射频的基本特性

射频技术的迅速发展和广泛应用与其特性密切相关。为了有效地传输信息，无线通信系统需要采用较高频率的信号，因此越来越多的电子通信系统使用了射频频段，带来了射频的繁荣，并推动射频技术进一步发展。但由于射频本身的特点，也会带来一些技术上的不利因素。

1. 射频的优点

（1）射频提供的带宽较大。射频的工作频率较高，因此带宽较大。当工作频率为 1GHz

时，若传输的相对带宽为 10%，可以传输 100MHz 带宽的信号；当工作频率为 1MHz 时，若传输的相对带宽也为 10%，只可以传输 0.1MHz 带宽的信号。通过比较可以看出，较高的工作频率可以带来较大的带宽。大带宽的优点在于可以带来通信系统更高的信息容量。

（2）射频所需的天线较小。射频的工作频率较高，因此天线的尺寸较小。无线通信需要采用天线发射和接收信号，当天线的尺寸可以与波长相比拟时，天线的辐射会更为有效。由于工作频率与波长成反比，提高工作频率可以降低波长，进而可以减小天线的尺寸。也就是说，工作频率的提高导致需要的天线尺寸减小，这迎合了现代通信对尺寸小型化的要求。

（3）射频所需的元器件较小。射频电路中电感和电容等元器件的尺寸较小，这使得射频设备的体积进一步减小。

（4）射频的频谱宽。射频通信可以提供更多的可用频谱，频谱不拥挤。

（5）射频的速度快。射频的工作频率较高、带宽较大，因此数据传输和信号处理的速度快。

2．射频的不利因素

由于射频本身的技术特点，也带来一些不利因素。射频技术的不利因素主要为元器件的成本高、辐射损耗大、输出功率小、设计工具精度低等。

1.2 射频电路的特点

本书的目的是全面介绍射频电路理论及设计方法，在该频段，普通低频电路的分析方法是不适用的。由此引出的问题是，射频电路为什么与低频电路有如此大的差别？射频电路的"新"理论是什么？为了更清楚地了解将要讨论的问题，下面简要分析射频电路的特点。

基尔霍夫电路理论只能用于直流电路和低频电路的设计，不能用于射频电路的设计。低频频率与射频频率有很大差异，正是由于这种频率的差异，导致低频电路理论与射频电路理论不同。

下面将在不同频率下对电路进行讨论，从中可以看出低频电路与射频电路有显著的不同，对于目前广泛使用的射频频段，必须采用全新的方法加以分析。

1.2.1 频率与波长

众所周知，在自由空间工作频率与工作波长的乘积等于光的速度，也即

$$f\lambda = c = 3\times10^8\,\text{m/s} \tag{1.1}$$

式（1.1）中，f 为工作频率，λ 为工作波长，c 为光的速度。式（1.1）的结论是：频率越高，波长越短。射频频段有很高的频率，所以射频的工作波长很短。

在电路设计中，当频率较高、电路的尺寸可以与波长相比拟时，电路可以称为射频电路。利用式（1.1），可以得到如下数据。

1．50Hz 市电可以采用低频电路理论

50Hz 的市电属于 ELF 频段，对应的工作波长为

$$\lambda = c / f = 6\,000\text{ km}$$

6 000km 这个工作波长比电路的尺寸大得多，对此工作频率完全可以用低频的基尔霍夫电路理论进行电路设计。

2．2.4GHz 无线局域网必须采用射频电路理论

无线局域网的工作频率为 2.4GHz，对应的工作波长为

$$\lambda = c / f = 12.5\text{ cm}$$

12.5cm 这个工作波长与电路的尺寸可以相比拟，在此工作频率下，低频的基尔霍夫电路理论不再适用，与此工作频率相适应的是射频电路理论。

结论是，50Hz 的市电属于低频电路，2.4GHz 的无线局域网属于射频电路。

1.2.2 低频电路理论是射频电路理论的特例

低频电路理论只适用于低频电路设计，射频电路理论有更大的适用范围，低频电路理论是射频电路理论的特例。

图 1.1 所示为终端短路的传输线，根据射频电路理论将会得到距离短路终端 l 处的阻抗为

$$Z_{\text{in}} = jZ_0 \tan \frac{2\pi}{\lambda} l \qquad (1.2)$$

式（1.2）中，Z_0 为常数，Z_0 的取值范围一般为几十到几百欧姆之间。

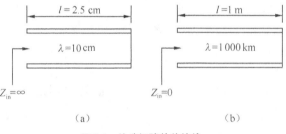

图 1.1 终端短路的传输线

式（1.2）改变了低频电路理论的观点，因为低频电路理论会认为 $Z_{\text{in}} = 0$。下面对式（1.2）加以分析。

1．假设工作波长 $\lambda = 10$cm

由式（1.2）可以得到，这时若

$$l = 2.5\text{ cm}$$

则

$$Z_{\text{in}} = jZ_0 \tan \frac{\pi}{2} = \infty$$

也即离开短路终端 2.5 cm 处，阻抗为无穷大，传输线等效于开路，如图 1.1（a）所示。这个结论完全颠覆了低频电路的理论基础！$\lambda = 10$ cm 属于射频波段，可以看出射频电路理论与低频电路理论完全不同，低频电路理论在射频时已经不再适用，必须采用全新的射频电路理论

处理射频电路的问题。

2. 假设工作波长 $\lambda = 1\,000\,\text{km}$

由式（1.2）可以得到，这时若

$$l = 1\text{m}$$

则

$$Z_{\text{in}} = jZ_0 \tan\left(\frac{2\pi}{1\,000\,000}\right) \approx 0$$

结果是：即便离开短路终端1m处，阻抗为0，传输线还相当于短路，如图1.1（b）所示。这个结论符合低频电路的理论观点。$\lambda = 1\,000\,\text{km}$ 属于低频波段，在低频波段低频电路理论和射频电路理论都适用，由此可以看出低频电路理论是射频电路理论的特例。

从上面的讨论可以看出，低频电路理论是射频电路理论的特例，低频电路理论不能用于射频电路，必须采用射频的电路理论分析、设计射频电路。

1.2.3 射频电路的分布参数

低频电路理论称为集总参数电路理论，射频电路理论称为分布参数电路理论，分布参数是射频电路的最大特色。

从正弦交流（AC）电路分析中可以知道，电感 L 和电容 C 的电抗 X_L 和 X_C 与频率有关，X_L 和 X_C 与频率的关系是

$$X_L = \omega L \tag{1.3}$$

$$X_C = -\frac{1}{\omega C} \tag{1.4}$$

式（1.3）和式（1.4）中 ω 为角频率，$\omega = 2\pi f$。下面考察当电感 $L = 1\text{nH}$ 和电容 $C = 1\text{pF}$ 时的电抗 X_L 和 X_C。

（1）当 $f = 100\text{Hz}$ 时

$$X_L = 2\pi \times 100 \times 10^{-9} = 6.28 \times 10^{-7}\,\Omega \Rightarrow 0$$

$$|X_C| = \left|-\frac{1}{2\pi \times 100 \times 10^{-12}}\right| \approx 1.59 \times 10^9\,\Omega \Rightarrow \infty$$

也就是说，100Hz时1nH电感相当于短路、1pF电容相当于开路。

（2）当 $f = 3\text{GHz}$ 时

$$X_L = 2\pi \times 3 \times 10^9 \times 10^{-9} \approx 18.8\,\Omega$$

$$|X_C| = \left|-\frac{1}{2\pi \times 3 \times 10^9 \times 10^{-12}}\right| \approx 53.1\,\Omega$$

结论是：在3GHz时1nH电感和1pF电容的影响必须考虑。

需要说明的是，一段直导线（甚至电阻、电感或电容的引线）都可以达到1nH电感的量级。上面的数据说明，当频率升高到射频以后，必须重新考虑电路上电感和电容的分布。

1．传输线上的分布参数

图 1.2（a）为一段传输线。从上面计算的数据可以看出，低频时这段传输线既不用考虑直导线的电感，也不用考虑 2 根导线之间的电容，等效电路如图 1.2（b）所示。当频率达到射频以后，传输线上直导线的电感分布不可忽略、传输线上 2 根直导线之间的电容分布也不可忽略，传输线的等效电路如图 1.2（c）所示。

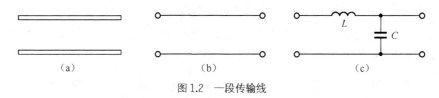

图 1.2　一段传输线

射频电路认为传输线上到处都分布着电感和电容，所以射频电路也称为分布参数电路。由于分布参数的存在，传输线上电压、电流和阻抗的分布与低频电路完全不同，射频传输线上电压和电流出现了波动性，并导致反射的产生，因此需要建立射频电路的理论体系。

2．无源器件的寄生参数

分布参数的存在还会导致无源器件产生寄生参数，改变无源器件的参量。电阻、电感或电容的引线都存在寄生电感和寄生电容，寄生参数使电阻、电感或电容的等效电路变得复杂，例如低频下的电阻在射频时可能会产生感性或容性。

低频下的器件一般不能用于射频，生产厂商会给出元器件的使用频段。为减小寄生参数的影响，射频元器件的尺寸比低频元器件的尺寸小，射频时经常使用小尺寸的片状电阻或片状电容等。

1.2.4　射频电路的集肤效应

在射频电路中，信号是通过导体传输的，导体存在集肤效应。集肤效应如图 1.3 所示。所谓集肤效应是指当频率升高时，电流只集中在导体的表面上，导体内部的电流密度非常小，如图 1.3（a）所示。集肤效应使导线的有效导电横截面积减小，交流电阻增加，如图 1.3（b）所示。

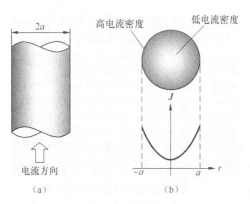

图 1.3　集肤效应

1．趋肤深度

可以用趋肤深度描述集肤效应的程度，导体内的电流主要集中在导体表面的趋肤深度内。趋肤深度 δ 定义为

$$\delta = \frac{1}{\sqrt{\pi f \mu \sigma}} \qquad (1.5)$$

式（1.5）中，μ 为导体的磁导率，σ 为导体的电导率。

下面以铜为例计算趋肤深度。铜的磁导率 $\mu = 4\pi \times 10^{-7}$ H/m，电导率 $\sigma = 5.8 \times 10^7$ S/m，不同频率下铜的趋肤深度为

$$f = 50\text{Hz} \quad \Rightarrow \quad \delta = \frac{1}{\sqrt{\pi \times 50 \times 4\pi \times 10^{-7} \times 5.8 \times 10^7}} \approx 9.34\text{mm}$$

$$f = 1\text{MHz} \quad \Rightarrow \quad \delta = \frac{1}{\sqrt{\pi \times 10^6 \times 4\pi \times 10^{-7} \times 5.8 \times 10^7}} \approx 0.066\,1\text{mm}$$

$$f = 1\text{GHz} \quad \Rightarrow \quad \delta = \frac{1}{\sqrt{\pi \times 10^9 \times 4\pi \times 10^{-7} \times 5.8 \times 10^7}} \approx 0.002\,09\text{mm}$$

比较上面的数值可以看出，随着频率的升高趋肤深度不断减小，当 $f = 1$GHz 时，电流将主要集中在铜表面的 0.002 09mm 范围内。

2．射频电阻

对于半径为 a 的圆柱形导体，可以用趋肤深度估算其直流电阻和射频电阻的差异。计算的结果是：当 $f > 500$ MHz 时，直流电阻 R_{DC} 和射频电阻 R_{RF} 的近似关系为

$$R_{\text{RF}} \approx \frac{a}{2\delta} R_{\text{DC}} \qquad (1.6)$$

以导体半径 $a = 0.5$mm、射频频率 $f = 1$GHz 为例，射频电阻为

$$R_{\text{RF}} \approx 120 R_{\text{DC}}$$

也即圆柱形导线的射频电阻达到直流电阻的 120 倍。

在射频电路中，集肤效应引起电路损耗急剧增加，必须考虑分布电阻对射频电路的影响。也就是说，传输线的射频电阻较大，在传输线上不仅需要考虑电感的分布参数和电容的分布参数，还需要考虑电阻的分布参数。射频电路与低频电路的上述差异，不仅导致射频电路理论与低频电路理论有显著的不同，甚至导致射频传输线采用了同轴线、平行双导线、带状线和微带线等不同于低频导线的特殊结构，产生了独特的射频电路理论。

1.3 射频系统

射频电路主要应用于无线通信领域。原始的电信号通常称为基带信号，有些信道可以直接传输基带信号，但以自由空间作为信道的射频无线传输，却无法直接传送基带信号。将基带信号变换成适合在无线信道中传输的信号（称为频带信号），然后在接收端进行反变换，这个过程需要采用射频系统。射频系统主要由收发信机构成，在射频系统一端的发射机发送携

带有信息的频带信号，在射频系统另一端的接收机接收携带有信息的频带信号。

1.3.1 射频系统举例

射频系统种类繁多，包括移动通信系统、无绳电话系统、无线寻呼系统、集群通信系统、全球定位系统、无线局域网系统、射频识别系统和个人通信系统等。这些射频系统有一个共同的特点，那就是频带信号的频率比基带信号的频率大得多。射频频率的频带信号不仅携带有信息，而且适合在无线信道中传输。

表 1.3 列出了 2 个射频无线通信系统的主要参数，这 2 个系统分别为 GSM900 移动通信系统和欧洲 CEPT 标准的无绳电话系统。表中给出了这 2 个系统的通信频段和发射功率等，这些参数是射频系统需要考虑的主要参数。

表 1.3　　　　　　　　射频无线通信系统的参数

系统名称	GSM900 移动通信	系统名称	欧洲 CEPT 无绳电话
上行频带/MHz	935～960	手机发频段/MHz	914.012 5～914.987 5
下行频带/MHz	890～915	座机发频段/MHz	959.012 5～959.987 5
多址方式	TDMA/FDMA	频道共用方式	多频道
调制	GMSK	调制	FM
移动峰值功率	2～20W	控制信号	副载波 FM
移动平均功率	0.25～2.5W	发射功率	10mW 以下

在表 1.3 中，GSM900 移动通信系统的上行频带是指手机发射的频率范围，下行频带是指基站发射的频率范围，上行频率和下行频率都属于射频，说明在一个射频系统里需要处理收、发 2 个过程，这 2 个过程都采用射频频段；欧洲 CEPT 无绳电话系统的手机发频段和座机发频段也都属于射频，而且发射功率较小，说明射频系统的输出功率一般比较小。

1.3.2 收发信机

在一个射频系统里需要处理收、发 2 个过程，所以射频通信设备也称为收发信机。一个收发信机同时可以完成"收"与"发" 2 种任务。各种收发信机有类似的结构，图 1.4 给出了收发信机的一般框图。

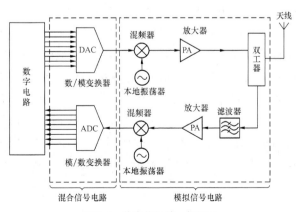

图 1.4　收发信机的一般框图

1. 收发信机框图说明

图 1.4 的配置说明如下。

（1）输入信号（例如语音信号或从计算机来的数字信号）首先通过"数字电路"进行数字处理。在"数字电路"中，如果输入信号是语音信号，应先转换成数字形式。

（2）输入信号经过"数字电路"处理后，进入"混合信号电路"。"混合信号电路"将发射信号通过数/模变换器传送到"模拟信号电路"；或将来自"模拟信号电路"的接收信号传送到"混合信号电路"的模/数变换器中。

（3）"模拟信号电路"也称为射频前端电路。射频前端电路的主要作用是将来自"混合信号电路"的信号频率大幅度地提高到射频频率，然后送入天线；或将天线接收到的射频频率信号转换为频率较低的信号，然后送入"混合信号电路"。

（4）天线是无线通信系统的第一个和最后一个器件，凡是利用电磁波传递信息和能量的，都依靠天线进行工作，天线是用来发射或接收无线电波的装置和部件。在无线通信领域，天线是不可缺少的组成部分。无线通信利用无线电波来传递信息，当信息通过电磁波在空间传播时，电磁波的产生和接收要通过天线来完成。

2. 射频前端电路

射频前端电路的内容属于本书讲授的内容。射频前端电路主要由滤波器、放大器、混频器和振荡器等功能模块构成，这些功能模块可以构成一般的射频电路系统。

（1）图 1.4 射频前端一般框图说明。射频通信系统收发的是射频模拟信号，这个射频模拟信号需要滤波、放大、混频和射频信号源。滤波的目的是保证只让频带内的信号通过，抑制频带外的噪声；放大的目的是提高功率准备发射，或放大接收到的微弱信号；混频的目的是让频率较低的中频模拟信号（图 1.4 中由"混合信号电路"输出的信号）转换为频率较高的射频模拟信号，或让频率较高的射频模拟信号转换为频率较低的中频模拟信号（图 1.4 中进入"混合信号电路"的信号）；射频信号源是振荡器（也称为本地振荡器，简称"本振"），振荡器可以产生特定频率的正弦振荡信号。

在图 1.4 中，发射的过程与接收的过程相反。天线接收到的信号首先通过双工器进入接收通道；然后通过带通滤波器进入低噪声放大器，这时信号的频率还是射频；射频信号在混频器中与本振信号混频，生成中频信号，中频信号的频率为射频信号与本振信号频率的差值，中频信号的频率比射频信号的频率大幅度降低。在发射通道中，首先利用混频器将中频信号与本振信号混频，生成射频信号；然后将射频信号放大；最后经过双工器由天线辐射出去。在上述接收和发射过程中，滤波、放大、混频和本振都属于射频电路的范畴。

（2）IS95 手机射频前端电路框图说明。IS95 是第二代北美数字蜂窝系统，它既能提供电路模式的业务，又能提供分组模式的业务。IS95 基站到移动台的通信频段为 869～894MHz，移动台到基站的通信频段为 824～849MHz。当移动台为手机时，手机接收通道的中心频率为 881MHz，手机发射通道的中心频率为 836MHz。图 1.5 是一款 IS95 手机射频前端的电路框图。

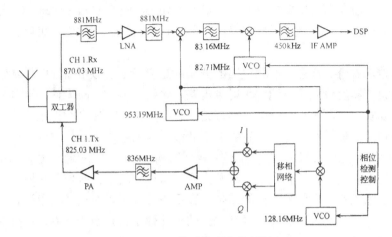

图 1.5 IS95 手机射频前端的电路框图

天线接收的信号通过双工器进入接收通道，CH 1.Rx 的射频输入信号频率为 870.03MHz，此信号通过中心频率为 881MHz 的带通滤波器、低噪声放大器（LNA）、中心频率为 881MHz 的带通滤波器后，进入混频器。压控振荡器（VCO）产生的本振信号频率为 953.19MHz，该本振信号与 870.03MHz 的射频输入信号混频，生成 83.16MHz 的第一中频信号。第一中频信号再与压控振荡器（VCO）产生的 82.71MHz 本振信号混频，生成 450kHz 的第二中频信号，该信号通过中频放大器（IF AMP），进入数字信号处理（DSP）电路。

在手机发射通道中，压控振荡器（VCO）产生的 953.19MHz 和 128.16MHz 信号混频，产生 825.03MHz 的射频信号。再经过移相网络产生相位相差 90° 的正交信号，分别受到数字信号的 I/Q 正交调制，完成数字信号对射频信号的调制。之后通过放大器（AMP）、中心频率为 836MHz 的带通滤波器、功率放大器（PA），获得足够的功率增益后，将频率为 825.03MHz 的 CH 1.Tx 射频信号通过双工器送入天线。最后天线将射频信号发射出去。

（3）射频电路与低频电路的设计方法不同。本书讨论的射频系统涉及很多射频电路的设计，其中包括滤波器的设计、放大器的设计、混频器的设计及振荡器的设计等，这些电路模块都是射频电路的基本组成部分，需要使用射频电路的设计方法。射频电路的设计方法与普通低频电路的设计方法不同。

以放大器为例，低频电路放大器的设计主要关心增益；射频电路放大器的设计则需要考虑多方面的因素，不仅需要考虑增益，还需要考虑阻抗匹配、稳定性设计、交直流隔离、低噪声设计等。在射频频段为消除反射、保证最佳传输，射频放大器的输入和输出端需要添加阻抗匹配网络；射频频段的反射可能带来放大器工作的不稳定，放大器需要进行稳定性设计；射频放大器交流信号与直流偏置之间可能形成干扰，所以射频放大器交流与直流之间需要隔离；天线接收到的射频信号十分微弱，接收机电路的前级需要低噪声放大器。

不仅射频放大器的设计与低频电路不同，射频滤波器、振荡器的设计也与低频电路不同，因此需要建立新的射频电路理论，在射频电路理论的基础上全面学习射频电路的设计方法。

1.3.3 ADS 射频仿真设计

现在射频电路的设计越来越复杂，指标要求越来越高，而设计周期却越来越短，这要求设计者使用"电子设计自动化"软件工具。ADS（Advanced Design System）软件由美国安捷伦（Agilent）公司开发，是当前射频和微波电路设计的首选工程软件，可以支持从模块到系统的设计。

由于射频技术本身的特点，射频电路的分布参数复杂，射频电路辐射损耗较大，电磁场的空间分布使设计精度较低。单纯采用射频电路理论进行射频电路设计既十分复杂、精度也很难达到设计要求。在深入理解射频电路理论的基础上，结合仿真软件进行设计，是通向射频电路设计成功的最佳路线，也是射频领域工业级设计的基本方法。

ADS 软件是工业级的设计软件，是最受科研院所和 IT 公司欢迎的射频电路和射频系统设计软件，该软件功能强大，仿真手段丰富多样，可以实现包括时域和频域、数字和模拟、线性和非线性、电磁和数字信号处理等多种仿真手段，并可以对设计结果进行优化、成品率分析和版图转换等，从而大大提高了复杂电路的设计效率，是当今业界最流行的射频微波电路和系统设计的工具。

1.4 本书安排

射频电路理论是电磁场的波动理论与传统电子学的融合。电磁场的方法涵盖了微波传输线的知识，却没有触及放大器、振荡器和混频器等内容；传统电子学涵盖了基本电路的理论，但没有涉及分布参数和电压电流的波动性质，这些波的反射和传输是影响射频电路特性的重要因素。本教材避开了电磁场理论的场方程公式，从传输线理论出发，引导读者进入射频电路的学习，并采用射频网络的方法分析射频电路模块，形成了射频电路的理论体系和设计方法。

本书系统地介绍了射频电路的基本理论及设计方法，同时将史密斯圆图的图解方法应用到射频电路的设计之中。全书共分 12 章：第 1 章为引言；第 2～4 章为传输线理论、史密斯圆图和射频网络基础，这部分内容系统地介绍了射频电路的基本概念、基本参数、图解工具和基本研究方法；第 5～11 章为谐振电路、匹配电路、滤波器、放大器、振荡器、混频器和检波器，这些电路模块可以构成完整的射频系统解决方案；第 12 章为 ADS 射频电路仿真设计简介。本书首先介绍了射频电路的基本理论，在此基础上讨论常用的射频电路模块的工作原理和构成，使读者对射频电路有一个全面的认识。

在第 2 章，本书从传输线理论出发引导读者进入射频电路的学习，通过对电路分布参数的分析，得到了电压和电流的波动特性，为读者打开了学习射频电路的大门。射频电路计算繁杂，为简化计算，史密斯圆图被应用到射频电路的设计之中，第 3 章介绍了史密斯圆图的基本知识，史密斯圆图是根据传输线理论建立起来的一种图解方法。为便于工程应用，射频电路经常采用网络的观点进行设计，第 4 章介绍了射频网络的基础知识，射频网络不需要分析射频电路内部的状况即可得到主要传输特性，网络参数易于测量又为广大工程技术人员所熟知，故射频网络的方法应用十分广泛。

射频电路主要由滤波器、放大器、振荡器及混频器等功能模块构成。第 5 章和第 6 章分别介绍了谐振电路和匹配网络，谐振电路和匹配网络是滤波器、放大器、振荡器及混频器的基本组成部分，例如滤波器和振荡器中需要有谐振电路，放大器和振荡器中需要有输入输出匹配网络。第 7 章至第 11 章为滤波器、放大器、振荡器、混频器和检波器的设计，这几种电路模块都能完成独立的功能，例如在射频接收系统中需要用到带通滤波器、低噪声放大器、振荡器、混频器和检波器，其中带通滤波器只允许所需频率范围内的信号通过，低噪声放大器将接收到的微弱信号放大，振荡器产生本振信号，混频器将射频频率的接收信号转换成频率较低的中频信号，检波器用于提取信号的包络。

本书涵盖了射频电路的基本理论和基本设计方法，将传输线理论、史密斯圆图解法、射频网络理论与射频滤波电路、射频放大电路、射频振荡电路、射频混频电路相融合，构成了完整的射频电路和射频系统解决方案。

本章小结

射频电路是指工作频率为射频频率的电路，现在移动通信、全球定位、无线局域网、射频识别等无线通信系统以及高速数字系统都涉及到射频电路的设计。在射频频段，电路出现了许多独特的性质，这些性质在常用的低频电路中没有遇到过，需要建立新的射频电路理论体系。

广义地说，可以向外辐射电磁信号的频率称为射频（Radio Frequency）；而在电路设计中，当频率较高、电路的尺寸可以与波长相比拟时，电路可以称为射频电路。射频电路的典型频段为几百 MHz 至 4GHz，在这个频率范围内，电路需要考虑分布参数的影响，低频的基尔霍夫电路理论不再适用。微波（Microwave）也是经常使用的波段，微波是指频率从 300MHz 到 3 000GHz 的电磁波，微波的低频段与射频频率相重合。微波电路设计需要用到场的模式理论及 TE 和 TM 传输线，这超出了本书射频电路理论的范畴，本书不予讨论。

低频频率与射频频率有很大差异，正是由于这种频率的差异，导致低频电路理论与射频电路理论不同。射频频段的频率很高，所以射频的工作波长很短，当电路的尺寸可以与工作波长相比拟时，采用射频电路理论。低频电路理论只适用于低频电路的设计，射频电路理论有更大的适用范围，低频电路理论是射频电路理论的特例。低频电路理论称为集总参数电路理论，射频电路理论称为分布参数电路理论，分布参数是射频电路的最大特色。射频电路理论认为传输线上到处都分布着电感和电容，由于分布参数的存在，传输线上电压、电流和阻抗的分布与低频电路完全不同，射频传输线上电压和电流呈现出了波动性。射频电路理论是电磁场理论与传统电子学的融合，它将电磁场的波动理论引入电子学，形成了射频电路的理论体系。

射频系统种类繁多，主要应用在无线通信领域。原始的电信号通常称为基带信号，但基带信号无法以自由空间（空气）为信道直接传输，也就是说，基带信号不能直接通过无线通信进行传输。射频系统有一个共同的特点，那就是将工作频率大幅度提高，提高到射频频率，射频频率的信号不仅携带有与基带信号相同的信息，而且适合在无线信道中传输。射频系统主要由收发信机构成，收发信机将频率较低的基带信号变换成频率较高的射频信号，然后通过天线在自由空间发射出去；收发信机也可以将自由空间传播的射频信号接收下来。各种收发信机的射频前端有类似的结构，主要由滤波器、放大器、振荡器和混频器等功能模块构成，射频前端电路的内容属于本书讲授的内容。

思考题和练习题

1.1 什么是射频？什么是微波？射频频率与微波频率有明确的频率分界点吗？国际和国内频谱的划分是随意的吗？

1.2 什么时候需要考虑射频电路理论？举出射频电路应用的 4 个例子。

1.3 根据表 1.1 给出的 IEEE 频谱，利用式（1.1）计算。

（1）ELF 频段（频率为 30～300Hz）的波长范围。

（2）LF 频段（频率为 30～300kHz）的波长范围。

（3）UHF 频段（频率为 300～3 000MHz）的波长范围。

（4）S 波段（频率为 2～4GHz）的波长范围。

并将计算出来的波长范围与表 1.1 中的数值对比，验证计算的正确性。

1.4 当传输线终端短路时，利用式（1.2）计算。

（1）市电的波长 $\lambda = 6\,000$km，当 $l = 100$m 时，计算 Z_{in}。

（2）射频的波长 $\lambda = 10$cm，当 $l = 2.5$cm 时，计算 Z_{in}。

从上面的计算可以看出射频电路与普通低频电路的不同吗？

1.5 某双导线的分布电感为 $L = 0.999$nH/mm，分布电容为 $C = 0.011\,1$pF/mm，利用式（1.3）和式（1.4）计算。

（1）当 $f = 40$Hz 时，每毫米 X_L 和 $|X_C|$ 为多少？

（2）当 $f = 4$GHz 时，每毫米 X_L 和 $|X_C|$ 为多少？

低频时分布电感和分布电容能忽略吗？射频时分布电感和分布电容还能忽略吗？

1.6 什么是集肤效应？什么是趋肤深度？利用式（1.5）计算。

（1）当 $f = 50$Hz 时，铜的趋肤深度是多少？

（2）当 $f = 3$GHz 时，铜的趋肤深度是多少？

用铜线传输电能时，50Hz 时需要考虑集肤效应吗？用铜线传输射频信号时，3GHz 时需要考虑集肤效应吗？

1.7 圆柱形铜导体半径 $a = 1$mm。利用式（1.6）计算。

（1）当 $f = 500$MHz 时，射频电阻可以达到直流电阻的多少倍？

（2）当 $f = 4$GHz 时，射频电阻可以达到直流电阻的多少倍？

射频时电阻损耗大吗？

1.8 画出收发信机的一般框图，说明其中数字电路、混合信号电路和模拟信号电路的作用。

1.9 收发信机的射频前端主要由哪些功能模块构成？说明其中每一个功能模块的作用。

1.10 简要介绍 ADS 软件。

第**2**章 传输线理论

　　传输线是用以从一处至另一处传输电磁能量的装置。射频电路与低频电路不仅基本理论有显著的不同，而且采用的传输线装置也不同，射频传输线采用了同轴线、平行双导线、带状线和微带线等不同于低频导线的特殊结构。本章从电路的观点出发，以平行双导线为例讲述传输线理论。

　　传输线理论是分布参数电路理论。随着工作频率的升高，工作波长不断减小，当工作波长可以与电路的几何尺寸相比拟时，传输线上的电压和电流分布将随空间位置变化，电压和电流呈现出波动性，这一点与低频电路完全不同。传输线理论用来分析传输线上电压和电流的分布状况，以及传输线上阻抗的变化规律。在射频频段，低频电路的基尔霍夫定律不再适用，必须采用传输线理论取代低频电路理论。

　　从本章分析的结果可以看出，传输线理论在基本电路理论和电磁场理论之间架起了桥梁。传输线理论是基本电路理论与电磁场波动理论的融合，传输线理论可以认为是电路理论的扩展，也可以认为是波动方程的解。传输线上信号的传输方式与空间平面电磁波的传播方式是一致的，电压和电流出现了入射和反射的波动性质，并产生了行波与驻波现象。

　　本章首先介绍传输线的结构；其次给出传输线分布参数等效电路及传输线方程；然后引入传输线的基本特性参数；随后对无耗传输线的工作状态及信号源的功率输出进行分析；最后讨论微带线。

2.1　传输线结构

2.1.1　传输线的构成

　　传输线主要从两个方面考虑其构成，一个是电性能的考虑，有传输模式、色散、工作频带、功率容量、损耗等几个指标；另一个是机械性能的考虑，有尺寸、制作难易度、集成难易度等几个指标。

1. 传输线的电性能

从传输模式上看，传输线上传输的电磁波分为 3 种类型。

（1）TEM 波（横电磁波）：电场和磁场都与电磁波传播方向相垂直。

（2）TE 波（横电波）：电场与电磁波传播方向相垂直，传播方向上有磁场分量。

（3）TM 波（横磁波）：磁场与电磁波传播方向相垂直，传播方向上有电场分量。

本书讨论的射频电路，传输线上传输 TEM 波或准 TEM 波。当传输线上传输 TEM 波或准 TEM 波时，可以用电压和电流取代电场和磁场描述传输线上的工作状态，本书中的射频电路只涉及 TEM 传输线。当传输线上传输 TE 波或 TM 波时，必须用电场和磁场描述工作状态，这是微波电路中关于金属波导的内容，超出了本书的范围，本书不予讨论。

TEM 传输线（即传输 TEM 波的传输线）无色散。色散是指电磁波的传播速度与工作频率有关。TEM 传输线上电磁波的传播速度与工作频率无关，所以相速度 v_p 即为速度 v。相速度为

$$v_p = \frac{1}{\sqrt{\varepsilon\mu}} = \frac{1}{\sqrt{\varepsilon_0\mu_0}}\frac{1}{\sqrt{\varepsilon_r\mu_r}} = \frac{c}{\sqrt{\varepsilon_r\mu_r}} \tag{2.1}$$

式（2.1）中，ε、μ、ε_r 和 μ_r 分别是 TEM 传输线导体间介质的介电常数、磁导率、相对介电常数和相对磁导率；ε_0 和 μ_0 是自由空间的介电常数和磁导率；c 是自由空间光速。

$$\varepsilon = \varepsilon_0\varepsilon_r, \quad \mu = \mu_0\mu_r \tag{2.2}$$

$$c = \frac{1}{\sqrt{\varepsilon_0\mu_0}} = 3\times10^8 \quad \text{m/s} \tag{2.3}$$

TEM 传输线的工作频带较宽。TEM 传输线工作频率的范围可以由直流（0Hz）到吉赫兹（GHz）。

TEM 传输线的功率容量和损耗应能满足设计要求。

2. 传输线的机械性能

传输线的机械性能包括物理尺寸、制作难易度、与其他元器件集成的难易度等几个指标。出于上述机械性能的考虑，传输线有平面化的趋势。

2.1.2　几种常用的 TEM 传输线

TEM 传输线有许多种，常用的有平行双导线、同轴线、带状线和微带线（传输准 TEM 波）等。用来传输 TEM 波的传输线，一般由 2 个（或 2 个以上）导体组成。

1. 平行双导线

平行双导线也称为双线传输线，图 2.1 所示为平行双导线的结构。平行双导线由 2 根直径为 d、相距为 D 的平行的圆柱形导体构成。平行双导线是开放的系统，当工作频率升高时，其辐射损耗会增加，同时也会受到外界信号的干扰。随着工作频率的升高，工作波长不断降低，当工作波长短至可以和平行双导线的横向尺寸相比拟时，平行双导线的辐射急剧增加，使其不再适合传输信号，故平行双导线仅用于工作波长大于米波或分米波的情况。

平行双导线的工作频带很宽，可以用于直流至几百

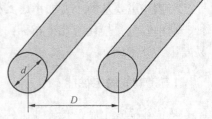

图 2.1　平行双导线

兆赫兹的所有频率中。平行双导线可以作为天线馈线使用。

2. 同轴线

图 2.2 所示为同轴线的结构。同轴线由内导体、中间介质、外导体构成，内导体半径为 a，外导体内半径为 b，内外导体之间是介电常数为 ε 的介质或空气，中间介质最常用的材料是聚苯乙烯（$\varepsilon_r = 2.5$）、聚乙烯（$\varepsilon_r = 2.3$）和聚四氟乙烯（$\varepsilon_r = 2.1$）。同轴线的外导体通常接地，电磁场被限定于内外导体之间，所以同轴线基本没有辐射损耗，也几乎不受外界信号的干扰。

同轴线的工作频带比平行双导线宽。同轴线可以用于大于厘米波的波段，并且在 10GHz 以下的频率中同轴线都有应用。大部分射频系统或测试设备的外接线都是同轴线。同轴线也可以作为天线馈线使用。

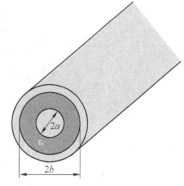

图 2.2　同轴线

3. 带状线和微带线

20 世纪 50 年代以后，为适应电子技术对小型化和轻量化的需要，开始研制平面型传输线。平面型传输线是继金属波导和同轴线之后一种新型的传输线，具有平面型结构，且小型、轻量、性能可靠，可以使射频和微波波段的电路和系统集成化。平面型传输线有许多种，带状线和微带线是平面型传输线的 2 种类型，带状线于 1955 年发明，微带线于 1952 年发明。1965 年固体器件和微带线相结合，出现了第一块微波集成电路。在射频电路中平面型传输线得到了广泛应用，多数射频电路是由微带线实现的。

带状线和微带线这些平面型传输线与其他传输线相比，具有体积小、重量轻、价格低、可靠性高、功能的可复制性好等优点，且适宜制作微带天线、适宜与固体芯片器件配合构成集成电路。带状线和微带线也有缺点，主要是损耗较大，功率容量小，故主要应用于小功率的系统中。

带状线的结构如图 2.3 所示，是由一条厚度为 t、宽度为 W 的矩形截面中心导体带和上下两块接地导体板构成，两块接地导体板的距离为 b。中心导带的周围媒质可以是空气也可以是介质。

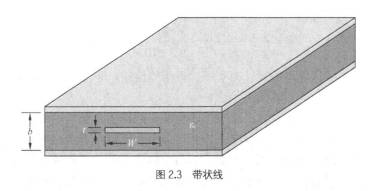

图 2.3　带状线

微带线的结构如图 2.4 所示，是在厚度为 h 的介质基片的一面制作宽度为 W、厚度为 t 的导体带，另一面制作接地导体平板，整体厚度只有几个毫米。由于微带线的导体带周围有介质和空气 2 种媒质，微带线不能传输 TEM 波，只能传输准 TEM 波，但微带线的传输特性近似按 TEM 传输线处理。由于多数射频电路是由微带线实现的，2.7 节还要对微带线进行更详细的讨论。

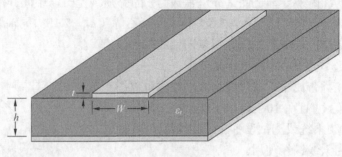

图 2.4　微带线

2.2　传输线等效电路表示法

2.2.1　长线

传输线理论是长线理论。传输线是长线还是短线，取决于传输线的电长度而不是它的几何长度。电长度定义为传输线的几何长度 l 与其上工作波长 λ 的比值。当传输线的几何长度 l 比其上所传输信号的工作波长 λ 还长或者可以相比拟时，传输线称为长线；反之则可称为短线。长线和短线是相对的概念，在射频电路中，传输线的几何长度有时只不过几厘米，但因为这个长度已经大于工作波长或与工作波长差不多，仍称它为长线；相反地，输送市电的电力线，即使几何长度为几千米，但与市电的工作波长（6 000km）相比，还是小许多，所以还是只能看作是短线。

TEM 传输线上电磁波的相速度为

$$v_{\mathrm{p}} = f\lambda \tag{2.4}$$

式（2.4）中，f 是工作频率，λ 是传输线上电磁波的工作波长。从式（2.4）可以看出，工作频率越高，工作波长越短。例如，对于带状线，当射频频率 $f = 1\,\mathrm{GHz}$、两接地导体板间介质的 $\varepsilon_{\mathrm{r}} = 9.5$ 时，工作波长为

$$\lambda = \frac{v_{\mathrm{p}}}{f} = \frac{c}{\sqrt{\varepsilon_{\mathrm{r}}}f} = \frac{3 \times 10^{10}}{\sqrt{9.5 \times 10^{9}}} \approx 9.73\ \mathrm{cm}$$

此时，工作波长 λ 与射频电路的尺寸差不多。射频电路中，电路的尺寸可以与工作波长相比拟，所以射频电路用长线的传输线理论来分析。

电路理论与传输线理论的区别，主要在于电路尺寸与工作波长的关系。在电路理论中，网络与线路的尺寸都比工作波长小很多，因此可以不考虑沿线各点电压和电流的幅度和相位变化，沿线电压和电流只与时间因子有关，而与空间位置无关，这符合基础电路理论。传输线属长线，传输线上沿线各点的电压和电流（或电场和磁场）既随时间变化，又随空间位置变化，是时间和空间的函数，传输线上电压和电流呈现出了波动性，所以长线用传输线理论

来分析。

传输线理论是对长线而言的，用来分析传输线上电压和电流的分布，以及传输线上阻抗的变化规律。在射频频段，必须使用传输线理论取代电路理论。传输线理论是电路理论与电磁场波动理论的结合，传输线理论可以认为是电路理论的扩展，也可以认为是电磁场波动方程的解。

2.2.2 传输线的分布参数

传输线上各点的电压和电流（或电场和磁场）不相同，可以从传输线的等效电路得到解释，这就是传输线的分布参数概念。

分布参数是相对于集总参数而言的。在低频电路中，认为电场能量集中在电容器中，磁场能量集中在电感器中，电磁能的消耗全部集中在电阻元件上，连接元件的导线是既无电感、电容，又无电阻、电导的理想导线，这就是集总参数的概念。传输线理论是分布参数电路理论，认为分布电阻、分布电感、分布电容和分布电导这 4 个分布参数存在于传输线的所有位置上。当工作频率增高到射频，连接元件的传输线由于集肤效应的出现，使传输线的有效面积减小，传输线的电阻增加，且分布在传输线上，可称为传输线的分布电阻；传输线上有高频电流流过，传输线周围就必然有高频磁场存在，沿线就存在电感，可称为传输线的分布电感；又因传输线两导体间有电压，故两导体间存在高频电场，沿线就分布着电容，可称为传输线的分布电容；传输线两导体间有漏电，沿线两导体间就存在着漏电导，可称为传输线的分布电导。

随着工作频率的增高，分布参数引起的阻抗效应增大，不能再忽略了。例如，某同轴线的分布电感为 $L=0.999\text{nH/mm}$，分布电容为 $C=0.011\ 1\text{pF/mm}$。当工作频率 $f=50\text{Hz}$ 时，此同轴线的串联电抗 $X_\text{L}=\omega L=3.14\times10^{-7}\Omega/\text{mm}$，并联电纳 $B_\text{c}=\omega C=3.49\times10^{-12}\text{S/mm}$；但当射频的工作频率 $f=3\text{GHz}$ 时，此同轴线的串联电抗 $X_\text{L}=\omega L=18.83\ \Omega/\text{mm}$，并联电纳 $B_\text{c}=\omega C=2.09\times10^{-4}\text{S/mm}$。由此可见，射频传输线中分布参数引起的阻抗效应已经不可以忽略。分布参数是射频条件下的必然结果，必须加以考虑。

根据传输线上分布参数是否均匀分布，传输线可分为均匀传输线和不均匀传输线，本章讨论均匀传输线。所谓均匀传输线，是指传输线的几何尺寸、相对位置、导体材料及导体周围媒质特性沿电磁波的传输方向不改变的传输线，即沿线的分布参数是均匀分布的。一般情况下，均匀传输线单位长度上有四个分布参数：分布电阻 R、分布电导 G、分布电感 L 和分布电容 C，它们的数值均与传输线的种类、形状、尺寸、导体材料及导体周围媒质特性有关。分布参数定义如下。

（1）分布电阻 R ——传输线单位长度上的总电阻值，单位为 Ω/m。

（2）分布电导 G ——传输线单位长度上的总电导值，单位为 S/m。

（3）分布电感 L ——传输线单位长度上的总电感值，单位为 H/m。

（4）分布电容 C ——传输线单位长度上的总电容值，单位为 F/m。

平行双导线和同轴线的分布参数计算公式列于表 2.1 中，它们是由电磁场理论得出的，表中的 ε 是导体间介质的介电常数，μ 是导体间介质的磁导率，σ_2 是导体的电导率，σ_1 是导体间介质的漏电电导率。

表 2.1 平行双导线和同轴线的分布参数

种 类	平行双导线	同 轴 线
L	$\dfrac{\mu}{\pi}\ln\dfrac{D+\sqrt{D^2-d^2}}{d}$	$\dfrac{\mu}{2\pi}\ln\dfrac{b}{a}$
C	$\dfrac{\pi\varepsilon}{\ln\dfrac{D+\sqrt{D^2-d^2}}{d}}$	$\dfrac{2\pi\varepsilon}{\ln\dfrac{b}{a}}$
R	$\dfrac{2}{\pi d}\sqrt{\dfrac{\omega\mu}{2\sigma_2}}$	$\sqrt{\dfrac{f\mu}{4\pi\sigma_2}}\left(\dfrac{1}{a}+\dfrac{1}{b}\right)$
G	$\dfrac{\pi\sigma_1}{\ln\dfrac{D+\sqrt{D^2-d^2}}{d}}$	$\dfrac{2\pi\sigma_1}{\ln\dfrac{b}{a}}$

2.2.3 传输线的等效电路

有了分布参数的概念，就可以将均匀传输线分割成许多微分段 dz(dz ≪ λ)，这样每个微分段都可以看作集总参数电路，其参数分别为 Rdz、Gdz、Ldz 和 Cdz，并用一个 Γ 形网络来等效，如图 2.5（a）所示。整个传输线的等效电路是许许多多的 Γ 形网络的级连，如图 2.5（b）所示。

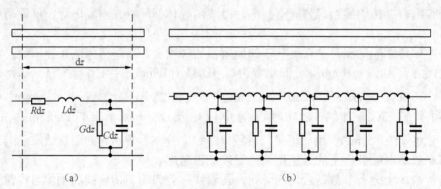

（a）　　　　　　　　　　　　　　　　（b）

图 2.5　传输线的等效电路

2.3 传输线方程及其解

传输线方程是研究传输线上电压、电流的变化规律以及它们之间相互关系的方程。

2.3.1 均匀传输线方程

对于均匀传输线，由于分布参数是沿线均匀分布的，所以只须考虑线元 dz 的情况。设传输线上 z 处的电压和电流分别为 $v(z,t)$ 和 $i(z,t)$，$z+$dz 处的电压和电流分别为 $v(z+$dz$,t)$ 和 $i(z+$dz$,t)$，线元 dz 可以看成集总参数电路，如图 2.6 所示，则线元 dz 上的电压和电流有如下关系

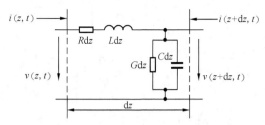

图 2.6 传输线的等效电路及其上的电压和电流

$$\left.\begin{aligned} v(z+\mathrm{d}z,t)-v(z,t) &= -\mathrm{d}v(z,t) = -\frac{\partial v(z,t)}{\partial z}\mathrm{d}z = \left[Ri(z,t) + L\frac{\partial i(z,t)}{\partial t}\right]\mathrm{d}z \\ i(z+\mathrm{d}z,t)-i(z,t) &= -\mathrm{d}i(z,t) = -\frac{\partial i(z,t)}{\partial z}\mathrm{d}z = \left[Gv(z,t) + C\frac{\partial v(z,t)}{\partial t}\right]\mathrm{d}z \end{aligned}\right\}$$

也即

$$\left.\begin{aligned} -\frac{\partial v(z,t)}{\partial z} &= Ri(z,t) + L\frac{\partial i(z,t)}{\partial t} \\ -\frac{\partial i(z,t)}{\partial z} &= Gv(z,t) + C\frac{\partial v(z,t)}{\partial t} \end{aligned}\right\} \tag{2.5}$$

式（2.5）称为均匀传输线方程，又称为电报方程。

通常传输线始端的信号源为正弦信号源，假设其角频率为 ω。当电压和电流随时间作正弦变化时，也称为时谐变化，可以用复数表示电压和电流。此时传输线上电压和电流的瞬时值 $v(z,t)$ 和 $i(z,t)$ 可以表示为

$$\left.\begin{aligned} v(z,t) &= \mathrm{Re}\left[V(z)\mathrm{e}^{\mathrm{j}\omega t}\right] \\ i(z,t) &= \mathrm{Re}\left[I(z)\mathrm{e}^{\mathrm{j}\omega t}\right] \end{aligned}\right\} \tag{2.6}$$

式（2.6）中，$V(z)$ 和 $I(z)$ 分别为传输线上 z 处电压和电流的复有效值，它们只是距离 z 的函数。在传输线理论中，电压和电流主要研究它的复有效值 $V(z)$ 和 $I(z)$，$V(z)$ 和 $I(z)$ 也称为电压和电流的复数形式。

将式（2.6）代入式（2.5），并将 $V(z)$ 写为 V，$I(z)$ 写为 I，得到如下传输线方程

$$\left.\begin{aligned} -\frac{\mathrm{d}V}{\mathrm{d}z} &= (R + \mathrm{j}\omega L)I \\ -\frac{\mathrm{d}I}{\mathrm{d}z} &= (G + \mathrm{j}\omega C)V \end{aligned}\right\} \tag{2.7}$$

式（2.7）是复数形式的传输线方程。式（2.7）是一阶常微分方程，它描写了均匀传输线每个微分段上电压和电流的变化规律，由此方程可以解出传输线上任意点的电压和电流，以及它们之间的关系。

2.3.2 均匀传输线方程的解

求解方程组（2.7）。在式（2.7）的两边，对 z 再微分一次，可以得到

$$\left.\begin{array}{l} \dfrac{\mathrm{d}^2 V}{\mathrm{d}z^2} - \gamma^2 V = 0 \\[2mm] \dfrac{\mathrm{d}^2 I}{\mathrm{d}z^2} - \gamma^2 I = 0 \end{array}\right\} \tag{2.8}$$

式（2.8）中

$$\gamma = \sqrt{(R + \mathrm{j}\omega L)(G + \mathrm{j}\omega C)} = \alpha + \mathrm{j}\beta \tag{2.9}$$

式（2.8）是二阶常微分方程，称为均匀传输线的波动方程。γ 称为传输线上波的传播常数，一般情况下 γ 为复数，其实部 α 称为衰减常数，虚部 β 称为相移常数。

式（2.8）的解为

$$\left.\begin{array}{l} V(z) = A_1 \mathrm{e}^{-\gamma z} + A_2 \mathrm{e}^{\gamma z} \\[2mm] I(z) = \dfrac{1}{Z_0}(A_1 \mathrm{e}^{-\gamma z} - A_2 \mathrm{e}^{\gamma z}) \end{array}\right\} \tag{2.10}$$

式（2.10）中

$$Z_0 = \sqrt{\dfrac{R + \mathrm{j}\omega L}{G + \mathrm{j}\omega C}} \tag{2.11}$$

实际中，常假定传输线为无耗传输线，于是式（2.9）和式（2.10）成为

$$\alpha = 0 , \quad \gamma = \mathrm{j}\beta \tag{2.12}$$

$$\left.\begin{array}{l} V(z) = A_1 \mathrm{e}^{-\mathrm{j}\beta z} + A_2 \mathrm{e}^{\mathrm{j}\beta z} \\[2mm] I(z) = \dfrac{1}{Z_0}(A_1 \mathrm{e}^{-\mathrm{j}\beta z} - A_2 \mathrm{e}^{\mathrm{j}\beta z}) \end{array}\right\} \tag{2.13}$$

式（2.13）给出了均匀无耗传输线上电压和电流的分布。

2.3.3 行波

函数 $f(x - x_0)$ 是由函数 $f(x)$ 沿 $+x$ 轴右移 x_0 后获得的具有相同特性的函数。如果考虑函数 $f(x - v_\mathrm{p}t)$，则其可以视为函数 $f(x)$ 沿 $+x$ 轴右移 $x_0 = v_\mathrm{p}t$ 后所得，其中 v_p 和 t 分别为传播的相速度和传播的时间。由于距离 x_0 随着时间 t 的推移而逐渐增加，因而随着时间的推移，函数 $f(x - v_\mathrm{p}t)$ 将沿 $+x$ 方向持续移动。同理，函数 $f(x + v_\mathrm{p}t)$ 随着时间 t 的推移，将沿 $-x$ 方向持续移动。

1. 电压的入射行波和反射行波

下面，考察式（2.13）中函数的移动特性。式（2.13）中，$V(z)$ 是电压的复数表示法，改写为电压的瞬时值表示法为

$$\begin{aligned} v(z) &= \mathrm{Re}\left[V(z)e^{\mathrm{j}\omega t}\right] \\ &= A_1 \cos(\omega t - \beta z) + A_2 \cos(\omega t + \beta z) \\ &= A_1 \cos\beta\left(z - \frac{\omega}{\beta}t\right) + A_2 \cos\beta\left(z + \frac{\omega}{\beta}t\right) \\ &= A_1 \cos\beta(z - v_\mathrm{p}t) + A_2 \cos\beta(z + v_\mathrm{p}t) \end{aligned} \tag{2.14}$$

式（2.14）中，$v_p = \omega / \beta$。式（2.14）有如下特性。

（1）$A_1 \cos \beta(z - v_p t)$ 表示函数随着时间 t 的推移沿 $+x$ 方向持续移动。称 $A_1 \cos \beta(z - v_p t)$ 为沿 $+x$ 方向移动的行波，也即为电压入射行波。

（2）$A_2 \cos \beta(z + v_p t)$ 表示函数随着时间 t 的推移沿 $-x$ 方向持续移动。称 $A_2 \cos \beta(z + v_p t)$ 为沿 $-x$ 方向移动的行波，也即为电压反射行波。

（3）电压 $v(z)$ 为沿 $+x$ 方向移动的入射行波与沿 $-x$ 方向移动的反射行波的叠加。

结论是：如果电压用式（2.13）的复数形式表示，$A_1 \mathrm{e}^{-\mathrm{j}\beta z}$ 表示向 $+z$ 方向传播的行波，$A_2 \mathrm{e}^{\mathrm{j}\beta z}$ 表示向 $-z$ 方向传播的行波，传输线上电压的解呈现出波动性。

2. 电流的入射行波和反射行波

同理，式（2.13）中的 $I(z)$ 改写为瞬时值表示法为

$$\begin{aligned} i(z) &= \mathrm{Re}\left[I(z)\mathrm{e}^{\mathrm{j}\omega t} \right] \\ &= \frac{A_1}{Z_0} \cos \beta(z - v_p t) - \frac{A_2}{Z_0} \cos \beta(z + v_p t) \end{aligned} \tag{2.15}$$

式（2.15）有如下特性。

（1）$\dfrac{A_1}{Z_0} \cos \beta(z - v_p t)$ 表示沿 $+x$ 方向移动的行波。

（2）$\dfrac{A_2}{Z_0} \cos \beta(z + v_p t)$ 表示沿 $-x$ 方向移动的行波。

（3）电流 $i(z)$ 为沿 $+x$ 方向移动的入射行波与沿 $-x$ 方向移动的反射行波的叠加。

结论是：如果电流用式（2.13）的复数形式表示，$\dfrac{A_1}{Z_0} \mathrm{e}^{-\mathrm{j}\beta z}$ 表示向 $+z$ 方向传播的行波，$\dfrac{A_2}{Z_0} \mathrm{e}^{\mathrm{j}\beta z}$ 表示向 $-z$ 方向传播的行波，传输线上电流的解也呈现出波动性。

2.3.4 传输线的二种边界条件

如图 2.7 所示，传输线的边界条件通常有二种，一种是已知传输线终端电压 V_2 和终端电流 I_2；另一种是已知传输线始端电压 V_1 和始端电流 I_1。下面分别加以讨论。

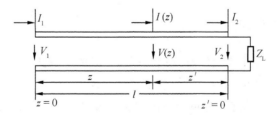

图 2.7　传输线的边界条件

1. 已知传输线终端电压 V_2 和终端电流 I_2

这是最常用的情况。将 $z = l$、$V(l) = V_2$、$I(l) = I_2$ 代入式（2.13），可以求得

$$
A_1 = \frac{V_2 + I_2 Z_0}{2} e^{j\beta l} \\
A_2 = \frac{V_2 - I_2 Z_0}{2} e^{-j\beta l}
$$

（2.16）

将式（2.16）代入式（2.13）并整理，得到

$$
V(z') = \frac{V_2 + I_2 Z_0}{2} e^{j\beta z'} + \frac{V_2 - I_2 Z_0}{2} e^{-j\beta z'} \\
I(z') = \frac{V_2 + I_2 Z_0}{2Z_0} e^{j\beta z'} - \frac{V_2 - I_2 Z_0}{2Z_0} e^{-j\beta z'}
$$

（2.17）

式（2.17）中 $z' = l - z$ ， z' 是由终端算起的坐标。

式（2.17）可变换成正弦函数形式，得到

$$
V(z') = V_2 \cos\beta z' + j I_2 Z_0 \sin\beta z' \\
I(z') = j\frac{V_2}{Z_0} \sin\beta z' + I_2 \cos\beta z'
$$

（2.18）

式（2.18）为已知终端电压和终端电流时传输线上各点的电压和电流分布。

2. 已知传输线始端电压 V_1 和始端电流 I_1

始端 $z = 0$ ，将 $V(0) = V_1$ 及 $I(0) = I_1$ 代入式（2.13），可求得

$$
A_1 = \frac{V_1 + I_1 Z_0}{2} \\
A_2 = \frac{V_1 - I_1 Z_0}{2}
$$

（2.19）

将式（2.19）代入式（2.13），可得

$$
V(z) = \frac{V_1 + I_1 Z_0}{2} e^{-j\beta z} + \frac{V_1 - I_1 Z_0}{2} e^{j\beta z} \\
I(z) = \frac{V_1 + I_1 Z_0}{2Z_0} e^{-j\beta z} - \frac{V_1 - I_1 Z_0}{2Z_0} e^{j\beta z}
$$

（2.20）

式（2.20）为已知始端电压和始端电流时传输线上各点的电压和电流分布。

2.4 传输线的基本特性参数

在 2.3 节中，得到了传输线上任意一点电压和电流的通解式（2.13），此式至关重要，通过对式（2.13）的分析可以得到传输线的基本特性参数。

由式（2.13）可知，传输线上任意一点的电压 $V(z)$ 为 $A_1 e^{-j\beta z}$ 与 $A_2 e^{j\beta z}$ 之和，其中 $A_1 e^{-j\beta z}$ 表示沿 $+z$ 方向传播的电磁波，称为入射电压； $A_2 e^{j\beta z}$ 表示沿 $-z$ 方向传播的电磁波，称为反射电压。入射电压与反射电压均为行波。传输线上任意一点的电流 $I(z)$ 为 $\frac{1}{Z_0} A_1 e^{-j\beta z}$ 与 $\frac{1}{Z_0} A_2 e^{j\beta z}$ 之差，其中 $\frac{1}{Z_0} A_1 e^{-j\beta z}$ 表示沿 $+z$ 方向传播的电磁波，称为入射电流； $\frac{1}{Z_0} A_2 e^{j\beta z}$ 表

示沿 $-z$ 方向传播的电磁波，称为反射电流。入射电流与反射电流均为行波。

传输线上入射电压 $A_1 e^{-j\beta z}$ 与入射电流 $\frac{1}{Z_0} A_1 e^{-j\beta z}$ 之比，称为传输线的特性阻抗；传输线上反射电压 $A_2 e^{j\beta z}$ 与入射电压 $A_1 e^{-j\beta z}$ 之比，称为传输线的反射系数；传输线上总电压 $V(z)$ 与总电流 $I(z)$ 之比，称为传输线的输入阻抗。特性阻抗、反射系数和输入阻抗均为传输线的特性参数。此外，传播常数 γ 和传输功率也为传输线的特性参数。

2.4.1 特性阻抗

传输线上入射电压与入射电流之比（也即行波电压与行波电流之比），称为传输线的特性阻抗，特性阻抗用 Z_0 表示。由式（2.11）可以得到传输线特性阻抗的一般公式为

$$Z_0 = \sqrt{\frac{R + j\omega L}{G + j\omega C}}$$

对于工作在射频的低耗传输线，总有 $R \ll \omega L$，$G \ll \omega C$。例如，工作于 1GHz 的铜制同轴线，若其内导体半径为 0.8cm，外导体内半径为 2cm，内外导体之间所填充介质的 ε_r 为 2.5，σ_1 为 10^{-8} S/m，σ_2 为 5.8×10^7 S/m，由表 2.1 计算可以得到同轴线的分布参数为

$$R = 0.23 \ \Omega/m$$

$$G = 6.8 \times 10^{-8} \ S/m$$

$$\omega L = 1.15 \times 10^3 \ \Omega/m$$

$$\omega C = 0.94 \ S/m$$

显然 $R \ll \omega L$，$G \ll \omega C$。因此，射频传输线的特性阻抗近似为

$$Z_0 \approx \sqrt{\frac{L}{C}} \tag{2.21}$$

可见在射频情况下可以认为传输线的特性阻抗为纯电阻。

将表 2.1 中分布电感 L 和分布电容 C 的公式代入式（2.21），可以求得平行双导线的特性阻抗为

$$Z_0 = 120 \ln \left[\frac{D}{d} + \sqrt{\left(\frac{D}{d} \right)^2 - 1} \right]$$

$$\approx 120 \ln \frac{2D}{d} \ \Omega \tag{2.22}$$

$$\approx 276 \lg \frac{2D}{d} \ \Omega$$

平行双导线的特性阻抗值一般为 250～700 Ω，常用的是 250 Ω、400 Ω 和 600 Ω。式（2.22）假设平行双导线导体周围是空气。

同理，将表 2.1 中分布电感 L 和分布电容 C 的公式代入式（2.21），可以得到同轴线的特性阻抗为

$$Z_0 = \frac{60}{\sqrt{\varepsilon_r}} \ln \frac{b}{a} \ \Omega$$

$$\approx \frac{138}{\sqrt{\varepsilon_r}} \lg \frac{b}{a} \ \Omega \tag{2.23}$$

式（2.23）中，ε_r 为同轴线内外导体间介质的相对介电常数。同轴线的特性阻抗值一般为 $40\sim$ $100\,\Omega$，常用的有 $50\,\Omega$ 和 $75\,\Omega$。

2.4.2　反射系数

传输线上的波一般为入射波与反射波的迭加。波的反射现象是传输线上最基本的物理现象，传输线的工作状态也主要决定于反射的情况。为了表示传输线的反射特性，引入反射系数 Γ。

1. 反射系数 Γ 的定义及表示式

反射系数是指传输线上某点的反射电压与入射电压之比，也等于传输线上某点反射电流与入射电流之比的负值。反射系数为

$$\Gamma(z') = \frac{V^-(z')}{V^+(z')} = -\frac{I^-(z')}{I^+(z')} \tag{2.24}$$

式（2.24）中，$V^+(z')$ 和 $V^-(z')$ 为 z' 处的入射电压和反射电压；$I^+(z')$ 和 $I^-(z')$ 为 z' 处的入射电流和反射电流。图 2.8 所示为传输线上的入射电压、反射电压及反射系数。

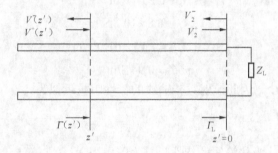

图 2.8　传输线上的入射电压、反射电压和反射系数

对于式（2.17），令 $V_2^+ = \dfrac{V_2 + I_2 Z_0}{2}$ 和 $V_2^- = \dfrac{V_2 - I_2 Z_0}{2}$ 分别表示终端的入射电压和反射电压，同时令 $I_2^+ = \dfrac{V_2 + I_2 Z_0}{2Z_0}$ 和 $I_2^- = \dfrac{V_2 - I_2 Z_0}{2Z_0}$ 分别表示终端的入射电流和反射电流，则式（2.17）可以简化写为

$$\left. \begin{array}{l} V(z') = V_2^+ e^{j\beta z'} + V_2^- e^{-j\beta z'} = V^+(z') + V^-(z') \\ I(z') = I_2^+ e^{j\beta z'} - I_2^- e^{-j\beta z'} = I^+(z') - I^-(z') \end{array} \right\} \tag{2.25}$$

将式（2.25）的结果代入式（2.24），可以得到

$$\Gamma(z') = \frac{V_2^-}{V_2^+} e^{-j2\beta z'} = \Gamma_L e^{-j2\beta z'} \tag{2.26}$$

其中

$$\Gamma_L = \frac{V_2 - I_2 Z_0}{V_2 + I_2 Z_0} = |\Gamma_L| e^{j\phi_L} \tag{2.27}$$

Γ_L 为终端反射系数。

式（2.26）可以改写为

$$\Gamma(z') = \Gamma_{\mathrm{L}} e^{-\mathrm{j}2\beta z'} = |\Gamma_{\mathrm{L}}| e^{\mathrm{j}(\phi_{\mathrm{L}} - 2\beta z')} \tag{2.28}$$

式（2.28）说明无耗传输线上任一点反射系数的模值 $|\Gamma(z')|$ 是相同的。这一结论非常重要，说明无耗传输线上任一点反射波与入射波虽然相位有差异，但振幅之比为常数。

综上所述，可以得到如下结论。

（1）反射系数 $\Gamma(z')$ 随传输线位置变化。

（2）反射系数 $\Gamma(z')$ 为复数，这反映出反射波与入射波之间有相位差异。

（3）无耗传输线上任一点反射系数的模值是相同的，说明无耗传输线上任一点反射波与入射波振幅之比为常数。

（4）反射系数 $\Gamma(z')$ 是周期性函数，周期为 $\lambda / 2$。

2．反射系数与终端负载的关系

式（2.27）可写成

$$\Gamma_{\mathrm{L}} = \frac{Z_{\mathrm{L}} - Z_0}{Z_{\mathrm{L}} + Z_0} \tag{2.29}$$

由式（2.29）可以看出，传输线终端负载 Z_{L} 决定着终端反射系数 Γ_{L}。由于无耗传输线上任意点的反射系数的模值是相同的，所以终端负载 Z_{L} 决定着无耗传输线上反射波的振幅。按照终端负载 Z_{L} 的性质，传输线上将有 3 种不同的工作状态。

（1）当 $Z_{\mathrm{L}} = Z_0$ 时，$\Gamma_{\mathrm{L}} = 0$，传输线上无反射波，只有入射波，称为行波状态。

（2）当 $Z_{\mathrm{L}} = 0$（终端短路）时，$\Gamma_{\mathrm{L}} = -1$；当 $Z_{\mathrm{L}} = \infty$（终端开路）时，$\Gamma_{\mathrm{L}} = 1$；当 $Z_{\mathrm{L}} = \pm \mathrm{j} X_{\mathrm{L}}$（终端接纯电抗负载）时，$|\Gamma_{\mathrm{L}}| = 1$。这 3 种情况下反射波的振幅与入射波的振幅相等，只是相位有差异，入射波的能量全部被反射，负载没有任何吸收。这 3 种情况称为全反射工作状态，为驻波状态。

（3）当 $Z_{\mathrm{L}} = R_{\mathrm{L}} \pm X_{\mathrm{L}}$ 时，$0 < |\Gamma_{\mathrm{L}}| < 1$，入射波能量部分被负载吸收，部分被反射，称为部分反射工作状态，为行驻波状态。

3．驻波系数和行波系数

由上面的结果可以看出，反射系数是复数，且随传输线的位置而改变。为更方便地表示传输线的反射特性，工程上引入驻波系数和行波系数的概念。

驻波系数（也称为电压驻波比）定义为传输线上电压最大点与电压最小点的电压振幅之比，用 VSWR 或 ρ 表示，即

$$\rho = \frac{|V_{\max}|}{|V_{\min}|} \tag{2.30}$$

电压驻波比的倒数为行波系数，用 K 表示，即

$$K = \frac{1}{\rho} = \frac{|V_{\min}|}{|V_{\max}|} \tag{2.31}$$

传输线上电压为最大值的点也称为电压波腹点，电压为最小值的点也称为电压波谷点或电压波节点；同样，传输线上电流为最大值的点也称为电流波腹点，电流为最小值的点也称为电

流波谷点或电流波节点。

由式（2.25）有

$$V(z') = V_2^+ e^{j\beta z'}(1 + \Gamma_L e^{-j2\beta z'}) \atop I(z') = I_2^+ e^{j\beta z'}(1 - \Gamma_L e^{-j2\beta z'}) \Bigg\} \tag{2.32}$$

由式（2.32）可以看出，无耗传输线上不同点的电压和电流振幅是不同的，以$\lambda/2$线长作周期变化，在一个周期内，电压和电流的振幅有最大值和最小值，于是得到

$$\rho = \frac{1 + |\Gamma_L|}{1 - |\Gamma_L|} \tag{2.33}$$

及

$$K = \frac{1 - |\Gamma_L|}{1 + |\Gamma_L|} \tag{2.34}$$

由式（2.33）和式（2.34）可以得到如下结论。

（1）当$|\Gamma_L| = 0$，也即行波状态时，驻波系数$\rho = 1$，行波系数$K = 1$。

（2）当$|\Gamma_L| = 1$，也即驻波状态时，驻波系数$\rho = \infty$，行波系数$K = 0$。

（3）当$0 < |\Gamma_L| < 1$，也即行驻波状态时，驻波比$1 < \rho < \infty$，行波系数$0 < K < 1$。

4. 电压和电流的最大值和最小值

由式（2.32）可知，当

$$\Gamma_L e^{-j2\beta z'} = |\Gamma_L|$$

时，式（2.32）为

$$V(z') = V_2^+ e^{j\beta z'}(1 + |\Gamma_L|)$$

$$I(z') = I_2^+ e^{j\beta z'}(1 - |\Gamma_L|)$$

由上式可知，电压的振幅为最大值时，电流的振幅为最小值，分别为

$$|V_{max}| = |V_2^+|(1 + |\Gamma_L|) \atop |I_{min}| = |I_2^+|(1 - |\Gamma_L|) \Bigg\} \tag{2.35}$$

即传输线上电压最大值所在的点，电流为最小值。

由式（2.32）还可知，当

$$\Gamma_L e^{-j2\beta z'} = -|\Gamma_L|$$

时，式（2.32）为

$$V(z') = V_2^+ e^{j\beta z'}(1 - |\Gamma_L|)$$

$$I(z') = I_2^+ e^{j\beta z'}(1 + |\Gamma_L|)$$

由上式可知，电压的振幅为最小值时，电流的振幅为最大值，分别为

$$|V_{min}| = |V_2^+|(1 - |\Gamma_L|) \atop |I_{max}| = |I_2^+|(1 + |\Gamma_L|) \Bigg\} \tag{2.36}$$

即传输线上电压最小值所在的点，电流为最大值。

由式（2.35）和式（2.36）可以得出

$$\frac{\left|V_{\max}\right|}{\left|I_{\max}\right|} = \frac{\left|V_2^+\right|\left(1+\left|\Gamma_{\mathrm{L}}\right|\right)}{\left|I_2^+\right|\left(1+\left|\Gamma_{\mathrm{L}}\right|\right)} = Z_0 \tag{2.37}$$

传输线上电压的最大值与电流的最大值之比等于特性阻抗 Z_0。

由式（2.35）和式（2.36）还可以得出

$$\frac{\left|V_{\min}\right|}{\left|I_{\min}\right|} = \frac{\left|V_2^+\right|\left(1-\left|\Gamma_{\mathrm{L}}\right|\right)}{\left|I_2^+\right|\left(1-\left|\Gamma_{\mathrm{L}}\right|\right)} = Z_0 \tag{2.38}$$

传输线上电压的最小值与电流的最小值之比等于特性阻抗 Z_0。

综上所述，得到如下结论。

（1）传输线上电压最大值所在点，电流为最小值。

（2）传输线上电压最小值所在点，电流为最大值。

（3）传输线上电压最大值与电流最大值之比等于特性阻抗。

（4）传输线上电压最小值与电流最小值之比等于特性阻抗。

2.4.3　输入阻抗

传输线上任意一点的电压 $V(z)$ 与电流 $I(z)$ 之比，称为传输线的输入阻抗。输入阻抗为

$$Z_{\mathrm{in}}(z) = \frac{V(z)}{I(z)} \tag{2.39}$$

将式（2.18）代入式（2.39），得到

$$Z_{\mathrm{in}}(z') = Z_0 \frac{Z_{\mathrm{L}} + \mathrm{j}Z_0 \tan\beta z'}{Z_0 + \mathrm{j}Z_{\mathrm{L}} \tan\beta z'} \tag{2.40}$$

传输线的负载阻抗 Z_{L} 是指传输线负载端的阻抗，即负载端的电压与电流之比。传输线上任一点的阻抗是由该点向负载看进去的阻抗，也即输入阻抗 $Z_{\mathrm{in}}(z')$，如图 2.9 所示。

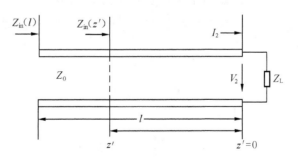

图 2.9　传输线上的输入阻抗

例 2.1　求终端短路的 $\lambda/4$ 传输线的输入阻抗。

解　对于终端短路的 $\lambda/4$ 传输线，有

$$\beta z' = \frac{2\pi}{\lambda}\frac{\lambda}{4} = \frac{\pi}{2}$$

$$Z_L = 0$$

由式（2.40），可以得到传输线的输入阻抗为

$$Z_{in}\left(\frac{\lambda}{4}\right) = Z_0 \frac{Z_L + jZ_0 \tan(\pi/2)}{Z_0 + jZ_L \tan(\pi/2)} = \infty$$

输入阻抗为无穷大。即终端短路的传输线过 $\lambda/4$ 后等效为开路。

输入阻抗与反射系数有一定的关系。式（2.25）可改写成

$$\left.\begin{array}{l} V(z') = V^+(z')\left[1 + \Gamma(z')\right] \\ I(z') = I^+(z')\left[1 - \Gamma(z')\right] \end{array}\right\} \tag{2.41}$$

由式（2.41）可得

$$Z_{in}(z') = Z_0 \frac{1 + \Gamma(z')}{1 - \Gamma(z')} \tag{2.42}$$

在终端，式（2.42）为

$$Z_L = Z_0 \frac{1 + \Gamma_L}{1 - \Gamma_L} \tag{2.43}$$

传输线的输入阻抗有如下结论。

（1）当负载 $Z_L = Z_0$ 时，输入阻抗 $Z_{in}(z') = Z_0$。这是负载匹配的情况，负载匹配时传输线上所有点的输入阻抗 $Z_{in}(z')$ 都等于特性阻抗 Z_0。

（2）当负载 $Z_L \neq Z_0$ 时，输入阻抗 $Z_{in}(z')$ 随传输线的位置 z' 而变，输入阻抗 $Z_{in}(z')$ 与负载阻抗 Z_L 不相等。

（3）输入阻抗 $Z_{in}(z')$ 是周期性函数，周期为 $\lambda/2$。

2.4.4 传播常数

传播常数 γ 是描述传输线上入射波和反射波的衰减和相位变化的参数。由式（2.9）可得传播常数的一般公式为

$$\gamma = \sqrt{(R + j\omega L)(G + j\omega C)} = \alpha + j\beta$$

γ 一般是频率的复杂函数，应用很不方便。对于无耗和射频低耗情况，其表示式可以大为简化。

对于无耗传输线

$$\alpha = 0 , \quad \beta = \omega\sqrt{LC}$$

对于射频低耗传输线

$$\alpha = \frac{R}{2Z_0} + \frac{GZ_0}{2} , \quad \beta = \omega\sqrt{LC} \tag{2.44}$$

1. 衰减常数

衰减常数表示单位长度行波振幅的变化，这种变化常用相对电平和绝对电平两种方式表示。相对电平常用分贝（dB）和奈培（NP）这两个单位表示，绝对电平常用分贝毫瓦（dBm）和分贝瓦（dBW）这两个单位表示。

（1）传输线上两点之间相对电平的表示

① dB

若传输线有衰减，可以将传输线上两点功率电平 P_1 和 P_2 的比值用 dB 表示。

$$10\lg(P_1 / P_2) = 20\lg(V_1 / V_2) \quad \text{dB} \tag{2.45}$$

② NP

传输线中的衰减也常用 NP 表示。

$$\frac{1}{2}\ln\frac{P_1}{P_2} = \ln\frac{V_1}{V_2} \quad \text{NP} \tag{2.46}$$

dB 与 NP 的关系为

$$1\text{NP}=8.686\text{dB}$$

$$1\text{dB}=0.115\text{NP}$$

由式（2.45）计算出的 dB 数和式（2.46）计算出的 NP 数，只能表示传输线上两点之间的相对电平，由分贝引伸出来的分贝毫瓦（dBm）和分贝瓦（dBW）两个基本单位，可以用于确定传输电路中某点的绝对电平。

（2）传输电路中某点绝对电平的表示

① dBm

dBm 的定义是功率电平对 1mW 的比，即

$$功率\ \text{dBm}=10\lg\frac{P(z)}{1\text{mW}} \tag{2.47}$$

$$0\text{dBm}=1\text{mW}$$

② dBW

dBW 的定义是功率电平对 1W 的比，即

$$功率（\text{dBW}）=10\lg\frac{P(z)}{1\text{W}} \tag{2.48}$$

$$0\text{dBW}=1\text{W}$$

dBm 与 dBW 的关系为

$$30\text{dBm}=0\text{dBW}$$

2. 相移常数

相移常数表示单位长度行波相位的变化。行波（入射波或反射波）的相位取决于 $\omega t - \beta z$，在 $t = t_1$ 时刻，其相位是 $\omega t_1 - \beta z_1$；在 $t = t_2$ 时刻，其相位是 $\omega t_2 - \beta z_2$。行波是等相位点在移动，于是有

$$\omega t_1 - \beta z_1 = \omega t_2 - \beta z_2$$

进而得到

$$v_\text{p} = \frac{z_2 - z_1}{t_2 - t_1} = \frac{\omega}{\beta}$$

对于无耗传输线，$v_\text{p} = \dfrac{1}{\sqrt{LC}}$，将同轴线和平行双导线的 L 和 C 代入 v_p，可以得到

$$v_{\mathrm{p}} = \frac{c}{\sqrt{\varepsilon_{\mathrm{r}}}} \tag{2.49}$$

式（2.49）中 c 为光速，这表明传输线上波的速度与同介质中波的速度相同。

同一时刻相位相差 2π 的两点之间的距离为波长，以 λ 表示，于是有

$$\omega t_1 - \beta(z_1 + \lambda) = \omega t_1 - \beta z_1 - 2\pi$$

由此可得

$$\lambda = \frac{2\pi}{\beta} \tag{2.50}$$

2.4.5　传输功率

由式（2.41）可得，无耗传输线上任意一点的电压和电流为

$$V(z') = V^+(z')\big[1 + \varGamma(z')\big]$$

$$I(z') = I^+(z')\big[1 - \varGamma(z')\big]$$

因此传输线的传输功率为

$$\begin{aligned}
P(z') &= \frac{1}{2}\mathrm{Re}\Big[V(z')I^*(z')\Big] \\
&= \frac{1}{2}\mathrm{Re}\left\{\frac{\big|V^+(z')\big|^2}{Z_0}\Big[1 - \big|\varGamma(z')\big|^2 + \varGamma(z') - \varGamma^*(z')\Big]\right\}
\end{aligned}$$

上式中 $\varGamma(z') - \varGamma^*(z')$ 为虚数，因此上式可以写成

$$\begin{aligned}
P(z') &= \frac{\big|V^+(z')\big|^2}{2Z_0}\Big[1 - \big|\varGamma(z')\big|^2\Big] \\
&= \frac{\big|V^+(z')\big|^2}{2Z_0} - \frac{\big|V^-(z')\big|^2}{2Z_0} \\
&= P^+(z') - P^-(z')
\end{aligned} \tag{2.51}$$

式（2.51）中，$P^+(z')$ 和 $P^-(z')$ 分别表示通过 z' 点处的入射波功率和反射波功率。式（2.51）表明，无耗传输线上通过任意点的传输功率等于该点的入射波功率与反射波功率之差。

对于无耗线，通过线上任意点的传输功率都是相同的，为简便起见，在电压波腹点（也即电流波谷点）处计算传输功率，传输功率为

$$P(z') = \frac{1}{2}\big|V\big|_{\max}\big|I\big|_{\min} = \frac{1}{2}\frac{\big|V\big|_{\max}^2}{Z_0}K \tag{2.52}$$

式（2.52）中 $\big|V\big|_{\max}$ 决定于传输线间的击穿电压 V_{br}，在不发生击穿的前提下，传输线允许传输的最大功率为传输线的功率容量，其值为

$$P_{\mathrm{br}} = \frac{1}{2}\frac{\big|V_{\mathrm{br}}\big|^2}{Z_0}K \tag{2.53}$$

可见传输线的功率容量与行波系数有关，K 越大，功率容量就越大。

2.5 均匀无耗传输线工作状态分析

传输线的工作状态是指传输线上电压、电流和阻抗的分布规律。传输线的工作状态有 3 种：行波工作状态、驻波工作状态和行驻波工作状态。

由于讨论限于射频波段，而且传输线一般不长，可以把传输线当成无耗传输线来处理。对于无耗传输线，有

$$\alpha = 0 \ , \quad \beta = \omega\sqrt{LC} \ , \quad \gamma = j\beta \ , \quad Z_0 = \sqrt{L/C}$$

2.5.1 行波工作状态

行波工作状态也称为无反射工作状态。由式（2.17）可以看出，当 $\dfrac{V_2 - I_2 Z_0}{2} \mathrm{e}^{-\mathrm{j}\beta z'}$ 和

$\dfrac{V_2 - I_2 Z_0}{2Z_0} \mathrm{e}^{-\mathrm{j}\beta z'}$ 都等于零时，就可以得到无反射工作状态。因此，有 2 种情况可以产生无反射工作状态，即：

（1）$\mathrm{e}^{-\mathrm{j}\beta z'} = 0$，也即 $z' \to \infty$，这便是传输线无限长的情况；

（2）$V_2 - I_2 Z_0 = 0$，此时 $Z_\mathrm{L} = V_2 / I_2 = Z_0$，这便是负载匹配的情况。

实际只考虑（2）的情况。图 2.10（a）为终端加匹配负载的传输线，当传输线终端负载匹配时，传输线上只有入射波，没有反射波，传输线处于行波工作状态。

当无反射时，由式（2.20）可得传输线上电压和电流的表示式为

$$\left. \begin{aligned} V(z) &= \frac{V_1 + I_1 Z_0}{2} \mathrm{e}^{-\mathrm{j}\beta z} = V_1^+ \mathrm{e}^{-\mathrm{j}\beta z} = \left|V_1^+\right| \mathrm{e}^{\mathrm{j}(\phi_1 - \beta z)} \\ I(z) &= \frac{V_1 + I_1 Z_0}{2Z_0} \mathrm{e}^{-\mathrm{j}\beta z} = I_1^+ \mathrm{e}^{-\mathrm{j}\beta z} = \left|I_1^+\right| \mathrm{e}^{\mathrm{j}(\phi_1 - \beta z)} \end{aligned} \right\} \tag{2.54}$$

式（2.54）中 $V_1^+ = \left|V_1^+\right| \mathrm{e}^{\mathrm{j}\phi_1}$、$I_1^+ = \left|I_1^+\right| \mathrm{e}^{\mathrm{j}\phi_1}$。可见在行波状态下传输线上各点电压和电流的振幅不变，如图 2.10（b）所示。

行波工作状态电压和电流的瞬时值为

$$\left. \begin{aligned} v(z,t) &= \left|V_1^+\right| \cos(\omega t - \beta z + \phi_1) \\ i(z,t) &= \left|I_1^+\right| \cos(\omega t - \beta z + \phi_1) \end{aligned} \right\} \tag{2.55}$$

由式（2.55）可以看出，当 t 一定时传输线上电压和电流的瞬时值呈余弦分布，在同一时刻传输线上电压和电流的相位随 z 的增加连续滞后，如图 2.10（c）所示。传输线上传输行波时，传输线上电压和电流同相，同时达到最大值，同时达到最小值，这是行波前进的必然结果。

由式（2.54）可得传输线上任意一点的输入阻抗为

$$Z_\mathrm{in}(z) = \frac{V(z)}{I(z)} = Z_0 \tag{2.56}$$

传输线上任意一点的输入阻抗均为特性阻抗 Z_0，为一常数，如图 2.10（d）所示。

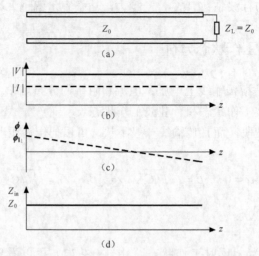

图 2.10　行波电压、电流和阻抗的分布图

上面分析了无耗传输线上行波的工作状态，行波有 3 个特点。

（1）传输线上各点电压和电流的振幅不变。

（2）传输线上电压和电流的相位相同，而且都随 z 的增加线性滞后。

（3）传输线上各点的输入阻抗均等于特性阻抗。

2.5.2　驻波工作状态

驻波工作状态也称为全反射工作状态。由 2.4 节分析得到，当传输线终端短路、开路或接纯电抗负载时，传输线上产生全反射，传输线工作于驻波状态。下面将分析这 3 种情况下的驻波工作状态。

1. 传输线终端短路

当传输线终端短路时，$Z_L = 0$，终端短路的传输线如图 2.11（a）所示。由式（2.29）可得终端短路时 $\varGamma_L = -1$，由式（2.32）可得终端短路传输线上电压和电流分别为

$$\left.\begin{aligned}V(z') &= \mathrm{j}2V_2^+ \sin \beta z' \\ I(z') &= \frac{2V_2^+}{Z_0} \cos \beta z'\end{aligned}\right\} \tag{2.57}$$

令 $V_2^+ = \left|V_2^+\right| \mathrm{e}^{\mathrm{j}\phi_2}$，$I_2^+ = \left|I_2^+\right| \mathrm{e}^{\mathrm{j}\phi_2}$，可得传输线上电压和电流的瞬时值为

$$\left.\begin{aligned}v(z',t) &= 2\left|V_2^+\right| \sin(\beta z') \cos\left(\omega t + \phi_2 + \frac{\pi}{2}\right) \\ i(z',t) &= \frac{2\left|V_2^+\right|}{Z_0} \cos(\beta z') \cos(\omega t + \phi_2)\end{aligned}\right\} \tag{2.58}$$

由式（2.58）可见，瞬时电压和瞬时电流的时间相位差为 $\pi/2$，这表明驻波在传输线上没有功率传输。

传输线上电压和电流的振幅值为

$$\left.\begin{aligned}|V(z')| &= 2\left|V_2^+\right|\left|\sin(\beta z')\right| \\ |I(z')| &= \frac{2\left|U_2^+\right|}{Z_0}\left|\cos(\beta z')\right|\end{aligned}\right\} \qquad (2.59)$$

传输线上电压和电流的振幅值如图 2.11（b）所示，由式（2.59）和图 2.11（b）都可以看出，传输线上电压和电流的振幅随位置而变，在传输线上某些点振幅永远为 0，这便是驻波的特性。

由式（2.59）可知，当 $\beta z' = n\pi(n=0,1,2,3,\cdots)$ 时电压为 0，电流振幅为最大值。也就是说，传输线上距离终端为 $\lambda/2$ 的整数倍处（包括终端短路处）电压永远为 0，电流振幅具有最大值，这些位置称为电压波谷点、电流波腹点。

由式（2.59）还可知，当 $\beta z' = (2n+1)\pi/2(n=0,1,2,3,\cdots)$ 时电压振幅为最大值，电流为 0。也就是说，传输线上距离终端为 $\lambda/4$ 及 $\lambda/4 + n\lambda/2$ 处电压振幅具有最大值，电流永远为 0，这些位置称为电压波腹点、电流波谷点。

电压和电流的振幅值具有 $\lambda/2$ 重复性。

由式（2.57）可以得到终端短路传输线的输入阻抗为

$$Z_{\text{in}}(z') = \mathrm{j}Z_0 \tan \beta z' \qquad (2.60)$$

终端短路传输线的输入阻抗特性如图 2.11（c）所示，可见终端短路的传输线上任意一点的输入阻抗为纯电抗，且随着位置而改变。当 $0 < z' < \lambda/4$ 时，输入阻抗为电感；当 $z' = \lambda/4$ 时，输入阻抗为无穷大，相当于开路，也相当于并联谐振；当 $\lambda/4 < z' < \lambda/2$ 时，输入阻抗为电容；当 $z' = \lambda/2$ 时，输入阻抗为零，相当于短路，也相当于串联谐振，如图 2.11（d）所示。

每过 $\lambda/4$，传输线上阻抗的性质改变一次，由电感（电容）变为电容（电感），由短路（开路）变为开路（短路）；每过 $\lambda/2$，传输线上阻抗性质重复一次。阻抗的这些特性，在射频技术中有着广泛的应用。

均匀无耗传输线的电压振幅、电流振幅和输入阻抗特性都有 $\lambda/2$ 的重复性，所以图 2.11 只画 λ 长（两个周期）就能表明传输线的工作特性。

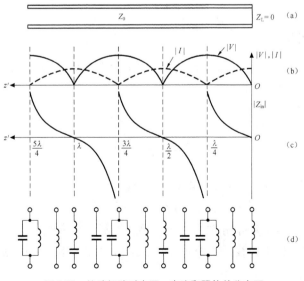

图 2.11 终端短路时电压、电流和阻抗的分布图

例 2.2 长度为 10cm 的终端短路同轴线，特性阻抗为 $50\,\Omega$，同轴线内外导体间介质的相对介电常数 $\varepsilon_r = 2.25$，当信号的频率为 $1\sim4$GHz 时，求同轴线的输入阻抗随频率的变化情况。

解 相速度为

$$v_p = \frac{3 \times 10^{10}}{\sqrt{2.25}} = 2 \times 10^{10} \quad \text{cm / s}$$

同轴线长 $l = 10$cm，同轴线的输入阻抗为

$$Z_{in}(l) = jZ_0 \tan \beta l = jZ_0 \tan \frac{2\pi f}{v_p} l = j50 \tan \frac{\pi f}{10^9} \quad \Omega$$

该同轴线输入阻抗的幅度如图 2.12 所示。由图可以看出，输入阻抗周期性变化，当 f 等于 1、2、3 和 4GHz 时，输入阻抗为零，该同轴线相当于短路；当 f 等于 1.5、2.5 和 3.5GHz 时，输入阻抗为无穷大，该同轴线相当于开路。

对于例 2.2，假如固定频率，改变同轴线的长度，也能得到相同的输入阻抗响应。

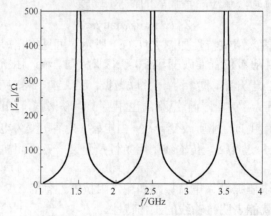

图 2.12　例 2.2 用图

2. 传输线终端开路

当传输线终端开路时，$Z_L = \infty$，由式（2.29）可得终端反射系数 $\Gamma_L = 1$，由式（2.32）可得传输线上电压和电流为

$$\left. \begin{array}{l} V(z') = 2V_2^+ \cos \beta z' \\[2mm] I(z') = j\dfrac{2V_2^+}{Z_0} \sin \beta z' \end{array} \right\} \tag{2.61}$$

由式（2.61）可以得到终端开路传输线的输入阻抗为

$$Z_{in}(z') = -jZ_0 \cot \beta z' \tag{2.62}$$

图 2.13（a）、（b）、（c）所示分别为终端开路传输线、传输线上电压和电流振幅的分布曲线以及传输线上阻抗的分布曲线。由图可见，传输线终端为电压波腹点、电流波谷点，阻抗为无穷大。

与终端短路的情况相比，可以得到这样一个结论，只要将终端短路的传输线从终端去掉

$\lambda/4$ 线长，余下传输线上电压、电流和阻抗的分布即为终端开路传输线上电压、电流和阻抗的分布。也就是说，终端开路传输线上电压、电流和阻抗的分布可以从终端短路传输线缩短（或延长）$\lambda/4$ 获得。

终端开路传输线的输入阻抗也是纯电抗。终端开路处阻抗无穷大，相当于并联谐振；当 $0 < z' < \lambda/4$ 时，输入阻抗为电容；当 $z' = \lambda/4$ 时，输入阻抗为零，相当于短路，也相当于串联谐振；当 $\lambda/4 < z' < \lambda/2$ 时，输入阻抗为电感，如图 2.13（d）所示。每过 $\lambda/4$，阻抗性质改变一次；每过 $\lambda/2$，阻抗性质重复一次。终端开路传输线输入阻抗的这些特性，在射频技术中也有着广泛的应用。

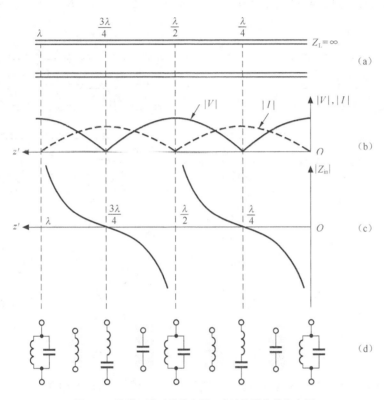

图 2.13　终端开路时沿线电压、电流和阻抗的分布图

3. 传输线终端接纯电抗负载

当传输线终端接纯电抗负载时，因为 $Z_L = \pm jX_L$，所以 $|\Gamma_L| = 1$，在这种情况下也要产生全反射而形成驻波。与终端短路传输线和终端开路传输线不同的是，这时 Γ_L 为一复数，终端不再是电压波腹点或电压波谷点，而是有一段相移。

由于终端短路传输线和终端开路传输线的输入阻抗都是纯电抗，因而任何电抗都可以用一段适当长度的终端短路传输线或终端开路传输线来等效。这样，就可以用延长一段长度的终端短路传输线或终端开路传输线来分析终端接纯电抗负载的传输线，这个方法叫做延长线段法。

如果负载为纯感抗，即 $Z_L = jX_L$，可用一段小于 $\lambda/4$ 的终端短路传输线来等效此感抗，其长度为

$$l_{e0} = \frac{\lambda}{2\pi}\left(\arctan\frac{X_L}{Z_0}\right) \tag{2.63}$$

图 2.14（a）所示为长度为 $l + l_{e0}$ 的终端短路传输线上电压、电流和阻抗的分布图。

如果负载为纯容抗，即 $Z_L = -jX_L$，可用一段小于 $\lambda/4$ 的终端开路传输线来等效此容抗，其长度为

$$l_{e\infty} = \frac{\lambda}{2\pi}\left(\text{arc cot}\frac{X_L}{Z_0}\right) \tag{2.64}$$

图 2.14（b）所示为长度为 $l + l_{e\infty}$ 的终端开路传输线上电压、电流和阻抗的分布图。

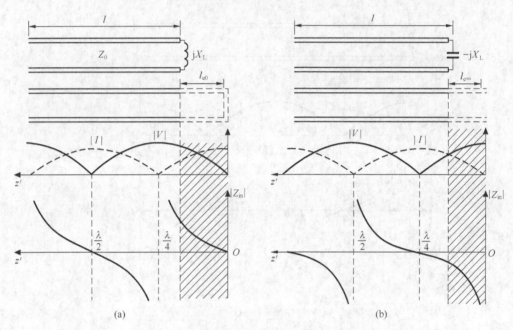

图 2.14 端接纯感抗和纯容抗沿线电压、电流和阻抗的分布

例 2.3 用特性阻抗为 $50\,\Omega$ 的终端短路同轴线代替 10nH 的电感，已知信号的频率为 1GHz，同轴线内外导体间是空气，问终端短路同轴线的长度是多少？

解 信号的波长 λ 为

$$\lambda = \frac{3 \times 10^{10}}{10^9} = 30\ \text{cm}$$

终端短路同轴线的长度为

$$l_{e0} = \frac{\lambda}{2\pi}\left(\arctan\frac{X_L}{Z_0}\right) = \frac{30}{2\pi}\left(\arctan\frac{2\pi \times 10^9 \times 10 \times 10^{-9}}{50}\right)$$

$$\approx 4.3\ \text{cm}$$

例 2.4 用特性阻抗为 $75\,\Omega$ 的终端开路同轴线代替 5pF 的电容，已知信号的频率为 2GHz，同轴线内外导体间是空气，问终端开路同轴线的长度是多少？

解 信号的波长 λ 为

$$\lambda = \frac{3 \times 10^{10}}{2 \times 10^9} = 15 \text{ cm}$$

终端开路同轴线的长度为

$$l_{e\infty} = \frac{\lambda}{2\pi}\left(\text{arc cot} \frac{X_L}{Z_0} \right) = \frac{15}{2\pi}\left(\text{arc cot} \frac{1}{75 \times 2\pi \times 2 \times 10^9 \times 5 \times 10^{-12}} \right)$$

$$\approx 3.3 \text{ cm}$$

上面分析了无耗传输线上驻波的工作状态，得出了驻波的 4 个特点。

（1）传输线上电压和电流的振幅是位置的函数，具有波腹点和波谷点，波腹点和波谷点相距 $\lambda/4$，波谷点值为 0。传输线上电压和电流的振幅模值是周期性函数，周期为 $\lambda/2$。

（2）传输线上各点电压和电流的相位在时间上相差 $\pi/2$，在空间也相差 $\pi/2$，因此驻波情况下无能量传播。

（3）传输线上各点的输入阻抗为纯电抗。每过 $\lambda/4$，输入阻抗性质改变一次（容性改变为感性，感性改变为容性；短路改变为开路，开路改变为短路）；每过 $\lambda/2$，输入阻抗性质重复一次。输入阻抗是周期性函数，周期为 $\lambda/2$。

（4）电感和电容可以用一段适当长度的终端短路传输线或终端开路传输线等效。可以用延长一段终端短路的传输线或终端开路的传输线分析终端接纯电抗负载的传输线。

2.5.3　行驻波工作状态

当均匀无耗传输线的终端接除上面所述以外的负载时，信号源给出的能量一部分被负载吸收，另一部分被负载反射，传输线上产生部分反射而形成行驻波。

当负载为 $Z_L = R_L \pm jX_L$ 时，终端反射系数为

$$\Gamma_L = \frac{R_L \pm jX_L - Z_0}{R_L \pm jX_L + Z_0} = |\Gamma_L| e^{\pm j\phi_L}$$

其中

$$|\Gamma_L| = \sqrt{\frac{(R_L - Z_0)^2 + X_L^2}{(R_L + Z_0)^2 + X_L^2}} < 1$$

$$\phi_L = \arctan \frac{2X_L Z_0}{R_L^2 + X_L^2 - Z_0^2}$$

传输线上电压和电流的分布为

$$\left. \begin{aligned} V(z') &= V_2^+ e^{j\beta z'}\left[1 + |\Gamma_L| e^{j(\phi_L - 2\beta z')} \right] \\ I(z') &= I_2^+ e^{j\beta z'}\left[1 - |\Gamma_L| e^{j(\phi_L - 2\beta z')} \right] \end{aligned} \right\} \tag{2.65}$$

传输线上产生行驻波，行驻波的最小值不等于 0。由式（2.65）可以看出，当 $\cos(2\beta z' - \phi_L) = 1$ 时出现电压波腹点和电流波谷点，分别为

$$\left. \begin{aligned} |V_{\max}| &= |V_2^+|(1 + |\Gamma_L|) \\ |I_{\min}| &= |I_2^+|(1 - |\Gamma_L|) \end{aligned} \right\} \tag{2.66}$$

此时输入阻抗为

$$Z_{\text{in}}(z') = \frac{\left|V_2^+\right|(1+|\Gamma_{\text{L}}|)}{\left|I_2^+\right|(1-|\Gamma_{\text{L}}|)} = Z_0\rho \tag{2.67}$$

由式（2.67）可以看出，当传输线上产生行驻波时，传输线上电压的最大点就是电流的最小点，此时输入电阻为纯电阻，且等于特性阻抗 Z_0 的 ρ 倍。当 $\cos(2\beta z' - \phi_{\text{L}}) = -1$ 时，出现电压波谷点和电流波腹点，分别为

$$\left.\begin{array}{l} \left|V_{\min}\right| = \left|V_2^+\right|(1-|\Gamma_{\text{L}}|) \\ \left|I_{\max}\right| = \left|I_2^+\right|(1+|\Gamma_{\text{L}}|) \end{array}\right\} \tag{2.68}$$

此时输入阻抗为

$$Z_{\text{in}}(z') = \frac{\left|V_2^+\right|(1-|\Gamma_{\text{L}}|)}{\left|I_2^+\right|(1+|\Gamma_{\text{L}}|)} = \frac{Z_0}{\rho} \tag{2.69}$$

由式（2.69）可以看出，当传输线上产生行驻波时，传输线上电压的最小点就是电流的最大点，此时输入电阻为纯电阻，且等于特性阻抗 Z_0 的 $1/\rho$ 倍。

当 $\cos(2\beta z' - \phi_{\text{L}}) = 1$ 时

$$z'_{\max} = \frac{\lambda}{4\pi}\phi_{\text{L}} + n\frac{\lambda}{2} \quad (n = 0,1,2,\cdots) \tag{2.70}$$

当 $\cos(2\beta z' - \phi_{\text{L}}) = -1$ 时

$$z'_{\min} = \frac{\lambda}{4\pi}\phi_{\text{L}} + \frac{\lambda}{4}(2n+1) \quad (n = 0,1,2,\cdots) \tag{2.71}$$

式（2.70）和式（2.71）中，$z'_{\min}$ 为行驻波电压最小点（也即电流最大点）位置，$z'_{\max}$ 为行驻波电压最大点（也即电流最小点）位置。

图 2.15 所示为传输线上电压和电流的行驻波分布图。

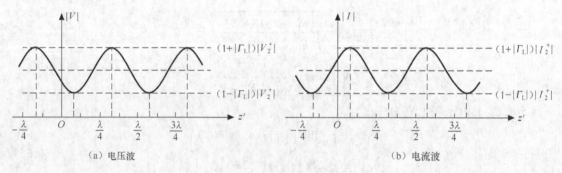

图 2.15　行驻波沿线分布图

行驻波时输入阻抗按式（2.40）计算，为

$$Z_{\text{in}}(z') = Z_0\frac{Z_{\text{L}} + jZ_0\tan\beta z'}{Z_0 + jZ_{\text{L}}\tan\beta z'}$$

上面分析了无耗传输线上的行驻波状态，行驻波主要有 2 个特点。

（1）传输线上电压和电流的振幅是位置的函数，具有波腹点和波谷点，波腹点和波谷点

相距 $\lambda/4$，但波谷点的值不为 0。传输线上电压和电流的振幅模值是周期性函数，周期为 $\lambda/2$。

（2）传输线上输入阻抗周期性变化，周期为 $\lambda/2$。在电压波腹点和电压波谷点时，输入阻抗为纯电阻。电压波腹点（即电流波谷点）时，$Z_{in} = Z_0\rho$；电压波谷点（即电流波腹点）时，$Z_{in} = Z_0/\rho$。

2.5.4 $\lambda/4$ 阻抗变换器

若传输线的特性阻抗为 Z_0，负载阻抗为纯电阻 R_L，但 $R_L \neq Z_0$，此时传输线上传行驻波，传输线终端为电压波腹点或电压波谷点。若在纯电阻终端前加一段特性阻抗为 Z_{01} 的 $\lambda/4$ 长传输线，可以使终端匹配，此 $\lambda/4$ 长的传输线称为 $\lambda/4$ 阻抗变换器，如图 2.16 所示，此时特性阻抗为 Z_0 的主传输线上传行波。

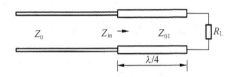

图 2.16 $\lambda/4$ 长阻抗变换器

经过 $\lambda/4$ 阻抗变换器，输入阻抗为 $Z_{in}(\lambda/4)$，传输线匹配要求

$$Z_{in}\left(\frac{\lambda}{4}\right) = \frac{Z_{01}^2}{R_L} = Z_0$$

上式中 Z_{01} 为待求的量，Z_{01} 为

$$Z_{01} = \sqrt{Z_0 R_L} \tag{2.72}$$

例 2.5 负载阻抗为 25Ω，要求与特性阻抗为 50Ω 的带状线匹配，已知带状线二接地导体板间介质的相对介电常数 $\varepsilon_r = 9.5$，工作频率为 500MHz。求 $\lambda/4$ 阻抗变换器的长度和特性阻抗。

解 $\lambda/4$ 阻抗变换器的长度为

$$l = \frac{\lambda}{4} = \frac{v_p}{4f} = \frac{3 \times 10^{10}}{4 \times 500 \times 10^6 \times \sqrt{9.5}} \approx 4.87\text{cm}$$

$\lambda/4$ 阻抗变换器的特性阻抗为

$$Z_{01} = \sqrt{Z_0 R_L} = \sqrt{50 \times 25} \approx 35.36\Omega$$

若终端负载为复阻抗，仍然可以采用 $\lambda/4$ 阻抗变换器来匹配，但 $\lambda/4$ 阻抗变换器应该在电压波腹或电压波谷处接入。在电压波腹处接入时，$\lambda/4$ 阻抗变换器距离终端长度为 z'_{max}，z'_{max} 由式（2.70）计算；在电压波谷处接入时，$\lambda/4$ 阻抗变换器距离终端长度为 z'_{min}，z'_{min} 由式（2.71）计算。

$\lambda/4$ 阻抗变换器的缺点是频带窄，只能对中心频率 f_0 匹配。当频率 f 偏离中心频率 f_0 时，主传输线上有反射产生。频率 f 偏离中心频率 f_0 越大，主传输线上的反射系数模值 $|\Gamma|$ 也越大。

例 2.6 某天线的输入阻抗（为传输线的负载阻抗）不等于同轴传输线的特性阻抗，要求用 $\lambda/4$ 阻抗变换器进行匹配。若某天线的输入阻抗 R_L 为 12.5Ω、25Ω、100Ω 或 200Ω，同轴传输线的特性阻抗为 $50\,\Omega$，用 $\lambda/4$ 阻抗变换器进行匹配。试画出四种 R_L 情况下 $\lambda/4$ 阻抗变换器的频率特性。

解　$\lambda/4$ 阻抗变换器只能对中心频率 f_0 得到理想匹配。当频率变化时，匹配将被破坏，主传输线上反射系数将增大。

设天线的输入阻抗为 R_L，$\lambda/4$ 阻抗变换器的特性阻抗为 Z_{01}，在频率 $f = f_0$ 时有

$$Z_{01} = \sqrt{R_L Z_0}$$

Z_{01} 的值列于表 2.2 中。

表 2.2 $\qquad\qquad\qquad\qquad\qquad\qquad Z_{01}$ 的值

R_L/Ω	12.5	25	100	200
Z_{01}/Ω	25	35.36	70.71	100

此时传输线匹配。

当频率 $f \neq f_0$ 时，经过 $\lambda/4$ 阻抗变换器的输入阻抗为

$$Z_{\text{in}}\left(\frac{\lambda}{4}\right) = Z_{01}\frac{R_L + \mathrm{j}Z_{01}\tan\beta z'}{Z_{01} + \mathrm{j}R_L\tan\beta z'} = Z_{01}\frac{R_L + \mathrm{j}Z_{01}\tan\left(\dfrac{\pi}{2}\cdot\dfrac{f}{f_0}\right)}{Z_{01} + \mathrm{j}R_L\tan\left(\dfrac{\pi}{2}\cdot\dfrac{f}{f_0}\right)}$$

主传输线在任意频率下反射系数的模为

$$|\Gamma| = \left|\frac{Z_{\text{in}}\left(\dfrac{\lambda}{4}\right) - Z_0}{Z_{\text{in}}\left(\dfrac{\lambda}{4}\right) + Z_0}\right|$$

此时传输线不匹配。频率 f 偏离中心频率 f_0 越大，主传输线上的反射系数模值 $|\Gamma|$ 也越大，如图 2.17 所示。

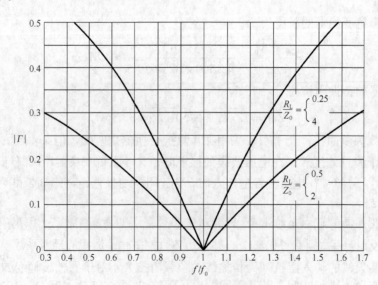

图 2.17　$\lambda/4$ 阻抗变换器的频率特性

为展宽带宽，可以采用两节或多节 $\lambda/4$ 阻抗变换器。用两节或多节 $\lambda/4$ 阻抗变换器时，满足一定反射系数或驻波比的工作带宽比用单节 $\lambda/4$ 阻抗变换器时要宽得多。

2.6 信号源的功率输出和有载传输线

对于完整的传输线电路，必须要加上与传输线相连的信号源和终端负载，本节讨论信号源的功率输出和有载传输线。信号源的功率输出不仅要考虑传输线与终端负载之间的阻抗匹配，而且还要考虑信号源与传输线的失配。

2.6.1 包含信号源与终端负载的传输线

一般的传输线电路包含信号源、传输线与终端负载，如图 2.18 所示。图 2.18 中信号源的电压为 V_{S}，信号源的内阻为 Z_{S}，传输线的特性阻抗为 Z_0，终端负载阻抗为 Z_{L}。

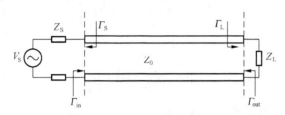

图 2.18　包含信号源与终端负载的传输线

图 2.18 中传输线上可能存在 4 种反射，可以用下列反射系数分别表示这 4 种反射。

（1）Γ_{in}：从源向传输线方向看的输入反射系数。

（2）Γ_{S}：信号源的反射系数。

（3）Γ_{out}：从负载向传输线方向看的反射系数。

（4）Γ_{L}：负载的反射系数。

其中 Γ_{in}、Γ_{S} 和 Γ_{out} 分别为

$$\Gamma_{\mathrm{in}} = \frac{Z_{\mathrm{in}} - Z_0}{Z_{\mathrm{in}} + Z_0} = \Gamma_{\mathrm{L}} \mathrm{e}^{-\mathrm{j}2\beta l} \tag{2.73}$$

$$\Gamma_{\mathrm{S}} = \frac{Z_{\mathrm{S}} - Z_0}{Z_{\mathrm{S}} + Z_0} \tag{2.74}$$

$$\Gamma_{\mathrm{out}} = \Gamma_{\mathrm{S}} \mathrm{e}^{-\mathrm{j}2\beta l} \tag{2.75}$$

另外，引入传输系数是有用的。在传输线的始端，传输系数为

$$T_{\mathrm{in}} = 1 + \Gamma_{\mathrm{in}} = \frac{2Z_{\mathrm{in}}}{Z_{\mathrm{in}} + Z_0} \tag{2.76}$$

在负载端，传输系数为

$$T_{\mathrm{L}} = 1 + \Gamma_{\mathrm{L}} = \frac{2Z_{\mathrm{L}}}{Z_{\mathrm{L}} + Z_0} \tag{2.77}$$

传输系数能应用到不同特性阻抗的两条传输线之间的不连续处。

上述的反射系数和传输系数，不仅与终端负载有关，而且与信号源有关，因为被负载反

射的信号由负载向信号源方向前进，所以必须考虑传输线与信号源之间的失配。

在射频时，反射系数和传输系数比阻抗容易测量，所以它们更普遍地用于表示两个不一样的传输线段的接口特性。

2.6.2 传输线的功率

传输线始端的输入电压为入射电压与反射电压之和，即

$$V_{in} = V_{in}^+ + V_{in}^- = V_{in}^+(1 + \Gamma_{in}) \tag{2.78}$$

传输线始端的输入电压还可以写为

$$V_{in} = V_S \left(\frac{Z_{in}}{Z_{in} + Z_S} \right) \tag{2.79}$$

由式（2.78）和式（2.79）可以得到

$$V_{in}^+ = \frac{V_S}{1 + \Gamma_{in}} \left(\frac{Z_{in}}{Z_{in} + Z_S} \right) \tag{2.80}$$

由式（2.73）和式（2.74），式（2.80）还可以写为

$$V_{in}^+ = \frac{V_S}{2} \left(\frac{1 - \Gamma_S}{1 - \Gamma_S \Gamma_{in}} \right) \tag{2.81}$$

由式（2.51）可得传输线始端的总功率为

$$P_{in} = P_{in}^+ - P_{in}^- = \frac{\left| V_{in}^+ \right|^2}{2Z_0} \left[1 - \left| \Gamma_{in} \right|^2 \right]$$

将式（2.81）代入上式，得到

$$P_{in} = P_{in}^+ - P_{in}^- = \frac{\left| V_S \right|^2}{8Z_0} \frac{\left| 1 - \Gamma_S \right|^2}{\left| 1 - \Gamma_S \Gamma_{in} \right|^2} (1 - \left| \Gamma_{in} \right|^2) \tag{2.82}$$

将式（2.73）代入式（2.82），式（2.82）还可以为

$$P_{in} = \frac{\left| V_S \right|^2}{8Z_0} \frac{\left| 1 - \Gamma_S \right|^2}{\left| 1 - \Gamma_S \Gamma_L e^{-j2\beta l} \right|^2} (1 - \left| \Gamma_L e^{-j2\beta l} \right|^2) \tag{2.83}$$

式（2.82）及式（2.83）为传输线的输入功率。因为传输线是无耗的，所以传输线的输入功率就是传送到负载的功率。

例 2.7 对于图 2.18 所示的电路，假设信号源电压 $V_S = 5\,\text{V}$，信号源内阻 $Z_S = 50\Omega$，传输线特性阻抗 $Z_0 = 75\Omega$，终端负载 $Z_L = 40\Omega$，传输线长度为 $\lambda/2$。计算传输线的输入功率。

解 因为传输线的长度为 $\lambda/2$，所以有

$$e^{-j2\beta l} = e^{-j2(2\pi/\lambda)(\lambda/2)} = 1$$

又因为 $Z_S = 50\Omega$，$Z_L = 40\Omega$，$Z_0 = 75\Omega$，所以有

$$\Gamma_S = \frac{Z_S - Z_0}{Z_S + Z_0} = -0.2$$

$$\Gamma_L = \frac{Z_L - Z_0}{Z_L + Z_0} \approx -0.3$$

将上述数值代入式（2.83），得

$$P_{in} = \frac{|V_S|^2}{8Z_0} \frac{|1-\Gamma_S|^2}{|1-\Gamma_S\Gamma_L e^{-j2\beta l}|^2}(1-|\Gamma_L e^{-j2\beta l}|^2)$$

$$= \frac{5^2}{8 \times 75} \frac{|1-(-0.2)|^2}{|1-(-0.2)\times(-0.3)|^2}(1-|-0.3|^2)$$

$$\approx 61.8\,\text{mW}$$

2.6.3　信号源的共轭匹配

对于图 2.18 所示的电路，可通过传输线的等效电路图（见图 2.19）来分析信号源与传输线匹配的最佳条件。所谓信号源与传输线匹配的最佳条件，是指信号源向传输线输出的功率为最大。

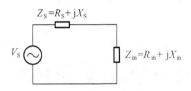

图 2.19　传输线等效电路图

如图 2.19 所示，回路中的电流为

$$I = \frac{V_S}{Z_S + Z_{in}} = \frac{V_S}{(R_S + jX_S)+(R_{in}+jX_{in})}$$

上式中，$Z_S = R_S + jX_S$，$Z_{in} = R_{in} + jX_{in}$。信号源给传输线的输入功率为

$$P_{in} = \frac{1}{2}R_{in}II^* = \frac{1}{2}R_{in}\frac{V_S^2}{(R_{in}+R_S)^2+(X_{in}+X_S)^2}$$

若信号源输出的功率为最大，要求 $X_{in} = -X_S$，即

$$P_{in} = \frac{1}{2}\frac{V_S^2 R_{in}}{(R_{in}+R_S)^2}$$

并且要求

$$\frac{\partial P_{in}}{\partial R_{in}} = 0$$

即

$$R_{in} = R_S$$

于是得到信号源功率输出最大的条件为

$$Z_{in} = Z_S^* \tag{2.84}$$

满足此条件时，信号源给传输线的输入功率为最大，最大值为

$$P_{in}\big|_{max} = \frac{V_S^2}{8R_S} \tag{2.85}$$

信号源的共轭匹配就是使传输线的输入阻抗与信号源的内阻互为共轭复数，此时信号源的功率输出为最大。

信号源共轭匹配时，信号源功率的一半被信号源内阻消耗，一半输出给传输线。

2.6.4　回波损耗和插入损耗

回波损耗和插入损耗是由于传输线上信号的反射引起的。图 2.18 及图 2.19 所示的传输线电路，如果 $Z_L \neq Z_0$，则有 $\Gamma_L \neq 0$ 及 $\Gamma_{in} \neq 0$，即传输线上将产生反射波。

回波损耗定义为

$$RL = -10\lg\left(\frac{P_{in}^-}{P_{in}^+}\right) = -10\lg|\Gamma_{in}|^2 = -20\lg|\Gamma_{in}| \quad \text{dB} \tag{2.86}$$

插入损耗定义

$$IL = -10\lg\left(\frac{P_{in}^+ - P_{in}^-}{P_{in}^+}\right) = -10\lg(1 - |\Gamma_{in}|^2) \quad \text{dB} \tag{2.87}$$

式（2.86）和式（2.87）中，P_{in}^+ 为入射功率，P_{in}^- 为反射功率，$P_{in}^+ - P_{in}^-$ 为传输功率。传输线上反射功率引起了回波损耗及插入损耗。如果传输线终端是开路或短路，插入损耗为最大（$IL \to \infty$）；如果传输线完全匹配，插入损耗为最小（$IL = 0$）。

2.7　微带线

微带线是目前射频电路中使用最广泛的传输线。微带线是平面型结构，可以用蚀刻电路技术在印制电路板（PCB）上制作，容易外接固体射频器件构成各种射频有源电路，而且可以在一块介质基片上制作完整的电路，实现射频部件和系统的集成化、固态化和小型化。

微带线是在介质基片的一面制作导体带，另一面制作接地金属平板而构成。微带线是半开放系统，虽然接地金属板可以帮助阻挡场的泄露，但导体带会带来辐射，所以微带线的缺点之一是它有较高损耗并与邻近的导体带之间容易形成干扰。

微带线的损耗和相互干扰的程度与介质基片的相对介电常数 ε_r 有关，如果 ε_r 增大，可以减小损耗和相互干扰的程度，所以常用的介质基片是介电常数高、高频损耗小的材料，例如氧化铝陶瓷（$\varepsilon_r = 9.5 \sim 10$，$\tan\delta = 0.000\,2$）。

如果导体带与接地金属平板之间由一种介质包围，则微带线可以传输 TEM 波。但是，微带线导体带的周围有 2 种媒质，导体带的上面为空气、下面为介质，存在着介质-空气分界面。这种半开放式的系统虽然使微带线易于制作各种电路，但也给微带线特性参数的计算带来了复杂性，同时使微带线中不可能传输 TEM 波，而是传输准 TEM 波。

2.7.1　微带线的有效介电常数和特性阻抗

微带线有效介电常数的含义如图 2.20 所示。如果将导体带下面的介质基片拿掉，则成为图 2.20（a）所示的全部填充空气的微带线；如果导体带上方也填充和介质基片同样的介质，则成为图 2.20（b）所示的全部填充介电常数 $\varepsilon_0\varepsilon_r$ 的微带线；图 2.20（c）是真实微带线的结构图；图 2.20（d）为全部填充介电常数 $\varepsilon_0\varepsilon_{re}$ 的微带线，ε_{re} 称为有效相对介电常数。

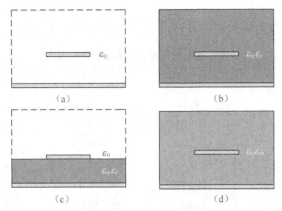

图 2.20　分析微带线有效介电常数的示意图

　　根据以上分析，可以定义一种全部填充等效介质的微带线，如图 2.20（d）所示，等效介质的有效相对介电常数为 ε_{re}。这种等效的微带线和图 2.20（c）所示的真实微带线具有相同的相速度和特性阻抗，其等效关系由有效相对介电常数 ε_{re}（$1 < \varepsilon_{re} < \varepsilon_r$）决定。

　　微带线有效相对介电常数的近似计算公式为

$$\left.\begin{array}{l} \varepsilon_{re} = \dfrac{\varepsilon_r + 1}{2} + \dfrac{\varepsilon_r - 1}{2}\left[\left(2 + \dfrac{12h}{W}\right)^{-\frac{1}{2}} + 0.041\left(1 - \dfrac{W}{h}\right)^2\right] \quad W \leqslant h \\[4mm] \varepsilon_{re} = \dfrac{\varepsilon_r + 1}{2} + \dfrac{\varepsilon_r - 1}{2}\left(1 + 12\dfrac{h}{W}\right)^{-\frac{1}{2}} \quad\quad\quad\quad\quad\quad\quad W \geqslant h \end{array}\right\} \tag{2.88}$$

式（2.88）中，W 表示导体带宽度，h 表示介质基片厚度。

　　利用微带线有效相对介电常数，可以得到微带线特性阻抗 Z_0 的近似计算公式为

$$\left.\begin{array}{l} Z_0 = \dfrac{60}{\sqrt{\varepsilon_{re}}}\ln\left(\dfrac{8h}{W} + \dfrac{W}{4h}\right)\Omega \quad\quad\quad\quad\quad\quad\quad W \leqslant h \\[4mm] Z_0 = \dfrac{120\pi}{\sqrt{\varepsilon_{re}}\left[\dfrac{W}{h} + 1.393 + 0.667\ln\left(\dfrac{W}{h} + 1.444\right)\right]} \Omega \; W \geqslant h \end{array}\right\} \tag{2.89}$$

　　在给定微带线的特性阻抗 Z_0 和相对介电常数 ε_r 后，也可以求出 W/h 的值。W/h 值的计算公式为

$$\left.\begin{array}{l} \dfrac{W}{h} = \dfrac{8e^A}{e^{2A} - 2} \quad\quad\quad\quad\quad\quad\quad\quad\quad\quad\quad\quad\quad\quad \dfrac{W}{h} \leqslant 2 \\[4mm] \dfrac{W}{h} = \dfrac{2}{\pi}\left\{B - 1 - \ln(2B - 1) + \dfrac{\varepsilon_r - 1}{2\varepsilon_r}\left[\ln(B - 1) + 0.39 - \dfrac{0.61}{\varepsilon_r}\right]\right\} \quad \dfrac{W}{h} \geqslant 2 \end{array}\right\} \tag{2.90}$$

式（2.90）中

$$A = \dfrac{Z_0}{60}\sqrt{\dfrac{\varepsilon_r + 1}{2}} + \dfrac{\varepsilon_r - 1}{\varepsilon_r + 1}\left(0.23 + \dfrac{0.11}{\varepsilon_r}\right)$$

$$B = \frac{377\pi}{2Z_0\sqrt{\varepsilon_\mathrm{r}}}$$

表 2.3 给出了部分微带线有效相对介电常数及特性阻抗的数值。

表 2.3 微带线的有效相对介电常数及特性阻抗

$\varepsilon_\mathrm{r} = 2.22$			$\varepsilon_\mathrm{r} = 2.55$		
W/h	ε_re	Z_0/Ω	W/h	ε_re	Z_0/Ω
0.050 0	1.653 0	236.658 1	0.050 0	1.829 7	224.944 6
0.100 0	1.670 7	203.264 1	0.100 0	1.852 1	193.052 6
0.150 0	1.684 2	183.737 2	0.150 0	1.869 2	174.404 9
0.200 0	1.695 4	169.905 3	0.200 0	1.883 5	161.198 1
0.250 0	1.705 3	159.201 6	0.250 0	1.896 0	150.890 4
0.300 0	1.714 1	150.481 1	0.300 0	1.907 3	142.657 7
0.400 0	1.729 6	136.789 4	0.400 0	1.927 0	129.595 3
0.600 0	1.755 1	117.724 4	0.600 0	1.959 4	111.419 2
0.800 0	1.776 0	104.475 5	0.800 0	1.985 9	98.799 9
1.000 0	1.793 9	94.455 7	1.000 0	2.008 7	89.263 8
1.200 0	1.809 7	86.070 1	1.200 0	2.028 7	81.291 6
1.400 0	1.823 8	79.552 7	1.400 0	2.046 6	75.097 3
1.600 0	1.836 5	74.166 6	1.600 0	2.062 8	69.980 6
1.800 0	1.848 2	69.560 8	1.800 0	2.077 7	65.607 6
2.000 0	1.859 0	65.535 7	2.000 0	2.091 4	61.788 0
2.200 0	1.869 0	61.968 7	2.200 0	2.104 1	58.404 7
2.400 0	1.878 4	58.777 7	2.400 0	2.116 0	55.379 6
2.600 0	1.887 1	55.903 7	2.600 0	2.127 0	52.656 1
2.800 0	1.895 3	53.301 1	2.800 0	2.137 5	50.190 9
3.000 0	1.903 0	50.933 6	3.000 0	2.147 3	47.949 2
3.200 0	1.910 3	48.771 3	3.200 0	2.156 6	45.902 5
3.400 0	1.917 3	46.789 1	3.400 0	2.165 4	44.027 0
3.600 0	1.923 8	44.966 0	3.600 0	2.173 7	42.302 4
3.800 0	1.930 1	43.283 7	3.800 0	2.181 7	40.711 6
4.000 0	1.936 1	41.726 8	4.000 0	2.189 3	39.239 7
4.200 0	1.941 7	40.281 8	4.200 0	2.196 5	37.874 0
4.400 0	1.947 2	38.937 2	4.400 0	2.203 4	36.603 5
4.600 0	1.952 4	37.682 9	4.600 0	2.210 0	35.418 5
4.800 0	1.957 4	36.509 9	4.800 0	2.216 4	34.310 7
5.000 0	1.962 2	35.410 7	5.000 0	2.222 4	33.272 8
$\varepsilon_\mathrm{r} = 9.5$			$\varepsilon_\mathrm{r} = 10$		
W/h	ε_re	Z_0/Ω	W/h	ε_re	Z_0/Ω
0.050 0	5.549 8	129.158 7	0.050 0	5.817 4	126.152 7
0.100 0	5.672 9	110.308 1	0.100 0	5.947 8	107.729 0

$\varepsilon_r = 9.5$			$\varepsilon_r = 10$		
W/h	ε_{re}	Z_0/Ω	W/h	ε_{re}	Z_0/Ω
0.150 0	5.766 7	99.294 7	0.150 0	6.047 0	96.965 3
0.200 0	5.845 1	91.505 8	0.200 0	6.130 1	89.353 3
0.250 0	5.913 7	85.489 5	0.250 0	6.202 8	83.473 8
0.300 0	5.975 3	80.597 2	0.300 0	6.268 0	78.693 1
0.400 0	6.083 5	72.937 8	0.400 0	6.382 5	71.208 7
0.600 0	6.261 1	62.329 4	0.600 0	6.570 6	60.843 9
0.800 0	6.406 7	55.007 4	0.800 0	6.724 7	53.690 9
1.000 0	6.531 4	49.502 4	1.000 0	6.856 8	48.313 6
1.200 0	6.641 1	44.929 4	1.200 0	6.973 0	43.847 3
1.400 0	6.739 4	41.383 8	1.400 0	7.077 0	40.384 6
1.600 0	6.828 4	38.463 6	1.600 0	7.171 3	37.532 9
1.800 0	6.909 9	35.975 6	1.800 0	7.257 6	35.103 4
2.000 0	6.985 1	33.809 3	2.000 0	7.337 1	32.988 2
2.200 0	7.054 8	31.896 3	2.200 0	7.410 9	31.120 4
2.400 0	7.119 8	30.190 5	2.400 0	7.479 7	29.455 0
2.600 0	7.180 6	28.658 8	2.600 0	7.544 2	27.959 7
2.800 0	7.237 8	27.275 5	2.800 0	7.604 7	26.609 4
3.000 0	7.291 6	26.020 5	3.000 0	7.661 7	25.384 2
3.200 0	7.342 6	24.876 9	3.200 0	7.715 6	24.268 0
3.400 0	7.390 8	23.830 9	3.400 0	7.766 7	23.247 0
3.600 0	7.436 6	22.870 8	3.600 0	7.815 2	22.309 9
3.800 0	7.480 2	21.986 6	3.800 0	7.861 4	21.446 9
4.000 0	7.521 7	21.169 7	4.000 0	7.905 4	20.649 7
4.200 0	7.561 4	20.412 9	4.200 0	7.947 3	19.911 1
4.400 0	7.599 3	19.709 8	4.400 0	7.987 5	19.224 9
4.600 0	7.635 6	19.054 9	4.600 0	8.025 9	18.585 8
4.800 0	7.670 4	18.443 5	4.800 0	8.062 7	17.989 1
5.000 0	7.703 7	17.871 2	5.000 0	8.098 1	17.430 7

　　由表 2.3 可以看出，当介质基片的厚度 h 和相对介电常数 ε_r 相同时，如果微带线的导体带宽度 W 越大，则微带线的相对有效介电常数 ε_{re} 越大，特性阻抗越小。

　　例 2.8　使用厚度 $h = 1.02\,\text{mm}$、$\varepsilon_r = 10$ 的基片设计特性阻抗为 $50\,\Omega$ 的微带线，计算导体带的宽度 W。

　　解　现设计 $W/h \leqslant 2$ 的微带线。由式（2.90）可知

$$\frac{W}{h} = \frac{8e^A}{e^{2A} - 2}$$

式中

$$A = \frac{Z_0}{60}\sqrt{\frac{\varepsilon_r + 1}{2}} + \frac{\varepsilon_r - 1}{\varepsilon_r + 1}\left(0.23 + \frac{0.11}{\varepsilon_r}\right) = \frac{50}{60}\sqrt{\frac{10 + 1}{2}} + \frac{10 - 1}{10 + 1}\left(0.23 + \frac{0.11}{10}\right)$$

$$\approx 2.15$$

所以

$$\frac{W}{h} \approx 0.96$$

$$W = 1.02 \times 0.96 \approx 0.98 \text{ mm}$$

2.7.2 微带线的传输特性

微带线传输准 TEM 模，但微带线的传输特性近似按照 TEM 模计算。

微带线的相速度和波长按下面公式计算。

$$v_p = \frac{c}{\sqrt{\varepsilon_{re}}}, \quad \lambda_p = \frac{\lambda}{\sqrt{\varepsilon_{re}}} \tag{2.91}$$

例 2.9 在 2.2GHz 时，计算特性阻抗 Z_0 为 50Ω、相移为 75° 的微带线的导体带宽度及长度，并计算此微带线上的相速度。已知介质基片的厚度 $h = 1.42 \text{ mm}$，介质基片相对介电常数 $\varepsilon_r = 2.22$。

解 查表 2.3 可知，当 $\varepsilon_r = 2.22$、$Z_0 = 50\Omega$ 时，W/h 在 3.0～3.2 之间。用 $(W/h) > 2$ 的公式，由式（2.90）可以计算出

$$W/h \approx 3.20$$

所以微带线的宽度为

$$W = 1.42 \times 3.20 \approx 4.54 \text{ mm}$$

由式（2.88）可以计算出

$$\varepsilon_{re} \approx 1.89$$

相移为

$$\theta = \beta l = \frac{2\pi}{\lambda} l = \frac{2\pi f}{v_p} l = \frac{2\pi f \sqrt{\varepsilon_{re}}}{c} l = \frac{75°}{180°}\pi$$

所以微带线的长度 l 为

$$l = \frac{3 \times 10^{10}}{2\pi \times 2.2 \times 10^9 \times \sqrt{1.89}} \frac{75\pi}{180} \approx 2.07 \text{ cm}$$

微带线的相速度为

$$v_p = \frac{c}{\sqrt{\varepsilon_{re}}} = \frac{3 \times 10^8}{\sqrt{1.89}} \approx 2.18 \times 10^8 \text{ m/s}$$

2.7.3 微带线的损耗与衰减

微带线存在损耗。微带线除了导体损耗和介质损耗外，还有辐射损耗，微带线的损耗可以用衰减常数表示。如果忽略辐射损耗，则微带线的衰减常数为

$$\alpha = \alpha_d + \alpha_c \tag{2.92}$$

式（2.92）中，α_d 由微带线介质损耗引起，α_c 由微带线导体损耗引起。

1. 微带线的介质损耗

微带线的介质损耗是由介质的漏电导致的。

微带线的介质损耗为

$$\alpha_d = 27.3 \frac{\varepsilon_r}{\varepsilon_r - 1} \frac{\varepsilon_{re} - 1}{\sqrt{\varepsilon_{re}}} \frac{\tan \delta}{\lambda_0} \ \text{dB} / \text{m} \tag{2.93}$$

式（2.93）中，$\tan \delta$ 为损耗角正切，有

$$\tan \delta = \frac{\sigma}{\omega \varepsilon} \tag{2.94}$$

式（2.94）中，σ 为介质的电导率。

2. 微带线的导体损耗

微带线的导体损耗为

$$\alpha_c = \frac{R_S}{Z_0 W} \ \text{Np} / \text{m} \tag{2.95}$$

式（2.95）中，R_S 为导体的表面电阻，有

$$R_S = \sqrt{\frac{\pi f \mu_0}{\sigma}} \Omega \tag{2.96}$$

式（2.96）中，σ 为导体的电导率。

通常情况下，微带线的导体损耗远大于微带线的介质损耗；然而在某些情况（如硅基片中）下，微带线的介质损耗和导体损耗处于同一量级，甚至更大。

本章小结

传输线是用以从一处至另一处传输电磁能量的装置。传输线有 TEM 传输线和 TE、TM 传输线（如金属波导），本书射频电路只涉及 TEM 传输线。TEM 传输线有许多种，常用的有平行双导线、同轴线、带状线和微带线（传输准 TEM 波）等。

传输线理论是对长线而言的。传输线是长线还是短线，取决于传输线的电长度而不是它的几何长度。当传输线的几何长度 l 比其上所传输信号的工作波长 λ 还长或者可以相比拟时，传输线称为长线。射频电路中，电路的尺寸可以与工作波长相比拟，所以射频电路用长线的传输线理论来分析。

传输线理论是分布参数电路理论。分布参数是相对于集总参数而言的，在低频电路中采用集总参数；在射频电路中由于分布参数引起的阻抗效应已经不可以忽略，必须采用分布参数的传输线理论取代低频电路理论。传输线理论用来分析传输线上电压和电流的分布，以及传输线上阻抗的变化规律。在传输线理论中，电压和电流满足传输线方程和波动方程，传输线上电压和电流的分布随空间位置而变化，电压和电流呈现出波动性。

传输线的基本特性常用参数来描述。传输线的基本特性参数包括特性阻抗 Z_0、反射系数 $\varGamma$、输入阻抗 Z_{in}、传播常数 γ 和传输功率等。特性阻抗 Z_0 定义为传输线上入射电压与入射

电流之比，在射频情况下可以认为 Z_0 为纯电阻，Z_0 的典型取值范围为几十～几百欧姆。反射系数 Γ 是指传输线上某点的反射电压与入射电压之比，$\Gamma(z') = \Gamma_{\mathrm{L}} \mathrm{e}^{-\mathrm{j}2\beta z'}$，可见 Γ 为复数，且随传输线的位置而改变，它的模值取决于终端反射系数 Γ_{L}；为更方便地表示传输线的反射特性，工程上引入驻波系数和行波系数的概念，驻波系数 ρ（也称为电压驻波比）定义为传输线上电压最大点与电压最小点的电压振幅之比，行波系数 K 定义为 ρ 的倒数，有

$$\rho = \frac{1 + |\Gamma|}{1 - |\Gamma|} \text{、} K = \frac{1}{\rho} \text{。}$$ 输入阻抗 Z_{in} 为传输线上任意一点的总电压与总电流之比，

$$Z_{\mathrm{in}}(z') = Z_0 \frac{Z_{\mathrm{L}} + \mathrm{j}Z_0 \tan \beta z'}{Z_0 + \mathrm{j}Z_{\mathrm{L}} \tan \beta z'}$$，可见 Z_{in} 与负载阻抗 Z_{L} 不相等，且 Z_{in} 具有 $\lambda/2$ 的周期性。传播常数 $\gamma = \alpha + \mathrm{j}\beta$，其中衰减常数 α 表示单位长度行波振幅的变化，这种变化常用相对电平 dB、NP 和绝对电平 dBm、dBW 表示；相移常数 β 表示单位长度行波相位的变化，$\beta = \dfrac{2\pi}{\lambda}$。传输线的传输功率等于入射波功率与反射波功率之差，对于无耗传输线，任意点的传输功率都是相同的，传输线允许传输的最大功率容量 $P_{\mathrm{br}} = \dfrac{1}{2} \dfrac{|V_{\mathrm{br}}|^2}{Z_0} K$，在传输线的击穿电压 V_{br} 已知的前提下，行波系数 K 越大功率容量就越大。

传输线有 3 种工作状态，分别为行波工作状态、驻波工作状态和行驻波工作状态。行波工作状态也称为无反射工作状态，当 $Z_{\mathrm{L}} = Z_0$ 时，传输线上只有入射波、没有反射波，传输线处于行波工作状态。驻波工作状态也称为全反射工作状态，当 $Z_{\mathrm{L}} = 0$、∞ 或 $\pm \mathrm{j}X_{\mathrm{L}}$ 时，传输线上产生全反射，传输线工作于驻波状态。当传输线终端为除上面所述以外的负载时，信号源给出的能量一部分被负载吸收，另一部分被负载反射，传输线上产生部分反射而形成行驻波。当传输线工作于行驻波工作状态时，可以采用 $\lambda/4$ 阻抗变换器进行匹配。

完整的射频电路需要加上与传输线相连的信号源和终端负载，这时信号源的功率输出既要考虑传输线与终端负载之间的匹配，又要考虑信号源与传输线之间的失配。由于反射的存在，信号源向负载的输入功率为 $P_{\mathrm{in}} = \dfrac{|V_{\mathrm{S}}|^2}{8Z_0} \dfrac{|1 - \Gamma_{\mathrm{S}}|^2}{|1 - \Gamma_{\mathrm{S}} \Gamma_{\mathrm{L}} \mathrm{e}^{-\mathrm{j}2\beta l}|^2} \left(1 - |\Gamma_{\mathrm{L}} \mathrm{e}^{-\mathrm{j}2\beta l}|^2 \right)$，信号源的反射系数 Γ_{S} 和负载的反射系数 Γ_{L} 均影响传输线的输入功率 P_{in}。信号源与传输线的最佳匹配条件为信号源的共轭匹配（也即 $Z_{\mathrm{in}} = Z_{\mathrm{S}}^*$），这时信号源的功率输出为最大，最大值为 $P_{\mathrm{in}}|_{\max} = \dfrac{V_{\mathrm{S}}^2}{8R_{\mathrm{S}}}$。

负载不匹配引起的反射可以用回波损耗和插入损耗表示，回波损耗定义为 $RL = -20 \lg |\Gamma_{\mathrm{in}}|$ dB，插入损耗定义为 $IL = -10 \lg(1 - |\Gamma_{\mathrm{in}}|^2)$ dB。

微带线是射频电路中使用最广泛的传输线。微带线导体带的周围存在着介质-空气分界面，这种半开放式的系统虽然使微带线易于制作各种电路，但也给微带线特性参数的计算带来了复杂性，同时使微带线中不能传输 TEM 波，而是传输"准 TEM 波"。可以定义一种全部填充等效介质的微带线，等效介质的有效相对介电常数为 $\varepsilon_{\mathrm{re}}$（$1 < \varepsilon_{\mathrm{re}} < \varepsilon_{\mathrm{r}}$），这种等效的微带线和真实的微带线具有相同的相速度和特性阻抗。微带线的各种特性参数计算复杂，经常利用近似计算公式或查表得到微带线的 Z_0、$\varepsilon_{\mathrm{re}}$ 或 W/h 值。

思考题和练习题

2.1 平行双导线、同轴线、带状线和微带线是 TEM 传输线吗？画出这 4 种传输线的结构，并说明这些传输线的特点。

2.2 什么是分布参数电路？它与集总参数电路在概念上和处理方法上有何不同？

2.3 传输线 A 的长度为 5cm，信号频率为 3GHz，此传输线的电长度为多少？是长线还是短线？传输线 B 的长度为 100m，信号频率为 1kHz，此传输线的电长度为多少？是长线还是短线？

2.4 在传输线理论中，输入阻抗与终端负载相等吗？如题图 2.1（a）所示，传输线终端短路，输入阻抗 $Z_{in} = 0$ 对吗？如题图 2.1（b）所示，传输线终端开路，输入阻抗 $Z_{in} = \infty$ 对吗？

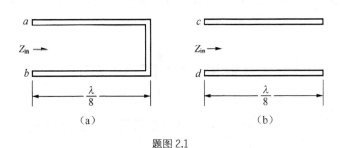

题图 2.1

2.5 传输线工作于行波状态的条件是什么？行波的特点是什么？传输线工作于驻波状态的条件是什么？驻波的特点是什么？

2.6 什么是微带线的有效介电常数？取值范围是什么？当微带线的介质基片厚度和相对介电常数不变时，微带线的特性阻抗随导体带宽度怎样变化？

2.7 已知同轴线的特性阻抗为 50Ω，单位长度的电容为 101pF，信号传输的相速度为光速的 66%。求该同轴线内外导体间介质的 ε_r 及单位长度的电感。

2.8 某平行双导线的导体直径为 2.1mm，导体间距为 10.5cm，求其特性阻抗（介质为空气）。某同轴线的内导体半径为 10.5mm，外导体的内半径为 22mm，内外导体之间填充 $\varepsilon_r = 2.3$ 的介质，求其特性阻抗。

2.9 特性阻抗为 50Ω 的传输线，负载阻抗为 $(25 + j25)\Omega$，试求反射系数的模值、驻波系数和行波系数。

2.10 终端短路的微带线，特性阻抗为 85Ω，假设其是无耗的，当微带线长度分别为 $\lambda/8$、$\lambda/4$、$3\lambda/8$ 和 $\lambda/2$ 时，计算其输入阻抗。

2.11 传输线的特性阻抗、输入阻抗和负载阻抗有什么区别？负载阻抗 $Z_L = (75 - j50)\Omega$，与特性阻抗为 100Ω、电长度为 0.125λ 的无耗传输线相连，求：

（1）输入阻抗；

（2）输入端的电压反射系数。

2.12 一个感抗为 jX_L 的电感可以用一段长度为 l_{e0} 的终端短路的传输线等效。试证明其等

效关系为 $l_{e0} = \dfrac{\lambda}{2\pi}\arctan\left(\dfrac{X_L}{Z_0}\right)$。

2.13 一个容抗为 $-jX_L$ 的电容可以用一段长度为 $l_{e\infty}$ 的终端开路的传输线等效。试证明其等效关系为 $l_{e\infty} = \dfrac{\lambda}{2\pi}\operatorname{arc cot}\left(\dfrac{X_L}{Z_0}\right)$。

2.14 用特性阻抗为 600Ω 的短路线代替电感为 2×10^{-5} H 的线圈，当信号频率为 $300\,\mathrm{MHz}$ 时，短路线长度为多少？用特性阻抗为 600Ω 的开路线代替电容为 $0.884\,\mathrm{pF}$ 的电容器，当信号频率为 $300\,\mathrm{MHz}$ 时，开路线长度为多少？

2.15 特性阻抗为 50Ω 的终端短路传输线，工作频率为 $1\mathrm{GHz}$，此线最短的长度为多少方能使其相当于一个 $100\,\mathrm{pF}$ 的电容。

2.16 传输线的特性阻抗为 $50\ \Omega$，负载阻抗 $Z_L = 100\ \Omega$，用 $\lambda/4$ 阻抗变换线进行匹配，求 $\lambda/4$ 阻抗变换线的特性阻抗。

2.17 无耗传输线如题图 2.2 所示，电源内阻 $Z_S = 450\Omega$，负载 $Z_L = 400\Omega$，画出沿线 $|V|$、$|I|$ 和 $|Z_{in}|$ 的分布，并标出最大值和最小值。

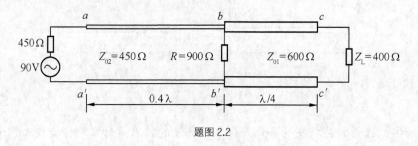

题图 2.2

2.18 如题图 2.3 所示，计算输入功率、回波损耗和插入损耗。假设该传输线无耗。

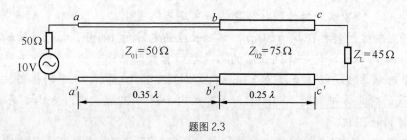

题图 2.3

2.19 设计一个用于射频电路的开路线阻抗，该阻抗由印刷电路板上终端短路的微带线构成，若微带线的有效相对介电常数为 5.6，工作频率为 $1.9\mathrm{GHz}$，求：

（1）工作波长为多少？

（2）该微带线需要多长？

2.20 微带线的介质基片 $\varepsilon_r = 9.5$，基片厚度为 $1\mathrm{mm}$，求：

（1）若特性阻抗为 75Ω，此微带线的导体带宽度为多少？

（2）若特性阻抗为 45Ω，此微带线的导体带宽度为多少？

（3）哪种特性阻抗时，微带线的导体带较宽？

第 3 章　史密斯圆图

在传输线问题的计算中，经常涉及到输入阻抗、负载阻抗、反射系数和驻波系数等量，以及这些量之间的相互关系，这些量利用前面讲过的公式进行计算并不困难，但比较繁琐。为简化计算，P.H.Smith 开发了图解方法，这种方法可以在一个图中简单、直观地显示传输线上各点阻抗与反射系数的关系，该图解称为史密斯圆图。史密斯圆图在 20 世纪 30 年代开发，但即使在当前大量使用计算机的情况下，圆图解法依旧占据十分重要的位置，至今仍被普遍使用。史密斯圆图不仅是一种图解技术，它还提供了十分有用的观察传输现象的方法。此外，仅就工程应用来讲，它也是很重要的，利用史密斯圆图进行近似计算比较方便，工程技术人员可以利用圆图的直观概念研究有关传输的各类问题。史密斯圆图广泛应用在电路的阻抗分析、网络的匹配设计、放大器的增益计算、有源电路的稳定性设计等方面，甚至于仪器，例如广泛使用的网络分析仪，也用圆图表示某些测量结果。

本章首先在标准复平面上给出反射系数的表示方法；再介绍史密斯阻抗圆图和导纳圆图的构成；随后介绍如何利用图解法工具；最后给出史密斯圆图的应用举例。本章只讨论无耗均匀传输线的情况。

3.1　复平面上反射系数的表示方法

反射系数可以用以了解传输线上的工作状态。反射系数是传输线的基本特性参数，其既描述了传输线上各点反射电压与入射电压之间的关系，也描述了负载阻抗与特性阻抗的失配度。史密斯圆图是在反射系数的复平面上建立起来的，为此，首先介绍复平面上反射系数的表示方法。

3.1.1　反射系数复平面

由式（2.28）可知，无耗传输线上距离终端为 z' 处的反射系数为

$$
\begin{aligned}
\Gamma(z') &= \left|\Gamma_{\mathrm{L}}\right| \mathrm{e}^{(j\phi_{\mathrm{L}} - 2\beta z')} \\
&= \left|\Gamma_{\mathrm{L}}\right| \cos(\phi_{\mathrm{L}} - 2\beta z') + \mathrm{j}\left|\Gamma_{\mathrm{L}}\right| \sin(\phi_{\mathrm{L}} - 2\beta z') \\
&= \Gamma_{\mathrm{r}} + \mathrm{j}\Gamma_{\mathrm{i}}
\end{aligned} \tag{3.1}
$$

式（3.1）表明，反射系数是复数，可以在复平面上表示 $\Gamma(z')$，不同的反射系数 $\Gamma(z')$ 对应复

平面上不同的点。

在 $\Gamma(z') = \Gamma_r + j\Gamma_i$ 的复平面上，$|\Gamma(z')|$ 由 $|\Gamma_L|$ 确定。由式（2.27）有

$$\Gamma_L = \frac{Z_L - Z_0}{Z_L + Z_0} = |\Gamma_L| e^{j\phi_L}$$

$|\Gamma_L|$ 由负载阻抗 Z_L 与特性阻抗 Z_0 的失配度决定。

对于均匀无耗传输线，同一条传输线上各点的反射系数 $\Gamma(z')$ 在复平面的同一个圆上，圆心为坐标原点，圆的半径由 $|\Gamma_L|$ 决定。

例 3.1 在反射系数的复平面上给出下列点的位置。

（1）传输线 $Z_0 = 50\Omega$，终端短路。距终端分别为 $z' = 0$ 和 $z' = \lambda/8$ 的点。

（2）传输线 $Z_0 = 50\Omega$，终端开路。距终端分别为 $z' = 0$ 和 $z' = \lambda/8$ 的点。

（3）传输线 $Z_0 = 50\Omega$，$Z_L = (16.67 - j16.67)\,\Omega$。距终端分别为 $z' = 0$ 和 $z' = \lambda/8$ 的点。

（4）传输线 $Z_0 = 50\Omega$，$Z_L = (50 + j150)\,\Omega$。距终端分别为 $z' = 0$ 和 $z' = \lambda/8$ 的点。

（5）传输线 $Z_0 = 50\Omega$，$Z_L = 50\Omega$。距终端分别为 $z' = 0$ 和 $z' = \lambda/8$ 的点。

解 由式（3.1）可以计算 $\Gamma(z')$。结果如下。

（1）$\Gamma(z') = -e^{-j2\beta z'}$。

当 $z' = 0$ 时，

$$\Gamma(z') = 1\angle 180°$$

当 $z' = \lambda/8$ 时，

$$\Gamma(z') = 1\angle 90°$$

（2）$\Gamma(z') = e^{-j2\beta z'}$。

当 $z' = 0$ 时，

$$\Gamma(z') = 1\angle 0°$$

当 $z' = \lambda/8$ 时，

$$\Gamma(z') = 1\angle 270°$$

（3）$\Gamma(z') = 0.54 e^{-j2\beta z' + j221°}$。

当 $z' = 0$ 时，

$$\Gamma(z') = 0.54\angle 221°$$

当 $z' = \lambda/8$ 时，

$$\Gamma(z') = 0.54\angle 131°$$

（4）$\Gamma(z') = 0.83 e^{-j2\beta z' + j34°}$。

当 $z' = 0$ 时，

$$\Gamma(z') = 0.83\angle 34°$$

当 $z' = \lambda/8$ 时，

$$\Gamma(z') = 0.83\angle 304°$$

（5）$\Gamma(z') = 0$。

当 $z' = 0$ 时，

$$\Gamma(z') = 0$$

当 $z' = \lambda / 8$ 时，

$$\Gamma(z') = 0$$

上述计算结果给出了反射系数的模值和相角，每个反射系数都对应着反射系数复平面上的一点。

3.1.2　等反射系数圆和电刻度圆

1. 等反射系数圆

式（3.1）表明，在 $\Gamma(z') = |\Gamma_L| e^{j(\phi_L - 2\beta z')}$ 的复平面上，同一条传输线上各点的反射系数在同一个圆上，这个圆称为等反射系数圆。等反射系数圆的轨迹是以坐标原点为圆心、$|\Gamma_L|$ 为半径的圆。因为 $0 \le |\Gamma_L| \le 1$，所以所有传输线的等反射系数圆都位于半径为 1 的圆内，这个半径为 1 的圆称为单位反射圆。

对负载阻抗与特性阻抗失配度不同的传输线而言，传输线的反射系数模值是不同的，因而就对应着不同的等反射系数圆半径，这一组半径不同的等反射系数圆称为等反射系数圆族。又因为反射系数的模值与驻波系数一一对应，所以等反射系数圆族又称为等驻波系数圆族。等反射系数圆族有下面 3 个特点。

（1）当等反射系数圆的半径为 0，即在坐标原点处时，反射系数的模值 $|\Gamma_L| = 0$，驻波系数 $\rho = 1$。所以，反射系数复平面上的坐标原点为匹配点。

（2）当等反射系数圆的半径为 1 时，为单位反射圆，单位反射圆上反射系数的模值 $|\Gamma_L| = 1$，驻波系数 $\rho = \infty$。所以，反射系数复平面上的单位反射圆对应着终端开路、终端短路和终端接纯电抗负载 3 种情况。

（3）所有等反射系数圆均在单位反射圆内，圆的半径随负载阻抗与特性阻抗失配的不同而不同，同一条传输线上各点的反射系数在同一个圆上。

等反射系数圆如图 3.1 所示。

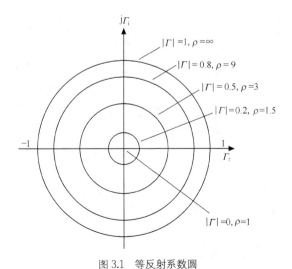

图 3.1　等反射系数圆

2. 电刻度圆

由式（3.1），反射系数的相角为

$$\phi = \phi_L - 2\beta z' = \phi_L - \frac{4\pi}{\lambda}z' \tag{3.2}$$

式（3.2）为直线方程，表明等相位线是由原点发出的一系列射线。当 z' 增大时，相角顺时针旋转，旋转一周为360°，z' 变化为 $\lambda/2$。

可以在单位反射圆的外面画两个同心圆，分别标明反射系数相角的变化，其中一个圆用来标明相角随传输线电长度的变化（一周对应传输线电长度 $\lambda/2$），另一个圆用来标明相角一周变化360°。标明电长度变化的圆称为电刻度圆，电刻度圆的起始位置在圆的最左端，顺时针旋转时电刻度的数值增大。相角的起始位置在圆的最右端，逆时针旋转时相角的数值增大。电刻度圆和相角变化的情况如图3.2所示。

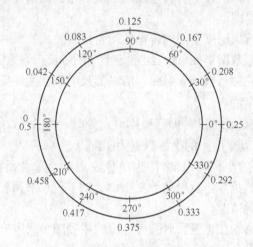

图 3.2 反射系数的相角和电刻度圆

3.2 史密斯阻抗圆图

史密斯阻抗圆图用来显示传输线上各点输入阻抗与反射系数的关系。传输线上任意一点的反射系数都与该点的归一化输入阻抗有关，将归一化输入阻抗用归一化电阻和归一化电抗表示，等归一化电阻曲线和等归一化电抗曲线都是圆。将等电阻圆和等电抗圆画在反射系数的复平面上，就构成了史密斯阻抗圆图。

3.2.1 归一化阻抗

归一化输入阻抗简称为归一化阻抗。归一化阻抗定义为

$$z_{in} = \frac{Z_{in}}{Z_0} \tag{3.3}$$

将式（3.3）代入式（2.42），归一化阻抗为

$$z_{in} = \frac{1 + \Gamma(z')}{1 - \Gamma(z')} \qquad (3.4)$$

将 $\Gamma(z') = \Gamma_r + j\Gamma_i$ 代入式（3.4），归一化阻抗为

$$z_{in} = \frac{1 + \Gamma_r + j\Gamma_i}{1 - \Gamma_r - j\Gamma_i} = \frac{1 - \Gamma_r^2 - \Gamma_i^2}{(1 - \Gamma_r)^2 + \Gamma_i^2} + j\frac{2\Gamma_i}{(1 - \Gamma_r)^2 + \Gamma_i^2} \qquad (3.5)$$

设 r 为归一化电阻，x 为归一化电抗，由式（3.5）得到

$$r = \frac{1 - \Gamma_r^2 - \Gamma_i^2}{(1 - \Gamma_r)^2 + \Gamma_i^2} \qquad (3.6)$$

$$x = \frac{2\Gamma_i}{(1 - \Gamma_r)^2 + \Gamma_i^2} \qquad (3.7)$$

由式（3.6）和式（3.7）可见，由传输线上任意一点反射系数的实部 Γ_r 和虚部 Γ_i，可以得到该点归一化电阻 r 和归一化电抗 x。

3.2.2 等电阻圆和等电抗圆

在反射系数的复平面上，归一化电阻为常数的曲线称为等电阻曲线，归一化电抗为常数的曲线称为等电抗曲线。

将式（3.6）变换后得到

$$\left(\Gamma_r - \frac{r}{1+r}\right)^2 + \Gamma_i^2 = \left(\frac{1}{1+r}\right)^2 \qquad (3.8)$$

式（3.8）为圆方程。随着 r 的变化，式（3.8）表示一族圆。由于等电阻曲线是一族圆，所以等电阻曲线也称为等电阻圆。

将式（3.7）变换后得到

$$(\Gamma_r - 1)^2 + \left(\Gamma_i - \frac{1}{x}\right)^2 = \left(\frac{1}{x}\right)^2 \qquad (3.9)$$

式（3.9）也为圆方程。随着 x 的变化，式（3.9）也表示一族圆。由于等电抗曲线是一族圆，所以等电抗曲线也称为等电抗圆。

式（3.8）表示的等电阻圆，圆心坐标为 $\left(\dfrac{r}{r+1}, 0\right)$，半径为 $\dfrac{1}{r+1}$，等电阻圆族在复平面的点（1，0）处相切，如图 3.3（a）所示。

式（3.9）表示的等电抗圆，圆心坐标为 $\left(1, \dfrac{1}{x}\right)$，半径为 $\dfrac{1}{x}$，等电抗圆族在复平面的点（1，0）处与实轴相切，如图 3.3（b）所示。

由式（3.8）和式（3.9）可以看出，任何归一化电阻 r 和归一化电抗 x 的值都被限制在反射系数为 1 的单位反射圆内。

由图 3.3（a）可以看出，归一化电阻 r 相等的点在同一个圆上，r 越大，等电阻圆越小。当 $r = 0$ 时，等电阻圆与单位反射圆重合；当 $r = \infty$ 时，等电阻圆半径为零，成为一个点。

由图 3.3（b）可以看出，归一化电抗 x 相等的点在同一个圆上，x 越大，等电抗圆越小。

当 $x>0$ 时，等电抗圆在实数轴的上方；当 $x<0$ 时，等电抗圆在实数轴的下方；当 $x=0$ 时，等电抗圆与实数轴重合；当 $x=\infty$ 时，等电抗圆半径为零，成为一个点。

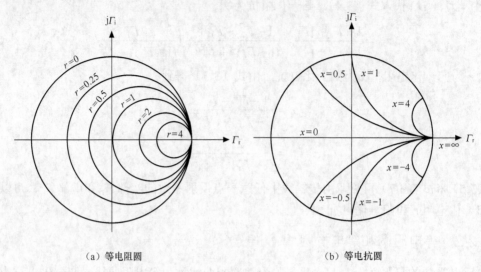

（a）等电阻圆 　　　　　　　　　　（b）等电抗圆

图 3.3　归一化等电阻圆和归一化等电抗圆

3.2.3　史密斯阻抗圆图

将等反射系数圆（见图 3.1）、反射系数相角和电刻度圆（见图 3.2）、等电阻圆（见图 3.3（a））和等电抗圆（见图 3.3（b））都绘在一起，就构成了史密斯阻抗圆图。为使史密斯阻抗圆图不致于太复杂，通常圆图中没有绘出等反射系数圆，但使用圆图不难求出反射系数的模值。史密斯阻抗圆图的构成如图 3.4 所示。

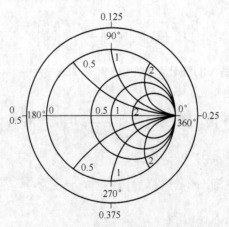

图 3.4　史密斯阻抗圆图的构成

在图 3.4 中，史密斯阻抗圆图的最外 2 个圆分别是电刻度圆（也标明了反射系数相角）和单位反射系数圆；单位反射系数圆内为等电阻圆和等电抗圆。归一化电阻 r 的值标在等电阻圆与实数轴的交点处；归一化电抗 x 的值标在等电抗圆与单位反射系数圆的交点处。（为简洁，当 $x<0$ 时，在实数轴下方的等电抗圆没有标出负号。）

实际使用的史密斯阻抗圆图如图 3.5 所示。该图的最外 4 个圆分别为顺时针电刻度增大的电刻度圆、逆时针电刻度增大的电刻度圆、反射系数相角圆和单位反射系数圆。单位反射系数圆内为等电阻圆和等电抗圆，其中归一化电阻 r 的值有 3 处标出，归一化电抗 x 的值有 2 处标出。（为简洁，在实数轴下方的等电抗圆没有标出负号。）

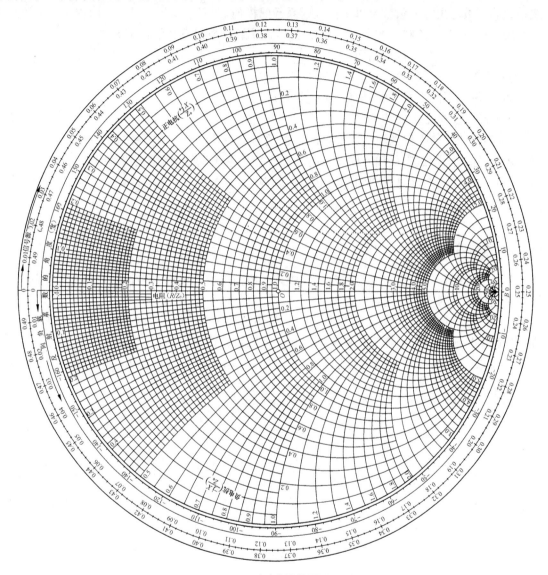

图 3.5 史密斯阻抗圆图

由上面圆图的构成可以知道，史密斯阻抗圆图有如下特点。

（1）圆图旋转一周为 0.5λ，而非 λ。

（2）圆图上有 3 个特殊的点。

① 匹配点。坐标为（0，0），此处对应于 $r=1$、$x=0$、$|\Gamma|=0$、$\rho=1$。

② 短路点。坐标为（–1，0），此处对应于 $r=0$、$x=0$、$|\Gamma|=1$、$\phi=180°$。

③ 开路点。坐标为（1，0），此处对应于 $r=\infty$、$x=\infty$、$|\Gamma|=1$、$\phi=0°$。

（3）圆图上有 3 条特殊的线。

① 右半实数轴线。线上 $x=0$、$r>1$ 为电压波腹点的轨迹。同时，线上 r 的读数也为驻波系数的读数。由驻波系数可以求得反射系数的模值。

② 左半实数轴线。线上 $x=0$、$r<1$ 为电压波谷点的轨迹。同时，线上 r 的读数也为行波系数的读数。由行波系数可以求得反射系数的模值。

③ 单位反射系数圆。线上 $r=0$，为纯电抗轨迹，反射系数的模值为 1。

（4）圆图上有 2 个特殊的面。

① 实轴以上的上半平面是感性阻抗的轨迹。

② 实轴以下的下半平面是容性阻抗的轨迹。

（5）圆图上有 2 个旋转方向。

① 传输线上的点向电源方向移动时，在圆图上沿等反射系数圆顺时针旋转。

② 传输线上的点向负载方向移动时，在圆图上沿等反射系数圆逆时针旋转。

（6）由圆图上的点可以得到 4 个参量，分别为 r、x、$|\Gamma|$、ϕ。

3.2.4 史密斯阻抗圆图的应用

1．负载的阻抗变换

对射频电路设计来说，经常需要确定电路的阻抗响应。没有对阻抗性质的详细了解，就不能恰当地预言射频系统的性能。

一个典型的情况是负载阻抗 Z_L 与特性阻抗为 Z_0、长为 l 的传输线相连，传输线的输入阻抗与负载阻抗不同，产生了阻抗变换。用史密斯阻抗圆图可以计算输入阻抗。

例 3.2 已知传输线的特性阻抗 $Z_0=60\,\Omega$，负载阻抗 $Z_L=(120-j36)\,\Omega$，传输线长 $l=0.3\lambda$，求输入阻抗。

解 用史密斯阻抗圆图求解的示意图如图 3.6 所示。

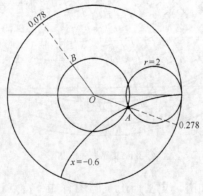

图 3.6 例 3.2 用图

（1）计算归一化负载阻抗。

$$z_L = \frac{120-j36}{60} = 2-j0.6$$

（2）在阻抗圆图上找出 $r=2$ 的等电阻圆和 $x=-0.6$ 的等电抗圆，两圆的交点 A 即为负载阻抗在圆图上的位置。点 A 对应的电刻度是 0.278。

（3）以原点为圆心，原点与点 A 的连线为半径，自点 A 沿等反射系数圆顺时针旋转 0.3λ 至点 B，点 B 对应的电刻度是 0.078。

（4）由点 B 读得归一化输入阻抗为

$$z_{in} = 0.55 + j0.41$$

（5）传输线的输入阻抗为

$$Z_{in} = z_{in} \cdot Z_0 = (33 + j24.6)\ \Omega$$

2. 反射系数和驻波系数的计算

使用圆图可以求出驻波系数和反射系数。过负载点的等反射系数圆与圆图右半实数轴交点的归一化电阻读数即为驻波系数。由于圆图上没有画出等反射系数圆族，可由驻波系数求得反射系数的模值，驻波系数与反射系数模值之间的关系由式（2.33）给出，为

$$\rho = \frac{1 + |\varGamma_L|}{1 - |\varGamma_L|}$$

例 3.3 已知传输线的特性阻抗 $Z_0 = 50\Omega$，终端负载阻抗为 $Z_L = 50\Omega$ 和 $Z_L = (30 + j40)\ \Omega$ 两种情况，分别求终端的反射系数、传输线上的驻波系数及回波损耗。

解 用史密斯阻抗圆图求解的示意图如图 3.7 所示。

（1）$Z_L = 50\Omega$ 时

计算得到归一化负载阻抗 $z_L = 1$，$z_L = 1$ 的点在圆图的原点位置，在圆图上可以读出 $\varGamma_L = 0$、$\rho = 1$。计算得到回波损耗 $RL = \infty \text{dB}$。

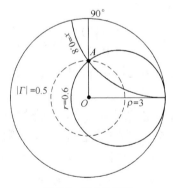

图 3.7 例 3.3 用图

（2）$Z_L = (30 + j40)\ \Omega$ 时

① 计算得到归一化负载阻抗为

$$z_L = \frac{30 + j40}{50} = 0.6 + j0.8$$

② 在阻抗圆图上找到 $r = 0.6$ 和 $x = 0.8$ 的圆，两圆的交点 A 即为负载阻抗在圆图上的位置。

③ 过点 A 的等反射系数圆与圆图右半实轴交点的归一化电阻读数为 3，故传输线上驻波系数 $\rho = 3$。

④ 由 $\rho = 3$ 可以得到 $|\Gamma| = 0.5$，计算得到回波损耗为 $RL = 6.02\text{dB}$。

⑤ 圆图上点 A 与圆心的连线与右半实轴的夹角 $\phi_L = 90°$，因此得终端反射系数 $\Gamma_L = 0.5\mathrm{e}^{\mathrm{j}90°}$。

3. 传输线上行驻波电压最大点和最小点位置的计算

用圆图可以找到传输线上行驻波电压的最大点和最小点。在射频电路中，如果在传输线的电压最大点或电压最小点插入 $\lambda/4$ 阻抗变换器，可以达到阻抗匹配。

例 3.4 已知传输线的特性阻抗 $Z_0 = 50\Omega$，终端负载阻抗 $Z_L = (32.5 - \mathrm{j}20)\Omega$，求传输线上电压最大点和电压最小点距终端负载的长度。

解 用史密斯阻抗圆图求解的示意图如图 3.8 所示。

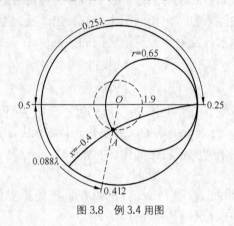

图 3.8 例 3.4 用图

（1）计算得到归一化负载阻抗为

$$z_L = \frac{32.5 - \mathrm{j}20}{50} = 0.65 - \mathrm{j}0.4$$

（2）在阻抗圆图上找到 $r = 0.65$ 和 $x = -0.4$ 的圆，两圆的交点 A 即为负载阻抗在圆图上的位置。

（3）连接原点与点 A 的直线与电刻度圆相交，交点的电刻度读数为 0.412。

（4）阻抗圆图上电压最小点在左半实数轴上，左半实数轴电刻度的读数为 0.5。由点 A 沿等反射系数圆顺时针旋转到左半实数轴，就是电压最小点距终端负载的长度，长度为

$$0.5\lambda - 0.412\lambda = 0.088\lambda$$

由于电压振幅有 $\lambda/2$ 的重复性，电压最小点距终端负载的长度可以为

$$0.088\lambda + 0.5n\lambda \quad (n = 0, 1, 2, 3, \cdots)$$

（5）电压最大点在右半实数轴上，距电压最小点为 0.25λ。在圆图上由电压最小点沿等反射系数圆继续顺时针旋转 0.25λ 交于右半实数轴，得到电压最大点距终端负载的长度为

$$0.088\lambda + 0.25\lambda = 0.338\lambda$$

由于电压振幅有 $\lambda/2$ 的重复性，电压最大点距终端负载的长度可以为

$$0.338\lambda + 0.5n\lambda \quad (n = 0, 1, 2, 3, \cdots)$$

例 3.5 已知传输线的特性阻抗 $Z_0 = 50\Omega$，终端电压反射系数 $\Gamma_L = 0.2\mathrm{e}^{\mathrm{j}50°}$。求：

（1）电压波腹点及电压波谷点的输入阻抗。

（2）终端负载阻抗。

解 用史密斯阻抗圆图求解的示意图如图 3.9 所示。

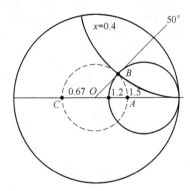

图 3.9 例 3.5 用图

（1）由 $|\Gamma_L| = 0.2$ ，计算可以得出

$$\rho = \frac{1 + |\Gamma_L|}{1 - |\Gamma_L|} = 1.5$$

电压波腹点及电压波谷点的输入阻抗为纯电阻，电阻值为：电压波腹点输入阻抗

$$Z_{in} = \rho Z_0 = 75\Omega$$

电压波谷点输入阻抗

$$Z_{in} = Z_0 / \rho = 33.3\Omega$$

（2）$\rho = 1.5$ 表明，传输线的等反射系数圆与圆图右半实轴交点 A 的归一化电阻读数为 1.5，由交点 A 沿等反射系数圆逆时针旋转 $50°$，得到圆图上的负载阻抗点 B，读出点 B 的归一化阻抗为

$$z_L = 1.2 + j0.4$$

故终端负载阻抗为

$$Z_L = Z_0 z_L = (60 + j20)\ \Omega$$

4. 传输线终端短路和终端开路时的阻抗变换

终端短路的传输线和终端开路的传输线可以等效为电感和电容，这一点在射频电路中是非常重要的。在给定频率下，依据传输线长度和终端条件，可以产生感性和容性两种阻抗，这种用分布参数电路技术实现集总参数元件的方法有很大的实用价值。

例 3.6 用一段终端短路的传输线等效集总参数元件。已知工作频率为 2GHz，传输线的特性阻抗为 50Ω，求形成 5pF 电容和 9.4nH 电感的传输线电长度。

解 用史密斯阻抗圆图求解的示意图如图 3.10 所示。

（1）2GHz 时，5pF 电容和 9.4nH 电感的电抗分别为

$$X_C = -\frac{1}{\omega C} = -\frac{1}{2\pi \times 2 \times 10^9 \times 5 \times 10^{-12}} \approx -15.92\Omega$$

$$X_L = \omega L = 2\pi \times 2 \times 10^9 \times 9.4 \times 10^{-9} \approx 118.12\Omega$$

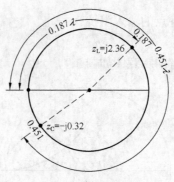

图 3.10　例 3.6 用图

相应的归一化阻抗为

$$z_C = j\frac{X_C}{Z_0} \approx -j0.32$$

$$z_L = j\frac{X_L}{Z_0} \approx j2.36$$

（2）传输线的终端短路点在圆图的最左端。由圆图的最左端沿单位反射圆顺时针旋转到 $x = -0.32$ 处，该处的电刻度为 0.451，由电刻度可以求得传输线的电长度为

$$0.451\lambda - 0\lambda = 0.451\lambda$$

即 5pF 的电容可以由长度为 0.451λ 的终端短路传输线代替。

（3）由圆图的最左端沿单位反射圆顺时针旋转到 $x = 2.36$ 处，该处的电刻度为 0.187，由电刻度可以求得传输线的电长度为

$$0.187\lambda - 0\lambda = 0.187\lambda$$

即 9.4nH 的电感可以由长度为 0.187λ 的终端短路传输线代替。

例 3.7　用一段终端开路的传输线等效集总参数元件。已知工作频率为 3GHz，传输线的特性阻抗为 50Ω，相速度为光速的 77%，求形成 2pF 电容和 5.3nH 电感的传输线长度。

解　用史密斯阻抗圆图求解的示意图如图 3.11 所示。

图 3.11　例 3.7 用图

（1）3GHz 时，2pF 电容和 5.3nH 电感的电抗分别为

$$X_C = -\frac{1}{\omega C} = -\frac{1}{2\pi \times 3 \times 10^9 \times 2 \times 10^{-12}} \approx -26.5\Omega$$

$$X_{\mathrm{L}} = \omega L = 2\pi \times 3 \times 10^9 \times 5.3 \times 10^{-9} \approx 99.9\,\Omega$$

相应的归一化阻抗为

$$z_{\mathrm{C}} = \mathrm{j}\frac{X_{\mathrm{C}}}{Z_0} \approx -\mathrm{j}0.53$$

$$z_{\mathrm{L}} = \mathrm{j}\frac{X_{\mathrm{L}}}{Z_0} \approx \mathrm{j}2$$

（2）工作波长为

$$\lambda = \frac{v_{\mathrm{p}}}{f} = \frac{3 \times 10^{10} \times 77\%}{3 \times 10^9} = 7.7 \text{ cm}$$

（3）传输线的终端开路点在圆图的最右端。由圆图的最右端沿单位反射圆顺时针旋转到 $x = -0.53$ 处，该处的电刻度为 0.422，由电刻度可以求得传输线的电长度和长度为

$$0.422\lambda - 0.25\lambda = 0.172\lambda$$

$$0.172\lambda = 0.172 \times 7.7 \approx 1.32 \text{ cm}$$

即 2pF 的电容可以由长度为 1.32cm 的终端开路传输线代替。

（4）由圆图的最右端沿单位反射圆顺时针旋转到 $x = 2$ 处，该处的电刻度为 0.176，由电刻度可以求得传输线的电长度和长度为

$$0.176\lambda + (0.5\lambda - 0.25\lambda) = 0.426\lambda$$

$$0.426\lambda = 0.426 \times 7.7 \approx 3.28\text{cm}$$

即 5.3nH 的电感可以由长度为 3.28cm 的终端开路传输线代替。

在高频时，因为开路线周围温度、湿度和介质其他参量的改变，保持理想的开路条件是困难的。由于这个原因，在实际应用中短路条件是更可取的。然而，在很高频率或者当用短路通孔连接在印制电路板上时，即使是短路线也会引起附加寄生电感而出问题。此外，假如要求电路尺寸为最小，只能采用开路线来实现电容器，采用短路线来实现电感器。

5．串联终端短路传输线

为了将负载阻抗调节到某一个预期值，可以在距负载一段距离处串联一个终端短路的传输线。

例 3.8　已知传输线的特性阻抗 $Z_0 = 50\,\Omega$，终端负载阻抗 $Z_{\mathrm{L}} = 100\,\Omega$，如图 3.12 所示。在距负载 0.25λ 处串接一个长度为 0.125λ 的终端短路传输线，计算输入阻抗。

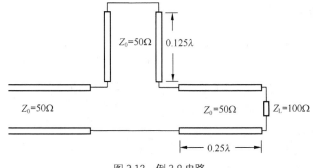

图 3.12　例 3.8 电路

解　用史密斯阻抗圆图求解的示意图如图 3.13 所示。

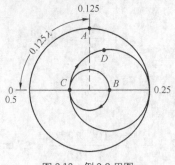

图 3.13　例 3.8 用图

（1）首先求长度为 0.125λ 的终端短路传输线的归一化输入阻抗 z_{sc}。在圆图上最左端（终端短路点）沿等反射系数圆顺时针旋转 0.125λ 至点 A，点 A 的读数为

$$z_{sc} = j1$$

（2）归一化负载阻抗为

$$z_L = \frac{100}{50} = 2$$

z_L 点在圆图上的位置为点 B。

（3）由点 B 沿等反射系数圆顺时针旋转 0.25λ，得到归一化输入阻抗的读数为

$$z_{in}(0.25\lambda) = 0.5$$

$z_{in}(0.25\lambda)$ 点在圆图上的位置为点 C。

（4）由 $z_{in}(0.25\lambda)$ 和 z_{sc} 串联，可以得到所求的归一化输入阻抗为

$$z_{in} = z_{sc} + z_{in}(0.25\lambda) = 0.5 + j1$$

在圆图上由点 C 沿等电阻圆顺时针转到 $x = j1$ 的点即为 z_{in}，z_{in} 在圆图上为点 D。与 z_{in} 对应的输入阻抗为

$$Z_{in} = z_{in}Z_0 = 50(0.5 + j1) = (25 + j50)\Omega$$

3.3　史密斯导纳圆图

在实际工作中，有时电路中需要得到的不是阻抗而是导纳。本节介绍史密斯导纳圆图。

3.3.1　归一化导纳

通过将式（3.3）倒置，可以得到归一化导纳。归一化导纳定义为

$$y_{in} = \frac{Y_{in}}{Y_0} \tag{3.10}$$

式（3.10）中

$$Y_0 = \frac{1}{Z_0} \tag{3.11}$$

由式（3.4）和式（3.10），归一化导纳可以写为

$$y_{in} = \frac{1}{z_{in}} = \frac{1 - \Gamma(z')}{1 + \Gamma(z')} \tag{3.12}$$

对于复数，有如下关系式

$$-1 = e^{j\pi} \tag{3.13}$$

将式（3.13）代入式（3.12），归一化导纳为

$$y_{in} = \frac{1 + e^{j\pi}\Gamma(z')}{1 - e^{j\pi}\Gamma(z')} \tag{3.14}$$

　　将式（3.14）和式（3.4）对比可以看出，在史密斯阻抗圆图上，将阻抗点旋转 180°，可以得到归一化导纳。

　　例 3.9　在史密斯阻抗圆图上，将归一化阻抗的值转换为归一化导纳的值。已知归一化阻抗的值为

$$z = 1 + j1$$

　　解　用史密斯阻抗圆图求解的示意图如图 3.14 所示。

　　（1）在阻抗圆图上找出 $r = 1$ 的等电阻圆和 $x = -1$ 的等电抗圆，两圆的交点 A 即为归一化阻抗在圆图上的位置。

　　（2）以原点为圆心，原点与点 A 的连线为半径，自点 A 沿等反射系数圆顺时针旋转 180° 至点 B，点 B 的读数为

$$y = 0.5 - j0.5$$

上式即为归一化导纳的值。

　　例 3.10　已知传输线的特性阻抗 $Z_0 = 50\Omega$，传输线长为 0.3λ，终端负载阻抗为 $Z_L = (100 - j30)\,\Omega$，求输入导纳。

　　解　用史密斯阻抗圆图求解的示意图如图 3.15 所示。

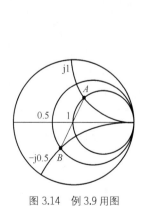

图 3.14　例 3.9 用图

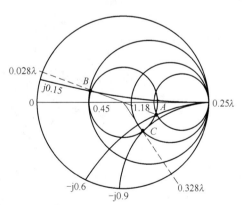

图 3.15　例 3.10 用图

　　（1）归一化负载阻抗为

$$z_L = \frac{100 - j30}{50} = 2 - j0.6$$

　　（2）在阻抗圆图上找到 $r = 2$ 和 $x = -0.6$ 的圆，两圆的交点为点 A。

（3）以原点为圆心，原点与点 A 的连线为半径，由点 A 沿等反射系数圆旋转 180° 到点 B，点 B 的归一化导纳等于

$$y_L = 0.45 + j0.15$$

其对应的电刻度为 0.028 。

（4）过点 B 的等反射系数圆顺时针旋转 0.3λ 至电刻度 0.328，得到归一化导纳为

$$y_{in} = 1.18 - j0.9$$

为圆图上点 C。

（5）输入导纳为

$$Y_{in} = y_{in}Y_0 = \frac{y_{in}}{Z_0} = (0.023\,6 - j0.018)\text{S}$$

3.3.2　史密斯导纳圆图

归一化导纳可以写为

$$y = g + jb \tag{3.15}$$

式（3.15）中，g 为归一化电导，b 为归一化电纳。

在例 3.9 和例 3.10 中，将史密斯阻抗圆图上的阻抗点旋转 180°，得到了归一化导纳的值。也可以让阻抗点在圆图上的位置不变，而将等电阻圆和等电抗圆旋转 180°，成为等电导圆和等电纳圆，得到归一化导纳的值。

将史密斯阻抗圆图上的等电阻圆旋转 180° 成为等电导圆，并将等电抗圆旋转 180° 成为等电纳圆，同时保持电刻度圆和反射系数相角圆不变，就构成了史密斯导纳圆图。史密斯导纳圆图如图 3.16 所示。

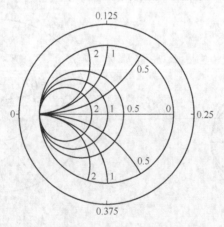

图 3.16　史密斯导纳圆图

史密斯导纳圆图有如下 2 个特点。

（1）电导 g 越小，等电导圆越大。当 $g < 1$ 时，等电导圆与实数轴的交点在右半实数轴上；当 $g = 1$ 时，等电导圆过原点；当 $g > 1$ 时，等电导圆与实数轴的交点在左半实数轴上。

（2）当 $b < 0$ 时，等电纳圆在实数轴以上的上半平面，是感性（为简洁，电纳值没有标出

负号）；当$b > 0$时，等电纳圆在实数轴以下的下半平面，是容性。$|b|$越小，等电纳圆的半径越大。

3.3.3 史密斯阻抗-导纳圆图

在实际应用中，电路中经常会同时出现阻抗和导纳的值，通常将史密斯阻抗圆图和史密斯导纳圆图同时使用，构成史密斯阻抗-导纳圆图，如图 3.17 所示。

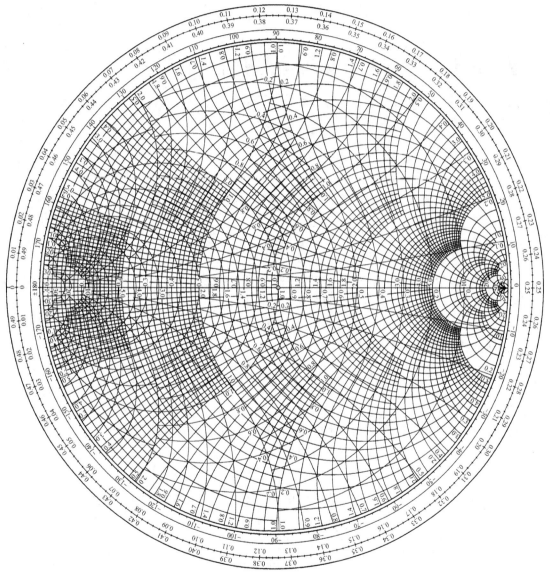

图 3.17　史密斯阻抗–导纳圆图

例 3.11　已知传输线的特性阻抗$Z_0 = 50\Omega$，终端负载阻抗$Z_L = (15 + \text{j}10)\,\Omega$，如图 3.18 所示。当在距负载$0.044\lambda$处并接一个长度为$0.147\lambda$的终端开路传输线后，计算输入阻抗。

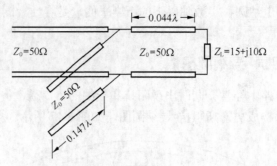

图 3.18　例 3.11 电路

解　用史密斯阻抗-导纳圆图求解的示意图如图 3.19 所示。

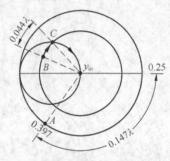

图 3.19　例 3.11 用图

（1）首先求长度为 0.147λ 的终端开路传输线归一化输入导纳 y_{oc}。在圆图上由 $y = 0$ 的点（在圆图的最右端）沿等反射系数圆顺时针旋转 0.147λ 至点 A，点 A 的读数为

$$y_{oc} = j1.33$$

（2）归一化负载阻抗为

$$z_L = \frac{15 + j10}{50} = 0.3 + j0.2$$

为圆图上点 B。

（3）由点 B 沿等反射系数圆顺时针旋转 0.044λ，得到归一化输入导纳读数为

$$y_{in}(0.044\lambda) = 1 - j1.33$$

为圆图上点 C。

（4）由 $y_{in}(0.044\lambda)$ 和 y_{oc} 并联可以得到所求的归一输入导纳和输入阻抗为

$$y_{in} = y_{oc} + y_{in}(0.044\lambda) = 1$$

$$Z_{in} = \frac{1}{Y_{in}} = \frac{1}{y_{in}Y_0} = \frac{Z_0}{y_{in}} = 50\Omega$$

可见，由于并联终端开路传输线，传输线达到了匹配。

3.4　史密斯圆图在集总参数元件电路中的应用

前面介绍了史密斯圆图在分布参数电路中的应用。在射频电路中，也经常会用到集总参数元件，集总参数元件多半是无耗的电抗元件，如电感和电容。集总参数元件既可以串联在电路中，又可以并联在电路中，本节介绍史密斯圆图在集总参数元件电路中的应用。

3.4.1 含串联集总参数元件时电路的输入阻抗

在图 3.20（a）所示的电路中，负载阻抗 Z_L 与集总参数元件 Z_S 串联，输入阻抗为

$$Z_{in} = Z_L + Z_S = (R_L + R_S) + j(X_L + X_S) \tag{3.16}$$

由式（3.16）可以得到归一化输入阻抗 z_{in} 为

$$z_{in} = z_L + z_S = (r_L + r_S) + j(x_L + x_S) \tag{3.17}$$

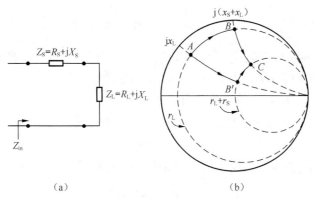

（a）　　　　　　　　　　（b）

图 3.20　含串联集总参数元件时电路的输入阻抗

式（3.17）的结果可以利用史密斯阻抗圆图求出，如图 3.20（b）所示。式（3.17）的结果用史密斯阻抗圆图求解的方法有 2 个。方法 1 的步骤如下。

（1）在圆图上确定负载 z_L 的位置，用点 A 表示。

（2）由点 A 沿等电阻圆移动到点 B，以增加归一化电抗 jx_S。点 B 的归一化阻抗为

$$z_L + jx_S$$

（3）由点 B 沿等电抗圆移动到点 C，以增加归一化电阻 r_S。点 C 的归一化阻抗为

$$z_{in} = z_L + jx_S + r_S = z_L + z_S \tag{3.18}$$

方法 2 的步骤如下。

（1）由点 A 沿等电抗圆移动到 B' 点，以增加归一化电阻 r_S。

（2）由 B' 点沿等电阻圆移动到点 C，以增加归一化电抗 jx_S。点 C 的归一化阻抗为

$$z_{in} = z_L + r_S + jx_S = z_L + z_S$$

3.4.2 含并联集总参数元件时电路的输入导纳

在图 3.21（a）所示的电路中，负载导纳 Y_L 与集总参数元件 Y_P 相并联，输入导纳为

$$Y_{in} = Y_L + Y_P = (G_L + G_P) + j(B_L + B_P) \tag{3.19}$$

由式（3.19）可以得到归一化输入导纳 y_{in} 为

$$y_{in} = y_L + y_P = (g_L + g_P) + j(b_L + b_P) \tag{3.20}$$

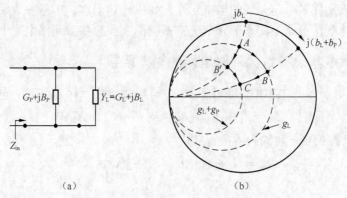

（a）　　　　　　　　　　（b）

图 3.21　含并联集总参数元件时电路的输入导纳

式（3.20）的结果可以利用史密斯导纳圆图求出，如图 3.21（b）所示。式（3.20）的结果用史密斯导纳圆图求解的方法有 2 个。方法 1 的步骤如下。

（1）在圆图上确定负载 y_L 的位置，用点 A 表示。

（2）由点 A 沿等电导圆移动到点 B，以增加归一化电纳 jb_P。点 B 的归一化导纳为

$$y_L + jb_P$$

（3）由点 B 沿等电纳圆移动到点 C，以增加归一化电导 g_P。点 C 的归一化导纳为

$$y_{in} = y_L + jb_P + g_P = y_L + y_P \tag{3.21}$$

方法 2 的步骤如下。

（1）由点 A 沿等电纳圆移动到 B' 点，以增加归一化电导 g_P。

（2）由 B' 点沿等电导圆移动到点 C，以增加归一化电纳 jb_P。点 C 的归一化导纳为

$$y_{in} = y_L + g_P + jb_P = y_L + y_P$$

3.4.3　含一个集总电抗元件时电路的输入阻抗

这是 3.4.1 小节和 3.4.2 小节所述电路的一种特殊情况，电路中串联或并联的元件是无耗的，即为纯电抗性集总元件。在这种情况下，有 4 种可能的组合，如图 3.22 所示。

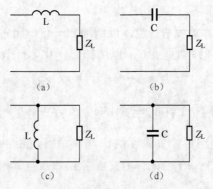

（a）　　　　　　　　　　（b）

（c）　　　　　　　　　　（d）

图 3.22　含一个串联或并联集总电抗元件的 4 种可能电路

为了求输入阻抗，应预先计算出集总电抗元件的归一化串联电抗值 jx 或归一化并联电纳值 jb，并假定归一化负载 z_L 位于圆图上的点 A。对于图 3.22 所示的 4 种可能电路，从圆图上

的点 A 开始实行图解计算，如图 3.23 所示（图 3.23 为史密斯阻抗-导纳圆图）。情况如下所述。

（1）在电路中串联电感 L 时，电路如图 3.22（a）所示。在圆图上由点 A 沿等电阻圆顺时针方向移动 $jx = j\omega L / Z_0$，即得到圆图上归一化输入阻抗所在的点，如图 3.23 所示。

（2）在电路中串联电容 C 时，电路如图 3.22（b）所示。在圆图上由点 A 沿等电阻圆逆时针方向移动 $jx = -j / \omega C Z_0$，即得到圆图上归一化输入阻抗所在的点，如图 3.23 所示。

（3）在电路中并联电感 L 时，电路如图 3.22（c）所示。在圆图上由点 A 沿等电导圆逆时针方向移动 $jb = -j / \omega L Y_0$，即得到圆图上归一化输入导纳所在的点，如图 3.23 所示。

（4）在电路中并联电容 C 时，电路如图 3.22（d）所示。在圆图上由点 A 沿等电导圆顺时针方向移动 $jb = j\omega C / Y_0$，即得到圆图上归一化输入导纳所在的点，如图 3.23 所示。

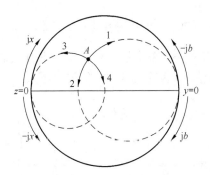

图 3.23 对应图 3.22 中 4 种电路的圆图图解

由图 3.23 可以看出，当串联或并联电感时，点 A 将沿等电阻圆或等电导圆向上移动。当串联或并联电容时，点 A 将沿等电阻圆或等电导圆向下移动。

例 3.12 已知传输线的特性阻抗 $Z_0 = 50\Omega$，终端负载阻抗 $Z_L = (50 + j50)\,\Omega$，负载与 $L = 8\text{nH}$ 的集总电感相并联，如图 3.24（a）所示。如果工作频率为 1GHz，求输入导纳。

解 用史密斯阻抗-导纳圆图求解的示意图如图 3.24（b）所示。

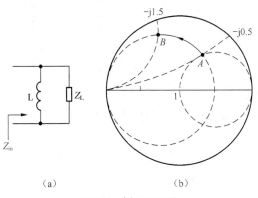

（a）　　　　　　　（b）

图 3.24 例 3.12 用图

（1）首先确定并联电感的电纳

$$jB_P = -j / (\omega_0 L) \approx -j0.02\text{S}$$

$$jb_P = jB_P / Y_0 = -j1$$

（2）归一化负载阻抗为 $z_L = Z_L / Z_0 = 1 + j1$，z_L 在圆图上的 A 点。

（3）并联电感 jb_P，由 A 点沿等电导圆逆时针方向移动 $-j1$ 到达点 B。

（4）读出点 B 的归一化输入导纳

$$y_{in} = 0.5 - j1.5$$

计算得到输入导纳为

$$Y_{in} = (0.01 - j0.03)\,S$$

或读出点 B 的归一化输入阻抗为

$$z_{in} = 0.2 + j0.6$$

计算得到输入阻抗为

$$Z_{in} = (10 + j30)\,\Omega$$

3.4.4 含多个集总电抗元件时电路的输入阻抗

在此应用中，电路中既有串联集总电抗元件，又有并联集总电抗元件，如图 3.25 所示。反复运用 3.4.3 小节阐述的方法，就可以求得总的输入阻抗。

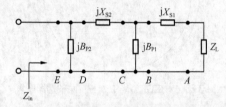

图 3.25 含多个串联及并联集总电抗元件的电路

例 3.13 已知某一含串联及并联集总电抗元件的电路如图 3.26 所示，传输线的特性阻抗 $Z_0 = 50\Omega$，频率为 100MHz，计算输入阻抗。

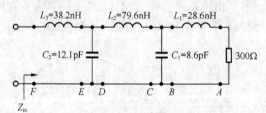

图 3.26 例 3.13 电路

解 用史密斯阻抗-导纳圆图求解的示意图如图 3.27 所示。

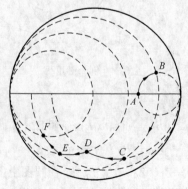

图 3.27 例 3.13 用图

（1）将图 3.26 中所有的串联阻抗及并联导纳归一化，得到

$$jx_1 = j\omega L_1 / Z_0 \approx j0.36$$

$$jb_1 = j\omega C_1 / Y_0 \approx j0.27$$

$$jx_2 = j\omega L_2 / Z_0 \approx j1.0$$

$$jb_2 = j\omega C_2 / Y_0 \approx j0.38$$

$$jx_3 = j\omega L_3 / Z_0 \approx j0.48$$

$$z_L = Z_L / Z_0 = 6$$

（2）圆图上负载 z_L 在点 A。

（3）由于串联电感 L_1，所以由点 A 沿等电阻圆向上移动 $j0.36$ 到达点 B。

（4）由于并联电容 C_1，所以由点 B 沿等电导圆向下移动 $j0.27$ 到达点 C。

（5）由于串联电感 L_2，所以由点 C 沿等电阻圆向上移动 $j1$ 到达点 D。

（6）由于并联电容 C_2，所以由点 D 沿等电导圆向下移动 $j0.38$ 到达点 E。

（7）由于串联电感 L_3，所以由点 E 沿等电阻圆向上移动 $j0.48$ 到达点 F。

（8）在圆图上由点 F 读出归一化阻抗为

$$z_{in} = 0.5 - j0.7$$

所以输入阻抗为

$$Z_{in} = (25 - j35)\Omega$$

本章小结

史密斯圆图是在反射系数的复平面上建立起来的，在一个图中可以直观地显示传输线上各点阻抗与反射系数的关系。史密斯圆图不仅是一种图解技术，它还提供了十分有用的观察传输现象的方法。史密斯圆图广泛应用在射频电路的分析中，工程技术人员经常利用圆图进行近似计算，测量仪器也经常用圆图表示某些测量结果。

史密斯阻抗圆图用来显示传输线上各点归一化阻抗与反射系数的关系。史密斯阻抗圆图上绘出了 4 种曲线，分别为等反射系数圆、电刻度圆、等电阻圆和等电抗圆（为简洁，通常没有绘出等反射系数圆）。史密斯阻抗圆图上任意一点既给出了反射系数的模值和相角，也给出了归一化电阻和归一化电抗。

史密斯阻抗圆图旋转一周为 0.5λ。匹配点在圆图的中心；短路点在圆图的最左端；开路点在圆图的最右端；纯电抗点在单位反射圆上；纯电阻点（$r>1$）在右半实数轴线上；纯电阻点（$r<1$）在左半实数轴线上；实数轴以上的上半平面是感性阻抗的轨迹；实数轴以下的下半平面是容性阻抗的轨迹。同一条传输线上各点在等反射系数圆上，由负载向电源方向移动时顺时针旋转，由电源向负载方向移动时逆时针旋转。由圆图上的点可以得到 4 个参量，分别为 r、x、$|\Gamma|$、ϕ。

在实际应用中，导纳也是经常需要计算的量，为此也需要构成史密斯导纳圆图。将史密斯阻抗圆图上的等电阻圆和等电抗圆旋转 180°，分别成为等电导圆和等电纳圆，就得到了史密斯导纳圆图。在导纳圆图上，匹配点在圆图的中心；电导 g 越小，等电导圆越大；当 $b<0$ 为感性时，等电纳圆在实数轴以上的上半平面；当 $b>0$ 为容性时，等电纳圆在实数轴以下的

下半平面。如果将阻抗圆图和导纳圆图同时使用，可以构成史密斯阻抗-导纳圆图。

史密斯圆图不仅可以在分布参数电路中应用，还可以在集总参数电路中应用。史密斯圆图可以计算含串联集总元件时电路的输入阻抗，以及含并联集总元件时电路的输入导纳。集总元件多半是电感和电容等电抗元件，电感和电容既可以串联在电路中，又可以并联在电路中。

思考题和练习题

3.1 史密斯阻抗圆图是由哪些曲线构成的？圆图上的电刻度圆一周变化多少波长？等电阻圆随 r 的变化规律是什么？等电抗圆随 x 的变化规律是什么？

3.2 在史密斯阻抗圆图上找出如下点的位置。

（1）匹配点；

（2）短路点；

（3）开路点；

（4）纯电感点；

（5）纯电容点；

（6）$r>1$ 的纯电阻点；

（7）$r<1$ 的纯电阻点。

3.3 已知传输线的归一化负载阻抗 $z_L = 0.5 + j0.6$，在史密斯阻抗圆图上找出该点。试问：

（1）若要保持其电阻不变，而增大或减小其电感，问 z_L 在圆图上的变化轨迹。

（2）若要保持其电感不变，而增大或减小其电阻，问 z_L 在圆图上的变化轨迹。

3.4 史密斯阻抗圆图与史密斯导纳圆图有什么关系？在史密斯阻抗圆图上，可以得到导纳的值吗？

3.5 在史密斯导纳圆图上，等电导圆的变化规律是什么？等电纳圆的变化规律是什么？

3.6 史密斯阻抗-导纳圆图是怎样构成的？

3.7 已知某传输线的负载反射系数 $\Gamma_L = 0.5e^{j90°}$，问该传输线上各点在圆图上的变化轨迹应如何？距负载 0.125λ 处的反射系数是多少？

3.8 完成下列圆图的基本练习。

（1）已知 $Z_L = (20 - j40)\,\Omega$，$Z_0 = 50\,\Omega$，$l/\lambda = 0.11$，求 Z_{in}。

（2）已知 $Z_L = (24 - j144)\,\Omega$，$Z_0 = 60\,\Omega$，求负载反射系数的大小和相角。

（3）已知 $z_L = 0.4 + j0.8$，求第 1 个电压波谷点和第 1 电压波腹点至负载的距离，并求传输线上驻波系数 ρ 和行波系数 K。

（4）已知 $l/\lambda = 1.29$，行波系数 $K = 0.32$，传输线上第 1 个电压波节点距负载 0.32λ，$Z_0 = 75\,\Omega$，求 Z_L 和 Z_{in}。

（5）已知 $l/\lambda = 1.82$，传输线上电压波腹为 5V，电压波谷为 1.3V，第 1 个电压波腹点距负载 0.12λ，$Z_0 = 100\Omega$，求 Z_L 和 Z_{in}。

3.9 特性阻抗为 50Ω 的同轴电缆，终端接负载 $Z_L = (40 + j35)\,\Omega$。同轴电缆工作频率为 1GHz，长度为 50cm，传输速度为光速的 77%，求工作波长和输入阻抗。

3.10 传输线特性阻抗 $Z_0 = 50\Omega$，工作频率为 800MHz，长度为 10cm，传输速度为光速的 77%。假如输入阻抗 $Z_{in} = j60\Omega$。

（1）求负载阻抗 Z_L。

（2）为了替代 Z_L，需用多长的终端短路传输线？

3.11 无耗传输线的特性阻抗 $Z_0 = 50\Omega$，负载阻抗 $Z_L = (30 + j25)\,\Omega$，工作波长 $\lambda = 0.3m$。欲以 $\lambda/4$ 阻抗变换线使负载与传输线匹配，求 $\lambda/4$ 线的特性阻抗及安放的位置。

3.12 特性阻抗为 50Ω 的微带线，终端接 100Ω 电阻和 5pF 电容相串联的负载阻抗，微带线长度为 10cm，传输速度为光速的 50%。求工作频率为 0.5、1 和 2GHz 时的输入阻抗。

3.13 已知 $z_L = 0.4 + j0.8$，在史密斯阻抗圆图上求 y_L，并求距终端负载 0.125λ 处的归一化输入导纳 y_{in}。

3.14 在特性阻抗为 75Ω 的传输线上接负载阻抗 Z_L，测得驻波系数 $\rho = 2$，相邻电压最大点和最小点的距离为 3.75cm，电压最大点和负载的距离 $l_1 = 3cm$，传输速度为光速。

（1）求源的工作波长 λ 及源的工作频率 f。

（2）求终端负载阻抗。

（3）用特性阻抗为 75Ω 的并联终端开路传输线进行匹配时，终端开路传输线只提供容性电纳，问该终端开路传输线应加在主传输线的什么位置上？终端开路传输线应提供的电纳值及传输线长度为多少？

（4）用特性阻抗为 75Ω 的串联终端短路传输线进行匹配时，终端短路传输线只提供感性电抗，问该终端短路传输线应加在主传输线的什么位置上？终端短路传输线应提供的电抗值及传输线长度为多少？

3.15 特性阻抗为 50Ω 的传输线，负载阻抗 $Z_L = (40 + j35)\,\Omega$，在距负载 0.35λ 处并联 $25\,\Omega$ 的电阻，求输入阻抗。

3.16 特性阻抗为 50Ω 的传输线，工作频率为 2GHz，终端负载阻抗 $Z_L = 25\,\Omega$。电路中串联及并联集总电抗元件，如题图 3.1 所示。求输入阻抗 Z_{in}。

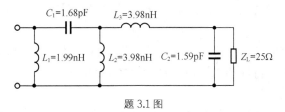

题 3.1 图

第 **4** 章 射频网络基础

分析射频电路工作特性的方法有 2 个，一是应用波动方程和特定的边界条件，求出其场（或电压和电流）的分布；另一个是把射频电路等效为网络，把连接网络的传输线等效成双导线，用网络的方法进行分析。第 1 种方法比较严格，但其数学运算繁琐，不便于工程应用；第 2 种方法避开了射频电路的复杂分析，能够得到射频电路的主要传输特性，并且网络参量可以用测量的方法确定，便于工程应用。虽然网络方法不能得到射频电路内部场量的分布情况，但由于其计算简便、易于测量，又为广大工程技术人员所熟知，故应用较为广泛。

网络方法是从一个特殊的视角去分析电路，其最重要的是不必了解系统内部的结构，将系统看成了一个"黑盒子"，只需研究"黑盒子"的输入和输出参数。射频的这种"黑盒子"方法主要用于分析电路的整体功能，而不关注电路元件的组成和复杂特性，可以使设计人员快速掌握射频系统的传输特性，并使设计最优化。

每个射频网络都可能和几个传输线相连接。按照所连接传输线数目的多少，网络可以分成单端口网络、双端口网络、三端口网络及四端口网络等。实际使用的射频网络可高达四端口，但四端口以上的网络就很少应用了。由于射频电路主要涉及二端口网络，本章重点介绍二端口网络。

本章介绍射频网络的基本理论。首先介绍二端口低频网络参量和二端口射频网络参量；再讨论二端口网络参量的特性和二端口网络参量之间的转换；随后介绍多端口网络的散射参量；最后介绍信号流图。

网络理论分为线性网络理论和非线性网络理论，本章只讨论线性网络理论。

4.1　二端口低频网络参量

对一个线性网络特征的描述，可以采用网络参量的形式给出。描述低频线性网络输入和输出的物理量是电压和电流，低频网络的网络参量通过电压和电流的关系给出。二端口网络电压和电流的基本规定如图 4.1 所示，其中电流的下标标明了它将流入的相应网络端口，电压的下标标明了测量该电压的相应网络端口。

二端口网络提供了电压和电流的 4 个变量，分别为 v_1、v_2、i_1 和 i_2，这 4 个变量有不同的组合方式，因而对应着不同的网络参量。常用的网络参量有 4 种，分别称为阻抗参量、导纳参量、混合参量和转移参量，视具体应用场合，可选择一种最适合电路特性的网络参量。

下面分别介绍上述 4 种网络参量。

图 4.1 二端口网络的电压和电流

4.1.1 阻抗参量

根据图 4.1，用二端口网络 2 个端口上的电流表示 2 个端口上的电压，网络方程为

$$\begin{cases} v_1 = Z_{11}i_1 + Z_{12}i_2 \\ v_2 = Z_{21}i_1 + Z_{22}i_2 \end{cases} \tag{4.1}$$

或写成

$$\begin{bmatrix} v_1 \\ v_2 \end{bmatrix} = \begin{bmatrix} Z_{11} & Z_{12} \\ Z_{21} & Z_{22} \end{bmatrix} \begin{bmatrix} i_1 \\ i_2 \end{bmatrix} \tag{4.2}$$

式（4.2）可以表示为

$$[V] = [Z][I] \tag{4.3}$$

式（4.3）中

$$[V] = \begin{bmatrix} v_1 \\ v_2 \end{bmatrix}$$

$$[I] = \begin{bmatrix} i_1 \\ i_2 \end{bmatrix}$$

$$[Z] = \begin{bmatrix} Z_{11} & Z_{12} \\ Z_{21} & Z_{22} \end{bmatrix} \tag{4.4}$$

$[Z]$ 称为阻抗参量或阻抗矩阵。阻抗参量中各 $[Z]$ 参数的定义如下。

$$Z_{11} = \left. \frac{v_1}{i_1} \right|_{i_2=0}$$

表示端口 2 开路时，端口 1 的输入阻抗；

$$Z_{22} = \left. \frac{v_2}{i_2} \right|_{i_1=0}$$

表示端口 1 开路时，端口 2 的输入阻抗；

$$Z_{12} = \left. \frac{v_1}{i_2} \right|_{i_1=0}$$

表示端口 1 开路时，端口 2 到端口 1 的转移阻抗；

$$Z_{21} = \left. \frac{v_2}{i_1} \right|_{i_2=0}$$

表示端口 2 开路时，端口 1 到端口 2 的转移阻抗。

例 4.1 已知 T 型网络如图 4.2 所示，计算该网络的阻抗参量。

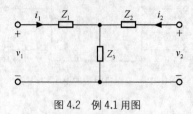

图 4.2　例 4.1 用图

解　当端口 2 开路时，$i_2 = 0$。由图 4.2 可以得到

$$i_1 = \frac{v_1}{Z_1 + Z_3}$$

$$v_2 = \frac{v_1 Z_3}{Z_1 + Z_3}$$

于是有

$$Z_{11} = \left.\frac{v_1}{i_1}\right|_{i_2=0} = Z_1 + Z_3$$

$$Z_{21} = \left.\frac{v_2}{i_1}\right|_{i_2=0} = Z_3$$

当端口 1 开路时，$i_1 = 0$。由图 4.2 可以得到

$$i_2 = \frac{v_2}{Z_2 + Z_3}$$

$$v_1 = \frac{v_2 Z_3}{Z_2 + Z_3}$$

于是有

$$Z_{22} = \left.\frac{v_2}{i_2}\right|_{i_1=0} = Z_2 + Z_3$$

$$Z_{12} = \left.\frac{v_1}{i_2}\right|_{i_1=0} = Z_3$$

所以阻抗参量为

$$[\boldsymbol{Z}] = \begin{bmatrix} Z_1 + Z_3 & Z_3 \\ Z_3 & Z_2 + Z_3 \end{bmatrix} \tag{4.5}$$

4.1.2　导纳参量

根据图 4.1，用二端口网络 2 个端口上的电压表示 2 个端口上的电流，网络方程为

$$\begin{cases} i_1 = Y_{11}v_1 + Y_{12}v_2 \\ i_2 = Y_{21}v_1 + Y_{22}v_2 \end{cases} \tag{4.6}$$

或写成

$$[I] = [Y][V] \tag{4.7}$$

式（4.7）中

$$[Y] = \begin{bmatrix} Y_{11} & Y_{12} \\ Y_{21} & Y_{22} \end{bmatrix} \tag{4.8}$$

$[Y]$ 称为导纳参量或导纳矩阵。导纳参量中各 $[Y]$ 参数的定义如下。

$$Y_{11} = \left.\frac{i_1}{v_1}\right|_{v_2=0}$$

表示端口 2 短路时，端口 1 的输入导纳；

$$Y_{22} = \left.\frac{i_2}{v_2}\right|_{v_1=0}$$

表示端口 1 短路时，端口 2 的输入导纳；

$$Y_{12} = \left.\frac{i_1}{v_2}\right|_{v_1=0}$$

表示端口 1 短路时，端口 2 到端口 1 的转移导纳；

$$Y_{21} = \left.\frac{i_2}{v_1}\right|_{v_2=0}$$

表示端口 2 短路时，端口 1 到端口 2 的转移导纳。

例 4.2　已知 π 型网络如图 4.3 所示，计算该网络的导纳参量。

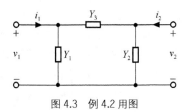

图 4.3　例 4.2 用图

解　当端口 2 短路时，$v_2 = 0$。由图 4.3 可以得到

$$i_1 = v_1(Y_1 + Y_3)$$
$$i_2 = -v_1 Y_3$$

于是有

$$Y_{11} = \left.\frac{i_1}{v_1}\right|_{v_2=0} = Y_1 + Y_3$$

$$Y_{21} = \left.\frac{i_2}{v_1}\right|_{v_2=0} = -Y_3$$

当端口 1 短路时，$v_1 = 0$。由图 4.3 可以得到

$$i_2 = v_2(Y_2 + Y_3)$$
$$i_1 = -v_2 Y_3$$

于是有

$$Y_{22} = \frac{i_2}{v_2}\bigg|_{v_1=0} = Y_2 + Y_3$$

$$Y_{12} = \frac{i_1}{v_2}\bigg|_{v_1=0} = -Y_3$$

所以导纳参量为

$$[\boldsymbol{Y}] = \begin{bmatrix} Y_1 + Y_3 & -Y_3 \\ -Y_3 & Y_2 + Y_3 \end{bmatrix} \tag{4.9}$$

4.1.3 混合参量

根据图 4.1，用二端口网络的 i_1 和 v_2 表示 v_1 和 i_2，网络方程为

$$\begin{cases} v_1 = h_{11}i_1 + h_{12}v_2 \\ i_2 = h_{21}i_1 + h_{22}v_2 \end{cases} \tag{4.10}$$

令

$$[\boldsymbol{h}] = \begin{bmatrix} h_{11} & h_{12} \\ h_{21} & h_{22} \end{bmatrix} \tag{4.11}$$

$[\boldsymbol{h}]$ 称为混合参量或混合矩阵。混合参量经常用于描述晶体管的特性，下面的例题介绍用混合参量分析低频晶体管。

例 4.3 共发射极双极结晶体管及其低频小信号等效电路如图 4.4 所示，分析其混合参量。

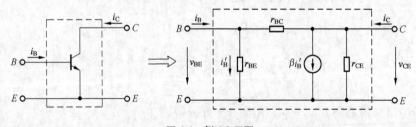

图 4.4 例 4.3 用图

解 图 4.4 中，r_{BE}、r_{BC} 和 r_{CE} 分别为晶体管基极-发射集、基极-集电极、集电极-发射集之间的电阻。

当端口 2 短路时，$v_{CE} = 0$；当端口 1 开路时，$i_B = 0$。由图 4.4 可以得到

$$h_{11} = \frac{v_{BE}}{i_B}\bigg|_{v_{CE}=0} = \frac{r_{BE}r_{BC}}{r_{BE} + r_{BC}}$$

表示端口 2 短路时端口 1 的输入阻抗；

$$h_{22} = \frac{i_C}{v_{CE}}\bigg|_{i_B=0} = \frac{1}{r_{CE}} + \frac{1+\beta}{r_{BE} + r_{BC}}$$

表示端口 1 开路时端口 2 的输入导纳；

$$h_{12} = \frac{v_{BE}}{v_{CE}}\bigg|_{i_B=0} = \frac{r_{BE}}{r_{BE} + r_{BC}}$$

表示端口 1 开路时的电压反馈系数；

$$h_{21} = \frac{i_C}{i_B}\bigg|_{v_{CE}=0} = \frac{\beta r_{BC} - r_{BE}}{r_{BE} + r_{BC}}$$

表示端口 2 短路时的电流增益。

因而混合参量为

$$[\boldsymbol{h}] = \begin{bmatrix} \dfrac{r_{BE} r_{BC}}{r_{BE} + r_{BC}} & \dfrac{r_{BE}}{r_{BE} + r_{BC}} \\ \dfrac{\beta r_{BC} - r_{BE}}{r_{BE} + r_{BC}} & \dfrac{1}{r_{CE}} + \dfrac{1 + \beta}{r_{BE} + r_{BC}} \end{bmatrix} \tag{4.12}$$

大多数实用晶体管 $\beta \gg 1$，而且 $r_{CE} \gg r_{BE}$，这时上述的混合参量为

$$h_{11} = r_{BE}$$

为输入阻抗；

$$h_{22} = \frac{1}{r_{CE}} + \frac{\beta}{r_{BC}}$$

为输出导纳；

$$h_{12} = 0$$

为电压反馈系数；

$$h_{21} = \beta$$

为小信号电流增益。

即

$$[\boldsymbol{h}] = \begin{bmatrix} r_{BE} & 0 \\ \beta & \dfrac{1}{r_{CE}} + \dfrac{\beta}{r_{BC}} \end{bmatrix} \tag{4.13}$$

4.1.4　转移参量

根据图 4.1，用端口 2 的电压和电流表示端口 1 的电压和电流，且规定进网络的方向为电流正方向，网络方程为

$$\begin{cases} v_1 = A v_2 - B i_2 \\ i_1 = C v_2 - D i_2 \end{cases} \tag{4.14}$$

或写成

$$\begin{bmatrix} v_1 \\ i_1 \end{bmatrix} = \begin{bmatrix} A & B \\ C & D \end{bmatrix} \begin{bmatrix} v_2 \\ -i_2 \end{bmatrix} \tag{4.15}$$

令

$$[\boldsymbol{ABCD}] = \begin{bmatrix} A & B \\ C & D \end{bmatrix} \tag{4.16}$$

式（4.16）中[*ABCD*]称为转移参量或转移矩阵，也称为[*ABCD*]矩阵。

[*ABCD*]矩阵特别适合于描述级联网络。如图 4.5 所示，当网络 N₁ 和 N₂ 相级联时，网络 N₁ 和 N₂ 的电压和电流关系为

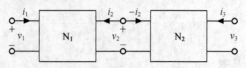

图 4.5　网络 N₁ 和 N₂ 相级联

$$\begin{bmatrix} v_1 \\ i_1 \end{bmatrix} = \begin{bmatrix} A & B \\ C & D \end{bmatrix}_1 \begin{bmatrix} v_2 \\ -i_2 \end{bmatrix} \tag{4.17}$$

$$\begin{bmatrix} v_2 \\ -i_2 \end{bmatrix} = \begin{bmatrix} A & B \\ C & D \end{bmatrix}_2 \begin{bmatrix} v_3 \\ -i_3 \end{bmatrix} \tag{4.18}$$

由式（4.17）和式（4.18）可以得到

$$\begin{bmatrix} v_1 \\ i_1 \end{bmatrix} = \begin{bmatrix} A & B \\ C & D \end{bmatrix}_1 \begin{bmatrix} A & B \\ C & D \end{bmatrix}_2 \begin{bmatrix} v_3 \\ -i_3 \end{bmatrix} \tag{4.19}$$

由式（4.19）得出，网络 N₁ 和 N₂ 级联后的转移矩阵为

$$[ABCD] = [ABCD]_1 [ABCD]_2 \tag{4.20}$$

式（4.20）表明，对于复杂的二端口网络，可以采用简单网络的级联方式表达。因此，导出简单二端口网络的[*ABCD*]矩阵是非常重要的，这些简单的二端口网络可用作构成更复杂电路的[*ABCD*]矩阵单元。

例 4.4　分别计算串联阻抗 Z、并联导纳 Y、T 型网络和 π 型网络的[*ABCD*]矩阵，如图 4.6 所示。

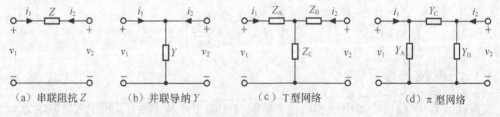

（a）串联阻抗 Z　　（b）并联导纳 Y　　（c）T 型网络　　（d）π 型网络

图 4.6　例 4.4 用图

解　对于图 4.6（a）中的串联阻抗 Z，[*ABCD*]参量为

$$A = \left. \frac{v_1}{v_2} \right|_{i_2=0} = 1$$

$$B = \left. \frac{-v_1}{i_2} \right|_{v_2=0} = Z$$

$$C = \left. \frac{i_1}{v_2} \right|_{i_2=0} = 0$$

$$D = \left. \frac{-i_1}{i_2} \right|_{v_2=0} = 1$$

因而串联阻抗 Z 的 $[ABCD]$ 矩阵为

$$[ABCD] = \begin{bmatrix} 1 & Z \\ 0 & 1 \end{bmatrix} \tag{4.21}$$

对于图 4.6（b）中的并联导纳 Y，$[ABCD]$ 参量为

$$A = \left. \frac{v_1}{v_2} \right|_{i_2=0} = 1$$

$$B = \left. \frac{-v_1}{i_2} \right|_{v_2=0} = 0$$

$$C = \left. \frac{i_1}{v_2} \right|_{i_2=0} = Y$$

$$D = \left. \frac{-i_1}{i_2} \right|_{v_2=0} = 1$$

因而并联导纳 Y 的 $[ABCD]$ 矩阵为

$$[ABCD] = \begin{bmatrix} 1 & 0 \\ Y & 1 \end{bmatrix} \tag{4.22}$$

图 4.6（c）中的 T 型网络，可以看成串联阻抗 Z_A、并联导纳 Y_C、串联阻抗 Z_B 三个网络的级联，所以 T 型网络的 $[ABCD]$ 矩阵为

$$[ABCD] = \begin{bmatrix} 1 & Z_A \\ 0 & 1 \end{bmatrix} \begin{bmatrix} 1 & 0 \\ Y_C & 1 \end{bmatrix} \begin{bmatrix} 1 & Z_B \\ 0 & 1 \end{bmatrix} = \begin{bmatrix} 1+\dfrac{Z_A}{Z_C} & Z_A + Z_B + \dfrac{Z_A Z_B}{Z_C} \\ \dfrac{1}{Z_C} & 1+\dfrac{Z_B}{Z_C} \end{bmatrix} \tag{4.23}$$

图 4.6（d）中的 π 型网络，可以看成并联导纳 Y_A、串联阻抗 Z_C、并联导纳 Y_B 三个网络的级联，所以 π 型网络的 $[ABCD]$ 矩阵为

$$[ABCD] = \begin{bmatrix} 1 & 0 \\ Y_A & 1 \end{bmatrix} \begin{bmatrix} 1 & Z_C \\ 0 & 1 \end{bmatrix} \begin{bmatrix} 1 & 0 \\ Y_B & 1 \end{bmatrix} = \begin{bmatrix} 1+\dfrac{Y_B}{Y_C} & \dfrac{1}{Y_C} \\ Y_A + Y_B + \dfrac{Y_A Y_B}{Y_C} & 1+\dfrac{Y_A}{Y_C} \end{bmatrix} \tag{4.24}$$

例 4.5　计算长度为 l、特性阻抗为 Z_0 的无耗传输线的 $[ABCD]$ 矩阵，如图 4.7 所示。

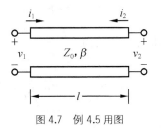

图 4.7　例 4.5 用图

解 当传输线终端短路时，由式（2.57）可得长度为 l 的传输线的输入电压和电流为

$$\left.\begin{aligned} V(l) &= \mathrm{j}2V_2^+ \sin \beta l \\ I(l) &= \frac{2V_2^+}{Z_0} \cos \beta l \end{aligned}\right\}$$

当传输线终端开路时，由式（2.61）可得长度为 l 的传输线的输入电压和电流为

$$\left.\begin{aligned} V(l) &= 2V_2^+ \cos \beta l \\ I(l) &= \mathrm{j}\frac{2V_2^+}{Z_0} \sin \beta l \end{aligned}\right\}$$

长度为 l 的传输线的 $[ABCD]$ 参量为

$$A = \left.\frac{v_1}{v_2}\right|_{i_2=0} = \frac{2V_2^+ \cos \beta l}{2V_2^+} = \cos \beta l$$

$$B = \left.\frac{-v_1}{i_2}\right|_{v_2=0} = \frac{\mathrm{j}2V_2^+ \sin \beta l}{\dfrac{2V_2^+}{Z_0}} = \mathrm{j}Z_0 \sin \beta l$$

$$C = \left.\frac{i_1}{v_2}\right|_{i_2=0} = \frac{\mathrm{j}\dfrac{2V_2^+}{Z_0} \sin \beta l}{2V_2^+} = \mathrm{j}Y_0 \sin \beta l$$

$$D = \left.\frac{-i_1}{i_2}\right|_{v_2=0} = \frac{\dfrac{2V_2^+}{Z_0} \cos \beta l}{\dfrac{2V_2^+}{Z_0}} = \cos \beta l$$

长度为 l 的传输线的 $[ABCD]$ 矩阵为

$$[ABCD] = \begin{bmatrix} \cos \beta l & \mathrm{j}Z_0 \sin \beta l \\ \mathrm{j}Y_0 \sin \beta l & \cos \beta l \end{bmatrix} \tag{4.25}$$

例 4.6 计算变压器的 $[ABCD]$ 矩阵，如图 4.8 所示。

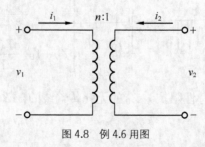

图 4.8 例 4.6 用图

解 图 4.8 中变压器的电压和电流关系为

$$v_1 = nv_2 = Av_2 - Bi_2$$

$$i_1 = -\frac{1}{n}i_2 = Cv_2 - Di_2$$

所以变压器的[*ABCD*]矩阵为

$$[ABCD] = \begin{bmatrix} n & 0 \\ 0 & \dfrac{1}{n} \end{bmatrix} \tag{4.26}$$

式（4.21）～式（4.26）给出了 6 种最常用电路的[*ABCD*]矩阵，更复杂的电路大多数可以通过这些基本网络组合而成。

4.2　二端口射频网络参量

前面讨论的低频网络参量[*Z*]、[*Y*]、[*h*]和[*ABCD*]是在终端短路或终端开路时、用电压和电流之间的关系得到的，但在射频频段，电路端口的理想短路或理想开路难以在宽频带内实现，网络电压和网络电流也多采用入射与反射的方式表示，基于以上情况，必须使用波的概念来定义射频网络参量。

在射频频段，用散射参量[*S*]描述网络的网络参量。[*S*]参量是在各端口匹配时用入射电压和反射电压之间的关系得到的，射频电路利用[*S*]参量就可以避开不现实的终端条件，同时使参数易于测量。[*S*]参量可以表征射频器件的特征，在绝大多数涉及射频系统的技术资料和设计手册中，网络参量都是由[*S*]参量表示。

对于级连网络，射频电路可以利用[*T*]参量简化对网络的分析。本节介绍[*S*]参量和[*T*]参量这 2 种射频网络参量。

4.2.1　散射参量

在射频频段内，网络端口与外界连接的是各类传输线，端口上的场量由入射波和反射波叠加而成，散射参量采用入射行波和反射行波的归一化电压表征各网络端口的相互关系。下面讨论散射参量的特性。

1. 归一化参量

如图 4.9 所示，对于二端口网络，端口 1 的归一化入射电压和归一化反射电压定义为

$$a_1 = \dfrac{V_1^+}{\sqrt{Z_{01}}} \tag{4.27}$$

$$b_1 = \dfrac{V_1^-}{\sqrt{Z_{01}}} \tag{4.28}$$

端口 2 的归一化入射电压和归一化反射电压定义为

$$a_2 = \dfrac{V_2^+}{\sqrt{Z_{02}}} \tag{4.29}$$

$$b_2 = \dfrac{V_2^-}{\sqrt{Z_{02}}} \tag{4.30}$$

图 4.9　归一化入射电压和归一化反射电压的定义

端口 1 的总电压和总电流与归一化入射电压和归一化反射电压的关系为

$$V_1 = V_1^+ + V_1^- = \sqrt{Z_{01}}\,(a_1 + b_1) \tag{4.31}$$

$$I_1 = I_1^+ - I_1^- = \frac{1}{\sqrt{Z_{01}}}(a_1 - b_1) \tag{4.32}$$

端口 2 的总电压和总电流与归一化入射电压和归一化反射电压的关系为

$$V_2 = V_2^+ + V_2^- = \sqrt{Z_{02}}\,(a_2 + b_2) \tag{4.33}$$

$$I_2 = I_2^+ - I_2^- = \frac{1}{\sqrt{Z_{02}}}(a_2 - b_2) \tag{4.34}$$

由式（2.51），端口 1 和端口 2 的平均功率为

$$P_1 = \frac{1}{2}\frac{\left|V_1^+\right|^2}{Z_{01}}(1 - \left|\varGamma_{\text{in}}\right|^2) = \frac{\left|a_1\right|^2}{2}(1 - \left|\varGamma_{\text{in}}\right|^2) = \frac{1}{2}(\left|a_1\right|^2 - \left|b_1\right|^2) \tag{4.35}$$

$$P_2 = \frac{1}{2}\frac{\left|V_2^+\right|^2}{Z_{02}}(1 - \left|\varGamma_{\text{out}}\right|^2) = \frac{\left|a_2\right|^2}{2}(1 - \left|\varGamma_{\text{out}}\right|^2) = \frac{1}{2}(\left|a_2\right|^2 - \left|b_2\right|^2) \tag{4.36}$$

式（4.35）和式（4.36）是非常有意义的，它表明传递到每个端口的有效功率为归一化入射功率减去归一化反射功率，归一化入射功率可以由归一化入射电压表示为 $\frac{1}{2}\left|a_1\right|^2$，归一化反射功率可以由归一化反射电压表示为 $\frac{1}{2}\left|b_1\right|^2$。

2．散射参量的定义

二端口网络中归一化入射电压和归一化反射电压的关系用方程表示为

$$\begin{cases} b_1 = S_{11}a_1 + S_{12}a_2 \\ b_2 = S_{21}a_1 + S_{22}a_2 \end{cases} \tag{4.37}$$

将式（4.37）写成矩阵形式，为

$$\begin{bmatrix} b_1 \\ b_2 \end{bmatrix} = \begin{bmatrix} S_{11} & S_{12} \\ S_{21} & S_{22} \end{bmatrix}\begin{bmatrix} a_1 \\ a_2 \end{bmatrix} \tag{4.38}$$

式（4.38）可以简写成

$$[b] = [S][a] \tag{4.39}$$

式（4.39）中，$[S]$ 称为散射矩阵或散射参量。

S_{11}、S_{12}、S_{21} 和 S_{22} 为散射参量，由式（4.39）可以得出这些参量的定义如下。

$$S_{11} = \left. \frac{b_1}{a_1} \right|_{a_2=0}$$

表示端口 2 接匹配负载时，端口 1 的电压反射系数；

$$S_{12} = \left. \frac{b_1}{a_2} \right|_{a_1=0}$$

表示端口 1 接匹配负载时，端口 2 至端口 1 的反向电压传输系数；

$$S_{21} = \left. \frac{b_2}{a_1} \right|_{a_2=0}$$

表示端口 2 接匹配负载时，端口 1 至端口 2 的正向电压传输系数；

$$S_{22} = \left. \frac{b_2}{a_2} \right|_{a_1=0}$$

表示端口 1 接匹配负载时，端口 2 上的电压反射系数。

散射参量 $[S]$ 用于射频频段有许多优点，简述如下。

（1）散射参量用来表示网络的反射系数和传输特性是非常方便的，而且它给出了一个网络端口之外的完整特性描述。

（2）散射参量没有使用开路或短路的描述方式，在射频电路中如果出现短路或开路的情况，将引起强烈的反射，会导致振荡的产生，并引起晶体管元件的损坏。

（3）散射参量要求各端口使用匹配负载，匹配负载可以吸收全部的入射功率，从而消除了过强的能量反射，降低了对源和设备损伤的可能性。

例 4.7 求长度为 l 的均匀无耗传输线的 $[S]$ 参量，已知相位常数为 β。

解 此传输线可以视为二端口网络。当端口 2 接匹配负载时，端口 1 无反射，也即 $b_1 = 0$，所以

$$S_{11} = \left. \frac{b_1}{a_1} \right|_{a_2=0} = 0$$

当端口 1 接匹配负载时，端口 2 的电压入射波到端口 1 后无反射，为行波，也即 $|b_1| = |a_2|$，同时 b_1 比 a_2 相位线性滞后，所以有

$$S_{12} = \left. \frac{b_1}{a_2} \right|_{a_1=0} = e^{-j\beta l}$$

同理可得

$$S_{22} = 0$$
$$S_{21} = e^{-j\beta l}$$

于是得到此传输线的 $[S]$ 参量为

$$[S] = \begin{bmatrix} 0 & e^{-j\beta l} \\ e^{-j\beta l} & 0 \end{bmatrix} \tag{4.40}$$

例 4.8 已知二端口网络的散射矩阵 $[S]$ 及负载反射系数 Γ_L，如图 4.10 所示，求其输入端的反射系数和归一化输入阻抗。

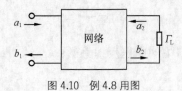

图 4.10 例 4.8 用图

解 二端口网络的散射矩阵方程为

$$\begin{cases} b_1 = S_{11}a_1 + S_{12}a_2 \\ b_2 = S_{21}a_1 + S_{22}a_2 \end{cases}$$

考虑到 $a_2 = \Gamma_L b_2$，并代入上式，有

$$b_1 = S_{11}a_1 + S_{12}\Gamma_L b_2$$
$$b_2 = S_{21}a_1 + S_{22}\Gamma_L b_2$$

解此方程组，得到

$$b_1 = \left(S_{11} + \frac{S_{12}S_{21}\Gamma_L}{1 - S_{22}\Gamma_L} \right) a_1$$

故得输入端反射系数为

$$\Gamma_{in} = \frac{b_1}{a_1} = S_{11} + \frac{S_{12}S_{21}\Gamma_L}{1 - S_{22}\Gamma_L} \tag{4.41}$$

输入端归一化输入阻抗为

$$\frac{Z_{in}}{Z_0} = \frac{1 + \Gamma_{in}}{1 - \Gamma_{in}} = \frac{1 + S_{11} - S_{22}\Gamma_L - (S_{11}S_{22} - S_{12}S_{21})\Gamma_L}{1 - S_{11} - S_{22}\Gamma_L + (S_{11}S_{22} - S_{12}S_{21})\Gamma_L} \tag{4.42}$$

3. S_{12} 和 S_{21} 的物理意义

首先讨论散射参量 S_{21} 的物理意义。S_{21} 是在端口 2 匹配的情况下确定的，此时 $a_2 = 0$，如图 4.11 所示。

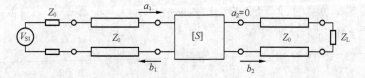

图 4.11 S_{21} 的物理意义

由式（4.31）和式（4.32）得到

$$a_1 = \frac{1}{2\sqrt{Z_0}}(V_1 + Z_0 I_1) \tag{4.43}$$

所以

$$S_{21} = \frac{b_2}{a_1}\bigg|_{a_2 = 0} = \frac{V_2^- / \sqrt{Z_0}}{(V_1 + Z_0 I_1)/(2\sqrt{Z_0})} \tag{4.44}$$

式（4.44）中，由于 $V_{S1} = V_1 + Z_0 I_1$，$V_2 = V_2^+ + V_2^- = V_2^-$，所以

$$S_{21} = \frac{2V_2}{V_{S1}} \tag{4.45}$$

式（4.45）说明端口 2 的电压与信号源的电压有直接关系，S_{21} 表示网络的正向电压增益。

同理，S_{12} 表示网络的反向电压增益。

4．网络参考面的平移

当网络的参考面选定后，所定义的射频网络就是由这些参考面所包围的区域，网络的散射参量也就唯一地确定了。但如果网络的参考面位置改变，网络的散射参量也随之改变。

考察一个二端口网络，设其端口 1 的参考面由 T_1 移动 l_1 到参考面 $T_1{}'$，端口 2 的参考面由 T_2 移动 l_2 到参考面 T_2'，如图 4.12 所示。在新的参考面 $T_1{}'$ 和 $T_2{}'$ 上，入射电压和反射电压可以写为

$$\left.\begin{array}{l} V_1'^{+} = V_1'^{+}\mathrm{e}^{\mathrm{j}\theta_1} \\ V_2'^{+} = V_2'^{+}\mathrm{e}^{\mathrm{j}\theta_2} \end{array}\right\} \tag{4.46}$$

$$\left.\begin{array}{l} V_1'^{-} = V_1'^{-}\mathrm{e}^{-\mathrm{j}\theta_1} \\ V_2'^{-} = V_2'^{-}\mathrm{e}^{-\mathrm{j}\theta_2} \end{array}\right\} \tag{4.47}$$

式（4.46）和式（4.47）中，$\theta_1 = \beta l_1$，$\theta_2 = \beta l_2$。

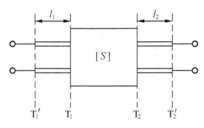

图 4.12　网络参考面的平移

基于散射参量的定义，有

$$\begin{bmatrix} V_1'^{-} \\ V_2'^{-} \end{bmatrix} = \begin{bmatrix} S_{11}' & S_{12}' \\ S_{21}' & S_{22}' \end{bmatrix} \begin{bmatrix} V_1'^{+} \\ V_2'^{+} \end{bmatrix} \tag{4.48}$$

式（4.48）中

$$\begin{bmatrix} S_{11}' & S_{12}' \\ S_{21}' & S_{22}' \end{bmatrix} = \begin{bmatrix} S_{11}\mathrm{e}^{-\mathrm{j}2\theta_1} & S_{12}\mathrm{e}^{-\mathrm{j}(\theta_1+\theta_2)} \\ S_{21}\mathrm{e}^{-\mathrm{j}(\theta_1+\theta_2)} & S_{22}\mathrm{e}^{-\mathrm{j}2\theta_2} \end{bmatrix} \tag{4.49}$$

式（4.49）有明确的物理意义，说明如下。

（1）S_{11}' 与 S_{11} 的相位变化量及 S_{22}' 与 S_{22} 的相位变化量分别是电长度的 2 倍，因为入射波经反射后所经历的长度是电长度的 2 倍。

（2）S_{12}' 与 S_{12} 的相位变化量及 S_{21}' 与 S_{21} 的相位变化量是电长度之和，因为入射波从一个参考面移动到另一个参考面，需经历 2 段电长度之和的移动。

4.2.2　传输参量

用 T_2 参考面上的归一化电压入射波和归一化电压反射波表示 T_1 参考面上的归一化电压入射波和归一化电压反射波，网络方程为

$$\begin{cases} a_1 = T_{11}b_2 + T_{12}a_2 \\ b_1 = T_{21}b_2 + T_{22}a_2 \end{cases} \tag{4.50}$$

写成矩阵形式为

$$\begin{bmatrix} a_1 \\ b_1 \end{bmatrix} = \begin{bmatrix} T_{11} & T_{12} \\ T_{21} & T_{22} \end{bmatrix} \begin{bmatrix} b_2 \\ a_2 \end{bmatrix} \tag{4.51}$$

令

$$[\boldsymbol{T}] = \begin{bmatrix} T_{11} & T_{12} \\ T_{21} & T_{22} \end{bmatrix} \tag{4.52}$$

$[\boldsymbol{T}]$ 称为传输参量或传输矩阵。

传输参量 T_{11} 的定义为

$$T_{11} = \left. \frac{a_1}{b_2} \right|_{a_2=0} = \frac{1}{S_{21}} \tag{4.53}$$

表示 T_2 面接匹配负载时，T_1 面到 T_2 面的电压传输系数。其余参量没有直观的物理意义。

传输参量与散射参量的关系为

$$\begin{bmatrix} S_{11} & S_{12} \\ S_{21} & S_{22} \end{bmatrix} = \begin{bmatrix} \dfrac{T_{21}}{T_{11}} & T_{22} - \dfrac{T_{21}T_{12}}{T_{11}} \\ \dfrac{1}{T_{11}} & -\dfrac{T_{12}}{T_{11}} \end{bmatrix} \tag{4.54}$$

与 $[\boldsymbol{ABCD}]$ 矩阵相类似，用传输矩阵 $[\boldsymbol{T}]$ 来讨论几个二端口网络的级连也很方便。不难证明，对于传输矩阵分别为 $[\boldsymbol{T}]_1$、$[\boldsymbol{T}]_2$、$\cdots$、$[\boldsymbol{T}]_n$ 的 n 个二端口网络的级连，同样可以得到组合后的传输矩阵 $[\boldsymbol{T}]$ 为各分网络传输矩阵的乘积，即

$$[\boldsymbol{T}] = [\boldsymbol{T}]_1[\boldsymbol{T}]_2 \cdots [\boldsymbol{T}]_n \tag{4.55}$$

4.3　二端口网络的参量特性

前面讨论的二端口网络，网络矩阵有 4 个独立参量，但当网络具有某种特性时，网络的独立参量将减少。下面讨论网络参量的性质。

4.3.1　互易网络

互易网络是指满足互易原理的网络。在一个无源线性网络中，交换激励点与响应点的位置，若在同样大的激励下产生同样大的响应，则称此网络为互易网络。

例如，假定端口 1 参考面上加电流 i_1，端口 2 开路，端口 2 参考面上呈现的电压为 v_2；然后倒过来，端口 2 参考面上加电流 i_2，且 $i_2 = i_1$，端口 1 开路，如果这时端口 1 参考面上

呈现的电压为 v_1，且 $v_1 = v_2$，则 $Z_{12} = Z_{21}$。称这样的网络为互易网络。

互易网络仅适用于含有线性双向阻抗的无源网络，满足该条件的无源网络可含有电阻、电容、电感或变压器等线性无源器件。由铁氧体等各向异性媒质构成的元件及有源电路不是互易网络。

二端口互易网络有如下特性

$$Z_{12} = Z_{21} \tag{4.56}$$

$$Y_{12} = Y_{21} \tag{4.57}$$

$$AD - BC = 1 \tag{4.58}$$

$$S_{12} = S_{21} \tag{4.59}$$

$$T_{11}T_{22} - T_{12}T_{21} = 1 \tag{4.60}$$

结论是，一个互易二端口网络最多只有三个独立的参量。例 4.1、例 4.2、例 4.4、例 4.5、例 4.6 和例 4.7 是无源线性网络，均为互易网络。例 4.3 为有源电路，不是互易网络。

例 4.9 由二端口互易网络的式（4.56）推出式（4.58），式（4.59）推出式（4.60）。

解 （1）由式（4.1）和式（4.14）可以得到

$$Z_{12} = \frac{v_1}{i_2}\bigg|_{i_1=0} = \frac{AD - BC}{C}$$

$$C = \frac{i_1}{v_2}\bigg|_{i_2=0} = \frac{1}{Z_{21}}$$

由式（4.56）有 $Z_{12} = Z_{21}$，所以

$$AD - BC = 1$$

（2）由式（4.54）可以得到

$$S_{12} = T_{22} - \frac{T_{21}T_{12}}{T_{11}}$$

$$S_{21} = \frac{1}{T_{11}}$$

由式（4.59）有 $S_{12} = S_{21}$，所以

$$T_{11}T_{22} - T_{12}T_{21} = 1$$

4.3.2 对称网络

对称网络是互易网络的一个特例。若互易网络的结构具有对称性，网络称为对称网络。对称网络中电子元件的大小及尺寸位置对称分布。

对称网络首先是互易网络，二端口对称网络具有下列特性

$$Z_{11} = Z_{22}, \quad Z_{12} = Z_{21} \tag{4.61}$$

$$Y_{11} = Y_{22}, \quad Y_{12} = Y_{21} \tag{4.62}$$

$$A = D, \quad AD - BC = 1 \tag{4.63}$$

$$S_{11} = S_{22}, \quad S_{12} = S_{21} \tag{4.64}$$

$$T_{12} = -T_{21}, \quad T_{11}T_{22} - T_{12}T_{21} = 1 \tag{4.65}$$

结论是，一个对称二端口网络 2 个端口参考面上的输入阻抗、输入导纳以及电压反射系数一一对应相等。

4.3.3　无耗网络

若网络的输入功率等于网络的输出功率，这样的网络称为无耗网络。

1. 低频无耗网络参量

二端口无耗网络的阻抗参量为虚数，即

$$Z_{ij} = \mathrm{j}X_{ij} \quad (i = 1, 2; j = 1, 2) \tag{4.66}$$

二端口无耗网络的导纳参量均为虚数，即

$$Y_{ij} = \mathrm{j}B_{ij} \quad (i = 1, 2; j = 1, 2) \tag{4.67}$$

二端口无耗网络的转移参量为：A 和 D 为实数，B 和 C 为纯虚数。

2. 射频无耗网络的 $[S]$ 参量

无耗网络这一条件给 $[S]$ 参量设置了许多限制，无耗网络的 $[S]$ 参量满足

$$[S^*]^{\mathrm{T}}[S] = [1] \tag{4.68}$$

或表示成

$$\begin{bmatrix} S_{11}^* & S_{21}^* \\ S_{12}^* & S_{22}^* \end{bmatrix} \begin{bmatrix} S_{11} & S_{12} \\ S_{21} & S_{22} \end{bmatrix} = \begin{bmatrix} 1 & 0 \\ 0 & 1 \end{bmatrix} \tag{4.69}$$

式（4.68）中

$$[S^*]^{\mathrm{T}} = \begin{bmatrix} S_{11}^* & S_{21}^* \\ S_{12}^* & S_{22}^* \end{bmatrix} \tag{4.70}$$

式（4.69）称为 $[S]$ 参量无耗的"么正"条件。式（4.69）使 $[S]$ 参量满足一元性和零元性，$[S]$ 参量的一元性为

$$S_{11}S_{11}^* + S_{21}S_{21}^* = 1$$
$$S_{12}S_{12}^* + S_{22}S_{22}^* = 1$$

$[S]$ 参量的零元性为

$$S_{11}^*S_{12} + S_{21}^*S_{22} = 0$$
$$S_{11}S_{12} + S_{21}S_{22}^* = 0$$

对于无耗互易二端口网络，散射参量具有下列特性

$$S_{12} = S_{21} \tag{4.71}$$

$$|S_{11}| = |S_{22}| \tag{4.72}$$

$$|S_{11}|^2 + |S_{21}|^2 = 1 \tag{4.73}$$

$$S_{11}S_{12}^* + S_{21}S_{22}^* = 0 \tag{4.74}$$

若令

$$S_{11} = |S_{11}| e^{j\theta_{11}}, \quad S_{12} = |S_{12}| e^{j\theta_{12}}$$

$$S_{21} = |S_{21}| e^{j\theta_{21}}, \quad S_{22} = |S_{22}| e^{j\theta_{22}}$$

则有

$$\theta_{12} = \frac{1}{2}(\theta_{11} + \theta_{22} + \pi) \tag{4.75}$$

式（4.71）～式（4.75）表明，对于无耗互易二端口网络，由 S_{11} 和 S_{22} 的幅值和相位可以确定 S_{12} 和 S_{21} 的幅值和相位。测量中，在测出 S_{11} 和 S_{22} 后，便可以完全确定无耗互易二端口网络。

4.4　二端口网络的参量互换

前面讨论的各种网络参量可以用来表征同一网络，因此不同的网络参量可以相互转换。

4.4.1　网络参量[Z]、[Y]、[h]、[ABCD]之间的相互转换

[Z]、[Y]、[h]、[ABCD] 均是表征电压和电流之间关系的网络参量，因此它们之间的相互关系容易导出。例如，将式（4.1）中的电压 v_1 和 v_2 作自变量，电流 i_1 和 i_2 作因变量，可以得到

$$\left. \begin{array}{l} i_1 = \dfrac{Z_{22}}{Z_{11}Z_{22} - Z_{12}Z_{21}} v_1 + \dfrac{-Z_{12}}{Z_{11}Z_{22} - Z_{12}Z_{21}} v_2 \\[3mm] i_2 = \dfrac{-Z_{21}}{Z_{11}Z_{22} - Z_{12}Z_{21}} v_1 + \dfrac{Z_{11}}{Z_{11}Z_{22} - Z_{12}Z_{21}} v_2 \end{array} \right\} \tag{4.76}$$

将式（4.76）与式（4.6）相比较，便能得到导纳参量与阻抗参量之间的转换公式，结果如下。

$$Y_{11} = \frac{Z_{22}}{Z_{11}Z_{22} - Z_{12}Z_{21}}$$

$$Y_{12} = -\frac{Z_{12}}{Z_{11}Z_{22} - Z_{12}Z_{21}}$$

$$Y_{21} = -\frac{Z_{21}}{Z_{11}Z_{22} - Z_{12}Z_{21}}$$

$$Y_{22} = \frac{Z_{11}}{Z_{11}Z_{22} - Z_{12}Z_{21}}$$

按照类似的方法，可以得到二端口网络[Z]、[Y]、[h]、[ABCD] 4 种网络参量之间的转换公式，见表 4.1。

表 4.1　　　　二端口网络参量[Z]、[Y]、[h]、[ABCD]之间的转换公式

转换公式	[Z]	[Y]	[h]	[ABCD]
[Z]	$\begin{bmatrix} Z_{11} & Z_{12} \\ Z_{21} & Z_{22} \end{bmatrix}$	$\dfrac{1}{\|Z\|}\begin{bmatrix} Z_{22} & -Z_{12} \\ -Z_{21} & Z_{11} \end{bmatrix}$	$\dfrac{1}{Z_{22}}\begin{bmatrix} \|Z\| & Z_{12} \\ -Z_{21} & 1 \end{bmatrix}$	$\dfrac{1}{Z_{21}}\begin{bmatrix} Z_{11} & \|Z\| \\ 1 & Z_{22} \end{bmatrix}$

转换公式	$[Z]$	$[Y]$	$[h]$	$[ABCD]$
$[Y]$	$\dfrac{1}{\lvert Y\rvert}\begin{bmatrix} Y_{22} & -Y_{12} \\ -Y_{21} & Y_{11} \end{bmatrix}$	$\begin{bmatrix} Y_{11} & Y_{12} \\ Y_{21} & Y_{22} \end{bmatrix}$	$\dfrac{1}{Y_{11}}\begin{bmatrix} 1 & -Y_{12} \\ Y_{21} & \lvert Y\rvert \end{bmatrix}$	$\dfrac{-1}{Y_{21}}\begin{bmatrix} Y_{22} & 1 \\ \lvert Y\rvert & Y_{11} \end{bmatrix}$
$[h]$	$\dfrac{1}{h_{22}}\begin{bmatrix} \lvert h\rvert & h_{12} \\ -h_{21} & 1 \end{bmatrix}$	$\dfrac{1}{h_{11}}\begin{bmatrix} 1 & -h_{12} \\ h_{21} & \lvert h\rvert \end{bmatrix}$	$\begin{bmatrix} h_{11} & h_{12} \\ h_{21} & h_{22} \end{bmatrix}$	$-\dfrac{1}{h_{21}}\begin{bmatrix} \lvert h\rvert & h_{11} \\ h_{22} & 1 \end{bmatrix}$
$[ABCD]$	$\dfrac{1}{C}\begin{bmatrix} A & \lvert ABCD\rvert \\ 1 & D \end{bmatrix}$	$\dfrac{1}{B}\begin{bmatrix} D & -\lvert ABCD\rvert \\ -1 & A \end{bmatrix}$	$\dfrac{1}{D}\begin{bmatrix} B & \lvert ABCD\rvert \\ -1 & C \end{bmatrix}$	$\begin{bmatrix} A & B \\ C & D \end{bmatrix}$

表 4.1 说明：$\lvert Z\rvert = Z_{11}Z_{22} - Z_{12}Z_{21}$，$\lvert Y\rvert = Y_{11}Y_{22} - Y_{12}Y_{21}$，$\lvert h\rvert = h_{11}h_{22} - h_{12}h_{21}$，$\lvert ABCD\rvert = AD - BC$。

4.4.2 网络参量[S]和[T]之间的相互转换

[S] 和 [T] 均是表征入射电压和反射电压之间关系的网络参量，因此它们之间的相互关系也容易导出。例如，将式（4.37）中的 a_2 和 b_2 作自变量，a_1 和 b_1 作因变量，可以得到

$$\left.\begin{aligned} a_1 &= \frac{1}{S_{21}}b_2 - \frac{S_{22}}{S_{21}}a_2 \\ b_1 &= \frac{S_{11}}{S_{21}}b_2 - \frac{S_{11}S_{22} - S_{12}S_{21}}{S_{21}}a_2 \end{aligned}\right\} \tag{4.77}$$

将式（4.77）与式（4.50）相比较，便能得到散射参量与传输参量之间的转换公式，结果如下。

$$T_{11} = \frac{1}{S_{21}}$$

$$T_{12} = -\frac{S_{22}}{S_{21}}$$

$$T_{21} = \frac{S_{11}}{S_{21}}$$

$$T_{22} = -\frac{S_{11}S_{22} - S_{12}S_{21}}{S_{21}}$$

二端口网络 [S] 和 [T] 二种网络参量之间的转换公式见表 4.2。

表 4.2　二端口网络参量[S]和[T]之间的转换公式

转换公式	$[S]$	$[T]$
$[S]$	$\begin{bmatrix} S_{11} & S_{12} \\ S_{21} & S_{22} \end{bmatrix}$	$\dfrac{1}{S_{21}}\begin{bmatrix} 1 & -S_{22} \\ S_{11} & -\lvert S\rvert \end{bmatrix}$
$[T]$	$\dfrac{1}{T_{11}}\begin{bmatrix} T_{21} & \lvert T\rvert \\ 1 & -T_{12} \end{bmatrix}$	$\begin{bmatrix} T_{11} & T_{12} \\ T_{21} & T_{22} \end{bmatrix}$

表 4.2 说明：$\lvert S\rvert = S_{11}S_{22} - S_{12}S_{21}$，$\lvert T\rvert = T_{11}T_{22} - T_{12}T_{21}$。

4.4.3 网络参量$[Z]$、$[Y]$、$[h]$、$[ABCD]$与$[S]$之间的相互转换

这里只讨论$\sqrt{Z_{01}}=\sqrt{Z_{02}}=\sqrt{Z_0}$的情况。由式（4.31）~式（4.34）可知，在二端口网络 T_1和T_2参考面上，电压V_1和V_2及电流I_1和I_2可以表示成

$$V_1 = V_1^+ + V_1^- = \sqrt{Z_0}\,(a_1 + b_1)$$

$$I_1 = I_1^+ - I_1^- = \frac{1}{\sqrt{Z_0}}(a_1 - b_1)$$

$$V_2 = V_2^+ + V_2^- = \sqrt{Z_0}\,(a_2 + b_2)$$

$$I_2 = I_2^+ - I_2^- = \frac{1}{\sqrt{Z_0}}(a_2 - b_2)$$

因此可以得到

$$\left.\begin{aligned}
V_1 &= \sqrt{Z_0}\,(a_1 + b_1) = Z_{11}I_1 + Z_{12}I_2 = Z_{11}\frac{(a_1 - b_1)}{\sqrt{Z_0}} + Z_{12}\frac{(a_2 - b_2)}{\sqrt{Z_0}} \\
V_2 &= \sqrt{Z_0}\,(a_2 + b_2) = Z_{21}I_1 + Z_{22}I_2 = Z_{21}\frac{(a_1 - b_1)}{\sqrt{Z_0}} + Z_{22}\frac{(a_2 - b_2)}{\sqrt{Z_0}}
\end{aligned}\right\} \tag{4.78}$$

将式（4.78）中的a_1和a_2作自变量，b_1和b_2作因变量，可以得到

$$\left.\begin{aligned}
b_1 &= \frac{(Z_{11} - Z_0)(Z_{22} + Z_0) - Z_{12}Z_{21}}{(Z_{11} + Z_0)(Z_{22} + Z_0) - Z_{12}Z_{21}}a_1 + \frac{2Z_{12}Z_0}{(Z_{11} + Z_0)(Z_{22} + Z_0) - Z_{12}Z_{21}}a_2 \\
b_2 &= \frac{2Z_{21}Z_0}{(Z_{11} + Z_0)(Z_{22} + Z_0) - Z_{12}Z_{21}}a_1 + \frac{(Z_{11} + Z_0)(Z_{22} - Z_0) - Z_{12}Z_{21}}{(Z_{11} + Z_0)(Z_{22} + Z_0) - Z_{12}Z_{21}}a_2
\end{aligned}\right\} \tag{4.79}$$

将式（4.79）与式（4.37）相比较，便能得到阻抗参量与散射参量之间的转换公式，结果如下。

$$S_{11} = \frac{(Z_{11} - Z_0)(Z_{22} + Z_0) - Z_{12}Z_{21}}{(Z_{11} + Z_0)(Z_{22} + Z_0) - Z_{12}Z_{21}}$$

$$S_{12} = \frac{2Z_{12}Z_0}{(Z_{11} + Z_0)(Z_{22} + Z_0) - Z_{12}Z_{21}}$$

$$S_{21} = \frac{2Z_{21}Z_0}{(Z_{11} + Z_0)(Z_{22} + Z_0) - Z_{12}Z_{21}}$$

$$S_{22} = \frac{(Z_{11} + Z_0)(Z_{22} - Z_0) - Z_{12}Z_{21}}{(Z_{11} + Z_0)(Z_{22} + Z_0) - Z_{12}Z_{21}}$$

按照类似的方法，可以得到二端口网络参量$[Z]$、$[Y]$、$[h]$、$[ABCD]$与$[S]$之间的转换公式，见表 4.3 和表 4.4。

表 4.3　二端口网络参量$[Z]$、$[Y]$、$[h]$、$[ABCD]$到$[S]$之间的转换公式

转换公式	$[S]$
$[Z]$	$\dfrac{1}{\psi_1}\begin{bmatrix} (Z_{11} - Z_0)(Z_{22} + Z_0) - Z_{12}Z_{21} & 2Z_{12}Z_0 \\ 2Z_{21}Z_0 & (Z_{11} + Z_0)(Z_{22} - Z_0) - Z_{12}Z_{21} \end{bmatrix}$
$[Y]$	$\dfrac{1}{\psi_2}\begin{bmatrix} (1 - Y_{11}Z_0)(1 + Y_{22}Z_0) + Y_{12}Y_{21}Z_0^2 & -2Y_{12}Z_0 \\ -2Y_{21}Z_0 & (1 + Y_{11}Z_0)(1 - Y_{22}Z_0) + Y_{12}Y_{21}Z_0^2 \end{bmatrix}$

转换公式	$[S]$
$[h]$	$\dfrac{1}{\psi_3}\begin{bmatrix}(h_{11}/Z_0-1)(h_{22}Z_0+1)-h_{12}h_{21} & 2h_{12}\\ -2h_{21} & (h_{11}/Z_0+1)(h_{22}Z_0-1)+h_{12}h_{21}\end{bmatrix}$
$[ABCD]$	$\dfrac{1}{\psi_4}\begin{bmatrix}A+B/Z_0-CZ_0-D & 2\,\lvert ABCD\rvert\\ 2 & -A+B/Z_0-CZ_0+D\end{bmatrix}$

表 4.3 说明： $\psi_1=(Z_0+Z_{11})(Z_0+Z_{22})-Z_{12}Z_{21}$ ， $\psi_2=(1+Y_{11}Z_0)(1+Y_{22}Z_0)-Y_{12}Y_{21}Z_0^2$ ， $\psi_3=(h_{11}/Z_0+1)(h_{22}Z_0+1)-h_{12}h_{21}$ ， $\psi_4=A+B/Z_0+CZ_0+D$ 。

表 4.4　　　　二端口网络参量 $[S]$ 到 $[Z]$ 、 $[Y]$ 、 $[h]$ 、 $[ABCD]$ 之间的转换公式

转换公式	$[S]$
$[Z]$	$\dfrac{1}{\psi_5}\begin{bmatrix}Z_0\big[(1+S_{11})(1-S_{22})+S_{12}S_{21}\big] & 2S_{12}Z_0\\ 2S_{21}Z_0 & Z_0\big[(1-S_{11})(1+S_{22})+S_{12}S_{21}\big]\end{bmatrix}$
$[Y]$	$\dfrac{1}{\psi_6}\begin{bmatrix}\big[(1-S_{11})(1+S_{22})+S_{12}S_{21}\big]/Z_0 & -2S_{12}/Z_0\\ -2S_{21}/Z_0 & \big[(1+S_{11})(1-S_{22})+S_{12}S_{21}\big]/Z_0\end{bmatrix}$
$[h]$	$\dfrac{1}{\psi_7}\begin{bmatrix}Z_0\big[(1+S_{11})(1+S_{22})-S_{12}S_{21}\big] & 2S_{12}\\ -2S_{21} & \big[(1-S_{11})(1-S_{22})-S_{12}S_{21}\big]/Z_0\end{bmatrix}$
$[ABCD]$	$\dfrac{1}{2S_{21}}\begin{bmatrix}(1+S_{11})(1-S_{22})+S_{12}S_{21} & Z_0\big[(1+S_{11})(1+S_{22})-S_{12}S_{21}\big]\\ \big[(1-S_{11})(1-S_{22})-S_{12}S_{21}\big]/Z_0 & (1-S_{11})(1+S_{22})+S_{12}S_{21}\end{bmatrix}$

表 4.4 说明： $\psi_5=(1-S_{11})(1-S_{22})-S_{12}S_{21}$ ， $\psi_6=(1+S_{11})(1+S_{22})-S_{12}S_{21}$ ， $\psi_7=(1-S_{11})(1+S_{22})+S_{12}S_{21}$ 。

4.5　多端口网络的散射参量

在射频电路中，经常用到多端口网络。常用的多端口网络有功率分配器和定向耦合器，其中功率分配器是三端口网络；定向耦合器是四端口网络。本节讨论多端口网络的散射参量。

4.5.1　多端口网络散射参量的定义

设多端口网络各端口参考面上的归一化入射波电压为 a_1 、 a_2 、 $\cdots a_n$ ，归一化反射波电压为 b_1 、 b_2 、 $\cdots b_n$ ，应用叠加定理可以写出多端口网络归一化入射波电压和归一化反射波电压间关系的线性方程，为

$$\begin{cases}b_1=S_{11}a_1+S_{12}a_2+\cdots+S_{1n}a_n\\ b_2=S_{21}a_1+S_{22}a_2+\cdots+S_{2n}a_n\\ \cdots\cdots\cdots\cdots\cdots\cdots\cdots\cdots\cdots\cdots\cdots\\ b_n=S_{n1}a_1+S_{n2}a_2+\cdots+S_{nn}a_n\end{cases}\tag{4.80}$$

式（4.80）写成矩阵形式，为

$$\begin{bmatrix} b_1 \\ b_2 \\ \vdots \\ b_n \end{bmatrix} = \begin{bmatrix} S_{11} & S_{12} & \cdots & S_{1n} \\ S_{21} & S_{22} & \cdots & S_{2n} \\ \cdots & \cdots & \cdots & \cdots \\ S_{n1} & S_{n2} & \cdots & S_{nn} \end{bmatrix} \begin{bmatrix} a_1 \\ a_2 \\ \vdots \\ a_n \end{bmatrix} \tag{4.81}$$

或简写成

$$[\boldsymbol{b}] = [\boldsymbol{S}][\boldsymbol{a}] \tag{4.82}$$

式（4.82）中，$[\boldsymbol{S}]$ 为多端口网络的散射参量或散射矩阵。

由式（4.80），可以得到多端口网络散射参量的物理意义如下。

（1）S_{ii}：其他端口都匹配时端口 i 的电压反射系数。

（2）S_{ij}：其他端口都匹配时端口 j 到端口 i 的电压传输系数。

4.5.2　常见的多端口射频网络

在射频电路中，功率分配器和定向耦合器是常见的多端口网络，它们在电路中起重要作用，因为它们能分开或组合射频信号。功率分配器和定向耦合器的特性可以用散射参量表示，下面介绍功率分配器和 3 种常见的定向耦合器（分支线耦合器、混合环和 Lange 耦合器），给出它们的微带结构和散射参量，并讨论它们的特性。这里没有给出这些网络散射参量的推导过程，相应的推导过程可以查阅相关文献。

1. Wilkinson（威尔金森）功率分配器

Wilkinson 功率分配器是三端口网络，它的微带结构如图 4.13 所示，此三端口网络的散射参量为

$$[\boldsymbol{S}] = -\frac{1}{\sqrt{2}} \begin{bmatrix} 0 & j & j \\ j & 0 & 0 \\ j & 0 & 0 \end{bmatrix} \tag{4.83}$$

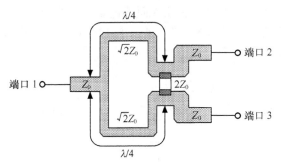

图 4.13　Wilkinson 功率分配器

Wilkinson 功率分配器的特性如下。

（1）因为 $S_{11} = S_{22} = S_{33} = 0$，所以理想情况下，在中心频率它的三个端口是完全匹配的。

（2）因为 $S_{21} = S_{31} = -\mathrm{j}\dfrac{1}{\sqrt{2}}$，所以在端口 1 有输入而其他端口匹配时，端口 2 和端口 3

有等幅同相的输出，并且都比输入信号滞后 90°。这是一个 3dB 功率分配器。

（3）因为有 $\lambda/4$ 段，所以 Wilkinson 功率分配器不是宽带器件，Wilkinson 功率分配器的频率带宽不超过中心频率的 20%。

2. 分支线耦合器

分支线耦合器是四端口网络，它的微带结构如图 4.14 所示，此四端口网络的散射参量为

$$[S] = -\frac{1}{\sqrt{2}} \begin{bmatrix} 0 & j & 1 & 0 \\ j & 0 & 0 & 1 \\ 1 & 0 & 0 & j \\ 0 & 1 & j & 0 \end{bmatrix} \tag{4.84}$$

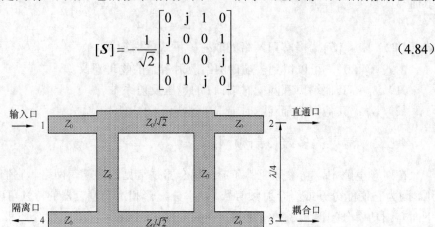

图 4.14　分支线耦合器

分支线耦合器的特性如下。

（1）因为 $S_{11} = S_{22} = S_{33} = S_{44} = 0$，所以理想情况下，在中心频率它的四个端口是完全匹配的。

（2）因为 $S_{21} = -j\frac{1}{\sqrt{2}}$、$S_{31} = -\frac{1}{\sqrt{2}}$，所以在端口 1 有输入而其他端口匹配时，端口 2 和端口 3 有等幅不同相输出，端口 2 输出比端口 1 输入信号滞后 90°，端口 3 输出比端口 1 输入信号滞后 180°。端口 2 输出和端口 3 输出相位相差 90°，这是一个 90°正交 3dB 耦合器。

（3）因为 $S_{41} = 0$，所以在端口 1 有输入而其他端口匹配时，端口 4 无输出。

（4）分支线耦合器具有很好的对称性，4 个端口中任何端口均可作为输入端口。因为有 $\lambda/4$ 段，所以分支线耦合器也不是宽带器件。

3. 混合环

混合环是四端口网络，它也是一种耦合器，它的微带结构如图 4.15 所示，此四端口网络的散射参量为

$$[S] = \frac{1}{\sqrt{2}} \begin{bmatrix} 0 & -j & -j & 0 \\ -j & 0 & 0 & -j \\ -j & 0 & 0 & j \\ 0 & -j & j & 0 \end{bmatrix} \tag{4.85}$$

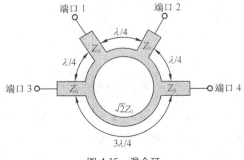

图 4.15　混合环

混合环的特性如下。

（1）因为 $S_{11} = S_{22} = S_{33} = S_{44} = 0$，所以理想情况下，在中心频率它的四个端口是完全匹配的。

（2）因为 $S_{21} = -\mathrm{j}\dfrac{1}{\sqrt{2}}$、$S_{31} = -\mathrm{j}\dfrac{1}{\sqrt{2}}$，所以在端口 1 有输入而其他端口匹配时，端口 2 和端口 3 有等幅同相输出，端口 2 输出和端口 3 输出都比端口 1 输入信号滞后 90°。因为 $S_{41} = 0$，所以在端口 1 有输入而其他端口匹配时，端口 4 无输出。

（3）因为 $S_{13} = -\mathrm{j}\dfrac{1}{\sqrt{2}}$、$S_{43} = \mathrm{j}\dfrac{1}{\sqrt{2}}$，所以在端口 3 有输入而其他端口匹配时，端口 1 和端口 4 有等幅反相输出，端口 1 输出比端口 3 输入滞后 90°，端口 4 输出比端口 3 输入超前 90°。因为 $S_{23} = 0$，所以在端口 3 有输入而其他端口匹配时，端口 2 无输出。

（4）这是一个 3dB 耦合器。因为有 $\lambda/4$ 段和 $3\lambda/4$ 段，所以混合环也不是宽带器件。

4．Lange（兰格）耦合器

Lange 耦合器可以是四端口网络，四端口 Lange 耦合器的微带结构如图 4.16 所示。3dB 的 Lange 耦合器散射参量为

$$[\boldsymbol{S}] = -\frac{1}{\sqrt{2}}\begin{bmatrix} 0 & \mathrm{j} & 1 & 0 \\ \mathrm{j} & 0 & 0 & 1 \\ 1 & 0 & 0 & \mathrm{j} \\ 0 & 1 & \mathrm{j} & 0 \end{bmatrix} \tag{4.86}$$

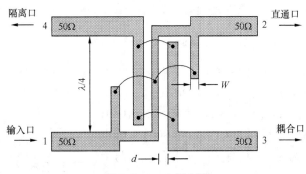

图 4.16　Lange 耦合器

Lange 耦合器的特性如下。

（1）因为 $S_{11} = S_{22} = S_{33} = S_{44} = 0$，所以理想情况下，在中心频率它的四个端口是完全匹配的。

（2）因为 $S_{21} = -\mathrm{j}\dfrac{1}{\sqrt{2}}$、$S_{31} = -\dfrac{1}{\sqrt{2}}$，所以在端口 1 有输入而其他端口匹配时，端口 2 和端口 3 有等幅不同相输出，端口 2 输出比端口 1 输入信号滞后 90°，端口 3 输出比端口 1 输入信号滞后 180°，端口 2 输出和端口 3 输出相位相差 90°，这是一个 90°正交 3dB 耦合器。

（3）因为 $S_{41} = 0$，所以在端口 1 有输入而其他端口匹配时，端口 4 无输出。

（4）Lange 耦合器比其他两种耦合器体积小，结构更紧凑。

4.6 信号流图

在前面讨论的网络中，用散射参数方程求解，常常遇到大量复杂的运算，不易得到简明的结果。利用信号流图（SFG）分析网络，可以透视线性系统内信号的流程及物理本质，大大简化射频网络以及它们之间整体连接的分析过程，即使是复杂的网络也容易被分成简单的输入、输出特性关系。信号流图通过图表的描绘，可以洞察系统变量之间激励与响应的关系，而且在此关系中反射系数和传输系数将融为一体。

4.6.1 信号流图的构成

信号流图是由一些小圆圈（称为节点）和带箭头的直线（称为支路）组成的简化框图。图中，小圆圈代表由直线连接的变量；直线代表相乘的一路信号；箭头代表信号流动的方向；箭头旁所标的数值为数乘因子。

1．构成信号流图的原则

有了上述信号流图的定义后，即可讨论它的构成原则。构成信号流图的原则如下。

（1）节点由网络参量 a_i 和 b_i 构成。a_i 表示进入端口 i 的入射信号，b_i 表示从端口 i 反射出的信号。

（2）支路用来连接网络参量。支路是一个 a 节点与一个 b 节点之间的直接通路，代表由节点 a 到节点 b 的信号流，位于支路中箭头旁所标的数乘因子为相关的 S 参量。

（3）支路量值的加减与支路的走向有关。支路从 a 节点引出，进入 b 节点。

2．负载和线性二端口网络的信号流图

负载 Z_L 的信号流图如图 4.17 所示。节点 a 到节点 b 通过负载反射系数 Γ_L 相连，由于反射系数 $\Gamma_L = b/a$，所以 b 等于 Γ_L 与 a 的乘积。

线性二端口网络的信号流图如图 4.18 所示。图中节点 a_1 到节点 b_1 的支路中数乘因子为 S_{11}，节点 a_2 到节点 b_1 的支路中数乘因子为 S_{12}，从箭头方向上看，这两个支路的量值相加后进入节点 b_1，$b_1 = S_{11}a_1 + S_{12}a_2$，$b_1$ 的这个结果符合式（4.37）散射参数的定义。同理，节点 a_2

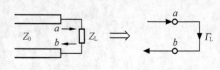

图 4.17　传输线上负载的信号流图

到节点 b_2 的支路中数乘因子为 S_{22}，节点 a_1 到节点 b_2 的支路中数乘因子为 S_{21}，从箭头方向上看，这两个支路的量值相加后进入节点 b_2，$b_2 = S_{21}a_1 + S_{22}a_2$，$b_2$ 的这个结果符合式（4.37）散射参数的定义。

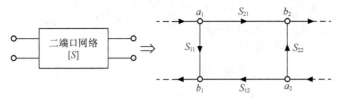

图 4.18　一个二端口网络的信号流图

例 4.10　画出如图 4.19 所示的一个微波放大器的信号流图。

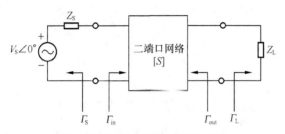

图 4.19　例 4.10 微波放大器的框图

解　为得到微波放大器的 SFG，将问题分为信号源、二端口网络和负载 3 部分，这 3 部分 SFG 合并，将成为总的微波放大器的 SFG。

带有内阻的信号源如图 4.20（a）所示，由图可以得到

$$V_G = V_S + Z_S I_G = V_G^+ + V_G^- = V_S + Z_S \left(\frac{V_G^+}{Z_0} - \frac{V_G^-}{Z_0} \right) \tag{4.87}$$

整理后，式（4.87）成为

$$\frac{V_G^-}{\sqrt{Z_0}} = \frac{V_G^+}{\sqrt{Z_0}} \frac{Z_S - Z_0}{Z_S + Z_0} + V_S \frac{\sqrt{Z_0}}{Z_S + Z_0} \tag{4.88}$$

式（4.88）可以写成

$$b_1 = \Gamma_S a_1 + b_S \tag{4.89}$$

其中

$$b_1 = \frac{V_G^-}{\sqrt{Z_0}}$$

$$a_1 = \frac{V_G^+}{\sqrt{Z_0}}$$

$$\Gamma_S = \frac{Z_S - Z_0}{Z_S + Z_0}$$

$$b_S = V_S \frac{\sqrt{Z_0}}{Z_S + Z_0} \tag{4.90}$$

信号源的 SFG 如图 4.20（b）所示。

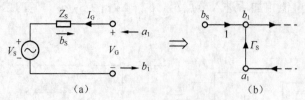

图 4.20　信号源的信号流图

负载的信号流图如图 4.17 所示，二端口网络的信号流图如图 4.18 所示，将信号源、二端口网络和负载这 3 部分的信号流图组合起来，就得到总的微波放大器的信号流图，如图 4.21 所示。

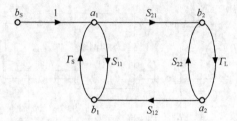

图 4.21　例 4.10 微波放大器的信号流图

4.6.2　信号流图的化简规则

采用信号流图表示射频网络后，网络中任意两个变量之间的幅值之比可以通过信号流图的化简得到，方法非常简便。信号流图的化简规则有 4 个，任何信号流图都可以采用这 4 个规则化简为最简形式。

　　规则 1（串联规则）：串联的两条支路，它们的公共节点只有一个输入波和一个输出波，可以合并成一条支路，其数乘因子等于原来两条支路数乘因子的乘积，如图 4.22 所示。

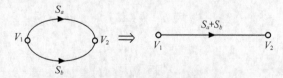

图 4.22　信号流图的串联规则

　　规则 2（并联规则）：从一个节点到另一个节点的两条并联支路，可以合并成一条支路，其数乘因子等于原来两条支路数乘因子之和，如图 4.23 所示。

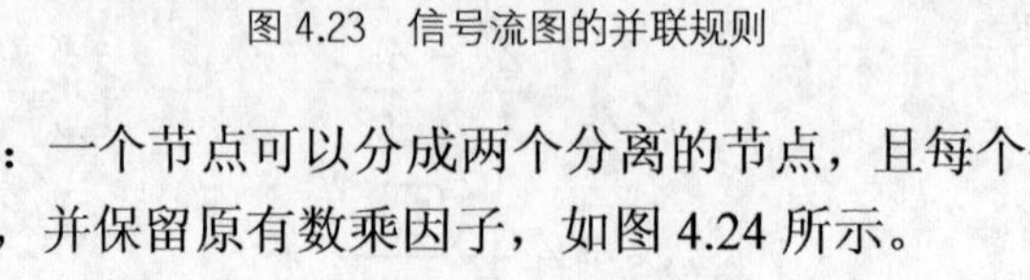

图 4.23　信号流图的并联规则

　　规则 3（分裂规则）：一个节点可以分成两个分离的节点，且每个分离的节点仅与其原输入节点和输出节点相连，并保留原有数乘因子，如图 4.24 所示。

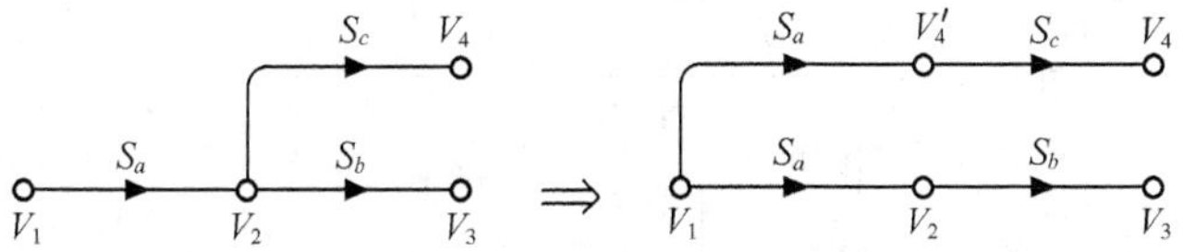

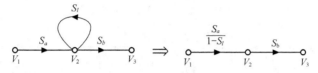

图 4.24　信号流图的分裂规则

规则 4（反馈规则）：一条数乘因子为 S_l 且起始节点和终止节点相同的支路（称为反馈环路），可以通过将进入节点的支路乘以 $\dfrac{1}{1-S_l}$ 而消去反馈环路，如图 4.25 所示。

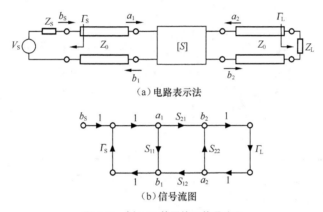

图 4.25　信号流图的反馈环路

例 4.11　用信号流图分析如图 4.26（a）所示的网络。

（a）电路表示法

（b）信号流图

图 4.26　例 4.11 的网络及信号流图

解　网络的信号流图如图 4.26（b）所示。利用信号流图的化简规则，通过 5 个步骤可以将本题的信号流图化简为最简形式，如图 4.27 所示。

由图 4.27 的步骤 2 可以得出

$$b_2 = \frac{S_{21}}{1-S_{22}\varGamma_{\mathrm{L}}}a_1 \tag{4.91}$$

由图 4.27 步骤 3 的结果可以得出

$$\varGamma_{\mathrm{in}} = \frac{b_1}{a_1} = S_{11} + \frac{S_{12}S_{21}}{1-S_{22}\varGamma_{\mathrm{L}}}\varGamma_{\mathrm{L}} \tag{4.92}$$

利用信号流图得到的式（4.92）与用散射参数得到的式（4.41）相同。同理可以得到

$$\varGamma_{\mathrm{out}} = S_{22} + \frac{S_{12}S_{21}}{1-S_{11}\varGamma_{\mathrm{S}}}\varGamma_{\mathrm{S}} \tag{4.93}$$

由图 4.27 的步骤 4 可以得出

$$a_1 = b_S \frac{1}{1 - \left(S_{11} + \dfrac{S_{12}S_{21}}{1 - S_{22}\Gamma_L}\Gamma_L\right)\Gamma_S} = \frac{b_S}{1 - \Gamma_{in}\Gamma_S} \tag{4.94}$$

又由式（4.90），有

$$b_S = V_S \frac{\sqrt{Z_0}}{Z_S + Z_0} = a_1(1 - \Gamma_{in}\Gamma_S) \tag{4.95}$$

由图 4.27 步骤 5 的结果可以得出

$$\frac{a_1}{b_S} = \frac{1 - S_{22}\Gamma_L}{1 - (S_{11}\Gamma_S + S_{22}\Gamma_L + S_{12}S_{21}\Gamma_S) + S_{11}S_{22}\Gamma_S\Gamma_L} \tag{4.96}$$

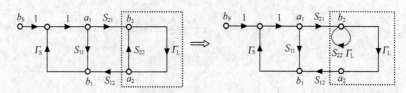

步骤 1

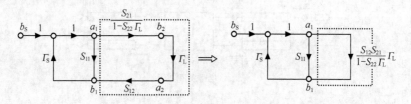

步骤 2

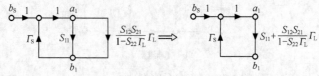

步骤 3

步骤 4

步骤 5

图 4.27　例 4.11 信号流图的化简

本章小结

严格的射频电路分析方法是应用波动方程和边界条件求出场（或电压和电流）的分布，但这种方法的数学运算烦琐，不便于工程应用。射频网络方法是从一个特殊的视角去分析电路，将系统看成一个"黑盒子"，只研究"黑盒子"的输入和输出参数，而不关注电路元件组成等系统内部的结构。射频网络的这种"黑盒子"方法主要用于分析电路的整体功能，能够得到射频电路的主要传输特性，计算简便、易于测量。

当射频网络与 2 个传输线相连接，网络为二端口网络，射频电路主要涉及二端口网络。二端口网络的特性既可以用低频网络参量描述，也可以用射频网络参量描述。低频网络参量采用电压和电流定义，二端口网络提供了电压和电流的 4 个变量，分别为 v_1、v_2、i_1 和 i_2，这 4 个变量有不同的组合方式，分别对应着阻抗参量$[Z]$、导纳参量$[Y]$、混合参量$[h]$和转移参量$[ABCD]$ 4 种网络参量。射频网络参量采用波的入射和反射定义，二端口网络提供了归一化入射电压和归一化反射电压 4 个变量，分别为 a_1、a_2、b_1 和 b_2，这 4 个变量在各端口都匹配时能给出网络的散射参量$[S]$，射频电路主要采用$[S]$参量描述网络的特性；此外，级联的射频网络也利用$[T]$参量简化对网络的分析。

二端口网络有 4 个独立参量，但当网络为互易网络、对称网络或无耗网络时，网络的独立参量将减少。互易网络是指满足互易原理的网络，当交换激励点与响应点的位置，在同样大的激励下能产生同样大的响应。互易网络满足 $Z_{12} = Z_{21}$、$Y_{12} = Y_{21}$、$AD - BC = 1$、$S_{12} = S_{21}$、$T_{11}T_{22} - T_{12}T_{21} = 1$。对称网络是互易网络一个特例，若互易网络的结构具有对称性，网络称为对称网络。对称网络满足 $Z_{11} = Z_{22}$、$Z_{12} = Z_{21}$；$Y_{11} = Y_{22}$，$Y_{12} = Y_{21}$；$A = D$，$AD - BC = 1$；$S_{11} = S_{22}$，$S_{12} = S_{21}$；$T_{12} = -T_{21}$，$T_{11}T_{22} - T_{12}T_{21} = 1$。若网络的输入功率等于网络的输出功率，网络称为无耗网络。无耗网络满足 $Z_{ij} = \mathrm{j}X_{ij}$、$Y_{ij} = \mathrm{j}B_{ij}$、$[S^*]^{\mathrm{T}}[S] = [1]$。

各种网络参量可以用来表征同一网络，因此不同的网络参量可以相互转换。阻抗参量$[Z]$、导纳参量$[Y]$、混合参量$[h]$、转移参量$[ABCD]$和散射参量$[S]$的网络参量之间有互换公式。

实际使用的射频网络有二端口、三端口、四端口网络，但四端口以上的网络就很少应用了。经常用到的多端口网络有功率分配器和定向耦合器，定向耦合器又有分支线耦合器、混合环和 Lange 耦合器等。功率分配器是三端口网络，定向耦合器是四端口网络，它们在电路中起重要作用，因为它们能分开或组合射频信号，它们的特性可以用散射参量$[S]$表示。

散射参量$[S]$的求解常常遇到大量复杂的运算，利用信号流图可以大大简化射频网络的分析过程。信号流图是由一些小圆圈（称为节点）和带箭头的直线（称为支路）组成的简化框图，它通过图表的描绘将复杂的网络简化成简单的输入、输出关系，在此关系中，反射系数和传输系数将融为一体。采用信号流图表示射频网络后，网络中任意两个变量之间的幅值之比可以通过信号流图的化简得到，方法非常简便。信号流图的化简规则有 4 个，分别为串联规则、并联规则、分裂规则和反馈规则。

思考题和练习题

4.1 二端口网络各端口总电压和总电流的关系可以用网络参量表示，网络参量分别是阻抗矩阵[**Z**]、导纳矩阵[**Y**]、混合矩阵[**h**]和转移矩阵[**ABCD**]。写出二端口网络[**Z**]、[**Y**]、[**h**]和[**ABCD**]的定义，并说明各参数的意义。

4.2 二端口网络各端口入射波电压和反射波电压的关系可以用网络参量表示，网络参量分别是散射矩阵[**S**]和传输矩阵[**T**]。写出二端口网络[**S**]和[**T**]的定义，并说明各参数的意义。

4.3 什么是互易网络和对称网络？用网络参量[**Z**]、[**Y**]、[**ABCD**]、[**S**]和[**T**]分别表示互易二端口网络和对称二端口网络。

4.4 散射参量对参考面的选择有要求吗？如果网络参考面的位置平移，网络的散射参量也随之改变吗？

4.5 简述 Wilkinson（威尔金森）3dB 功率分配器的构成，并写出其散射参量。

4.6 简述 3dB 分支线耦合器、混合环和 Lange（兰格）耦合器的构成，分别写出其散射参量，并比较各参量的异同。

4.7 写出信号流图化简的 4 个规则，并说明例 4.11 中 5 个化简步骤分别用了哪个化简规则。

4.8 互易二端口网络 T_2 参考面接负载 Z_L，证明 T_1 参考面处的输入阻抗为

$$Z_{in} = Z_{11} - \frac{Z_{12}^2}{Z_{22} + Z_L}$$

4.9 互易、对称、无耗二端口网络参考面 T_2 接匹配负载，测得距参考面 T_1 为 $l = 0.125\lambda$ 处是电压波节点，驻波比 $\rho = 1.5$，求二端口网络的散射参量。

4.10 求图 4.2 中 T 型网络的[**Y**]参量。求图 4.3 中 π 型网络的[**Z**]参量。

4.11 由二端口网络的[**Z**]参量推出[**ABCD**]参量。

4.12 由二端口网络的[**ABCD**]参量推出[**S**]参量。

4.13 已知二端口网络的散射参量为

$$[S] = \begin{bmatrix} 0.2e^{j\frac{3}{2}\pi} & 0.98e^{j\pi} \\ 0.98e^{j\pi} & 0.2e^{j\frac{3}{2}\pi} \end{bmatrix}$$

求输入驻波比 ρ 及电压传输系数。

4.14 测量二端口网络，得到散射参量为

$$[S] = \begin{bmatrix} 0.1e^{j0°} & 0.8e^{j90°} \\ 0.8e^{j90°} & 0.1e^{j0°} \end{bmatrix}$$

测量数据能否确定此网络是互易，是对称，且是无耗的？

4.15 有一无耗四端口网络，各端口均接以匹配负载，已知其散射参量为

$$[S] = \frac{1}{\sqrt{2}} \begin{bmatrix} 0 & 1 & 0 & j \\ 1 & 0 & j & 0 \\ 0 & j & 0 & 1 \\ j & 0 & 1 & 0 \end{bmatrix}$$

当功率从端口 1 输入时，试问端口 2、3、4 的输出功率各为多少？若以端口 1 归一化输入电压为基准，求各端口的归一化输出电压。

第5章 谐振电路

谐振电路有多种应用，可以在滤波器、振荡器和匹配电路等中使用，其功能是有选择地让一部分频率的信号通过，同时衰减通带外的信号。当频率不高时，谐振电路由集总参数元件组成；但当频率达到微波波段时，谐振电路通常由各种形式的传输线实现。

谐振电路可以用谐振频率、品质因数、输入阻抗和带宽等描述。本章将对谐振电路作一简述，讨论串联谐振电路、并联谐振电路、传输线谐振电路和介质谐振器的构成和参数。

5.1 串联谐振电路

串联谐振电路如图 5.1 所示，由电阻 R、电感 L 和电容 C 串联而成。

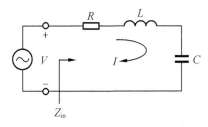

图 5.1 串联谐振电路

在图 5.1 所示的电路中，电感 L 储存磁能并提供感抗，电容 C 储存电能并提供容抗。当电感 L 储存的平均磁能与电容 C 储存的平均电能相等时，电路产生谐振，此时电感 L 的感抗和电容 C 的容抗相互抵消，输入阻抗为纯电阻 R。

5.1.1 谐振频率

图 5.1 所示的电路，只有当频率为某一特殊的值时，才能产生谐振，此频率称为串联谐振电路的谐振频率。

电路的电流为

$$I = \frac{V}{Z_{\text{in}}}$$

其中

$$Z_{in} = R + j\omega L - j\frac{1}{\omega C}$$

电感 L 储存的平均磁能为

$$W_m = \frac{1}{4}|I|^2 L \tag{5.1}$$

电容 C 储存的平均电能为

$$W_e = \frac{1}{4}|V_C|^2 C \tag{5.2}$$

式（5.2）中，V_C 是电容 C 上的电压，V_C 为

$$V_C = \frac{I}{j\omega C}$$

将上式代入式（5.2），电容 C 储存的平均电能成为

$$W_e = \frac{1}{4}|I|^2 \frac{1}{\omega^2 C} \tag{5.3}$$

当电感 L 储存的平均磁能 W_m 与电容 C 储存的平均电能 W_e 相等时，电路产生谐振。由式（5.1）和式（5.3）可以得到，谐振时的角频率为

$$\omega_0 = \frac{1}{\sqrt{LC}} \tag{5.4}$$

可以看出，只有当 $\omega = \omega_0$ 时电路才能产生谐振。

5.1.2　品质因数

品质因数描述了能耗这一谐振电路的重要内在特征。品质因数定义为

$$Q = \omega_0 \frac{\text{平均储能}}{\text{功率损耗}} \tag{5.5}$$

式（5.5）中

$$\text{平均储能} = W_m + W_e = 2 \times \frac{1}{4}|I|^2 L = \frac{1}{2}|I|^2 L \tag{5.6}$$

$$\text{功率损耗} = \frac{1}{2}|I|^2 R \tag{5.7}$$

将式（5.6）和式（5.7）代入式（5.5），可以得到

$$Q = \frac{\omega_0 L}{R} \tag{5.8}$$

由式（5.8）可以看出，电阻 R 越小，电路损耗越小，品质因数越高。

5.1.3　输入阻抗

输入阻抗为

$$Z_{in} = R + j\omega L - j\frac{1}{\omega C} = |Z_{in}|e^{j\phi} \tag{5.9}$$

其中

$$|Z_{\text{in}}| = \sqrt{R^2 + \left(\omega L - \frac{1}{\omega C}\right)^2} \tag{5.10}$$

$$\phi = \arctan \frac{\omega L - \dfrac{1}{\omega C}}{R} \tag{5.11}$$

（1）当 $\omega = \omega_0$ 时，有

$$\text{j}\omega_0 L = \text{j}\frac{1}{\omega_0 C}$$

电感 L 的感抗和电容 C 的容抗相互抵消，输入阻抗为

$$Z_{\text{in}} = R \tag{5.12}$$

输入阻抗为纯电阻。

（2）当 $\omega = \omega_0 \pm \Delta\omega \neq \omega_0$ 时，Z_{in} 是复数。若 $\omega > \omega_0$，$\phi > 0$，Z_{in} 呈现感性；若 $\omega < \omega_0$，$\phi < 0$，Z_{in} 呈现容性。

式（5.9）的输入阻抗为

$$Z_{\text{in}} = R + \text{j}\omega L \left(\frac{\omega^2 - \omega_0^2}{\omega^2}\right)$$

上式中

$$\omega^2 - \omega_0^2 = (\omega - \omega_0)(\omega + \omega_0) = \Delta\omega(2\omega - \Delta\omega) \approx 2\omega\Delta\omega$$

于是输入阻抗成为

$$Z_{\text{in}} \approx R + \text{j}2L\Delta\omega \approx R + \text{j}\frac{2RQ\Delta\omega}{\omega_0} \tag{5.13}$$

式（5.13）说明，输入阻抗 Z_{in} 可以看做 $R = 0$ 来分析。随后，用复频率 $\omega_0\left[1 + \text{j}(1/2Q)\right]$ 替代 ω_0，可以将损耗计入。

5.1.4　带宽

输入阻抗的模值 $|Z_{\text{in}}|$ 随频率而变，当 $\omega = \omega_0$ 时 $|Z_{\text{in}}|$ 达到最小值 R，当 ω 偏离 ω_0 时 $|Z_{\text{in}}|$ 增大。当频率由 ω_0 变为 $\omega = \omega_1 < \omega_0$ 或 $\omega = \omega_2 > \omega_0$ 时，若 $|Z_{\text{in}}|$ 从最小值 R 上升到 $\sqrt{2}R$，$\omega_2 - \omega_1$ 称为带宽，用 BW 表示。串联谐振电路的带宽如图 5.2 所示。

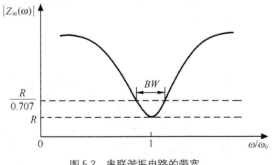

图 5.2　串联谐振电路的带宽

利用 $Q = \dfrac{\omega_0 L}{R} = \dfrac{1}{\omega_0 RC}$，输入阻抗为

$$Z_{in} = R\left[1 + jQ\left(\frac{\omega}{\omega_0} - \frac{\omega_0}{\omega}\right)\right] \tag{5.14}$$

若 $|Z_{in}| = \sqrt{2}R$，由式（5.14）有

$$Q\left(\frac{\omega}{\omega_0} - \frac{\omega_0}{\omega}\right) = \pm 1 \tag{5.15}$$

式（5.15）可以改写成

$$Q\left(\frac{\omega_1}{\omega_0} - \frac{\omega_0}{\omega_1}\right) = -1, \quad Q\left(\frac{\omega_2}{\omega_0} - \frac{\omega_0}{\omega_2}\right) = 1$$

即

$$\frac{\omega_2}{\omega_0} - \frac{\omega_0}{\omega_2} = -\left(\frac{\omega_1}{\omega_0} - \frac{\omega_0}{\omega_1}\right)$$

$$\omega_2 + \omega_1 = \frac{\omega_0^2}{\omega_1} + \frac{\omega_0^2}{\omega_2}$$

$$\omega_0^2 = \omega_1\omega_2 \tag{5.16}$$

由式（5.15）和式（5.16）可以得到

$$\omega_1 - \frac{\omega_0^2}{\omega_1} = -\frac{\omega_0}{Q}$$

$$BW = \omega_2 - \omega_1 = \frac{\omega_0}{Q} \tag{5.17}$$

即

$$Q = \frac{\omega_0}{\omega_2 - \omega_1} = \frac{\omega_0}{BW} \tag{5.18}$$

式（5.17）和式（5.18）说明，带宽可以由品质因数和谐振频率求得，品质因数越高带宽越小。

5.1.5 有载品质因数

前面定义的 Q 称为无载品质因数，它体现了谐振电路自身的特性。实际应用中，谐振电路总是要与外负载相耦合，由于外负载消耗能量，使总的品质因数下降。

假设外负载为 R_L，外部品质因数定义为

$$Q_e = \frac{\omega_0 L}{R_L} \tag{5.19}$$

R_L 将与 R 串联，总的电阻为 $R + R_L$，此时总的品质因数为有载品质因数 Q_L，Q_L 为

$$Q_L = \frac{\omega_0 L}{R + R_L} \tag{5.20}$$

由式（5.8）、式（5.19）和式（5.20）可以得到

$$\frac{1}{Q_L} = \frac{1}{Q} + \frac{1}{Q_e} \qquad (5.21)$$

5.2 并联谐振电路

并联谐振电路如图 5.3 所示，由电阻 R、电感 L 和电容 C 并联而成。

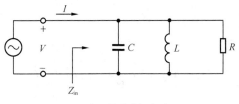

图 5.3 并联谐振电路

传送到谐振电路的复数功率为

$$P_{in} = \frac{1}{2}VI^* = \frac{|V|^2}{2Z_{in}^*}$$

其中

$$\frac{1}{Z_{in}} = \frac{1}{R} + \frac{1}{j\omega L} + j\omega C$$

P_{in} 中的实部是电阻消耗的功率，虚部是电感 L 及电容 C 的储能随时间的变化情况。当频率为谐振频率时，电感 L 储存的平均磁能与电容 C 储存的平均电能相等，电路产生谐振。由于电阻消耗能量，谐振出现阻尼，品质因数给出了阻尼的程度。

5.2.1 谐振频率

图 5.3 中电容 C 储存的平均电能为

$$W_e = \frac{1}{4}|V|^2 C \qquad (5.22)$$

电感 L 储存的平均磁能为

$$W_m = \frac{1}{4}|I_L|^2 L \qquad (5.23)$$

式（5.23）中，I_L 是通过电感 L 的电流，I_L 为

$$I_L = \frac{V}{j\omega L}$$

将上式代入式（5.23），电感 L 储存的平均磁能变为

$$W_m = \frac{1}{4}\frac{|V|^2}{\omega^2 L} \qquad (5.24)$$

当电容 C 储存的平均电能 W_e 与电感 L 储存的平均磁能 W_m 相等时，电路产生谐振。由式（5.22）和式（5.24）可以得到谐振时的角频率为

$$\omega_0 = \frac{1}{\sqrt{LC}} \tag{5.25}$$

式（5.25）表明，只有当 $\omega = \omega_0$ 时电路才能产生谐振。

比较式（5.25）和式（5.4）可以看出，并联谐振电路与串联谐振电路的谐振频率都取决于 $1/\sqrt{LC}$。

5.2.2 品质因数

并联谐振电路的平均储能为

$$W_\mathrm{m} + W_\mathrm{e} = 2 \times \frac{1}{4}|V|^2 C = \frac{1}{2}|V|^2 C \tag{5.26}$$

电阻 R 消耗的功率为

$$功率损耗 = \frac{1}{2}\frac{|V|^2}{R} \tag{5.27}$$

将式（5.26）和式（5.27）代入式（5.5），可以得到并联谐振电路的品质因数为

$$Q = \omega_0 C R \tag{5.28}$$

由式（5.25），并联谐振电路的品质因数还可以写为

$$Q = \frac{R}{\omega_0 L} \tag{5.29}$$

5.2.3 输入导纳

输入导纳为

$$Y_\mathrm{in} = \frac{1}{R} + \frac{1}{\mathrm{j}\omega L} + \mathrm{j}\omega C \tag{5.30}$$

（1）当 $\omega = \omega_0$ 时，有

$$Y_\mathrm{in} = \frac{1}{R} \tag{5.31}$$

（2）当 $\omega = \omega_0 \pm \Delta\omega \neq \omega_0$ 时，有

$$Y_\mathrm{in} = \frac{1}{R} + \mathrm{j}\omega C\left(1 - \frac{\omega_0^2}{\omega^2}\right) \tag{5.32}$$

式（5.32）中

$$1 - \frac{\omega_0^2}{\omega^2} = \frac{\omega^2 - \omega_0^2}{\omega^2} = \frac{(\omega - \omega_0)(\omega + \omega_0)}{\omega^2} \approx \frac{2\Delta\omega}{\omega}$$

式（5.32）的输入导纳变为

$$Y_\mathrm{in} \approx \frac{1}{R} + \mathrm{j}2\Delta\omega C \approx \frac{1}{R} + \mathrm{j}\frac{2Q\Delta\omega}{\omega_0 R} \tag{5.33}$$

输入阻抗为

$$Z_{in} \approx \frac{R}{1 + j\dfrac{2Q\Delta\omega}{\omega_0}} \tag{5.34}$$

5.2.4 带宽

当频率由 ω_0 变为 $\omega = \omega_1 < \omega_0$ 或 $\omega = \omega_2 > \omega_0$ 时，若 $|Z_{in}|$ 从最大值 R 下降到 $R/\sqrt{2}$，带宽为 $BW = \omega_2 - \omega_1$。并联谐振电路的带宽如图 5.4 所示。

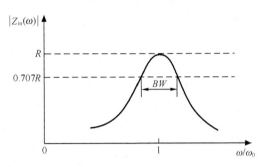

图 5.4 并联谐振电路的带宽

$$BW = \omega_2 - \omega_1 = \frac{\omega_0}{Q} \tag{5.35}$$

$$Q = \frac{\omega_0}{\omega_2 - \omega_1} = \frac{\omega_0}{BW} \tag{5.36}$$

5.2.5 有载品质因数

假设外负载为 R_L，R_L 将与 R 并联，总的电阻为 $\dfrac{RR_L}{R + R_L}$。外部品质因数为

$$Q_e = \frac{R_L}{\omega_0 L} \tag{5.37}$$

有载品质因数为

$$Q_L = \frac{RR_L}{\omega_0 L(R + R_L)} \tag{5.38}$$

由式（5.29）、式（5.37）和式（5.38）可以得到

$$\frac{1}{Q_L} = \frac{1}{Q} + \frac{1}{Q_e} \tag{5.39}$$

串联谐振电路和并联谐振电路的参量见表 5.1。

表 5.1 　　　　　　　串联谐振电路和并联谐振电路参量一览表

参　量	串联谐振电路	并联谐振电路
输入阻抗或导纳	$Z_{in} = R + j\omega L - j\dfrac{1}{\omega C}$ $\approx R + j\dfrac{2RQ\Delta\omega}{\omega_0}$	$Y_{in} = \dfrac{1}{R} + \dfrac{1}{j\omega L} + j\omega C$ $\approx \dfrac{1}{R} + j\dfrac{2Q\Delta\omega}{\omega_0 R}$

参　　量	串联谐振电路	并联谐振电路
储存的磁能	$W_m = \dfrac{1}{4}\lvert I \rvert^2 L$	$W_m = \dfrac{1}{4}\lvert V \rvert^2 \dfrac{1}{\omega^2 L}$
储存的电能	$W_e = \dfrac{1}{4}\lvert I \rvert^2 \dfrac{1}{\omega^2 C}$	$W_e = \dfrac{1}{4}\lvert V \rvert^2 C$
谐振频率	$\omega_0 = 1/\sqrt{LC}$	$\omega_0 = 1/\sqrt{LC}$
带宽	$BW = \omega_2 - \omega_1 = \omega_0/Q$	$BW = \omega_2 - \omega_1 = \omega_0/Q$
无载品质因数	$Q = \dfrac{\omega_0 L}{R}$	$Q = \dfrac{R}{\omega_0 L}$
外部品质因数	$Q_e = \dfrac{\omega_0 L}{R_L}$	$Q_e = \dfrac{R_L}{\omega_0 L}$
有载品质因数	$Q_L = \dfrac{\omega_0 L}{R + R_L}$, $\dfrac{1}{Q_L} = \dfrac{1}{Q} + \dfrac{1}{Q_e}$	$Q_L = \dfrac{R R_L}{\omega_0 L(R + R_L)}$, $\dfrac{1}{Q_L} = \dfrac{1}{Q} + \dfrac{1}{Q_e}$

例 5.1　设计一个由理想电感和理想电容构成的并联谐振电路，要求在负载 $R_L = 50\Omega$ 及 $f = 142.4\text{MHz}$ 时的有载品质因数 $Q_L = 1.1$。讨论利用改变电感和电容值提高有载品质因数的途径。

解　由理想电感和理想电容构成的并联谐振电路，有载品质因数为

$$Q_L = \frac{R_L}{\omega_0 L} = 1.1$$

所以电感为

$$L = \frac{50}{1.1 \times 2\pi \times 142.4 \times 10^6} \approx 50.8\text{nH}$$

谐振时的角频率为

$$\omega_0 = 2\pi f_0 = \frac{1}{\sqrt{LC}}$$

所以电容为

$$C = \frac{1}{50.8 \times 10^{-9} \times (2\pi \times 142.4 \times 10^6)^2} \approx 24.6\text{pF}$$

并联谐振电路如图 5.5（a）所示。

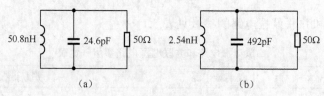

图 5.5　例 5.1 用图

可以通过将电感值降低 n 倍同时将电容值提高 n 倍的方法来提高有载品质因数，这时有载品质因数可以提高 n 倍而没有改变谐振频率。例如选 $n = 20$ ，电感、电容和有载品质因数

分别为

$$L = \frac{50.8}{20} = 2.54\text{nH}$$

$$C = 24.6 \times 20 = 492\text{pF}$$

$$Q_L = 1.1 \times 20 = 22$$

提高有载品质因数后的并联谐振电路如图 5.5（b）所示。

5.3 传输线谐振器

传输线谐振电路通常称为谐振器。在微波波段，理想的集总元件谐振电路不易实现，终端短路或终端开路的传输线经常作为谐振器使用。传输线谐振器有 4 种基本类型，如图 5.6 所示。图 5.6（a）是长度为 $n\lambda / 2$ 的终端短路传输线，图 5.6（d）是长度为 $\lambda / 4 + n\lambda / 2$ 的终端开路传输线，这 2 种类型的传输线具有串联谐振电路的特性；图 5.6（b）是长度为 $\lambda / 4 + n\lambda / 2$ 的终端短路传输线，图 5.6（c）是长度为 $n\lambda / 2$ 的终端开路传输线，这 2 种类型的传输线具有并联谐振电路的特性。

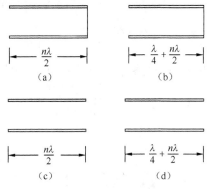

图 5.6 传输线谐振器

讨论传输线谐振器，应考虑传输线的损耗。由式（2.10）可以得到有耗传输线上电压和电流的分布为

$$\left. \begin{aligned} V(z) &= A_1 \mathrm{e}^{-\gamma z} + A_2 \mathrm{e}^{\gamma z} \\ I(z) &= \frac{1}{Z_0}(A_1 \mathrm{e}^{-\gamma z} - A_2 \mathrm{e}^{\gamma z}) \end{aligned} \right\} \tag{5.40}$$

设传输线长为 l，传输线终端电压和电流分别为 $V(l) = V_2$、$I(l) = I_2$，由式（5.40）可以得到

$$A_1 = \frac{V_2 + I_2 Z_0}{2} \mathrm{e}^{\gamma l}$$

$$A_2 = \frac{V_2 - I_2 Z_0}{2} \mathrm{e}^{-\gamma l}$$

将上式代入式（5.40），有

$$V(z) = \frac{V_2 + I_2 Z_0}{2} e^{\gamma(l-z)} + \frac{V_2 - I_2 Z_0}{2} e^{-\gamma(l-z)} \Bigg\}$$
$$I(z) = \frac{V_2 + I_2 Z_0}{2 Z_0} e^{\gamma(l-z)} - \frac{V_2 - I_2 Z_0}{2 Z_0} e^{-\gamma(l-z)} \Bigg\}$$

(5.41)

由式（5.41）可以得到有耗传输线的输入阻抗为

$$Z_{\text{in}}(z) = Z_0 \frac{Z_L + Z_0 \tanh \gamma(l-z)}{Z_0 + Z_L \tanh \gamma(l-z)}$$

在传输线的输入端，$z = 0$，有耗传输线的输入阻抗为

$$Z_{\text{in}} = Z_0 \frac{Z_L + Z_0 \tanh \gamma l}{Z_0 + Z_L \tanh \gamma l}$$

(5.42)

式（5.42）中

$$\gamma = \alpha + \mathrm{j}\beta$$

实部 α 为衰减常数，虚部 β 为相移常数。

5.3.1 终端短路$\lambda/2$传输线

终端短路传输线 $Z_L = 0$，由式（5.42）可以得到传输线的输入阻抗为

$$Z_{\text{in}} = Z_0 \tanh \gamma l = Z_0 \tanh(\alpha + \mathrm{j}\beta) l = Z_0 \frac{\tanh \alpha l + \mathrm{j}\tan \beta l}{1 + \mathrm{j}\tanh \alpha l \tan \beta l}$$

(5.43)

实际上，多数传输线的损耗都很小，$\alpha l \ll 1$，因此 $\tanh \alpha l \approx \alpha l$，于是式（5.43）成为

$$Z_{\text{in}} = Z_0 \frac{\alpha l + \mathrm{j}\tan \beta l}{1 + \mathrm{j}\alpha l \tan \beta l}$$

(5.44)

式（5.44）中，$\beta = \omega / v_P$。

在谐振频率附近，有

$$\beta l = \frac{\omega l}{v_P} = \frac{(\omega_0 + \Delta\omega) l}{v_P}$$

(5.45)

若在谐振频率时传输线的长度为半波长，则 $l = \lambda / 2 = \pi v_P / \omega_0$，式（5.45）变为

$$\beta l = \pi + \frac{\pi \Delta\omega}{\omega_0}$$

于是

$$\tan \beta l = \tan\left(\pi + \frac{\pi \Delta\omega}{\omega_0}\right) = \tan\left(\frac{\pi \Delta\omega}{\omega_0}\right) \approx \frac{\pi \Delta\omega}{\omega_0}$$

(5.46)

将式（5.46）代入式（5.44），输入阻抗为

$$Z_{\text{in}} = Z_0 \frac{\alpha l + \mathrm{j}\pi\Delta\omega / \omega_0}{1 + \mathrm{j}\alpha l(\pi\Delta\omega / \omega_0)} \approx Z_0\left(\alpha l + \mathrm{j}\frac{\pi\Delta\omega}{\omega_0}\right)$$

(5.47)

式（5.47）类似于式（5.13），说明终端短路 $\lambda / 2$ 传输线相当于串联谐振电路。比较式（5.47）与式（5.13），可以得到传输线谐振器的等效电阻为

$$R = Z_0 \alpha l$$

(5.48)

等效电感为

$$L = \frac{Z_0 \pi}{2\omega_0} \tag{5.49}$$

等效电容为

$$C = \frac{2}{\pi \omega_0 Z_0} \tag{5.50}$$

品质因数为

$$Q = \frac{\omega_0 L}{R} = \frac{\pi}{2\alpha l} = \frac{\beta}{2\alpha} \tag{5.51}$$

5.3.2 终端短路 $\lambda/4$ 传输线

由式（5.43），终端短路传输线的输入阻抗还可以写为

$$Z_{\text{in}} = Z_0 \frac{\tanh \alpha l + \text{j} \tan \beta l}{1 + \text{j} \tanh \alpha l \tan \beta l} = Z_0 \frac{1 - \text{j} \tanh \alpha l \cot \beta l}{\tanh \alpha l - \text{j} \cot \beta l} \tag{5.52}$$

式（5.52）中 $\tanh \alpha l \approx \alpha l$。

若在谐振频率时传输线的长度为四分之一波长，则 $l = \lambda/4 = \pi v_{\text{P}}/2\omega_0$，式（5.45）变为

$$\beta l = \frac{\pi}{2} + \frac{\pi \Delta \omega}{2\omega_0}$$

于是

$$\cot \beta l = \cot \left(\frac{\pi}{2} + \frac{\pi \Delta \omega}{2\omega_0} \right) = -\tan \left(\frac{\pi \Delta \omega}{2\omega_0} \right) \approx -\frac{\pi \Delta \omega}{2\omega_0} \tag{5.53}$$

将式（5.53）代入式（5.52），输入阻抗为

$$Z_{\text{in}} = Z_0 \frac{1 + \text{j}\alpha l(\pi \Delta \omega/2\omega_0)}{\alpha l + \text{j}\pi \Delta \omega/2\omega_0} \approx \frac{Z_0}{\alpha l + \text{j}(\pi \Delta \omega/2\omega_0)} \tag{5.54}$$

式（5.54）类似于式（5.34），说明终端短路 $\lambda/4$ 传输线相当于并联谐振电路。比较式（5.54）与式（5.34），可以得到传输线谐振器的等效电阻为

$$R = \frac{Z_0}{\alpha l} \tag{5.55}$$

等效电容为

$$C = \frac{\pi}{4\omega_0 Z_0} \tag{5.56}$$

等效电感为

$$L = \frac{4Z_0}{\pi \omega_0} \tag{5.57}$$

品质因数为

$$Q = \omega_0 RC = \frac{\pi}{4\alpha l} = \frac{\beta}{2\alpha} \tag{5.58}$$

5.3.3 终端开路 $\lambda/2$ 传输线

在微带电路中，谐振器通常由终端开路的传输线构成。终端开路传输线 $Z_{\text{L}} = \infty$，由式

（5.42）可以得到传输线的输入阻抗为

$$Z_{\text{in}} = \frac{Z_0}{\tanh \gamma l} = Z_0 \frac{1 + j \tanh \alpha l \tan \beta l}{\tanh \alpha l + j \tan \beta l} \tag{5.59}$$

式（5.59）中

$$\tanh \alpha l \approx \alpha l$$

$$\beta l = \pi + \frac{\pi \Delta \omega}{\omega_0}$$

于是输入阻抗为

$$Z_{\text{in}} = Z_0 \frac{1 + j \alpha l (\pi \Delta \omega / \omega_0)}{\alpha l + j \pi \Delta \omega / \omega_0} \approx \frac{Z_0}{\alpha l + j \pi \Delta \omega / \omega_0} \tag{5.60}$$

式（5.60）类似于式（5.34），说明终端开路 $\lambda / 2$ 传输线相当于并联谐振电路。比较式（5.60）与式（5.34），可以得到传输线谐振器的等效电阻为

$$R = \frac{Z_0}{\alpha l} \tag{5.61}$$

等效电感为

$$L = \frac{2 Z_0}{\pi \omega_0} \tag{5.62}$$

等效电容为

$$C = \frac{\pi}{2 \omega_0 Z_0} \tag{5.63}$$

品质因数为

$$Q = \frac{\pi}{2 \alpha l} = \frac{\beta}{2 \alpha} \tag{5.64}$$

5.3.4 终端开路 $\lambda / 4$ 传输线

由式（5.59），终端开路传输线的输入阻抗还可以写为

$$Z_{\text{in}} = Z_0 \frac{1 + j \tanh \alpha l \tan \beta l}{\tanh \alpha l + j \tan \beta l} = Z_0 \frac{\tanh \alpha l - j \cot \beta l}{1 - j \tanh \alpha l \cot \beta l} \tag{5.65}$$

式（5.65）中

$$\tanh \alpha l \approx \alpha l$$

$$\beta l = \frac{\pi}{2} + \frac{\pi \Delta \omega}{2 \omega_0}$$

$$\cot \beta l = \cot \left(\frac{\pi}{2} + \frac{\pi \Delta \omega}{2 \omega_0} \right) = -\tan \left(\frac{\pi \Delta \omega}{2 \omega_0} \right) \approx -\frac{\pi \Delta \omega}{2 \omega_0}$$

于是输入阻抗为

$$Z_{\text{in}} = Z_0 \frac{\alpha l + j \pi \Delta \omega / 2 \omega_0}{1 + j \alpha l \pi \Delta \omega / 2 \omega_0} \approx Z_0 (\alpha l + j \pi \Delta \omega / 2 \omega_0) \tag{5.66}$$

式（5.66）类似于式（5.13），说明终端开路 $\lambda / 4$ 传输线相当于串联谐振电路。比较式（5.66）

与式（5.13），可以得到传输线谐振器的等效电阻为

$$R = Z_0 \alpha l \tag{5.67}$$

等效电感为

$$L = \frac{\pi Z_0}{4\omega_0} \tag{5.68}$$

等效电容为

$$C = \frac{4}{\pi \omega_0 Z_0} \tag{5.69}$$

品质因数为

$$Q = \frac{\pi}{4\alpha l} = \frac{\beta}{2\alpha} \tag{5.70}$$

传输线谐振器的等效电路参数见表 5.2。

表 5.2 传输线谐振器的等效电路参数

参 数	$\lambda/2$ 传输线		$\lambda/4$ 传输线	
	终端短路	终端开路	终端短路	终端开路
R	$Z_0 \alpha l$	$\dfrac{Z_0}{\alpha l}$	$\dfrac{Z_0}{\alpha l}$	$Z_0 \alpha l$
L	$\dfrac{Z_0 \pi}{2\omega_0}$	$\dfrac{2Z_0}{\pi \omega_0}$	$\dfrac{4Z_0}{\pi \omega_0}$	$\dfrac{\pi Z_0}{4\omega_0}$
C	$\dfrac{2}{\pi \omega_0 Z_0}$	$\dfrac{\pi}{2\omega_0 Z_0}$	$\dfrac{\pi}{4\omega_0 Z_0}$	$\dfrac{4}{\pi \omega_0 Z_0}$
Q	$\dfrac{\pi}{2\alpha l} = \dfrac{\beta}{2\alpha}$	$\dfrac{\pi}{2\alpha l} = \dfrac{\beta}{2\alpha}$	$\dfrac{\pi}{4\alpha l} = \dfrac{\beta}{2\alpha}$	$\dfrac{\pi}{4\alpha l} = \dfrac{\beta}{2\alpha}$
等效谐振电路	串联谐振电路	并联谐振电路	并联谐振电路	串联谐振电路

例 5.2 用终端开路的 50Ω 微带传输线设计长度为 $\lambda/2$ 的谐振器。微带传输线的 $\varepsilon_r = 2.08$，厚度为 0.159 cm，$\tan\delta = 0.0004$，导体材料为铜。计算 3GHz 时微带线的长度和谐振器的 Q 值。

解 由式（2.90）可以得到

$$B = \frac{377\pi}{2Z_0 \sqrt{\varepsilon_r}} \approx 8.212$$

$$\frac{W}{h} = \frac{2}{\pi}\left\{ B - 1 - \ln(2B-1) + \frac{\varepsilon_r - 1}{2\varepsilon_r}\left[\ln(B-1) + 0.39 - \frac{0.61}{\varepsilon_r} \right] \right\}$$
$$\approx 3.192$$

因此微带线的宽度为

$$W \approx 0.508\text{cm}$$

由式（2.88）可以得到微带线的有效相对介电常数为

$$\varepsilon_{\mathrm{re}} = \frac{\varepsilon_{\mathrm{r}}+1}{2} + \frac{\varepsilon_{\mathrm{r}}-1}{2}\left(1+12\frac{h}{W}\right)^{-\frac{1}{2}} \approx 1.789$$

谐振器的长度为

$$l = \frac{\lambda}{2} = \frac{c}{2f\sqrt{\varepsilon_{\mathrm{re}}}} \approx 3.733\mathrm{cm}$$

相移常数为

$$\beta = \frac{2\pi}{\lambda} = \frac{2\pi f\sqrt{\varepsilon_{\mathrm{re}}}}{c} \approx 84.040\mathrm{rad/m}$$

由式（2.93）和式（2.96），衰减常数为

$$\alpha = \alpha_{\mathrm{c}} + \alpha_{\mathrm{d}}$$

式中

$$\alpha_{\mathrm{c}} = \frac{1}{Z_0 W}\sqrt{\frac{\pi f \mu_0}{\sigma}} \approx 0.056\,3\mathrm{Np/m}$$

$$\alpha_{\mathrm{d}} = 27.3\frac{\varepsilon_{\mathrm{r}}}{\varepsilon_{\mathrm{r}}-1}\frac{\varepsilon_{\mathrm{re}}-1}{\sqrt{\varepsilon_{\mathrm{re}}}}\frac{\tan\delta}{\lambda_0} \approx 0.124\mathrm{dB/m} \approx 0.014\,3\mathrm{Np/m}$$

于是

$$\alpha \approx 0.070\,6\mathrm{Np/m}$$

由式（5.64），品质因数为

$$Q = \frac{\beta}{2\alpha} \approx 595$$

5.4　介质谐振器

一个由低损耗、高相对介电常数材料制成的小圆柱体或立方体，也能用做谐振器，这种谐振器称为介质谐振器。介质谐振器通常用相对介电常数为 $10 \leqslant \varepsilon_{\mathrm{r}} \leqslant 100$ 的材料制成，采用的典型材料为钛酸钡和二氧化钛，钛酸钡的 ε_{r} 约为 37，二氧化钛的 ε_{r} 约为 96。高的相对介电常数能保证大部分电磁场都存在于介质谐振器内，在介质谐振器边缘辐射或泄露的能量很小；高的相对介电常数还能使介质谐振器的尺寸与金属腔谐振器相比较小。

介质谐振器有很多优点，如成本低、尺寸和重量小、很容易与平面传输线耦合、可以调谐谐振频率、品质因数大等，因此介质谐振器成为射频电路常用的器件。介质谐振器一般不考虑金属损耗，但介质损耗随频率的增高会加大，一般介质谐振器的品质因数会达到几千。在介质谐振器的上面有一个可以机械调节的调谐螺钉，调整调谐螺钉可以调谐介质谐振器的谐振频率。由于具有上述特性，介质谐振器成为射频电路振荡器和滤波器的常用器件。

圆柱形介质谐振器如图 5.7 所示，其长为 L、半径为 a。对圆柱形介质谐振器的分析需要用到波导理论，分析的结果表明，圆柱形介质谐振器主要工作在 $\mathrm{TE}_{01\delta}$ 模。

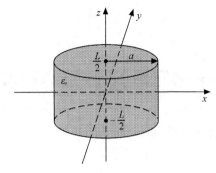

图 5.7 圆柱形介质谐振器

当圆柱形介质谐振器工作在 $TE_{01\sigma}$ 模时，谐振器的尺寸与谐振频率的关系满足下式

$$\tan\frac{\beta L}{2} = \frac{\alpha}{\beta} \tag{5.71}$$

式（5.71）中

$$\beta = \sqrt{\varepsilon_r k_0^2 - \left(\frac{2.405}{a}\right)^2} \tag{5.72}$$

$$\alpha = \sqrt{\left(\frac{2.405}{a}\right)^2 - k_0^2} \tag{5.73}$$

式（5.72）和式（5.73）中

$$k_0 = \frac{2\pi f}{c} \tag{5.74}$$

式（5.74）中，f 为谐振频率，c 为光的速度。用上面方法求得的谐振频率 f 为近似计算公式，f 的计算结果约有 10%的误差。

介质谐振器的品质因数可以通过谐振器存储的能量与消耗在介质中及辐射损耗的功率进行计算。假如辐射损耗比较小，品质因数近似为

$$Q = \frac{1}{\tan\delta} \tag{5.75}$$

式（5.75）中，$\tan\delta$ 为介质的损耗角正切。

例 5.3 圆柱形介质谐振器工作在 $TE_{01\sigma}$ 模，该谐振器采用二氧化钛制成，二氧化钛的 $\varepsilon_r = 95$，$\tan\delta = 0.001$。若谐振器的尺寸为 $a = 0.413\text{cm}$、$L = 0.825\,5\text{cm}$，计算该谐振器的谐振频率 f 和品质因数 Q。

解 谐振频率 f 可以由式（5.71）给出的方程解出。式（5.71）为

$$\tan\frac{\beta L}{2} = \frac{\alpha}{\beta}$$

式中

$$\beta = \sqrt{95 k_0^2 - \left(\frac{2.405}{0.413}\right)^2}$$

$$\alpha = \sqrt{\left(\frac{2.405}{0.413}\right)^2 - k_0^2}$$

于是得到

$$\tan\frac{0.825\,5\sqrt{95k_0^2 - 5.823^2}}{2} = \frac{\sqrt{5.823^2 - k_0^2}}{\sqrt{95k_0^2 - 5.823^2}}$$

上式是一个超越方程，用数值计算可以得到谐振频率为

$$f = 3.152\text{GHz}$$

上式中已经用到

$$k_0 = \frac{2\pi f}{3\times10^{10}}$$

对于本例题给出的谐振器，测量可以得到谐振频率为

$$f = 3.4\text{GHz}$$

可以看出计算与测量间有 10%的误差。

根据式（5.75）可得谐振器的品质因数为

$$Q = \frac{1}{\tan\delta} = 1\,000$$

从本例题的计算结果可以看出，介质谐振器的尺寸小、品质因数高。

介质谐振器经常在微带电路中使用。如图 5.8 所示，介质谐振器通常放在微带线附近，以使它与微带线产生耦合，耦合强度主要取决于谐振器与微带线的间隔 d 。

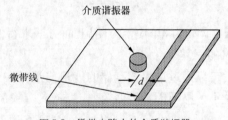

图 5.8 微带电路中的介质谐振器

本章小结

谐振电路经常在匹配电路、滤波器和振荡器中使用，是射频电路经常采用的电路形式。当频率不高时，谐振电路由集总参数元件组成；当频率达到微波波段时，谐振电路通常由传输线或介质谐振器实现。谐振电路可以用谐振频率、品质因数、输入阻抗和带宽等参数描述，其功能是有选择地让一部分频率的信号通过，同时衰减通带外的信号。

当频率不高时，谐振电路为串联谐振电路或并联谐振电路。串联谐振电路由电阻 R 、电感 L 和电容 C 串联而成，并联谐振电路由电阻 R 、电感 L 和电容 C 并联而成。在串联谐振电路或并联谐振电路中，电感 L 储存磁能，电容 C 储存电能，当电感 L 储存的平均磁能与电容 C 储存的平均电能相等时，电路产生谐振；由于电阻消耗能量，谐振出现阻尼，品质因数 Q 给

出了阻尼的程度，电路损耗越小，品质因数 Q 越高。串联谐振时，谐振的角频率为 $\omega_0 = \dfrac{1}{\sqrt{LC}}$；

品质因数为 $Q = \dfrac{\omega_0 L}{R}$；输入阻抗为 $Z_{in} = R$；带宽为 $BW = \dfrac{\omega_0}{Q}$；无载品质因数 Q、外部品质

因数 Q_e、有载品质因数 Q_L 满足 $\dfrac{1}{Q_L} = \dfrac{1}{Q} + \dfrac{1}{Q_e}$。并联谐振时，谐振的角频率为 $\omega_0 = \dfrac{1}{\sqrt{LC}}$；

品质因数为 $Q = \dfrac{R}{\omega_0 L}$；输入导纳为 $Y_{in} = \dfrac{1}{R}$；带宽为 $BW = \dfrac{\omega_0}{Q}$；无载品质因数 Q、外部品质

因数 Q_e、有载品质因数 Q_L 满足 $\dfrac{1}{Q_L} = \dfrac{1}{Q} + \dfrac{1}{Q_e}$。

在微波波段，由电感 L 和电容 C 构成的谐振电路不易实现，终端短路或终端开路的传输线经常作为谐振器使用。传输线谐振器有 4 种基本类型，长度为 $\lambda/2$ 的终端短路传输线和长度为 $\lambda/4$ 的终端开路传输线，具有串联谐振电路的特性；长度为 $\lambda/4$ 的终端短路传输线和长度为 $\lambda/2$ 的终端开路传输线，具有并联谐振电路的特性。终端短路 $\lambda/2$ 传输线相当于串联谐振电路，等效电阻为 $R = Z_0 \alpha l$，等效电感为 $L = \dfrac{Z_0 \pi}{2\omega_0}$，等效电容为 $C = \dfrac{2}{\pi \omega_0 Z_0}$，品质因数为 $Q = \dfrac{\beta}{2\alpha}$；终端开路 $\lambda/4$ 传输线相当于串联谐振电路，等效电阻为 $R = Z_0 \alpha l$，等效电感为 $L = \dfrac{\pi Z_0}{4\omega_0}$，等效电容为 $C = \dfrac{4}{\pi \omega_0 Z_0}$，品质因数为 $Q = \dfrac{\beta}{2\alpha}$；终端短路 $\lambda/4$ 传输线相当于并联谐振电路，等效电阻为 $R = \dfrac{Z_0}{\alpha l}$，等效电容为 $C = \dfrac{\pi}{4\omega_0 Z_0}$，等效电感为 $L = \dfrac{4Z_0}{\pi \omega_0}$，品质因数为 $Q = \dfrac{\beta}{2\alpha}$；终端开路 $\lambda/2$ 传输线相当于并联谐振电路，等效电阻为 $R = \dfrac{Z_0}{\alpha l}$，等效电感为 $L = \dfrac{2Z_0}{\pi \omega_0}$，等效电容为 $C = \dfrac{\pi}{2\omega_0 Z_0}$，品质因数为 $Q = \dfrac{\beta}{2\alpha}$。

在微波波段，也经常使用介质谐振器。介质谐振器由低损耗、高相对介电常数的材料制成，通常为小圆柱体或立方体。介质谐振器有很多优点，如成本低、尺寸和重量小、很容易与平面传输线耦合、可以调谐谐振频率、品质因数大等，是射频电路振荡器和滤波器常用的器件。分析介质谐振器的谐振频率 f 要用到波导理论，由圆柱形介质谐振器的 $TE_{01\sigma}$ 模，可以得到谐振频率 f 的近似计算公式。介质谐振器的品质因数会达到几千，如果辐射损耗比较小，品质因数近似为 $Q = \dfrac{1}{\tan\delta}$。调谐螺钉可以调谐介质谐振器的谐振频率，介质谐振器通常放在微带线附近，以使它与微带线产生耦合，耦合强度主要取决于谐振器与微带线的间隔 d。

思考题和练习题

5.1 电路串联谐振时，电感 L 储存的平均磁能与电容 C 储存的平均电能有什么关系？串联谐振电路的谐振频率有几个？电路串联谐振时输入阻抗是纯电阻吗？电阻 R 增大时品质因数 Q 怎样变化？带宽 BW 增大时品质因数 Q 怎样变化？

5.2 电路并联谐振时，电感 L 储存的平均磁能与电容 C 储存的平均电能有什么关系？并联谐振电路的谐振频率有几个？电路并联谐振时输入导纳是纯电导吗？电阻 R 增大时品质因数 Q 怎样变化？带宽 BW 增大时品质因数 Q 怎样变化？

5.3 终端短路和终端开路 $\lambda/2$ 传输线相当于串联谐振电路还是并联谐振电路？终端短路和终端开路 $\lambda/4$ 传输线相当于串联谐振电路还是并联谐振电路？

5.4 传输线谐振器的谐振频率有几个？为什么？

5.5 在微波波段，介质谐振器通常由什么材料制成？通常选取什么形状？是否可以调谐？它与微带线产生耦合的强度主要取决于什么？简述介质谐振器的优点。

5.6 某串联谐振电路带宽为 $90 \sim 110\text{MHz}$，该谐振电路连接在内阻可以忽略的电压源及输入阻抗为 50Ω 的通信系统之间，求谐振电路的元件值。

5.7 某并联谐振电路 $L=10\mu\text{H}$、$C=10\text{pF}$、$R=100\text{k}\Omega$，求该谐振电路的无载品质因数和谐振频率。若负载电阻 $R_L=100\text{k}\Omega$，计算外部品质因数、有载品质因数和谐振频率。

5.8 某并联谐振电路 $L=40\text{nH}$、$C=20\text{pF}$、$R=800\Omega$、$R_L=1800\Omega$。求该谐振电路的无载品质因数、外部品质因数、有载品质因数和谐振频率。

5.9 某并联谐振电路 $L=2\mu\text{H}$、$C=15\text{pF}$、$R=10\text{k}\Omega$。求该谐振电路的谐振频率、品质因数和带宽。

5.10 用终端短路的 50Ω 微带传输线设计长度为 $\lambda/2$ 的谐振器。微带传输线的 $\varepsilon_r=2.22$，厚度为 $0.12\,\text{cm}$，$\tan\delta=0.0004$，导体材料为铜。计算 2GHz 时微带线的长度和谐振器的 Q 值。

5.11 介质谐振器的 $\tan\delta=0.0005$。假如辐射损耗比较小，品质因数近似为多少？

第 **6** 章 **匹配网络**

在射频电路的设计中，阻抗匹配是最重要的概念之一，它是电路和系统设计时必须要考虑的重要问题。例如，在放大器和振荡器的设计中，匹配网络是电路设计的必要部分，需要在有源电路中插入无源的匹配网络。

在匹配网络的设计中，解析方法很繁杂，本章只讨论用史密斯圆图的设计方法。史密斯圆图在射频电路分析中是一个必需的工具，在匹配网络的设计中显得更为重要。

本章首先讨论匹配网络的目的及选择准则；然后讨论集总参数元件的匹配网络设计、分布参数元件的匹配网络设计和混合参数元件的匹配网络设计。

6.1 匹配网络的目的及选择方法

1. 匹配网络的目的

匹配包括 2 个方面，一个是传输线与负载之间的匹配；一个是信源与负载之间的共轭匹配。传输线与负载之间的匹配，是使传输线无反射、线上载行波或尽量接近行波的一种技术措施。信源与负载之间的共轭匹配，是使传输线的输入阻抗与信源的内阻互为共轭复数，此时信源的功率输出为最大。

电路匹配是通过匹配网络实现的。匹配网络的实质是实现阻抗变换，就是将给定的阻抗值变化成其他更合适的阻抗值。匹配网络在电路中 2 个不同阻抗之间引入，以达到传输线与负载之间匹配或信源与负载之间共轭匹配。

匹配关系到系统的传输效率、功率容量和工作稳定性等，其重要性主要表现在如下 3 个方面。

（1）从信源到负载实现最大功率传输。

（2）减小线路反射，目的是减小噪声干扰、提高信噪比。

（3）传输相同功率时线上电压驻波系数最小，功率承受能力最大。

阻抗匹配是射频系统设计中的一个步骤，这容易在概念上获得理解。例如，在负载阻抗和传输线特性阻抗不等的有源电路中，负载会将部分能量返回到信源，为解决这一问题，需要在负载和传输线之间插入一个匹配网络，这虽然使负载与匹配网络之间存在众多反射，但从信源的角度看，传输线是完全匹配的。

2．匹配网络的选择准则

只要负载阻抗不是一个纯虚数，都可以选择一个无耗网络进行匹配。在选择匹配网络时，考虑的主要因素有如下 4 个。

（1）简单性。希望选择满足性能指标的最简单设计。较简单的匹配结构价格便宜、可靠性高、损耗小。

（2）带宽。任何一个网络都只能在单一频率上实现匹配，欲展宽带宽，其电路设计要复杂一些，因此电路设计要在简单性、带宽以及造价之间有所权衡。

（3）可实现性。射频电路大都采用微带传输线，可以采用集总参数电抗元件、支节或四分之一阻抗变化器等实现匹配网络。可实现性既要考虑生产工艺的可实现性，又要考虑尺寸要求和参数指标的可实现性。

（4）可调整性。变化的负载需要可调整的匹配网络。

理想情况下，匹配网络本身应该是无耗的，以避免信源到负载的功率进一步衰减，因此匹配网络中没有电阻。集总参数元件电路的匹配网络是由电感和电容构成的；分布参数元件电路的匹配网络是由终端开路或终端短路的支节、以及四分之一阻抗变化器等构成。

从本章讨论的结果可以看出，匹配网络的设计方法很多，同一射频电路可以采用多种方式实现匹配。实际设计时，要综合考虑简单性、带宽、可实现性和可调整性等因素后，再决定选用哪一种匹配网络。

6.2 集总参数元件电路的匹配网络设计

在射频电路中，仍可以采用集总参数的分立元件，本节讨论集总参数元件的匹配网络。能实现匹配功能的分立元件网络很多，例如，既可以选用简单的双元件 L 形匹配网络，也可以选用匹配性能更好但结构更复杂的多元件匹配网络（如三元件的 T 形匹配网络和 π 形匹配网络）。本节在讨论网络匹配的同时，也讨论了匹配网络的带宽。

6.2.1 传输线与负载间 L 形匹配网络

负载与传输线阻抗匹配就是使传输线工作在行波状态。在负载与传输线中间加一个匹配网络，使其输入阻抗等于传输线的特性阻抗，称为负载与传输线阻抗匹配。

L 形匹配网络由 2 个电抗性元件组成，也称为双元件匹配网络。负载与传输线间的 L 形匹配网络共有 8 种组合，如图 6.1 所示。

双元件负载匹配网络采用图 6.1 中的哪一种形式，取决于归一化负载阻抗在史密斯圆图上的位置。负载在史密斯圆图上的位置有 3 种可能性，下面分别加以讨论。

1．负载位于 1+jb 圆（归一化单位电导圆）内

这种情况的圆图如图 6.2 所示。从图中可以看出，第 1 个元件必须与负载串联，使圆图上归一化负载阻抗 z_L 点沿等电阻圆到达点 A 或点 B；然后与第 2 个元件并联，在圆图上由点 A 或点 B 沿等电导圆到达 O 点，达到匹配。

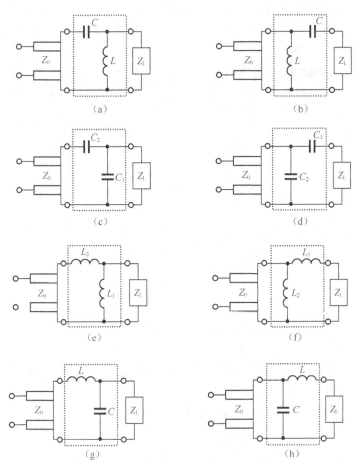

图 6.1　8 种负载与传输线间的 L 形匹配网络

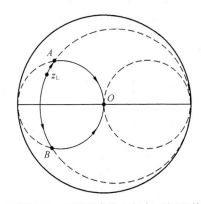

图 6.2　负载位于归一化单位电导圆内时 L 形匹配的圆图图解

上面讨论的结论是，负载位于 $1+jb$ 圆（归一化单位电导圆）内时，有 2 种 L 形的匹配网络，分别如下。

（1）先串联电感 L，圆图上由 z_L 点到达点 A；然后再并联电容 C，圆图上由点 A 到达点 O，达到匹配。这种 L 形的匹配网络如图 6.1（h）所示。

（2）先串联电容 C，圆图上由 z_L 点到达点 B；然后再并联电感 L，圆图上由点 B 到达点

O，达到匹配。这种 L 形的匹配网络如图 6.1（b）所示。

例 6.1 设计集总参数 L 形匹配网络，在 1GHz 的工作频率下，使 $Z_L = (10 + j10)\Omega$ 的负载与 $Z_0 = 50\Omega$ 的传输线相匹配。

解 用史密斯圆图求解的示意图如图 6.3 所示。

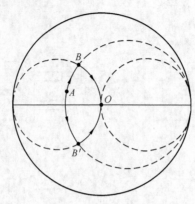

图 6.3　例 6.1 用图

（1）归一化负载阻抗 $z_L = 0.2 + j0.2$，用点 A 在圆图上标出。

（2）第 1 种解法。

圆图上点 B 归一化阻抗 $z_B = 0.2 + j0.4$，归一化导纳 $y_B = 1 - j2.0$。在圆图上由点 A 沿等电阻圆移动到点 B，需要串联电感 L，电感 L 为

$$j\omega L = j(0.4 - 0.2) \times 50 = j10$$

$$L \approx 1.59\text{nH}$$

在圆图上由点 B 沿等电导圆移动到点 O，需要并联电容 C，电容 C 为

$$j\omega C = j2.0 / 50 = j0.04$$

$$C \approx 6.37\text{pF}$$

第 1 种解法的匹配网络如图 6.1（h）所示。

（3）第 2 种解法。

圆图上点 B' 归一化阻抗 $z_{B'} = 0.2 - j0.4$，归一化导纳 $y_{B'} = 1 + j2.0$。在圆图上由点 A 沿等电阻圆移动到点 B'，需要串联电容 C，电容 C 为

$$1 / j\omega C = -j0.6 \times 50 = -j30$$

$$C \approx 5.3\text{pF}$$

在圆图上由点 B' 沿等电导圆移动到点 O，需要并联电感 L，电感 L 为

$$1 / j\omega L = -j2.0 / 50 = -j0.04$$

$$L \approx 3.98\text{nH}$$

第 2 种解法的匹配网络如图 6.1（b）所示。

2. 负载位于 $1 + jx$ 圆（归一化单位电阻圆）内

这种情况的圆图如图 6.4 所示。从图中可以看出，第 1 个元件必须与负载并联，使圆图上归一化负载阻抗 z_L 点沿等电导圆到达点 A 或点 B；然后与第 2 个元件串联，在圆图上由点

A 或点 B 沿等电阻圆到达点 O，达到匹配。

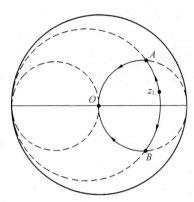

图 6.4 负载位于归一化单位电阻圆内时 L 形匹配的圆图图解

上面讨论的结论是，负载位于 $1+jx$ 圆（归一化单位电阻圆）内时，有 2 种 L 形的匹配网络，分别如下。

（1）先并联电感 L，圆图上由 z_L 点到达点 A；然后再串联电容 C，圆图上由点 A 到达点 O，达到匹配。这种 L 形的匹配网络如图 6.1（a）所示。

（2）先并联电容 C，圆图上由 z_L 点到达点 B；然后再串联电感 L，圆图上由点 B 到达点 O，达到匹配。这种 L 形的匹配网络如图 6.1（g）所示。

3．负载位于 $1+jx$ 圆和 $1+jb$ 圆外

这种情况的圆图如图 6.5 所示。从图 6.5 中可以看出，第 1 个元件可以与负载串联或并联，使圆图上归一化负载阻抗 z_L 点沿等电阻圆到达点 A 或点 B，或沿等电导圆到达点 C 或点 D；然后与第 2 个元件并联或串联，在圆图上由点 A、点 B 或点 C、点 D 沿等电导圆或沿等电阻圆到达点 O，达到匹配。

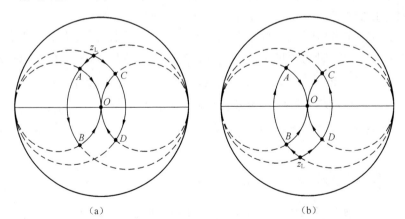

（a）　　　　　　　　　　　　　（b）

图 6.5 负载位于归一化单位电阻和电导圆外时 L 形匹配的圆图图解

对图 6.5（a）讨论的结论是，有 4 种双元件匹配的电路，分别如下。

（1）先串联电容 C_1，圆图上由 z_L 点到达点 A；然后再并联电容 C_2，圆图上由点 A 到达点 O，达到匹配。这种 L 形的匹配网络如图 6.1（d）所示。

（2）先串联电容 C，圆图上由 z_L 点到达点 B；然后再并联电感 L_g，圆图上由点 B 到达点 O，达到匹配。这种 L 形的匹配网络如图 6.1（b）所示。

（3）先并联电容 C_1，圆图上由 z_L 点到达点 C；然后再串联电容 C_2，圆图上由点 C 到达点 O，达到匹配。这种 L 形的匹配网络如图 6.1（c）所示。

（4）先并联电容 C，圆图上由 z_L 点到达点 D；然后再串联电感 L，圆图上由点 D 到达点 O，达到匹配。这种 L 形的匹配网络如图 6.1（g）所示。

对图 6.5（b）讨论的结论是，有 4 种双元件匹配的电路，分别如下。

（1）先串联电感 L_1，圆图上由 z_L 点到达点 B；然后再并联电感 L_2，圆图上由点 B 到达点 O，达到匹配。这种 L 形的匹配网络如图 6.1（f）所示。

（2）先串联电感 L，圆图上由 z_L 点到达点 A；然后再并联电容 C，圆图上由点 A 到达点 O，达到匹配。这种 L 形的匹配网络如图 6.1（h）所示。

（3）先并联电感 L_1，圆图上由 z_L 点到达点 D；然后再串联电感 L_2，圆图上由点 D 到达点 O，达到匹配。这种 L 形的匹配网络如图 6.1（e）所示。

（4）先并联电感 L，圆图上由 z_L 点到达点 C；然后再串联电容 C，圆图上由点 C 到达点 O，达到匹配。这种 L 形的匹配网络如图 6.1（a）所示。

对上述讨论的负载位于 $1+jb$ 圆内、负载位于 $1+jx$ 圆内、负载位于 $1+jx$ 圆和 $1+jb$ 圆外 3 种情形，可以总结出某些规律，这些规律可以简化和加速匹配电路的设计过程。

规律 1 始终同时利用史密斯阻抗和导纳圆图。

规律 2 在史密斯圆图上始终从负载开始，沿等电阻圆或等电导圆移动，最终到达圆图中心匹配点。

规律 3 沿等电阻圆或等电导圆每移动一次，就确定一个相关的电抗元件。

规律 4 沿等电阻圆移动相当于串联电抗元件，沿等电导圆移动相当于并联电抗元件。

规律 5 沿等电阻圆顺时针或逆时针方向移动，决定了电抗元件是感性或是容性。沿等电导圆顺时针或逆时针方向移动，决定了电抗元件是容性或是感性。

规律 6 负载在史密斯圆图上的位置决定有几种 L 形匹配网络。负载位于 $1+jb$ 圆（归一化单位电导圆）内，有 2 种 L 形匹配网络；负载位于 $1+jx$ 圆（归一化单位电阻圆）内，有 2 种 L 形匹配网络；负载位于 $1+jx$ 圆和 $1+jb$ 圆外，有 4 种 L 形匹配网络。

规律 7 任何负载都不能同时有图 6.1 中的 8 种 L 形匹配方式，因此所有 L 形网络都有匹配禁区。也就是说，只有负载在史密斯圆图上处于某些位置时，才能采用某种 L 形匹配网络。

6.2.2 信源与负载间 L 形共轭匹配网络

信源的匹配就是使信源的内阻 Z_S 通过匹配网络变换后与负载互为共轭复数，此时信源的功率输出为最大。射频电路中这种情形比负载与传输线阻抗匹配的情形更为普遍。

信源与负载间 L 形共轭匹配网络由 2 个电抗性元件组成，也称为双元件匹配网络。与传输线与负载间 L 形匹配网络一样，信源与负载间的 L 形共轭匹配网络同样共有 8 种组合，如图 6.6 所示。

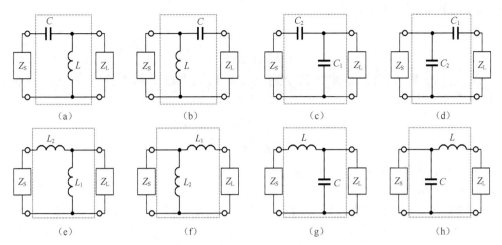

图 6.6 8 种信源与负载间的 L 形共轭匹配网络

任何双元件的信源与负载间 L 形共轭匹配网络都不能同时有图 6.6 中的 8 种匹配方式，也存在 L 形网络的匹配禁区。也就是说，只有信源的内阻在史密斯圆图上处于某些位置时，才能采用某种 L 形匹配网络。

当 $Z_S = Z_0$ 时，信源与负载间 L 形共轭匹配网络的选取，与 6.2.1 小节负载与传输线间 L 形匹配网络的选取一致，有负载位于 $1+jx$ 圆内、$1+jb$ 圆内、$1+jx$ 圆和 $1+jb$ 圆外 3 种情形。当 $Z_S \neq Z_0$ 时，由于 Z_S 和 Z_L 的任意性，下面举 2 例对信源与负载间的共轭匹配网络加以说明。对于信源与负载共轭匹配，圆图上既可以从信源的阻抗点向负载的阻抗共轭点移动，也可以从负载的阻抗点向信源的阻抗共轭点移动。

例 6.2 在 1GHz 的工作频率下，$Z_S = (100 + j50)\Omega$，$Z_L = (50 + j10)\Omega$，$Z_0 = 50\Omega$。设计集总参数 L 形匹配电路，使信源与负载共轭匹配。

解 用史密斯圆图求解的示意图如图 6.7 所示。

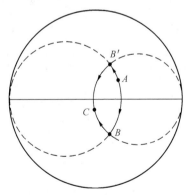

图 6.7 例 6.2 用图

（1）归一化信源阻抗 $z_s = 2 + j1$，导纳 $y_s = 0.4 - j0.2$，用点 A 在圆图上标出。归一化负载阻抗 $z_L = 1 + j0.2$，$z_L^* = 1 - j0.2$ 用点 C 在圆图上标出。

（2）第 1 种解法。

在圆图上由点 A 沿等电导圆移动到点 B，需要并联电容 C。点 B 归一化导纳为

$y_B = 0.4 + j0.49$，所以电容 C 为

$$j\omega C = j(0.49 + 0.2) / 50$$

$$C \approx 2.20\text{pF}$$

在圆图上由点 B 沿等电阻圆移动到点 C，需要串联电感 L。点 B 归一化阻抗为 $z_B = 1 - j1.22$，电感 L 为

$$j\omega L = j(1.22 - 0.2) \times 50 = j51$$

$$L \approx 8.12\text{nH}$$

第 1 种解法的电路如图 6.6（h）所示。

（3）第 2 种解法。

在圆图上由点 A 沿等电导圆移动到点 B'，需要并联电感 L。点 B' 归一化导纳为 $y_{B'} = 0.4 - j0.49$，电感 L 为

$$1 / j\omega L = -j(0.49 - 0.2) / 50$$

$$L \approx 27.44\text{nH}$$

在圆图上由点 B' 沿等电阻圆移动到点 C，需要串联电容 C。点 B' 的归一化阻抗 $z_{B'} = 1 + j1.22$，电容 C 为

$$1 / j\omega C = -j(1.22 + 0.2) \times 50$$

$$C \approx 2.2\text{pF}$$

第 2 种解法的电路如图 6.6（b）所示。

例 6.3　在 1.5GHz 的工作频率下，$Z_S = (50 + j25)\Omega$，$Z_L = (25 - j50)\Omega$，$Z_0 = 50\Omega$。设计集总参数双元件匹配电路，使信源与负载共轭匹配。

解　用史密斯圆图求解的示意图如图 6.8 所示。

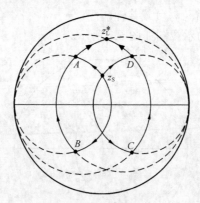

图 6.8　例 6.3 用图

（1）归一化信源阻抗 $z_S = 1 + j0.5$，导纳 $y_S = 0.8 - j0.4$。归一化负载阻抗 $z_L = 0.5 - j1$，导纳 $y_L = 0.4 + j0.8$，阻抗共轭 $z_L^* = 0.5 + j1$。

（2）从图 6.8 可以看出，有 4 种匹配网络。

第 1 种，从 z_S 点并联电感 L_2 到点 A，然后由点 A 串联电感 L_1 到 z_L^* 点。

第 2 种，从 z_S 点并联电容 C 到点 B，然后由点 B 串联电感 L 到 z_L^* 点。

第 3 种，从 z_S 点串联电容 C 到点 C，然后由点 C 并联电感 L 到 z_L^* 点。

第 4 种，从 z_S 点串联电感 L_2 到点 D，然后由点 D 并联电感 L_1 到 z_L^* 点。

（3）从圆图上可以读出

$$z_A = 0.5 + j0.6 \ , \quad y_A = 0.8 - j1$$
$$z_B = 0.5 - j0.6 \ , \quad y_B = 0.8 + j1$$
$$z_C = 1 - j1.2 \ , \quad y_C = 0.4 + j0.5$$
$$z_D = 1 + j1.2 \ , \quad y_D = 0.4 - j0.5$$

（4）有 4 种解法。

第 1 种解法

$$1 / j\omega L_2 = -j0.6 / 50$$
$$L_2 \approx 8.84\text{nH}$$
$$j\omega L_1 = j0.4 \times 50$$
$$L_1 \approx 2.12\text{nH}$$

这种解法的电路如图 6.6（f）所示。

第 2 种解法

$$j\omega C = j1.4 / 50$$
$$C \approx 2.97\text{pF}$$
$$j\omega L = j1.6 \times 50$$
$$L \approx 8.49\text{nH}$$

这种解法的电路如图 6.6（h）所示。

第 3 种解法

$$1 / j\omega C = -j1.7 \times 50$$
$$C \approx 1.25\text{pF}$$
$$1 / j\omega L = -j1.3 / 50$$
$$L \approx 4.08\text{nH}$$

这种解法的电路如图 6.6（a）所示。

第 4 种解法

$$j\omega L_2 = j0.7 \times 50$$
$$L \approx 3.71\text{nH}$$
$$1 / j\omega L_1 = -j0.3 / 50$$
$$L \approx 17.68\text{nH}$$

这种解法的电路如图 6.6（e）所示。

6.2.3 L 形匹配网络的带宽

传输线与负载之间的 L 形匹配网络，只能在中心频率 f_0 保证传输线与负载之间匹配，这时包含 L 形网络与负载在内的总输入阻抗位于史密斯圆图的中心，传输线上反射系数为 0。当频率偏离中心频率时，传输线上的反射系数将大于 0。所以，上述匹配网络可以视为谐振

频率为 f_0 的谐振电路。

由于 L 形匹配网络是由串联或并联的电感或电容组成的，所以这种网络有滤波性。为了考察匹配网络的频率响应，下面讨论 L 形匹配网络的品质因数，以得到匹配网络的带宽。

1. 节点和品质因数

首先介绍节点的概念。某一匹配网络中，每串联或并联一个电感或电容，阻抗从史密斯圆图上的一个节点移到另一个节点，例如图 6.2 中史密斯圆图上的点 A 和点 B 为节点。每个节点都可以用等效串联阻抗 $Z_S = R_S + jX_S$ 表示。

在每个节点处，可以给出该点的品质因数，用 Q_n 表示，Q_n 为

$$Q_n = \frac{X_S}{R_S} \tag{6.1}$$

匹配网络与负载构成的整体，可以视为匹配网络的有载谐振电路。可以证明，匹配网络节点品质因数 Q_n 与有载品质因数 Q_L 之间有如下关系

$$Q_L = \frac{Q_n}{2} \tag{6.2}$$

式（6.2）的结论适用于任何 L 形匹配网络。式（6.2）说明，匹配网络有载品质因数 Q_L 的计算可以转化为用节点品质因数的最大值估算。

2. 匹配网络的带宽

有载品质因数 Q_L 与匹配网络带宽 BW 的关系为

$$BW = \frac{f_0}{Q_L} \tag{6.3}$$

式（6.3）中，f_0 为中心频率。这种方法可以对网络带宽有定性的了解，据此可以判断网络的带宽。这种方法对复杂的匹配网络尤其方便。

3. 等 Q_n 线

为进一步简化匹配网络的设计工作，在史密斯圆图中画出等 Q_n 线。由式（3.5）可知，归一化阻抗可以表示为

$$z = r + jx = \frac{1 - \Gamma_r^2 - \Gamma_i^2}{(1 - \Gamma_r)^2 + \Gamma_i^2} + j\frac{2\Gamma_i}{(1 - \Gamma_r)^2 + \Gamma_i^2}$$

节点品质因数 Q_n 可以写为

$$Q_n = \frac{|x|}{r} = \frac{2|\Gamma_i|}{1 - \Gamma_r^2 - \Gamma_i^2} \tag{6.4}$$

式（6.4）整理后可以形成圆方程，为

$$\Gamma_i^2 + \left(\Gamma_r \pm \frac{1}{Q_n}\right)^2 = 1 + \frac{1}{Q_n^2} \tag{6.5}$$

式（6.5）中，"+"号对应于正电抗，"–"号对应于负电抗。

史密斯圆图中的等 Q_n 线如图 6.9 所示。在史密斯圆图中画出等 Q_n 线后，只需读出节点

处 $Q_n / 2$ 值，就可以得到 L 形匹配网络的有载品质因数。

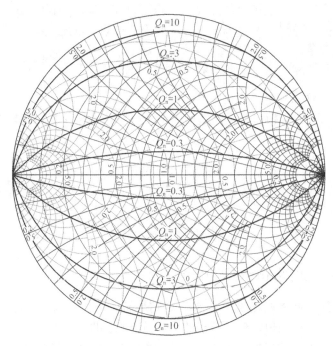

图 6.9　史密斯圆图中的等 Q_n 线

例 6.4　设计集总参数 L 形匹配电路，在 1GHz 的工作频率下，使 $Z_L = (80 - j60)\Omega$ 的负载与 $Z_0 = 50\Omega$ 的传输线相匹配，并根据圆图中节点的位置，确定网络的有载品质因数及带宽。

解　用史密斯圆图求解的示意图如图 6.10 所示。

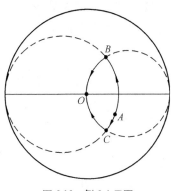

图 6.10　例 6.4 用图

（1）归一化负载阻抗 $z_L = 1.6 - j1.2$，用点 A 在圆图上标出。

（2）匹配的第 1 种解法。

负载先并联电感 L，由圆图上的点 A 到达点 B，点 B 归一化阻抗 $z_B = 1 + j1.22$。然后再串联电容 C，由圆图上的点 B 到达点 O，达到匹配。节点 B 的 Q_n 为

$$Q_n = \frac{x}{r} = 1.22$$

（3）匹配的第 2 种解法。

负载先并联电容 C，由圆图上的点 A 到达点 C，点 C 归一化阻抗 $z_C = 1 - j1.22$。然后再串联电感 L，由圆图上的点 C 到达点 O，达到匹配。节点 C 的 Q_n 为

$$Q_n = \frac{|x|}{r} = 1.22$$

（4）确定网络的有载品质因数及带宽。

节点 B 和节点 C 的 Q_n 相同，可以估算出第 1 种解法和第 2 种解法匹配网络的有载品质因数相同，都为

$$Q_L = \frac{Q_n}{2} = 0.61$$

即 2 种匹配电路的带宽相同，都为

$$BW = \frac{f_0}{Q_L} \approx 1.64 \text{GHz}$$

6.2.4　T 形匹配网络和 π 形匹配网络

在 6.1 节讨论过，匹配网络设计的 4 个准则是简单性、带宽、可实现性和可调整性。L 形匹配网络的优点是结构简单，但其节点数目和节点在圆图上的位置是固定的，匹配网络的带宽无法调整，设计没有灵活性。为此，本节讨论 T 形和 π 形匹配网络。T 形和 π 形匹配网络可以在设计时调整匹配网络的带宽，增加了设计的灵活性。

T 形匹配网络如图 6.11（a）所示，π 形匹配网络如图 6.11（b）所示，这里用例题介绍按预定 Q_n 值设计 T 形匹配网络和 π 形匹配网络的方法。

例 6.5　对于例 6.4，设计图 6.11（a）所示的集总参数 T 形匹配电路，在 1GHz 的工作频率下，使负载与传输线相匹配，要求节点的最大品质因数等于 1.5。

解　能满足设计要求的方案有多种，本例只讨论一种。用史密斯圆图求解的示意图如图 6.12 所示。

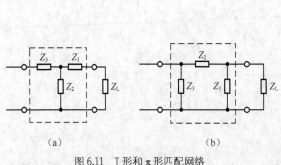

（a）　　　　　　　　（b）

图 6.11　T 形和 π 形匹配网络

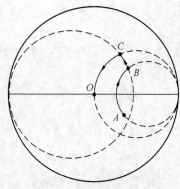

图 6.12　例 6.5 用图

（1）归一化负载阻抗 $z_L = 1.6 - j1.2$，用点 A 在圆图上标出。

（2）负载首先串联电感 L_1，圆图上的点 A 沿等电阻圆到达点 B，点 B 归一化阻抗 $z_B = 1.6 + j1.65$，归一化导纳 $y_B = 0.3 - j0.31$。然后再并联电感 L_2，圆图上的点 B 沿等电导

圆到达点 C，点 C 归一化阻抗 $z_C = 1 + j1.5$，归一化导纳 $y_C = 0.3 - j0.46$。最后串联电容 C，圆图上的点 C 沿等电阻圆到达匹配点 O。节点 C 的 Q_n 值比节点 B 的 Q_n 值大，节点 C 的 Q_n 值为

$$Q_n = \frac{1.5}{1} = 1.5$$

满足设计要求。

（3）计算可以得到

$$j\omega L_1 = j(1.65 + 1.2) \times 50$$
$$L_1 \approx 22.68\text{nH}$$
$$1 / j\omega L_2 = -j(0.46 - 0.31) / 50$$
$$L_2 \approx 53.05\text{nH}$$
$$1 / j\omega C = -j1.5 \times 50$$
$$C \approx 2.12\text{pF}$$

设计结果为，图 6.11（a）中 Z_1 选电感 $L_1 \approx 22.68\text{nH}$，$Z_2$ 选电感 $L_2 \approx 53.05\text{nH}$，$Z_3$ 选电容 $C \approx 2.12\text{pF}$。

例 6.6　$Z_0 = 50\Omega$，设计图 6.11（b）所示的集总参数π形匹配电路，将 $Z_L = (13 - j9)\Omega$ 的负载变换成 $Z_{in} = (18.5 - j37)\Omega$ 的输入阻抗。要求匹配网络具有最小的节点品质因数，并在 1.9GHz 的工作频率下，求各元件值。

解　由于要求匹配网络具有最小的节点品质因数，这里选取节点的品质因数不大于 Z_L 点和 Z_{in} 点的 Q_n 值。Z_L 点和 Z_{in} 点的 Q_n 最大值为 $Q_n = 37 / 18.5 = 2$，所以选用节点品质因数 $Q_n = 2$ 设计π形匹配电路。史密斯圆图求解的示意图如图 6.13 所示。

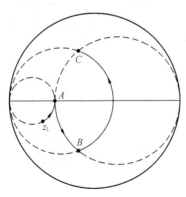

图 6.13　例 6.6 用图

（1）归一化输入阻抗 $z_{in} = 0.37 - j0.74$，$z_{in}^* = 0.37 + j0.74$ 用点 C 在圆图上标出，C 点 $Q_n = 2$。

（2）分析。由点 C 沿等电导圆到达点 B，点 B 的 $Q_n = 2$。由点 B 沿等电阻圆旋转，与由 z_L 点沿等电导圆旋转的曲线相交于点 A。最后由点 A 沿等电导圆旋转到 z_L 点。

（3）设计。负载首先并联电感 L_1，圆图上由 z_L 点到点 A。然后再串联电容 C，圆图上由点 A 沿等电阻圆到达点 B。最后并联电感 L_2，圆图上由点 B 沿等电导圆到达点 C。各点归一

化阻抗和导纳如下。

$$z_L = 0.26 - j0.18 \ , \quad y_L = 2.70 + j1.73$$

$$z_A = 0.37 \ , \quad y_A = 2.70$$

$$z_B = 0.37 - j0.74 \ , \quad y_B = 0.52 + j1.07$$

$$z_C = 0.37 + j0.74 \ , \quad y_C = 0.52 - j1.07$$

电路中各元件值如下。

$$1/j\omega L_1 = -j(1.73 - 0)/50$$

$$L_1 \approx 2.4nH$$

$$1/j\omega C = -j0.74 \times 50$$

$$C \approx 2.3pF$$

$$1/j\omega L_2 = -j(1.07 + 1.07)/50$$

$$L_2 \approx 2.0nH$$

设计结果为，图 6.11（b）中 Z_1 选电感 $L_1 \approx 2.4nH$ ，Z_2 选电容 $C \approx 2.3pF$ ，Z_3 选电感 $L_2 \approx 2.0nH$ 。

6.3 分布参数元件电路的匹配网络设计

随着工作频率的提高，波长不断减小，当波长与元器件尺寸或电路尺寸相当时，可以采用分布参数元件实现匹配网络。分布参数元件是在主传输线上串联一段传输线或并联几段支节构成。在距负载某处可以并联终端短路的传输线或终端开路的传输线，此并联传输线称为支节（或短截线）。

本节讨论用单支节、双支节及四分之一波长阻抗变换器实现匹配网络的方法，这些分布参数元件电路的匹配方法可以适用于微带线、带状线、同轴线及平行双导线，本节画图时用平行双导线说明匹配网络的结构。

6.3.1 负载与传输线的阻抗匹配

1. 单支节匹配

单支节匹配就是在主传输线上并联一个支节，用支节的电纳抵消其接入处主传输线上的电纳，达到匹配。单支节可以采用终端短路的传输线或终端开路的传输线，其中单支节为终端短路传输线的匹配原理如图 6.14 所示。

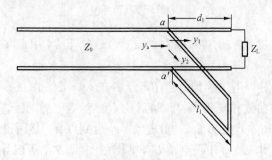

图 6.14 单支节匹配

在图 6.14 的主传输线上可以找到 aa' 点，使 aa' 点归一化输入导纳为 $y_1 = 1 + \mathrm{j}b$，aa' 点距终端的长度为 d_1；然后在 aa' 点并联归一化电纳为 $y_2 = -\mathrm{j}b$ 的短路支节，短路支节的长度为 l_1；在 aa' 点 $y_a = y_1 + y_2 = 1$，达到匹配。d_1 和 l_1 的长度可以用圆图计算。下面用例题说明单支节匹配的方法。

例 6.7　已知 $Z_0 = 100\,\Omega$，负载阻抗 $Z_L = (77 - \mathrm{j}83)\,\Omega$。用 $Z_0 = 100\,\Omega$ 的终端短路单支节实现终端负载与主传输线匹配，求 l_1 / λ 和 d_1 / λ。

解　用史密斯阻抗圆图求解的示意图如图 6.15 所示。

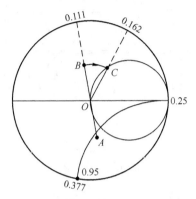

图 6.15　例 6.7 用图

（1）负载归一化阻抗 $z_L = Z_L / Z_0 = 0.77 - \mathrm{j}0.83$，在圆图上找到对应的点 A。由点 A 以 OA 为半径沿等反射系数圆旋转 $180°$ 到点 B，可得点 B 归一化输入导纳为 $y_L = 0.6 + \mathrm{j}0.65$，电刻度读数为 0.111。由点 B 以 OB 为半径沿等反射系数圆顺时针旋转，与 $1 + \mathrm{j}b$ 圆相交于点 C，可得点 C 归一化输入导纳为 $y_1 = 1 + \mathrm{j}0.95$，电刻度读数为 0.162。故可以得到

$$d_1 / \lambda = 0.162 - 0.111 = 0.051$$

（2）由 $y_1 + y_2 = 1$，可得并联短路支节 l_1 的归一化输入导纳应为 $y_2 = -\mathrm{j}0.95$，其电刻度为 0.377。由短路点沿单位圆顺时针转到电刻度 0.377 点，可得

$$l_1 / \lambda = 0.377 - 0.25 = 0.127$$

（3）显然，还可得另一组解。从 y_1 顺时针转到 $y_1' = 1 - \mathrm{j}0.95$，可得

$$d_1' / \lambda = d_1 / \lambda + 2 \times (0.25 - 0.162) = 0.227$$

由于 $y_1' + y_2' = 1$，$y_2' = \mathrm{j}0.95$，所以可得

$$l_1' / \lambda = l_1 / \lambda + 2 \times (0.5 - 0.377) = 0.373$$

（4）传输线有阻抗重复性。因此，支节距负载的电长度取为

$$0.051 + (n/2) \text{ 或 } 0.227 + (n/2)$$

支节的电长度取为

$$0.127 + (n/2) \text{ 或 } 0.373 + (n/2)$$

上面的 n 为正整数。

（5）特别需要注意，本题的归一化阻抗和归一化导纳数值全部用史密斯阻抗圆图的读数给出。本题也可以利用史密斯阻抗导纳圆图的读数给出，结果与本方法一致，但图与图 6.15 不同。

2. 双支节匹配

单支节匹配的优点是结构简单；缺点是支节的位置 d_1 需要调节，这对于有些电路来说是困难的。解决的办法是采用双支节匹配，使 2 个支节的位置 d_1 和 d_2 固定不变，只调节支节的长度 l_1 和 l_2，通过调节支节的长度 l_1 和 l_2 达到匹配。其中，d_2 的长度通常选为 $\lambda/8$、$3\lambda/8$ 或 $5\lambda/8$。双支节匹配的原理可以用图 6.16 说明。

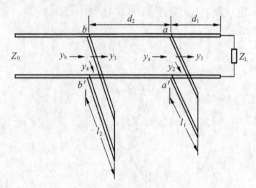

图 6.16　双支节匹配

在图 6.16 中，为使主传输线上 bb' 点匹配，也即 $y_b = 1$，就必须使 $y_3 = 1 + jb_3$；然后利用调整 l_2 的长度调整 y_4，抵消 bb' 处的电纳分量 jb_3，达到匹配。为使 $y_3 = 1 + jb_3$，就要求 y_a 落在辅助圆上，这可以利用调整 l_1 的长度来调整 y_2 达到。l_1 和 l_2 的值由 y_2 和 y_4 的值确定。下面用例题说明辅助圆和双支节匹配的方法。

例 6.8　已知传输线的特性阻抗 $Z_0 = 75\Omega$，负载阻抗 $Z_L = (112.5 + j0)\Omega$，采用终端短路的双支节匹配，两支节的特性阻抗 $Z_0 = 75\Omega$，两支节的间距 $d_2 = \lambda/8$，第 1 个支节距离负载为 $d_1 = 0.1\lambda$。求 2 个支节的长度 l_1 和 l_2。

解　用史密斯阻抗圆图求解的示意图如图 6.17 所示。

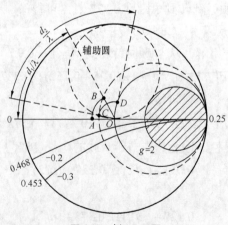

图 6.17　例 6.8 用图

（1）归一化负载阻抗 $z_L = 1.5$，在圆图上由归一化负载阻抗点沿等反射系数圆旋转 $180°$ 到点 A，点 A 对应的电刻度为 0。自点 A 沿等反射系数圆顺时针旋转 $d_1/\lambda = 0.1$ 至点 B，读得

$$y_1 = 0.83 + j0.32$$

由点 B 沿等 $g_1 = 0.83$ 圆移动，交辅助圆于点 C，读得

$$y_a = 0.83 + j0.02$$

于是

$$y_2 = y_a - y_1 = -j0.3$$

y_2 所对应的电刻度是 0.453，故得

$$l_1 = (0.453 - 0.25)\lambda = 0.203\lambda$$

（2）由点 C 沿等反射系数圆顺时针旋转 $d_2 / \lambda = 0.125$，交 $1 + jb_3$ 圆于 D 点，读得

$$y_3 = 1 + j0.2$$

于是

$$y_4 = y_b - y_3 = -j0.2$$

y_4 对应的电刻度是 0.468，故得

$$l_2 = (0.468 - 0.25)\lambda = 0.218\lambda$$

（3）为简单，本题只给出了一组解。特别需要注意，本题归一化阻抗和归一化导纳的数值全部用史密斯阻抗圆图的读数给出。本题也可以用史密斯阻抗导纳圆图的读数给出，结果与本方法一致，但图与图 6.17 不同。

双支节匹配需要指出如下 4 点。

（1）双支节匹配中，支节长度的解有 2 组，一般选取支节长度较短的一组。

（2）d_2 不能取 $\lambda/2$，这是因为 l_1 的作用是调节 l_2 的输入阻抗，如果 d_2 取 $\lambda/2$，则失去阻抗变换作用，达不到匹配。

（3）当 $d_2 = \lambda/8$ 或 $d_2 = 3\lambda/8$ 时，若 $g_1 > 2$，也不能匹配。由此可见，双支节匹配不是对任意负载都能匹配，存在着不能匹配的死区。

（4）双支节匹配只能对一个频率达到理想匹配，当频率变化时，匹配条件被破坏。

3．$\lambda/4$ 阻抗变换器

若传输线的特性阻抗为 Z_0，负载阻抗为纯电阻 R_L，但 $R_L \neq Z_0$，此时传输线终端为电压波腹点或电压波谷点，在终端加一段特性阻抗为 Z_{01} 的 $\lambda/4$ 长传输线，可以匹配。Z_{01} 为待求的量，$Z_{01} = \sqrt{Z_0 R_L}$。

若终端负载为复阻抗而仍然需要用 $\lambda/4$ 阻抗变换器匹配时，$\lambda/4$ 阻抗变换器应在电压波腹点或电压波谷点接入。若在电压波谷点接入，如图 6.18 所示，此时距终端最近的电压波谷点离终端的长度为 $z'_{\min 1}$。电压波谷点的传输线输入阻抗是纯电阻 R_{L1}，$R_{L1} = Z_0 / \rho$，于是可以得到 $\lambda/4$ 阻抗变换器的特性阻抗 $Z_{01} = \sqrt{Z_0 R_{L1}} = Z_0 / \sqrt{\rho}$。

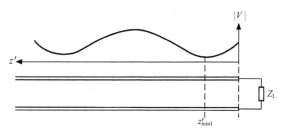

图 6.18　用 $\lambda/4$ 阻抗变换器匹配负载阻抗

例 6.9 对例 3.4，说明 $\lambda/4$ 阻抗变换器的匹配方法。

解 （1）例 3.4 已经得到传输线上电压波腹点或电压波谷点的位置，这里选择距负载最近的电压波谷点插入 $\lambda/4$ 阻抗变换器，于是得到

$$z'_{\min 1} = 0.088\lambda$$

（2）图 3.8 中，过负载点 A 的等反射系数圆与右半实数轴相交于 1.9，所以距负载 $z'_{\min 1}$ 处传输线的输入阻抗 R_{L1} 为

$$R_{L1} = Z_0 / 1.9 = 50 / 1.9$$

$\lambda/4$ 阻抗变换器的特性阻抗 Z_{01} 为

$$Z_{01} = \sqrt{Z_0 R_{L1}} = 50 / \sqrt{1.9} \approx 36.27\Omega$$

6.3.2 信源与负载的共轭匹配

本小节只讨论单支节匹配。信源与负载的共轭匹配网络可以采用图 6.19 所示的 2 种结构，由于 Z_S 和 Z_L 的任意性，通过举例对信源与负载间的共轭匹配网络加以说明。

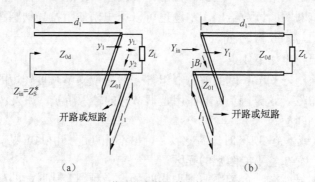

图 6.19　信源与负载间的共轭匹配网络

1. 支节与主传输线特性阻抗相同时单支节匹配

例 6.10 已知传输线的特性阻抗 $Z_0 = 60\Omega$，信源阻抗 $Z_S = (60 - j72)\Omega$，负载阻抗 $Z_L = (48 - j36)\Omega$，采用图 6.19(a) 的方法使信源与负载共轭匹配，选 $Z_{0d} = Z_{01} = 60\Omega$，求 d_1 / λ 和 l_1 / λ。

解： 用史密斯圆图求解的示意图如图 6.20 所示。

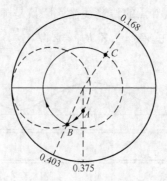

图 6.20　例 6.10 用图

（1）归一化信源阻抗 $z_S = 1 - j1.2$。选择 l_1 / λ 的原则是，支节 l_1 的电纳能够使负载 y_L 变换到 $z_S^* = 1 + j1.2$ 的等反射系数圆上，z_S^* 点在圆图上对应点 C。

（2）归一化负载阻抗 $z_L = 0.8 - j0.6$，在圆图上找到对应的点 A，点 A 的归一化导纳 $y_L = 0.8 + j0.6$，电刻度读数为 0.375。由点 A 沿等电导圆顺时针旋转，与过点 C 的等反射系数圆相交于点 B，点 B 的 $y_1 = 0.8 + j1.05$，电刻度读数为 0.403。因此

$$y_2 = y_1 - y_L = j0.45$$

（3）由于 $y_2 = j0.45$，若用开路支节

$$l_1 / \lambda = 0.067$$

若用短路支节

$$l_1 / \lambda = 0.317$$

（4）由点 B 沿等反射系数圆顺时针旋转到 $z_S^* = 1 + j1.2$，在圆图上对应着点 C，点 C 的电刻度读数为 0.168，所以

$$d_1 / \lambda = 0.168 + (0.5 - 0.403) = 0.265$$

（5）显然，还可得另一组解。$y_1' = 0.8 - j1.05$，故 $y_2' = y_1' - y_L = -j1.65$。若用开路支节

$$l_1' / \lambda = 0.337$$

若用短路支节

$$l_1' / \lambda = 0.087$$

d_1' / λ 为

$$d_1' / \lambda = 0.265 - 2(0.5 - 0.403) = 0.071$$

2. 支节与主传输线特性阻抗不同时单支节匹配

前面讨论的匹配网络，支节和主传输线都有相同的特性阻抗。若支节的特性阻抗与主传输线的特性阻抗不同，则匹配网络的设计方法有所不同。

下面以图 6.19（b）为例说明。在图 6.19（b）中，设主传输线的特性阻抗为 Z_0，长度为 d_1 的传输线特性阻抗为 Z_{0d}，长度为 l_1 的支节特性阻抗为 Z_{0l}。这种设计方法是给定 d_1 和 l_1 的长度，通过调整 Z_{0d} 和 Z_{0l} 来达到匹配。若给定 $d_1 = 0.25\lambda$，有

$$Z_1 = \frac{Z_{0d}^2}{Z_L}$$

$$Y_1 = \frac{Z_L}{Z_{0d}^2} = \frac{R_L + jX_L}{Z_{0d}^2}$$

主传输线与支节并联，有

$$Y_{in} = Y_1 + jB_1 = \frac{R_L}{Z_{0d}^2} + j\left(B_1 + \frac{X_L}{Z_{0d}^2}\right) = G_{in} + jB_{in} \tag{6.6}$$

由式（6.6）可以得到

$$G_{in} = \frac{R_L}{Z_{0d}^2} \tag{6.7}$$

$$B_{in} = B_1 + \frac{X_L}{Z_{0d}^2} \tag{6.8}$$

从式（6.7）可以看出，当已知负载 $Z_L = R_L + jX_L$ 时，可以通过调整 Z_{0d} 达到预期的 G_{in} 值。从式（6.8）可以看出，当 Z_{0d} 给定后，可以通过调整 B_1 来达到预期的 B_{in} 值。

由式（6.7）可以得到

$$Z_{0d} = \sqrt{\frac{R_L}{G_{in}}} \tag{6.9}$$

当终端短路时，B_1 为

$$B_1 = -Y_{01} / \tan \beta l_1 \tag{6.10}$$

常选 $l_1 = \lambda / 8$ 或 $l_1 = 3\lambda / 8$。由式（6.8）和式（6.10）有如下结果

$$Z_{01} = \frac{1}{\dfrac{X_L}{Z_{0d}^2} - B_{in}} \qquad (\text{当} l_1 = \lambda / 8 \text{时}) \tag{6.11}$$

$$Z_{01} = \frac{1}{B_{in} - \dfrac{X_L}{Z_{0d}^2}} \qquad (\text{当} l_1 = 3\lambda / 8 \text{时}) \tag{6.12}$$

当终端开路时，B_1 为

$$B_1 = Y_{01} \tan \beta l_1 \tag{6.13}$$

也常选 $l_1 = \lambda / 8$ 或 $l_1 = 3\lambda / 8$，由式（6.8）和式（6.13）有如下结果

$$Z_{01} = \frac{1}{B_{in} - \dfrac{X_L}{Z_{0d}^2}} \qquad (\text{当} l_1 = \lambda / 8 \text{时}) \tag{6.14}$$

$$Z_{01} = \frac{1}{\dfrac{X_L}{Z_{0d}^2} - B_{in}} \qquad (\text{当} l_1 = 3\lambda / 8 \text{时}) \tag{6.15}$$

例 6.11 已知负载阻抗 $Z_L = (90 - j10)\Omega$，选 $d_1 = 0.25\lambda$，$l_1 = \lambda / 8$，采用图 6.19（b）的方法将其变换为 $Z_{in} = (50 + j40)\Omega$，求 Z_{0d} 和 Z_{01}。支节终端此时是开路还是短路？

解 $Y_{in} = 1 / Z_{in} \approx 0.012\,2 - j0.009\,8$

由式（6.9）有

$$Z_{0d} = \sqrt{\frac{R_L}{G_{in}}} = \sqrt{\frac{90}{0.012\,2}} \approx 85.89\Omega$$

因为 $l = \lambda / 8$，由式（6.11）可以得到

$$Z_{01} = \frac{1}{\dfrac{X_L}{Z_{0d}^2} - B_{in}} = \frac{1}{\dfrac{-10}{85.89^2} - (-0.009\,8)} \approx 118.42\Omega$$

因为由式（6.14）计算得到的 Z_{01} 为负值，所以支节终端应是短路。

6.4　混合参数元件电路的匹配网络设计

在射频频段，也常采用集总参数元件与分布参数元件混合使用的方法。混合参数元件电路的匹配网络通常是由几段传输线以及间隔配置的并联电容构成，这种结构由于有集总参数的电容，结构比全部采用分布参数的匹配网络更紧凑。由于电感比电容有更高的电阻性损耗，所以混合参数元件的匹配网络通常避免使用电感。

本节以微带线为例，讨论混合参数元件的匹配网络。只要网络由 2 段传输线及之间一个并联电容构成，该网络就可以实现将任意负载转换成任意阻抗。但若对网络有带宽要求时，需要增加网络中传输线及电容的数目。

图 6.21 所示为常见的微带线匹配网络，图中 TL_1、TL_2 和 TL_3 表示 3 段传输线，C_1 和 C_1 表示传输线上并联的电容。这种结构的优点是，在加工完电路之后，通过调整电容值及电容在微带线上的位置，可以调整电路的参数。

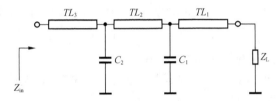

图 6.21　混合参数构成的微带线匹配网络

下面通过例题讨论微带线混合参数元件的匹配网络。通常情况下，微带线各段传输线的宽度是相等的，以降低实际调整工作的难度。在下面的例题中，采用 2 段传输线和 1 个电容实现匹配，其中 2 段传输线的特性阻抗相等。

例 6.12　微带线特性阻抗 $Z_0 = 50\Omega$，设计混合参数元件电路的匹配网络，将负载阻抗 $Z_L = (28 + j12)\Omega$ 变换为 $Z_{in} = (65 + j90)\Omega$ 的输入阻抗，要求用 2 段特性阻抗 $Z_0 = 50\Omega$ 的传输线及一个电容实现，工作频率为 2.2GHz。问 2 段传输线总长最短为多少。

解　用史密斯圆图求解的示意图如图 6.22（a）所示。

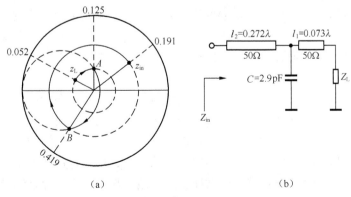

图 6.22　例 6.12 用图

（1）归一化负载阻抗和归一化输入阻抗分别为 $z_L = 0.56 + j0.24$ 和 $z_{in} = 1.3 + j1.8$。在圆图

上找到 z_L 和 z_{in} 的位置，分别画出过 z_L 和 z_{in} 的等反射系数圆。

（2）由圆图上的 z_L 点沿等反射系数圆顺时针旋转到某一位置 A，z_L 点与点 A 的电刻度差即为第 1 段传输线 TL_1 的长度 l_1。再由 A 点沿等电导圆旋转，与过 z_{in} 的等反射系数圆相交于点 B，z_{in} 点与点 B 的电导差值即为并联电容的电导。最后由点 B 沿等反射系数圆顺时针旋转到 z_{in} 的位置，点 B 与 z_{in} 点的电刻度差即为第 2 段传输线 TL_2 的长度 l_2。

由上面的匹配过程可以看出，有许多组解。当点 A 选定后，也即第 1 段传输线 TL_1 的长度 l_1 选定后，并联电容及第 2 段传输线 TL_2 的长度 l_2 就随之确定了。

（3）z_L 点的电刻度为 0.052，选点 A 的电刻度为 0.125，传输线 TL_1 的长度为

$$l_1 = (0.125 - 0.052)\lambda = 0.073\lambda$$

点 A 的归一化导纳为 $y_A = 0.82 - \mathrm{j}0.57$，点 B 的归一化导纳为 $y_B = 0.82 + \mathrm{j}1.4$，并联电容 C 为

$$\mathrm{j}\omega C = (1.4 + 0.57) / 50$$

$$C \approx 2.9\mathrm{pF}$$

点 B 的电刻度为 0.419，z_{in} 点的电刻度为 0.191，第 2 段传输线 TL_2 的长度为

$$l_2 = (0.5 - 0.419)\lambda + 0.191\lambda = 0.272\lambda$$

微带线混合参数元件的匹配网络如图 6.22（b）所示。

（4）从图 6.22（a）可以看出，点 A 越接近 z_L 点，l_1 的长度越短，而且 B 点与 z_{in} 点的电刻度差越小，使 l_2 的长度也越短。

取极限情况，令点 A 与 z_L 点重合，此时 $l_1 + l_2$ 最小。得到

$$l_1 = 0$$

$$l_2 = 0.052\lambda + 0.191\lambda = 0.243\lambda$$

$$l_1 + l_2 = 0.243\lambda$$

结论是，两段传输线总长最短为 0.243λ。

本章小结

匹配网络是射频电路设计中最重要的概念之一，是射频电路和系统设计时必须要考虑的重要问题。本章首先讨论了匹配网络的目的及选择准则，然后讨论了集总参数、分布参数和混合参数元件的匹配网络设计。由于匹配网络的解析设计方法很繁杂，本章只讨论用史密斯圆图的设计方法。

匹配网络的目的主要包括 2 个，一个是传输线与负载之间的匹配；另一个是信源与负载之间的共轭匹配。匹配网络在电路中 2 个不同阻抗之间引入，实质是实现阻抗变换，就是将给定的阻抗值变化成其他更合适的阻抗值，以达到传输线与负载之间的匹配，或信源与负载之间的共轭匹配。匹配网络关系到射频电路的传输效率、功率容量和工作稳定性等，能实现从信源到负载的最大功率传输；能减小线路反射、减小噪声干扰、提高信噪比；能使传输线上电压驻波系数最小、功率承受能力最大。匹配网络为无耗网络，匹配网络的设计方法很多，同一射频电路可以采用多种方式实现匹配，实际设计时要综合考虑简单性、带宽、可实现性和可调整性等因素后，再决定选用哪一种匹配网络。

集总参数元件的匹配网络是由电感和电容构成。集总参数元件的匹配网络既可以选用简单的双元件 L 形匹配网络，也可以选用匹配性能更好、但结构更复杂的多元件匹配网络（如三元件的 T 形匹配网络和 π 形匹配网络）。L 形匹配网络由 2 个电抗性元件组成，共有 8 种组合形式，采用哪一种形式取决于归一化负载阻抗在史密斯圆图上的位置。当负载位于 $1+jb$ 圆（归一化单位电导圆）内，有 2 种 L 形匹配网络；当负载位于 $1+jx$ 圆（归一化单位电阻圆）内，有 2 种 L 形匹配网络；当负载位于 $1+jx$ 圆和 $1+jb$ 圆外，有 4 种 L 形匹配网络。L 形匹配网络只能在中心频率 f_0 保证匹配，当频率偏离中心频率时，需要讨论 L 形匹配网络的品质因数和带宽，其中节点品质因数 Q_n 与有载品质因数 Q_L 的关系为 $Q_L = \dfrac{Q_n}{2}$，用这种方法可以判断 L 形匹配网络的带宽，匹配网络带宽 BW 与有载品质因数 Q_L 的关系为 $BW = \dfrac{f_0}{Q_L}$。L 形匹配网络的优点是结构简单，但其节点数目和节点在圆图上的位置是固定的，匹配网络的带宽无法调整，设计没有灵活性。为增大匹配网络的带宽，增加设计的灵活性，可以采用 T 形和 π 形匹配网络。

随着工作频率的提高，波长不断减小，当波长与元器件尺寸或电路尺寸相当时，可以采用分布参数元件实现匹配网络。分布参数元件的匹配网络可以是单支节匹配、双支节匹配或 $\lambda/4$ 阻抗变化器等。单支节匹配就是在主传输线上并联一个支节，用支节的电纳抵消其接入处主传输线上的电纳，达到匹配。单支节匹配的优点是结构简单，缺点是支节的位置需要调节，解决的办法是采用双支节匹配。双支节匹配时，2 个支节的位置固定不变，通过调节支节的长度达到匹配。还可以采用 $\lambda/4$ 阻抗变换器进行匹配，$\lambda/4$ 阻抗变换器应在电压波腹点或电压波谷点接入，$\lambda/4$ 阻抗变换器的特性阻抗 Z_{01} 为待求的量，$Z_{01} = \sqrt{Z_0 R_L}$。

在射频频段，也常采用混合参数元件实现匹配网络。这种结构通常是由几段传输线以及间隔配置的并联电容构成，由于有集总参数的电容，结构比全部采用分布参数的匹配网络更紧凑。例如，匹配网络可以由 2 段传输线及之间的 1 个并联电容构成，该网络可以实现将任意负载转换成任意阻抗。但若对网络有带宽要求时，需要增加网络中传输线的数目及电容的数目，例如匹配网络由 3 段传输线及之间的 2 个并联电容构成。

思考题和练习题

6.1　什么是传输线与负载之间的匹配网络？什么是信源与负载之间的共轭匹配网络？匹配网络的选择准则是什么？

6.2　集总参数元件的匹配网络是由什么构成的？由 2 个电抗性元件组成的 L 形负载匹配网络共有几种组合形式？

6.3　任何负载都不能同时拥有所有种类的 L 形匹配方式，因此所有 L 形网络都有匹配禁区。传输线与负载之间的匹配网络选择图 6.1（b）时，求匹配禁区在圆图上的位置。

6.4　什么是节点的品质因数？有载品质因数如何用节点品质因数的最大值估算？如何通过节点的品质因数估计网络的带宽？

6.5　T 形和 π 形匹配网络有几个电抗元件？与 L 形匹配网络相比，T 形和 π 形匹配网络在简单性、带宽、可实现性和可调整性方面有何优缺点？

6.6　什么情况下采用分布参数元件的匹配方法？常用的分布参数元件的匹配方法有哪

几种形式？

6.7 什么是支节？分别说明单支节匹配和双支节匹配的工作原理。

6.8 什么是混合参数元件的匹配网络？这种匹配网络可以采用什么结构？有什么优点？

6.9 设计集总参数 L 形匹配网络，在 1GHz 的工作频率下，使 $Z_L = (12 + j18)\Omega$ 的负载与 $Z_0 = 50\Omega$ 的传输线相匹配。有几种匹配网络？

6.10 设计集总参数 L 形匹配网络，在 500MHz 的工作频率下，使 $Z_L = (90 + j75)\Omega$ 的负载与 $Z_0 = 75\Omega$ 的传输线相匹配。有几种匹配网络？

6.11 设计集总参数 L 形匹配网络，在 1.8GHz 的工作频率下，使 $Z_L = (30 + j70)\Omega$ 的负载与 $Z_0 = 60\Omega$ 的传输线相匹配。有几种匹配网络？

6.12 传输线特性阻抗 $Z_0 = 50\Omega$，设计集总参数 L 形匹配网络，在 600MHz 的工作频率下，使 $Z_L = (90 + j55)\Omega$ 的负载与 $Z_S = (60 + j15)\Omega$ 的信源内阻共轭匹配。有几种匹配网络？

6.13 传输线特性阻抗 $Z_0 = 40\Omega$，设计集总参数 L 形匹配网络，在 800MHz 的工作频率下，使 $Z_L = (20 + j38)\Omega$ 的负载与 $Z_0 = 40\Omega$ 的传输线相匹配。确定网络的有载品质因数及带宽。

6.14 传输线特性阻抗 $Z_0 = 50\Omega$，设计集总参数 T 形匹配网络，在 600MHz 的工作频率下，使 $Z_L = 100\Omega$ 的负载与 $Z_S = (20 - j40)\Omega$ 的信源内阻共轭匹配，要求节点品质因数最大值 $Q_n = 4$。

6.15 传输线特性阻抗 $Z_0 = 50\Omega$，设计集总参数 π 形匹配网络，在 2.4GHz 的工作频率下，使 $Z_L = (10 - j10)\Omega$ 的负载与 $Z_S = (20 - j40)\Omega$ 的信源内阻共轭匹配，要求节点品质因数最大值 $Q_n = 2.5$。

6.16 在特性阻抗 $Z_0 = 60\Omega$ 的无耗传输线上测得驻波系数为 5，第 1 个电压波节点距负载 0.15λ，求 Z_L。今用图 6.14 的短路单支节进行匹配，求支节的位置 d_1 / λ 和支节的长度 l_1 / λ。

6.17 传输线的特性阻抗 $Z_0 = 60\Omega$，负载阻抗 $Z_L = (30 + j30)\Omega$。今用图 6.16 的短路双支节进行匹配，第 1 个支节距负载 0.1λ，支节的间距为 $\lambda/8$，求 2 个支节的长度 l_1 和 l_2。

6.18 传输线的特性阻抗 $Z_0 = 50\Omega$，负载阻抗 $Z_L = (100 + j20)\Omega$。采用图 6.18 的 $\lambda/4$ 阻抗变换器进行匹配，求 $\lambda/4$ 线的位置和特性阻抗。

6.19 已知传输线的特性阻抗 $Z_0 = 50\Omega$，信源阻抗 $Z_S = (45 - j60)\Omega$，负载阻抗 $Z_L = (55 - j35)\Omega$。采用图 6.19（a）的方法使信源与负载共轭匹配，求 d_1 / λ 和 l_1 / λ。

6.20 微带线的特性阻抗 $Z_0 = 50\Omega$，设计混合参数元件的匹配网络。采用图 6.22 的方法，将负载阻抗 $Z_L = (30 + j10)\Omega$ 变换为 $Z_{in} = (60 + j80)\Omega$ 的输入阻抗，要求用 2 段传输线及 1 个电容实现，工作频率为 1.5GHz。

第 **7** 章　滤波器的设计

　　射频电路许多有源和无源部件都没有获得精确的频率特性，因而在设计射频系统时通常会加入滤波器，滤波器可以精确地实现预定的频率特性。滤波器是一个二端口网络，允许所需要频率的信号以最小可能的衰减通过，同时大幅度衰减不需要频率的信号。

　　插入损耗法和镜像参量法都可以用来设计滤波器，但现今大多数滤波器是采用插入损耗法设计的，因其可以得到完整的频率响应。本章采用插入损耗法设计滤波器。

　　当频率不高时，滤波器可以由集总元件的电感和电容构成；但当频率高于 500MHz 时，电路寄生参数的影响不可忽略，滤波器通常由分布参数元件构成。用插入损耗法设计滤波器，得到的是集总元件滤波电路，频率高时需要将集总元件滤波电路变换为分布参数电路实现。

　　本章首先讨论滤波器的类型；然后用插入损耗法设计低通滤波器原型；再通过滤波器变换将低通滤波器原型变换为各种类型的集总元件滤波器；最后讨论将集总元件滤波器变换为各种分布参数滤波器。

7.1　滤波器的类型

　　滤波器有低通滤波器、高通滤波器、带通滤波器和带阻滤波器 4 种基本类型。理想滤波器的输出在通带内与它的输入相同，在阻带内为 0。图 7.1（a）是理想低通滤波器，它允许低频信号无损耗地通过滤波器，当信号频率超过截止频率后，信号的衰减为无穷大。图 7.1（b）是理想高通滤波器，它与理想低通滤波器正好相反，允许高频信号无损耗地通过滤波器，当信号频率低于截止频率后，信号的衰减为无穷大。图 7.1（c）是理想带通滤波器，它允许某一频带内的信号无损耗地通过滤波器，频带外的信号衰减为无穷大。图 7.1（d）是理想带阻滤波器，它让某一频带内的信号衰减为无穷大，频带外的信号无损耗地通过滤波器。

　　理想滤波器是不存在的，实际滤波器与理想滤波器有差异。实际滤波器既不能实现通带内信号无损耗地通过，也不能实现阻带内信号衰减无穷大。以低通滤波器为例，实际低通滤波器允许低频信号以很小的衰减通过滤波器，当信号频率超过截止频率后，信号的衰减将急剧增大。

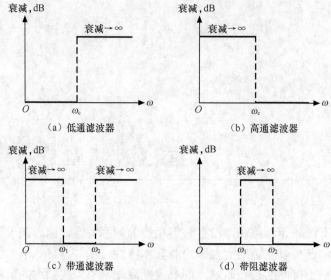

图 7.1　4 种理想滤波器

7.2　用插入损耗法设计低通滤波器原型

低通滤波器原型是设计滤波器的基础，集总元件低通、高通、带通、带阻滤波器以及分布参数元件滤波器，可以根据低通滤波器原型变换而来。本节用插入损耗作为考察滤波器的指标，讨论低通滤波器原型的设计方法。

在插入损耗法中，滤波器的响应是用插入损耗表征的。插入损耗定义为来自源的可用功率与传送到负载功率的比值，用 dB 表示的插入损耗定义为

$$IL = 10\lg\frac{1}{1-\left|\Gamma_{\text{in}}(\omega)\right|^2} \tag{7.1}$$

式（7.1）中，$\left|\Gamma_{\text{in}}(\omega)\right|^2$ 可以用 ω^2 的多项式描述，ω 为角频率。

插入损耗可以选特定的函数，随所需的响应而定，常用的有通带内最平坦、通带内有等幅波纹起伏、通带和阻带内都有等幅波纹起伏、通带内有线性相位 4 种响应的情形，对应这 4 种响应的滤波器称为巴特沃斯滤波器、切比雪夫滤波器、椭圆函数滤波器和线性相位滤波器。

7.2.1　巴特沃斯低通滤波器原型

如果滤波器在通带内的插入损耗随频率的变化是最平坦的，这种滤波器称为巴特沃斯滤波器，也称为最平坦滤波器。对于低通滤波器，最平坦响应的数学表示式为

$$IL = 10\lg\left[1+k^2\left(\frac{\omega}{\omega_{\text{c}}}\right)^{2N}\right] \tag{7.2}$$

式（7.2）中，N 是滤波器的阶数，ω_{c} 是截止角频率。一般选 $k=1$，这样当 $\omega=\omega_c$ 时，$IL=10\lg 2$，插入损耗 IL 等于 3dB。图 7.2 画出了低通滤波器的最平坦响应。

这里需要说明的是，式（7.1）是滤波器的插入损耗，式（7.2）是希望的低通最平坦响应，比较式（7.1）与式（7.2），可以得到具有最平坦响应的低通滤波器结构。

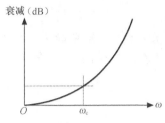

图 7.2　低通滤波器的最平坦响应

1. 通带和阻带

$\omega < \omega_c$ 是低通滤波器的通带，$\omega > \omega_c$ 是低通滤波器的阻带，$\omega = \omega_c$ 是通带和阻带的分界点，在分界点处插入损耗等于 3dB。在通带内巴特沃斯滤波器没有任何波纹，在阻带内巴特沃斯滤波器的衰减随着频率的升高单调急剧上升。

由式（7.2）可以看出，N 值越大，阻带内衰减随着频率增大得越快。设计低通滤波器时，对阻带内的衰减有数值上的要求，由此可以计算出 N 值。

也可以将衰减随着频率的变化情况制成图表。图 7.3 示出了巴特沃斯滤波器衰减随频率变化的对应关系，由图可以查出所需滤波器的阶数 N。

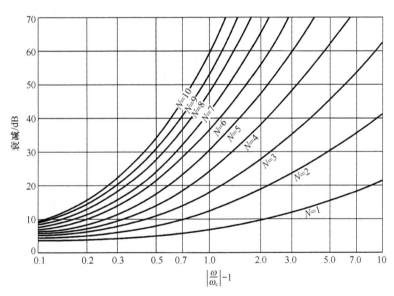

图 7.3　低通巴特沃斯滤波器衰减随频率变化的对应关系

例 7.1　巴特沃斯滤波器，若使其在 $\omega = 1.3\omega_c$ 时至少要有 15dB 的衰减，求 N 值。

解　（1）由式（7.2）可以得出

$$IL = 10\lg\left[1 + \left(\frac{\omega}{\omega_c}\right)^{2N}\right] = 15$$

将 $\omega = 1.3\omega_c$ 代入上式，可以得到

$$\lg\left[1 + 1.3^{2N}\right] = 1.5$$

$$N \approx 7$$

计算结果表明，若达到阻带内要求的衰减，需要选7阶巴特沃斯滤波器。

（2）本题也可以由图7.3求 N 值。由图7.3可以查得，若使 $\omega = 1.3\omega_c$ 时至少有15dB的衰减，N 值为7。

2．低通滤波器原型

（1）二元件低通滤波器原型

滤波器可以由集总元件电感和电容构成。考虑图7.4所示的二元件电路，这是一个低通滤波器，下面将对最平坦响应推导出图中元件 L 和 C 的值。采用低通滤波器原型，低通滤波器原型假定源阻抗为 1Ω，截止频率为 $\omega_c = 1$。

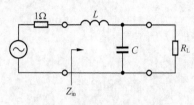

图7.4　二元件低通滤波器原型

由式（7.2），当 $N=2$ 时最平坦响应为

$$IL = 10\lg\left[1 + \omega^4\right] \tag{7.3}$$

求图7.4所示的低通滤波器原型的插入损耗。滤波器的输入阻抗为

$$Z_{\text{in}} = \text{j}\omega L + \frac{R_L(1 - \text{j}\omega R_L C)}{1 + \omega^2 R_L^2 C^2}$$

反射系数为

$$\Gamma_{\text{in}} = \frac{Z_{\text{in}} - 1}{Z_{\text{in}} + 1}$$

由式（7.1），插入损耗为

$$IL = 10\lg\frac{1}{1 - \left|\Gamma_{\text{in}}\right|^2} = 10\lg\frac{1}{1 - \Gamma_{\text{in}}\Gamma_{\text{in}}^*} = 10\lg\frac{\left|Z_{\text{in}} + 1\right|^2}{2(Z_{\text{in}} + Z_{\text{in}}^*)} \tag{7.4}$$

式（7.4）中

$$Z_{\text{in}} + Z_{\text{in}}^* = \frac{2R_L}{1 + \omega^2 R_L^2 C^2}$$

$$\left|Z_{\text{in}} + 1\right|^2 = \left(\frac{R_L}{1 + \omega^2 R_L^2 C^2} + 1\right)^2 + \left(\omega L - \frac{\omega C R_L^2}{1 + \omega^2 R_L^2 C^2}\right)^2$$

于是式（7.4）变为

$$IL = 10\lg\left\{\frac{1 + \omega^2 R_L^2 C^2}{4R_L}\left[\left(\frac{R_L}{1 + \omega^2 R_L^2 C^2} + 1\right)^2 + \left(\omega L - \frac{\omega C R_L^2}{1 + \omega^2 R_L^2 C^2}\right)^2\right]\right\}$$

$$= 10\lg\left\{1 + \frac{1}{4R_L}\left[(1 - R_L)^2 + (R_L^2 C^2 + L^2 - 2LCR_L^2)\omega^2 + L^2 C^2 R_L^2 \omega^4\right]\right\} \tag{7.5}$$

式（7.5）是图 7.4 所示低通滤波器原型的插入损耗，式（7.3）是希望的最平坦响应，将式（7.3）与式（7.5）比较可以看出

$$R_L = 1 \tag{7.6}$$

$$R_L^2 C^2 + L^2 - 2LCR_L^2 = 0 \tag{7.7}$$

$$\frac{1}{4}L^2C^2R_L = 1 \tag{7.8}$$

由式（7.6）、式（7.7）和式（7.8）可以得到

$$L = C = \sqrt{2} \tag{7.9}$$

式（7.6）是二元件有最平坦响应时负载的取值，式（7.9）是二元件有最平坦响应时电感 L 和电容 C 的取值。二元件低通滤波器原型即为 $N=2$ 的二阶低通滤波器原型。

（2）N 元件低通滤波器原型

用同样的方法可以求出 N 元件低通滤波器原型的元件取值。实际滤波器 N 的取值不会太大，表 7.1 给出了 $N=1$ 至 $N=10$ 低通滤波器原型的元件取值，表中 g_0 为源阻抗，g_{N+1} 为负载阻抗。图 7.5 是与表 7.1 相对应的滤波电路，图 7.5（a）与图 7.5（b）是互为共生的电路形式，两者能给出同样的响应。

表 7.1　　　　最平坦低通滤波器原型的元件取值（$g_0=1$，$N=1\sim10$）

N	g_1	g_2	g_3	g_4	g_5	g_6	g_7	g_8	g_9	g_{10}	g_{11}
1	2.000 0	1.000 0									
2	1.414 2	1.414 2	1.000 0								
3	1.000 0	2.000 0	1.000 0	1.000 0							
4	0.765 4	1.847 8	1.847 8	0.765 4	1.000 0						
5	0.618 0	1.618 0	2.000 0	1.618 0	0.618 0	1.000 0					
6	0.517 6	1.414 2	1.931 8	1.931 8	1.414 2	0.517 6	1.000 0				
7	0.445 0	1.247 0	1.801 9	2.000 0	1.801 9	1.247 0	0.445 0	1.000 0			
8	0.390 2	1.111 1	1.662 9	1.961 5	1.961 5	1.662 9	1.111 1	0.390 2	1.000 0		
9	0.347 3	1.000 0	1.532 1	1.879 4	2.000 0	1.879 4	1.532 1	1.000 0	0.347 3	1.000 0	
10	0.312 9	0.908 0	1.414 2	1.782 0	1.975 4	1.975 4	1.782 0	1.414 2	0.908 0	0.312 9	1.000 0

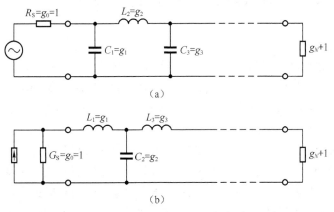

图 7.5　低通滤波器原型电路

7.2.2 切比雪夫低通滤波器原型

如果滤波器在通带内有等波纹的响应，这种滤波器称为切比雪夫滤波器，也称为等波纹滤波器。低通等波纹响应的数学表示式为

$$IL = 10\lg\left[1 + k^2 T_N^2\left(\frac{\omega}{\omega_c}\right)\right] \tag{7.10}$$

式（7.10）中，$T_N(x)$ 是切比雪夫多项式。图 7.6 示出了等波纹低通滤波器的响应。

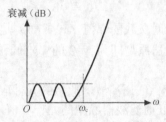

图 7.6 等波纹低通滤波器的响应

1. 切比雪夫多项式

第 N 阶切比雪夫多项式是用 $T_N(x)$ 表示的 N 次多项式。前 4 阶切比雪夫多项式为

$$\left.\begin{aligned}
T_1(x) &= x \\
T_2(x) &= 2x^2 - 1 \\
T_3(x) &= 4x^3 - 3x \\
T_4(x) &= 8x^4 - 8x^2 + 1
\end{aligned}\right\} \tag{7.11a}$$

较高阶切比雪夫多项式可以用下面的递推公式求出

$$T_N(x) = 2xT_{N-1}(x) - T_{N-2}(x) \tag{7.11b}$$

切比雪夫多项式有 2 个特点。

（1）当 $|x| \leqslant 1$ 时，$|T_N(x)| \leqslant 1$，$T_N(x)$ 在 ±1 之间振荡，这是等幅波纹起伏的特性。

（2）当 $|x| > 1$ 时，$|T_N(x)|$ 随 x 和 N 的增加而迅速增加。

2. 通带和阻带

$\omega < \omega_c$ 是低通滤波器的通带，$\omega > \omega_c$ 是低通滤波器的阻带，$\omega = \omega_c$ 是通带和阻带的分界点。在通带内响应是幅值为 $1 + k^2$ 的波纹，k^2 决定波纹高度，波纹用 dB 表示，如当 $k = 0.3493$ 波纹为 0.5dB，当 $k = 0.9976$ 波纹为 3dB。在阻带内响应随频率的升高单调上升，由式（7.10）可以看出，N 值越大，阻带内衰减随着频率增大得越快。

设计切比雪夫低通滤波器时，对波纹高度和阻带内的衰减有数值上的要求，由此可以计算出 N 值。图 7.7（a）给出了波纹为 0.5dB 切比雪夫滤波器衰减随频率变化的对应关系，图 7.7（b）给出了波纹为 3dB 切比雪夫滤波器衰减随频率变化的对应关系，由图也可以查出滤波器的阶数 N。从图 7.7 可以看出，波纹为 3dB 时阻带的衰减比波纹为 0.5dB 时阻带的衰减要陡，说明波纹幅度越大，阻带的衰减越陡。

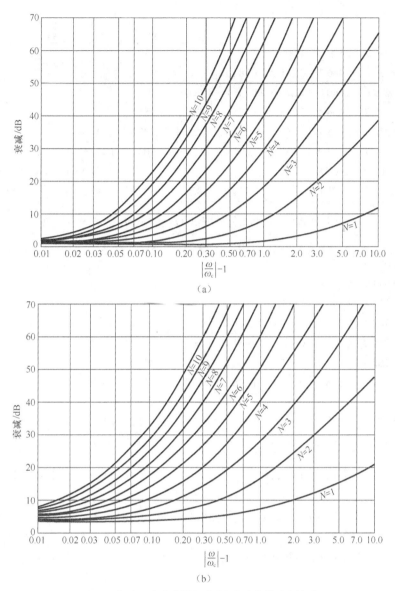

图 7.7 切比雪夫滤波器衰减随频率变化的对应关系

3. 低通滤波器原型

切比雪夫低通滤波器原型假定源阻抗为 1Ω，截止频率为 $\omega_c = 1$。切比雪夫低通滤波器原型采用与图 7.5 相同的电路，表 7.2 和表 7.3 给出了波纹为 0.5dB 及 3dB 时 $N=1$ 至 $N=10$ 电路中电感和电容的取值。

表 **7.2**   等波纹低通滤波器原型的元件取值（$g_0=1$，$N=1\sim10$，0.5dB 波纹）

N	g_1	g_2	g_3	g_4	g_5	g_6	g_7	g_8	g_9	g_{10}	g_{11}
1	0.698 6	1.000 0									
2	1.402 9	0.707 1	1.984 1								

N	g_1	g_2	g_3	g_4	g_5	g_6	g_7	g_8	g_9	g_{10}	g_{11}
3	1.596 3	1.096 7	1.596 3	1.000 0							
4	1.670 3	1.192 6	2.366 1	0.841 9	1.984 1						
5	1.705 8	1.229 6	2.540 8	1.229 6	1.705 8	1.000 0					
6	1.725 4	1.247 9	2.606 4	1.313 7	2.475 8	0.869 6	1.984 1				
7	1.737 2	1.258 3	2.638 1	1.344 4	2.638 1	1.258 3	1.737 2	1.000 0			
8	1.745 1	1.264 7	2.656 4	1.359 0	2.696 4	1.338 9	2.509 3	0.879 6	1.984 1		
9	1.750 4	1.269 0	2.667 8	1.367 3	2.723 9	1.367 3	2.667 8	1.269 0	1.750 4	1.000 0	
10	1.754 3	1.272 1	2.675 4	1.372 5	2.739 2	1.380 6	2.723 1	1.348 5	2.523 9	0.884 2	1.984 1

表 7.3   等波纹低通滤波器原型的元件取值（$g_0=1$，$N=1\sim10$，3dB 波纹）

N	g_1	g_2	g_3	g_4	g_5	g_6	g_7	g_8	g_9	g_{10}	g_{11}
1	1.995 3	1.000 0									
2	3.101 3	0.533 9	5.809 5								
3	3.348 7	0.711 7	3.348 7	1.000 0							
4	3.438 9	0.748 3	4.347 1	0.592 0	5.809 5						
5	3.481 7	0.761 8	4.538 1	0.761 8	3.481 7	1.000 0					
6	3.504 5	0.768 5	4.606 1	0.792 9	4.464 1	0.603 3	5.809 5				
7	3.518 2	0.772 3	4.638 6	0.803 9	4.638 6	0.772 3	3.518 2	1.000 0			
8	3.527 7	0.774 5	4.657 5	0.808 9	4.699 0	0.801 8	4.499 0	0.607 3	5.809 5		
9	3.534 0	0.776 0	4.669 2	0.811 8	4.727 2	0.811 8	4.669 2	0.776 0	3.534 0	1.000 0	
10	3.538 4	0.777 1	4..676 8	0.813 6	4.742 5	0.816 4	4.726 0	0.805 1	4.514 2	0.609 1	5.809 5

例 7.2   设计一个切比雪夫低通滤波器原型，带内波纹为 0.5dB，在 2 倍截止频率时衰减不小于 40dB。

解   （1）由图 7.7（a）可以查出，带内波纹为 0.5dB 时，若在 2 倍截止频率时衰减不小于 40dB，滤波器的阶数应取 $N=5$。

（2）由表 7.2 可以查出，带内波纹为 0.5dB 时，阶数为 $N=5$ 的切比雪夫低通滤波器原型的元件值为

$$g_0 = 1$$
$$g_1 = g_5 = 1.705\ 8$$
$$g_2 = g_4 = 1.229\ 6$$
$$g_3 = 2.540\ 8$$
$$g_6 = 1.000\ 0$$

其中 $g_1\sim g_5$ 为滤波器原型的元件取值，g_0 为滤波器原型的源阻抗，g_6 为滤波器原型的负载阻抗。可以选图 7.5（a）或图 7.5（b）的电路形式，两者能给出同样的响应。

7.2.3   椭圆函数低通滤波器原型

最平坦响应和等波纹响应两者在阻带内都有单调上升的衰减。在有些应用中需要设定一

个最小阻带衰减，在这种情况下能获得较好的截止陡度，这种类型的滤波器称为椭圆函数滤波器。椭圆函数滤波器在通带和阻带内都有等波纹响应，如图 7.8 所示。对于椭圆函数滤波器，这里不做进一步的讨论，相关内容可以查阅参考文献。

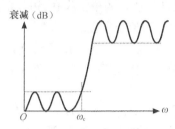

图 7.8　椭圆函数低通滤波器的响应

7.2.4　线性相位低通滤波器原型

前面 3 种滤波器都是设定振幅响应，但在有些应用中，线性的相位响应比陡峭的阻带振幅衰减响应更为关键。线性的相位响应与陡峭的阻带振幅衰减响应是不兼容的，如果要得到线性相位，相位函数必须有如下特征

$$\phi(\omega) = A\omega \left[1 + p\left(\frac{\omega}{\omega_c} \right)^{2N} \right] \tag{7.12}$$

相位的群时延 τ_d 为

$$\tau_d = \frac{\mathrm{d}\phi(\omega)}{\mathrm{d}\omega} = A \left[1 + p(2N+1)\left(\frac{\omega}{\omega_c} \right)^{2N} \right] \tag{7.13}$$

式（7.13）表明相位的群时延是最平坦函数。由于线性的相位响应与陡峭的阻带振幅衰减响应相冲突，所以线性相位滤波器在阻带内振幅衰减较平缓。

线性相位滤波器的设计较为复杂，表 7.4 直接给出了 $N=1$ 至 $N=10$ 线性相位滤波器电路中电感和电容的取值，此时假定源阻抗为 1Ω，截止频率为 $\omega_c = 1$，采用与图 7.5 相同的电路。

表 7.4　　线性相位低通滤波器原型的元件取值（$g_0=1$，$N=1\sim10$）

N	g_1	g_2	g_3	g_4	g_5	g_6	g_7	g_8	g_9	g_{10}	g_{11}
1	2.000 0	1.000 0									
2	1.577 4	0.422 6	1.000 0								
3	1.255 0	0.552 8	0.192 2	1.000 0							
4	1.059 8	0.511 6	0.318 1	0.110 4	1.000 0						
5	0.930 3	0.457 7	0.331 2	0.209 0	0.071 8	1.000 0					
6	0.837 7	0.411 6	0.315 8	0.236 4	0.148 0	0.050 5	1.000 0				
7	0.767 7	0.374 4	0.294 4	0.237 8	0.177 8	0.110 4	0.037 5	1.000 0			
8	0.712 5	0.344 6	0.273 5	0.229 7	0.186 7	0.138 7	0.085 5	0.028 9	1.000 0		
9	0.667 8	0.320 3	0.254 7	0.218 4	0.185 9	0.150 6	0.111 1	0.068 2	0.023 0	1.000 0	
10	0.630 5	0.300 2	0.238 4	0.206 6	0.180 8	0.153 9	0.124 0	0.091 1	0.055 7	0.018 7	1.000 0

7.3 滤波器的变换

7.2 节讨论的低通滤波器原型是假定源阻抗为 1Ω 和截止频率为 $\omega_c = 1$ 的归一化设计，为了得到实际的滤波器，必须对前面讨论的参数进行反归一化设计，以满足实际源阻抗和工作频率的要求。利用低通滤波器原型能够变换到任意源阻抗和任意频率的低通滤波器、高通滤波器、带通滤波器和带阻滤波器，变换包括阻抗变换和频率变换 2 个过程，本节对这 2 个变换过程进行讨论。

在下面的讨论中，省去了元件的下标，即 $L_n(n=1,\cdots,N)$ 写为 L，$C_n(n=1,\cdots,N)$ 写为 C，这样处理不失一般性，导出的规律适用于所有滤波器元件。

7.3.1 阻抗变换

在低通滤波器原型设计中，除偶数阶切比雪夫滤波器外，其余低通滤波器原型的源阻抗和负载阻抗均为 1。如果实际的源阻抗和负载阻抗不为 1，就必须对所有阻抗的表达式做比例变换，这需要用实际的源电阻乘低通滤波器原型中的阻抗值。

若源电阻为 R_S，令变换后滤波器的元件值用带撇号的符号表示，则有如下关系。

$$\left.\begin{array}{l} R'_S = 1R_S \\ L' = R_S L \\ C' = \dfrac{C}{R_S} \\ R'_L = R_S R_L \end{array}\right\} \tag{7.14}$$

式（7.14）中，1 为低通滤波器原型的源阻抗，R_S 为实际滤波器的源电阻。

7.3.2 频率变换

将归一化频率变换为实际频率，相当于变换原型中的电感和电容值。通过频率变换，不仅可以将低通滤波器原型变换为低通滤波器，而且可以将低通滤波器原型变换为高通滤波器、带通滤波器和带阻滤波器。下面分别加以讨论。

1. 低通滤波器原型变换为低通滤波器

将低通滤波器原型的截止频率由 1 改变为 ω_c（$\omega_c \neq 1$），在低通滤波器中需要用 ω/ω_c 代替低通滤波器原型中的 ω，即

$$\frac{\omega}{\omega_c} \rightarrow \omega \tag{7.15}$$

图 7.9 示出了低通滤波器原型到低通滤波器的频率变换，图 7.9（a）为低通滤波器原型的响应，图 7.9（b）为低通滤波器的响应。为更清楚地表明衰减曲线在频域上的对称性，图 7.9 引入了负值频率。

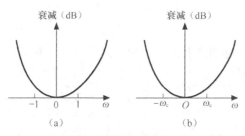

图 7.9 低通滤波器原型到低通滤波器的频率变换

将式（7.15）代入低通滤波器原型的串联阻抗 $j\omega L$ 和并联导纳 $j\omega C$ 中，可以确定低通滤波器的元件值 L' 和 C'。有如下关系。

$$\left.\begin{aligned} jX &= j\frac{\omega}{\omega_c}L = j\omega L' \\ jB &= j\frac{\omega}{\omega_c}C = j\omega C' \end{aligned}\right\} \tag{7.16}$$

于是得到

$$\left.\begin{aligned} L' &= \frac{L}{\omega_c} \\ C' &= \frac{C}{\omega_c} \end{aligned}\right\} \tag{7.17}$$

式（7.16）中，L 和 C 为低通滤波器原型的元件值，式（7.17）中，L' 和 C' 为频率变换后低通滤波器的元件值。

当频率和阻抗都变换时，低通滤波器的元件值 L' 和 C' 为

$$\left.\begin{aligned} L' &= \frac{R_S L}{\omega_c} \\ C' &= \frac{C}{R_S \omega_c} \end{aligned}\right\} \tag{7.18}$$

例 7.3　设计一个巴特沃斯低通滤波器，其截止频率为 200MHz，阻抗为 50Ω，在 300MHz 处插入损耗至少要有 15dB 的衰减。

解　首先找出在 300MHz 处满足插入损耗特性要求的巴特沃斯滤波器阶数。计算可以得到

$$\frac{\omega}{\omega_c} - 1 = 0.5$$

由图 7.3 可以看出，选 $N = 5$ 可以满足插入损耗要求。

由表 7.1 可以得到 $N = 5$ 时低通滤波器原型的元件值为

$$g_1 = 0.618$$
$$g_2 = 1.618$$
$$g_3 = 2.000$$
$$g_4 = 1.618$$

$$g_5 = 0.618$$

$$g_0 = g_6 = 1$$

利用式（7.18）可以得到实际滤波器的元件值，这里使用了图 7.5（a）所示的电路，实际滤波器的元件值为

$$C_1' = \frac{C}{R_S\omega_c} = \frac{g_1}{R_S\omega_c} = \frac{0.618}{50 \times 2\pi \times 2 \times 10^8} \approx 9.84 \text{pF}$$

$$L_2' = \frac{R_S L}{\omega_c} = \frac{R_S g_2}{\omega_c} = \frac{50 \times 1.618}{2\pi \times 2 \times 10^8} \approx 64.38 \text{nH}$$

$$C_3' = \frac{C}{R_S\omega_c} = \frac{g_3}{R_S\omega_c} = \frac{2}{50 \times 2\pi \times 2 \times 10^8} \approx 31.83 \text{pF}$$

$$L_4' = \frac{R_S L}{\omega_c} = \frac{R_S g_4}{\omega_c} = \frac{50 \times 1.618}{2\pi \times 2 \times 10^8} \approx 64.38 \text{nH}$$

$$C_5' = \frac{C}{R_S\omega_c} = \frac{g_5}{R_S\omega_c} = \frac{0.618}{50 \times 2\pi \times 2 \times 10^8} \approx 9.84 \text{pF}$$

源电阻和负载电阻为

$$R_S' = R_L' = 50\Omega$$

图 7.10 为巴特沃斯低通滤波器的电路。

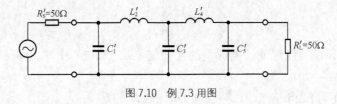

图 7.10　例 7.3 用图

2. 低通滤波器原型变换为高通滤波器

将低通滤波器原型变换为高通滤波器，在高通滤波器中需要用 $-\omega_c/\omega$ 代替低通滤波器原型中的 ω，ω_c 为高通滤波器的截止频率。即

$$-\frac{\omega_c}{\omega} \to \omega \tag{7.19}$$

式（7.19）中的负号可以实现电感转换为电容，电容转换为电感。

这种频率变换可以将低通滤波器原型的 $\omega = 0$ 变换为高通滤波器的 $\omega = \pm\infty$，截止频率发生在 $\omega = \omega_c$。图 7.11 示出了低通滤波器原型到高通滤波器的频率变换，图 7.11（a）为低通滤波器原型的响应，图 7.11（b）为高通滤波器的响应。

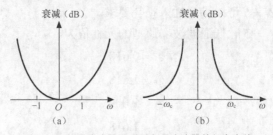

图 7.11　低通滤波器原型到高通滤波器的频率变换

将式（7.19）代入到低通滤波器原型的串联阻抗 $\mathrm{j}\omega L$ 和并联导纳 $\mathrm{j}\omega C$ 中，可以确定高通滤波器的元件值 L' 和 C'。有如下关系。

$$\left.\begin{array}{l} \mathrm{j}X = -\mathrm{j}\dfrac{\omega_\mathrm{c}}{\omega}L = \dfrac{1}{\mathrm{j}\omega C'} \\[3mm] \mathrm{j}B = -\mathrm{j}\dfrac{\omega_\mathrm{c}}{\omega}C = \dfrac{1}{\mathrm{j}\omega L'} \end{array}\right\} \tag{7.20}$$

于是得到

$$\left.\begin{array}{l} C' = \dfrac{1}{\omega_\mathrm{c}L} \\[3mm] L' = \dfrac{1}{\omega_\mathrm{c}C} \end{array}\right\} \tag{7.21}$$

式（7.20）中 L 和 C 为低通滤波器原型的元件值，式（7.21）中 L' 和 C' 为频率变换后高通滤波器的元件值。

当频率和阻抗都变换时，高通滤波器的元件值 L' 和 C' 为

$$\left.\begin{array}{l} L' = \dfrac{R_\mathrm{S}}{\omega_\mathrm{c}C} \\[3mm] C' = \dfrac{1}{R_\mathrm{S}\omega_\mathrm{c}L} \end{array}\right\} \tag{7.22}$$

3. 低通滤波器原型变换为带通和带阻滤波器

低通滤波器原型也能变换到带通和带阻响应的情形。图 7.12 示出了低通原型到带通和带阻滤波器的频率变换，图 7.12（a）为低通滤波器原型响应，图 7.12（b）为带通滤波器响应，图 7.12（c）为带阻滤波器响应。

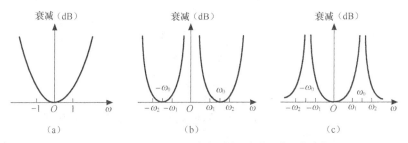

图 7.12 低通滤波器原型变换到带通和带阻的频率变换

（1）低通滤波器原型变换为带通滤波器

用 ω_1 和 ω_2 表示带通滤波器通带的边界，将低通滤波器原型变换为带通滤波器，需要用下面的频率变换关系

$$\frac{\omega_0}{\omega_2 - \omega_1}\left(\frac{\omega}{\omega_0} - \frac{\omega_0}{\omega}\right) \to \omega \tag{7.23}$$

式（7.23）中

$$\omega_0 = \sqrt{\omega_1\omega_2} \tag{7.24}$$

由式（7.23）可以得到，当 $\omega = \omega_0$ 时，

$$\frac{\omega_0}{\omega_2 - \omega_1}\left(\frac{\omega}{\omega_0} - \frac{\omega_0}{\omega}\right) = 0$$

当 $\omega = \omega_1$ 时，

$$\frac{\omega_0}{\omega_2 - \omega_1}\left(\frac{\omega}{\omega_0} - \frac{\omega_0}{\omega}\right) = -1$$

当 $\omega = \omega_2$ 时，

$$\frac{\omega_0}{\omega_2 - \omega_1}\left(\frac{\omega}{\omega_0} - \frac{\omega_0}{\omega}\right) = 1$$

满足图 7.12 所示低通到带通的频率变换。

带通滤波器的元件值利用式（7.23）中的串联阻抗和并联导纳确定。低通滤波器原型的串联电感有如下的变换关系

$$jX = j\frac{\omega_0}{\omega_2 - \omega_1}\left(\frac{\omega}{\omega_0} - \frac{\omega_0}{\omega}\right)L = j\frac{\omega L}{\omega_2 - \omega_1} - j\frac{\omega_0^2 L}{\omega(\omega_2 - \omega_1)} = j\omega L' - j\frac{1}{\omega C'}$$

由上式可以得到

$$\left.\begin{array}{l} L' = \dfrac{L}{\omega_2 - \omega_1} = \dfrac{L}{BW} \\[3mm] C' = \dfrac{\omega_2 - \omega_1}{\omega_0^2 L} = \dfrac{BW}{\omega_0^2 L} \end{array}\right\} \qquad (7.25)$$

式（7.25）表明，低通滤波器原型变换为带通滤波器，电感 L 转换为串联 $L'C'$ 电路。

同样，低通滤波器原型的并联电容有如下的变换关系

$$jB = j\frac{\omega_0}{\omega_2 - \omega_1}\left(\frac{\omega}{\omega_0} - \frac{\omega_0}{\omega}\right)C = j\frac{\omega C}{\omega_2 - \omega_1} - j\frac{\omega_0^2 C}{\omega(\omega_2 - \omega_1)} = j\omega C' - j\frac{1}{\omega L'}$$

由上式可以得到

$$\left.\begin{array}{l} L' = \dfrac{\omega_2 - \omega_1}{\omega_0^2 C} = \dfrac{BW}{\omega_0^2 C} \\[3mm] C' = \dfrac{C}{\omega_2 - \omega_1} = \dfrac{C}{BW} \end{array}\right\} \qquad (7.26)$$

式（7.26）表明，低通滤波器原型变换为带通滤波器，电容 C 转换为并联 $L'C'$ 电路。

（2）低通滤波器原型变换为带阻滤波器

低通滤波器原型变换为带阻滤波器，需要用下面的频率变换

$$\left[\frac{\omega_0}{\omega_2 - \omega_1}\left(\frac{\omega}{\omega_0} - \frac{\omega_0}{\omega}\right)\right]^{-1} \to \omega \qquad (7.27)$$

带阻滤波器的元件值利用式（7.27）中的串联阻抗和并联导纳确定。低通滤波器原型的串联电感有如下的变换关系

$$\frac{1}{jX} = j\left[\frac{\omega_0}{\omega_2 - \omega_1}\left(\frac{\omega}{\omega_0} - \frac{\omega_0}{\omega}\right)\right]\frac{1}{L} = j\omega C' - j\frac{1}{\omega L'}$$

由上式可以得到

$$L' = \frac{(\omega_2 - \omega_1)L}{\omega_0^2} = \frac{(BW)L}{\omega_0^2} \left.\right\} \tag{7.28}$$
$$C' = \frac{1}{(\omega_2 - \omega_1)L} = \frac{1}{(BW)L}$$

式（7.28）表明，低通滤波器原型变换为带阻滤波器，电感 L 转换为并联 $L'C'$ 电路。

同样可以得到，低通滤波器原型变换为带阻滤波器，电容 C 转换为串联 $L'C'$ 电路。L' 和 C' 为

$$L' = \frac{1}{(\omega_2 - \omega_1)C} = \frac{1}{(BW)C} \left.\right\} \tag{7.29}$$
$$C' = \frac{(\omega_2 - \omega_1)C}{\omega_0^2} = \frac{(BW)C}{\omega_0^2}$$

式（7.25）、式（7.26）、式（7.28）、式（7.29）从低通滤波器原型到带通滤波器和带阻滤波器的变换，只包括频率变换过程，不包括阻抗变换过程。

表 7.5 归纳了从低通滤波器原型到低通滤波器、高通滤波器、带通滤波器和带阻滤波器的变换，表中只包括频率变换过程，不包括阻抗变换过程。

表 7.5　　　　　　　　　从低通滤波器原型到低通、高通、带通和带阻滤波器的变换

低频原型	低　通	高　通	带　通	带　阻
$L = g_k$	$\dfrac{L}{\omega_c}$	$\dfrac{1}{\omega_c L}$	$\dfrac{L}{BW}$　　$\dfrac{BW}{\omega_0^2 L}$	$\dfrac{1}{(BW)L}$　　$\dfrac{(BW)L}{\omega_0^2}$
$C = g_k$	$\dfrac{C}{\omega_c}$	$\dfrac{1}{\omega_c C}$	$\dfrac{C}{BW}$　　$\dfrac{BW}{\omega_0^2 C}$	$\dfrac{1}{(BW)C}$　　$\dfrac{(BW)C}{\omega_0^2}$

例 7.4　设计一个 $N = 3$ 的切比雪夫带通滤波器，带内波纹为 0.5dB，中心频率为 1GHz，带宽 10%，阻抗为 50Ω。

解　由表 7.2 可以得到 $N = 3$、带内波纹为 0.5dB 的切比雪夫低通滤波器原型的元件值为

$$g_1 = 1.5963 = L_1$$
$$g_2 = 1.0967 = C_2$$
$$g_3 = 1.5963 = L_3$$
$$g_0 = g_4 = 1$$

利用式（7.25）和式（7.26）的频率变换及式（7.14）的阻抗变换，可以得到实际滤波器的元件值为

$$L_1' = \frac{L_1 Z_0}{BW} = \frac{1.5963 \times 50}{2\pi \times 1 \times 10^9 \times 10\%} \approx 127.030\text{nH}$$

$$C_1' = \frac{BW}{\omega_0^2 L_1 Z_0} = \frac{2\pi \times 1 \times 10^9 \times 10\%}{(2\pi \times 1 \times 10^9)^2 \times 1.596\,3 \times 50} \approx 0.199\text{pF}$$

$$L_2' = \frac{BWZ_0}{\omega_0^2 C_2} = \frac{2\pi \times 1 \times 10^9 \times 10\% \times 50}{(2\pi \times 1 \times 10^9)^2 \times 1.096\,7} \approx 0.726\text{nH}$$

$$C_2' = \frac{C_2}{BWZ_0} = \frac{1.096\,7}{2\pi \times 1 \times 10^9 \times 10\% \times 50} \approx 34.909\text{pF}$$

$$L_3' = \frac{L_3 Z_0}{BW} = \frac{1.596\,3 \times 50}{2\pi \times 1 \times 10^9 \times 10\%} \approx 127.030\text{nH}$$

$$C_3' = \frac{BW}{\omega_0^2 L_3 Z_0} = \frac{2\pi \times 1 \times 10^9 \times 10\%}{(2\pi \times 1 \times 10^9)^2 \times 1.596\,3 \times 50} \approx 0.199\text{pF}$$

源电阻和负载电阻为

$$R_S' = R_L' = 50\Omega$$

图 7.13 为切比雪夫带通滤波器的电路。

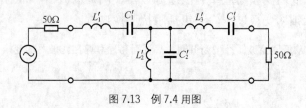

图 7.13　例 7.4 用图

7.4　短截线滤波器

前面讨论的滤波器是由集总元件电感和电容构成，当频率不高时，集总元件滤波器工作良好。但当频率高于 500MHz 时，滤波器通常由分布参数元件构成，这主要是由两个原因造成的，其一是频率高时电感和电容应选的元件值过小，由于寄生参数的影响，如此小的电感和电容已经不能再使用集总参数元件；其二是此时工作波长与滤波器元件的物理尺寸相近，滤波器元件之间的距离不可忽视，需要考虑分布参数效应。一段终端短路或终端开路的传输线称为短截线。本节讨论采用短截线方法，将集总元件滤波器变换为分布参数滤波器，其中理查德（Richards）变换用于将集总元件变换为传输线段，科洛达（Kuroda）规则可以将各滤波器元件分隔。

7.4.1　理查德变换

通过理查德变换，可以将集总元件的电感和电容用一段终端短路或终端开路的传输线等效。终端短路和终端开路传输线的输入阻抗具有纯电抗性，利用传输线的这一特性，可以实现集总元件到分布参数元件的变换。

在传输线理论中，终端短路传输线的输入阻抗为

$$Z_{\text{in}} = \text{j}Z_0 \tan \beta l = \text{j}Z_0 \tan \theta \tag{7.30}$$

式（7.30）中

$$\theta = \beta l = \frac{2\pi}{\lambda} l$$

当传输线的长度 $l = \lambda_0 / 8$ 时

$$\theta = \frac{2\pi}{\lambda} \frac{\lambda_0}{8} = \frac{\pi}{4} \frac{f}{f_0} \tag{7.31}$$

将式（7.31）代入式（7.30），可以得到

$$Z_{\text{in}} = jX_L = jZ_0 \tan\left(\frac{\pi}{4} \Omega\right) \tag{7.32}$$

式（7.32）中

$$\Omega = \frac{f}{f_0} \tag{7.33}$$

称为归一化频率。

终端短路的一段传输线可以等效为集总元件的电感，等效关系为

$$jX_L = j\omega L = jZ_0 \tan\left(\frac{\pi}{4} \Omega\right) = SZ_0 \tag{7.34}$$

式（7.34）中

$$S = j\tan\left(\frac{\pi}{4} \Omega\right) \tag{7.35}$$

式（7.35）称为理查德变换。

同样，终端开路的一段传输线可以等效为集总元件的电容。终端开路传输线的输入导纳为

$$jB_C = j\omega C = jY_0 \tan\left(\frac{\pi}{4} \Omega\right) = SY_0 \tag{7.36}$$

式（7.36）中，$S = j\tan(\pi\Omega/4)$ 为理查德变换。

前面将电感和电容用一段传输线等效时，传输线的长度选择为 $l = \lambda/8$ 长，这样的选择很恰当，因为当 $f = f_0$ 时，有

$$S = j\tan\left(\frac{\pi}{4} \frac{f}{f_0}\right) = j1 \tag{7.37}$$

这适合将集总元件低通滤波器原型转换为由传输线构成的低通滤波器，这时低通滤波器原型的电感值与终端短路传输线的归一化特性阻抗值相等，低通滤波器原型的电容值与终端开路传输线的归一化特性导纳值相等。

传输线的长度也经常选择为 $l = \lambda/4$ 长，这种选择适合将集总元件低通滤波器原型转换为由传输线构成的带阻滤波器。

7.4.2 科洛达规则

科洛达规则是利用附加的传输线段，得到在实际上更容易实现的滤波器。例如，利用科洛达规则既可以将串联短截线变换为并联短截线，又可以将短截线在物理上分开。附加的传输线段称为单位元件，下面讨论单位元件的构成和科洛达规则。

1. 单位元件

单位元件是一段传输线，当 $f = f_0$ 时，这段传输线长为 $\lambda/8$。将单位元件视为 2 端口网

络，利用式（4.25）的结论，可以得到单位元件的$[ABCD]$矩阵为

$$\begin{bmatrix} A & B \\ C & D \end{bmatrix} = \begin{bmatrix} \cos\beta l & jZ_{UE}\sin\beta l \\ \dfrac{j\sin\beta l}{Z_{UE}} & \cos\beta l \end{bmatrix} = \frac{1}{\sqrt{1-S^2}}\begin{bmatrix} 1 & Z_{UE}S \\ \dfrac{S}{Z_{UE}} & 1 \end{bmatrix} \tag{7.38}$$

式（7.38）中，Z_{UE}为单位元件的特性阻抗。

2. 科洛达规则

科洛达规则包含 4 个恒等关系，这 4 个恒等关系列于表 7.6 中，表中的电感和电容分别代表短路和开路短截线。

表 7.6 　　　　　　　　　　　　　　　4 个科洛达规则

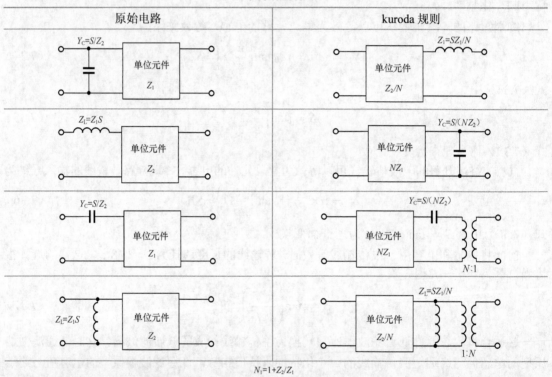

$N_1 = 1 + Z_2/Z_1$

下面证明科洛达规则第一种情况的恒等性。表 7.6 中第一行，左边原始电路是由电容和单位元件级连构成的，左边整个电路的$[ABCD]$矩阵为

$$\begin{bmatrix} A & B \\ C & D \end{bmatrix}_L = \begin{bmatrix} 1 & 0 \\ \dfrac{S}{Z_2} & 1 \end{bmatrix}\frac{1}{\sqrt{1-S^2}}\begin{bmatrix} 1 & Z_1S \\ \dfrac{S}{Z_1} & 1 \end{bmatrix}$$
$$= \frac{1}{\sqrt{1-S^2}}\begin{bmatrix} 1 & Z_1S \\ \dfrac{S}{Z_1}+\dfrac{S}{Z_2} & 1+\dfrac{S^2Z_1}{Z_2} \end{bmatrix} \tag{7.39}$$

式（7.39）中用到了式（4.22）的结论。表 7.6 中第一行，右边原始电路是由单位元件和

电感级连构成的，右边整个电路的 $[ABCD]$ 矩阵为

$$\begin{bmatrix} A & B \\ C & D \end{bmatrix}_R = \frac{1}{\sqrt{1-S^2}} \begin{bmatrix} 1 & \dfrac{Z_2 S}{N} \\ \dfrac{SN}{Z_2} & 1 \end{bmatrix} \begin{bmatrix} 1 & \dfrac{SZ_1}{N} \\ 0 & 1 \end{bmatrix}$$

$$= \frac{1}{\sqrt{1-S^2}} \begin{bmatrix} 1 & \dfrac{Z_1 S}{N} + \dfrac{Z_2 S}{N} \\ \dfrac{SN}{Z_2} & 1 + \dfrac{S^2 Z_1}{Z_2} \end{bmatrix} \tag{7.40}$$

式（7.40）中用到了式（4.21）的结论。若令 $N = 1 + Z_2 / Z_1$，式（7.39）与式（7.40）是恒等的。

表 7.6 中其余 3 个科洛达规则的恒等关系可以用相似的方法证明。

7.4.3　低通滤波器设计举例

利用理查德变换和科洛达规则，可以实现低通滤波器，下面举例说明。

例 7.5　用短截线设计微带线低通滤波器。要求截止频率为 4GHz，3 阶，带内波纹为 3dB，阻抗为 50Ω。

解　（1）由表 7.3 可以得到 $N = 3$、带内波纹为 3dB 的切比雪夫低通滤波器原型的元件值为

$$g_1 = 3.348\,7 = L_1$$
$$g_2 = 0.711\,7 = C_2$$
$$g_3 = 3.348\,7 = L_3$$

集总参数低通滤波器原型电路如图 7.14 所示。

（2）利用理查德变换，将集总元件变换成短截线。串联电感 L_1 和 L_3 变换成串联短截线，并联电容 C_2 变换成并联短截线，所有短截线在 $f = f_c = 4\text{GHz}$ 时长度都是 $\lambda / 8$，短截线的归一化特性阻抗分别为

$$Z_1 = 3.348\,7$$
$$Z_2 = \frac{1}{0.711\,7} = 1.405\,1$$
$$Z_3 = 3.348\,7$$

电感和电容变换成短截线如图 7.15 所示。

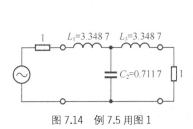

图 7.14　例 7.5 用图 1

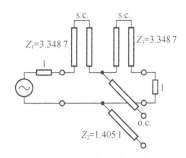

图 7.15　例 7.5 用图 2

（3）串联短截线用微带很难实现，并联短截线用微带容易实现。利用科洛达规则，将串联短截线变换为并联短截线。

首先在滤波器输入和输出端口添加2个单位元件，如图7.16（a）所示。单位元件与源和负载匹配，不会影响滤波器的特性。

然后利用科洛达规则第2种情况，将串联短截线变换为并联短截线。计算如下

$$N = 1 + \frac{1}{3.3\,48\,7} \approx 1.298\,6$$

滤波器输入端口和输出端口并联短截线的归一化特性阻抗为

$$Z_1 = Z_3 = N = 1.298\,6$$

滤波器2个单位元件的归一化特性阻抗为

$$Z_{\text{UE1}} = Z_{\text{UE2}} = 3.348\,7N \approx 4.348\,6$$

如图7.16（b）所示。

最后利用阻抗变换，用50Ω乘以图 7.16（b）中各段传输线的归一化特性阻抗，得到图7.16（c）所示的电路。

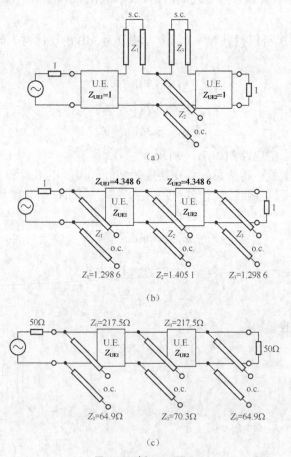

图7.16 例7.5 用图3

（4）将图7.16（c）所示的滤波器用微带线实现，如图7.17所示。

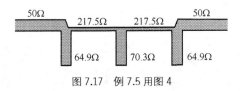

图 7.17 例 7.5 用图 4

（5）本题可以采用 ADS 仿真设计，当给定微带线的结构后，可以得到滤波器的版图，设计的详细过程参阅人民邮电出版社出版的《ADS 射频电路设计基础与典型应用》和《物联网：ADS 射频电路仿真与实例详解》。

7.4.4 带阻滤波器设计举例

在设计低通滤波器时，将集总元件转换为分布参数元件时采用了 $\lambda_0/8$ 长传输线，但这种转换方式不能用于带阻滤波器的设计。带阻滤波器对应于电路的串联和并联连接方式，在中心频率点必须有最大和最小阻抗，若采用前面定义的 $\lambda_0/8$ 理查德变换，在中心频率点 $f=f_0$ 处将遇到困难，因为此时理查德变换中的正切函数为 1 而不是最大值。

考虑到 $\lambda_0/4$ 长传输线在中心频率点 $f-f_0$ 处正切函数为无穷大，正好符合带阻滤波器的要求，带阻滤波器将集总元件转换为分布参数元件时采用了 $\lambda_0/4$ 长传输线。低通滤波器原型变换为带阻滤波器，其截止频率要变换为带阻滤波器的上边频和下边频，为此引入带宽系数 bf。

$$bf = \cot\left(\frac{\pi}{2}\frac{\omega_1}{\omega_0}\right) = \cot\left[\frac{\pi}{2}\left(1 - \frac{\omega_2 - \omega_1}{2\omega_0}\right)\right] \tag{7.41}$$

式（7.41）中采用了 $\omega_0 = (\omega_2 + \omega_1)/2$。在下边频 ω_1，采用 $\lambda_0/4$ 长传输线的理查德变换，有如下关系

$$(bf)S\big|_{\omega=\omega_1} = \cot\left(\frac{\pi}{2}\frac{\omega_1}{\omega_0}\right)\tan\left(\frac{\pi}{2}\frac{\omega_1}{\omega_0}\right) = 1$$

这相当于低通滤波器原型的截止频率 $\Omega=1$。在上边频 ω_2，采用 $\lambda_0/4$ 长传输线的理查德变换，有如下关系

$$(bf)S\big|_{\omega=\omega_2} = \cot\left(\frac{\pi}{2}\frac{\omega_1}{\omega_0}\right)\tan\left(\frac{\pi}{2}\frac{\omega_2}{\omega_0}\right) = \cot\left(\frac{\pi}{2}\frac{\omega_1}{\omega_0}\right)\tan\left[\frac{\pi}{2}\left(\frac{2\omega_0 - \omega_1}{\omega_0}\right)\right] = -1$$

这相当于低通滤波器原型的截止频率 $\Omega=-1$。

由上述讨论可以看出，采用 $\lambda_0/4$ 长传输线可以实现低通滤波器原型变换为带阻滤波器。

例 7.6 使用短截线设计微带线带阻滤波器。要求中心频率为 4GHz，带宽为 50%，3 阶，最平坦响应，阻抗为 50Ω。

解 （1）由表 7.1 可以得到 $N=3$、最平坦响应低通滤波器原型元件值为

$$g_1 = 1.0 = L_1$$
$$g_2 = 2.0 = C_2$$
$$g_3 = 1.0 = L_3$$

集总参数低通滤波器原型电路如图 7.18 所示。

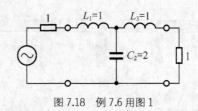

图 7.18　例 7.6 用图 1

（2）利用理查德变换，将集总元件变换成短截线。串联电感 L_1 和 L_3 变换成串联短截线，并联电容 C_2 变换成并联短截线，所有短截线在 $f_0 = 4\text{GHz}$ 时长度都是 $\lambda / 4$，短截线的归一化特性阻抗分别为

$$Z_1 = (bf)g_1 = \cot\left[\frac{\pi}{2}\left(1 - \frac{0.5}{2}\right)\right]g_1 \approx 0.414\,2$$

$$Z_2 = \frac{1}{(bf)g_2} = \frac{1}{\cot\left[\dfrac{\pi}{2}\left(1 - \dfrac{0.5}{2}\right)\right]g_2} \approx 1.207\,1$$

$$Z_3 = (bf)g_3 = \cot\left[\frac{\pi}{2}\left(1 - \frac{0.5}{2}\right)\right]g_3 \approx 0.414\,2$$

电感和电容变换成短截线如图 7.19 所示。

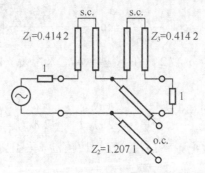

图 7.19　例 7.6 用图 2

（3）利用科洛达规则，将串联短截线变换为并联短截线。

首先在滤波器输入和输出端口添加 2 个单位元件，单位元件的长度为 $\lambda_0 / 4$，如图 7.20（a）所示。

然后利用科洛达规则第 2 种情况，将串联短截线变换为并联短截线。

$$N = 1 + 1 / 0.414\,2 \approx 3.414\,2$$

滤波器输入端口和输出端口并联短截线的归一化特性阻抗为

$$Z_1 = Z_3 = N = 3.414\,2$$

滤波器 2 个单位元件的归一化特性阻抗为

$$Z_{UE1} = Z_{UE2} = 0.414\,2N \approx 1.414\,2$$

如图 7.20（b）所示，图中 3 个并联短截线及 2 个单位元件的长度都为 $\lambda_0 / 4$。

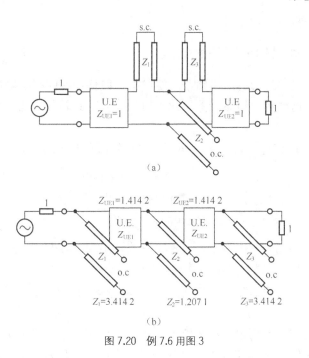

图 7.20 例 7.6 用图 3

（4）利用阻抗变换，用 50Ω 乘以图 7.20（b）中各传输线的归一化特性阻抗，该滤波器的微带线实现如图 7.21 所示。

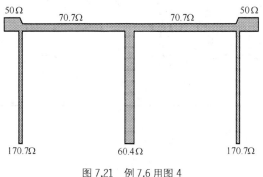

图 7.21 例 7.6 用图 4

（5）本题可以采用 ADS 仿真设计，当给定微带线的结构后，可以得到滤波器的版图，设计的详细过程参阅人民邮电出版社出版的《ADS 射频电路设计基础与典型应用》和《物联网：ADS 射频电路仿真与实例详解》。

7.5 阶梯阻抗低通滤波器

前面利用理查德（Richards）变换和科洛达（Kuroda）规则，用短截线实现了分布参数滤波器。实际上分布参数滤波器的种类很多，本节讨论的阶梯阻抗低通滤波器也是采用分布参数构成的。

阶梯阻抗低通滤波器是一种结构简洁的电路，其由具有很高和很低特性阻抗的传输线段交替排列而成，结构紧凑，便于设计和实现。

7.5.1 短传输线段的近似等效电路

为得到短传输线段的近似等效电路，需要讨论一段传输线的网络参量和集总元件 T 形网络的网络参量，通过这 2 种网络参量的对比，可以得到短传输线段与集总元件电感和电容的等效关系。

由式（4.25），一段特性阻抗为 Z_0、长度为 l 传输线的 $[ABCD]$ 矩阵为

$$\begin{bmatrix} A & B \\ C & D \end{bmatrix} = \begin{bmatrix} \cos \beta l & jZ_0 \sin \beta l \\ jY_0 \sin \beta l & \cos \beta l \end{bmatrix}$$

由上式再利用表 4.1，可以得到一段传输线的 $[Z]$ 矩阵为

$$\begin{bmatrix} Z_{11} & Z_{12} \\ Z_{21} & Z_{22} \end{bmatrix} = \begin{bmatrix} -jZ_0 \cot \beta l & -jZ_0 \csc \beta l \\ -jZ_0 \csc \beta l & -jZ_0 \cot \beta l \end{bmatrix} \tag{7.42}$$

下面考虑集总元件 T 形网络。利用式（4.5）的结论，可以得到集总元件 T 形网络的 $[Z]$ 矩阵为

现在集总元件 T 形网络采用图 7.22（a）所示的结构，式（7.43）中 $Z_1 = Z_2 = jX/2$，$Z_3 = 1/(jB)$。集总元件 T 形网络的串联元件是 $Z_{11} - Z_{12}$，也即 $Z_{11} - Z_{12} = jX/2$。集总元件 T 形网络的并联元件是 Z_{12}，也即 $Z_{12} = 1/(jB)$。

$$\begin{bmatrix} Z_{11} & Z_{12} \\ Z_{21} & Z_{22} \end{bmatrix} = \begin{bmatrix} Z_1 + Z_3 & Z_3 \\ Z_3 & Z_2 + Z_3 \end{bmatrix} \tag{7.43}$$

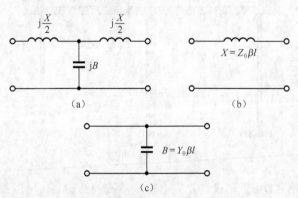

图 7.22 T 形网络与一段传输线的等效

令 T 形网络与一段传输线等效，可以得到

$$j\frac{X}{2} = Z_{11} - Z_{12} = -jZ_0 \cot \beta l - (-jZ_0 \csc \beta l) = jZ_0 \tan\left(\frac{\beta l}{2}\right) \tag{7.44}$$

$$\frac{1}{jB} = Z_{12} = -jZ_0 \csc \beta l \tag{7.45}$$

式（7.45）可以改写为

$$B = \frac{1}{Z_0} \sin \beta l \tag{7.46}$$

若假定传输线有大的特性阻抗和短的长度（$\beta l < \pi / 4$），式（7.44）和式（7.46）可以近似为

$$\left.\begin{array}{l} X \approx Z_0 \beta l \\ B \approx 0 \end{array}\right\} \tag{7.47}$$

这对应图 7.22（b）所示的串联电感。若假定传输线有小的特性阻抗和短的长度（$\beta l < \pi / 4$），式（7.44）和式（7.46）可以近似为

$$\left.\begin{array}{l} X \approx 0 \\ B \approx Y_0 \beta l \end{array}\right\} \tag{7.48}$$

这对应图 7.22（c）所示的并联电容。

7.5.2 滤波器设计举例

从前面的讨论可以知道，一段特性阻抗很高的传输线可以等效为串联电感，而且传输线的特性阻抗越高所需的传输线长度越短；一段特性阻抗很低的传输线可以等效为并联电容，而且传输线的特性阻抗越低所需的传输线长度也越短。正是因为上面的原因，等效为电感的传输线通常选实际能做到的特性阻抗的最大值，等效为电容的传输线通常选实际能做到的特性阻抗的最小值。

设传输线能做到的特性阻抗的最大值和最小值分别为 Z_h 和 Z_l，等效为串联电感和并联电容所需传输线的长度为

$$\left.\begin{array}{l} \beta l = \dfrac{L R_S}{Z_h} \\[2mm] \beta l = \dfrac{C Z_l}{R_S} \end{array}\right\} \tag{7.49}$$

式（7.49）中，L 和 C 是低通滤波器原型的元件值，R_S 是滤波器阻抗。

例 7.7 设计微带线阶梯阻抗低通滤波器，要求截止频率为 3GHz，通带内波纹为 0.5dB，在 6GHz 处具有不小于 40dB 的衰减，阻抗为 50Ω。设微带线厚度 1mm，介质的相对介电常数 $\varepsilon_r = 2.7$，能做到的微带线特性阻抗最大值 $Z_h = 120Ω$，特性阻抗最小值 $Z_l = 15Ω$。

解 （1）图 7.7（a）给出了波纹为 0.5dB 切比雪夫滤波器衰减随频率的对应关系，由图可以查出滤波器的阶数 N=5。由表 7.2 可以得到 N=5、0.5dB 切比雪夫低通滤波器原型元件值为

$$g_1 = 1.705\,8 = C_1$$
$$g_2 = 1.229\,6 = L_2$$
$$g_3 = 2.540\,8 = C_3$$
$$g_4 = 1.229\,6 = L_4$$
$$g_5 = 1.705\,8 = C_5$$

集总参数低通滤波器原型电路如图 7.23（a）所示。

（2）利用式（7.49），计算可以得到

$$\beta l_1 = \frac{1.705\,8 \times 15}{50} \times \frac{180}{\pi} \approx 29.3°$$

$$\beta l_2 = \frac{1.229\,6 \times 50}{120} \times \frac{180}{\pi} \approx 29.4°$$

$$\beta l_3 = \frac{2.540\,8 \times 15}{50} \times \frac{180}{\pi} \approx 43.7°$$

$$\beta l_4 = \frac{1.229\,6 \times 50}{120} \times \frac{180}{\pi} \approx 29.4°$$

$$\beta l_5 = \frac{1.705\,8 \times 15}{50} \times \frac{180}{\pi} \approx 29.3°$$

（3）由式（2.88）和式（2.90），计算可以得到：

① 特性阻抗为50Ω时，微带线宽度$W \approx 2.70\text{mm}$。

② 特性阻抗为$Z_h = 120\Omega$时，微带线宽度$W = 0.47\text{mm}$，有效相对介电常数$\varepsilon_{re} = 2.02$，波长$\lambda = c/(f\sqrt{\varepsilon_{re}}) \approx 70.4\text{mm}$，所以$l_2 = l_4 = 70.4 \times (29.4°/360°) \approx 5.7\text{mm}$。

③ 特性阻抗为$Z_l = 15\Omega$时，微带线宽度$W \approx 12.87\text{mm}$，有效相对介电常数$\varepsilon_{re} = 2.46$，波长$\lambda = c/(f\sqrt{\varepsilon_{re}}) \approx 63.8\text{mm}$，$l_1 = l_5 = 63.8 \times (29.3°/360°) \approx 5.2\text{mm}$，$l_3 \approx 7.7\text{mm}$。

将上述结果总结在表7.7中。

表7.7 例7.7 计算数据

节	元 件	Z_h 或 Z_l	βl	W	l
1	并联电容	15Ω	29.3°	12.87mm	5.2mm
2	串联电感	120Ω	29.4°	0.47mm	5.7mm
3	并联电容	15Ω	43.7°	12.87mm	7.7mm
4	串联电感	120Ω	29.4°	0.47mm	5.7mm
5	并联电容	15Ω	29.3°	12.87mm	5.2mm

微带线阶梯阻抗低通滤波器电路如图7.23（b）所示。

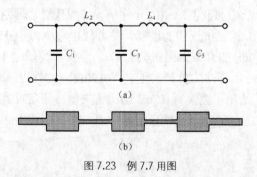

（a）

（b）

图7.23 例7.7 用图

（4）本题可以采用ADS仿真设计，当给定微带线的结构后，可以得到滤波器的板图，设计的详细过程参阅人民邮电出版社出版的《ADS射频电路设计基础与典型应用》和《物联网：ADS射频电路仿真与实例详解》。

7.6 平行耦合微带线滤波器

本节介绍由平行耦合微带传输线构成的滤波器。当2个无屏蔽的传输线紧靠在一起时，由于传输线之间电磁场的相互作用，在传输线之间会有功率耦合，这种传输线称为耦合传输线。平行耦合微带传输线通常由靠得很近的三个导体构成，如图7.24所示，这种结构介质厚

度为 d ，介质相对介电常数为 ε_r ，在介质的下面为公共导体接地板，在介质的上面为 2 个宽度为 W 、相距为 S 的中心导体带。

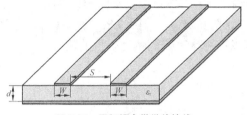

图 7.24 平行耦合微带传输线

平行耦合微带传输线可以构建多种类型的滤波器，这些滤波器的带宽通常不超过 20%。本节首先介绍耦合微带线奇偶模的概念；然后讨论单个四分之一波长耦合线段的滤波特性；最后讨论带通耦合微带线滤波器。用平行耦合微带传输线构成的其他类型滤波器可以查阅相关文献。

7.6.1 奇模和偶模

1. 激励的定义

平行耦合微带传输线为四端口网络，设各端口的总电压为 V_1 、 V_2 、 V_3 、 V_4 ，各端口的总电流为 I_1 、 I_2 、 I_3 、 I_4 ，如图 7.25（a）所示。可以将平行耦合微带传输线视为偶模激励和奇模激励的叠加，如图 7.25（b）所示，电流 i_1 和 i_3 驱动该线的偶模，电流 i_2 和 i_4 驱动该线的奇模，电流 I_1 、 I_2 、 I_3 、 I_4 与 i_1 、 i_2 、 i_3 、 i_4 的关系为

$$\left.\begin{array}{l} I_1 = i_1 + i_2 \\ I_2 = i_1 - i_2 \\ I_3 = i_3 - i_4 \\ I_4 = i_3 + i_4 \end{array}\right\} \tag{7.50}$$

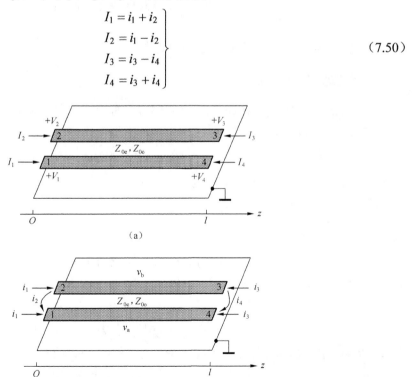

图 7.25 平行耦合微带线激励的定义

2．偶模和奇模的特性阻抗

对于平行耦合微带传输线，偶模和奇模有不同的特性阻抗，图7.26给出了 $\varepsilon_r = 10$ 时偶模的特性阻抗 Z_{0e} 和奇模的特性阻抗 Z_{0o}。从图 7.26 可以看出，奇偶模的特性阻抗与微带线的尺寸 W、S、d 有关，可以通过查表得到特性阻抗的数值。

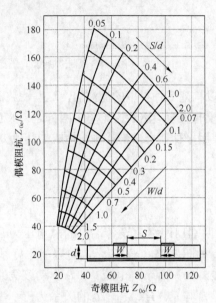

图 7.26 平行耦合微带线奇偶模的特性阻抗

7.6.2 平行耦合微带线的滤波特性

1．偶模驱动时的情形

首先考虑用电流 i_1 在偶模下驱动平行耦合微带线。假定其他端口开路，在端口 1 或端口 2 可以看到输入阻抗为

$$Z_{in}^e = -jZ_{0e} \cot \beta l \tag{7.51}$$

在两中心导体带上的电压可以表示为

$$v_a^1(z) = v_b^1(z) = V_e^+ \left[e^{j\beta(l-z)} + e^{-j\beta(l-z)} \right] = 2V_e^+ \cos \beta(l-z) \tag{7.52}$$

由式（7.52）可以得到

$$v_a^1(0) = v_b^1(0) = 2V_e^+ \cos \beta l = i_1 Z_{in}^e \tag{7.53}$$

将式（7.51）与式（7.53）对比，可以得到

$$V_e^+ = \frac{i_1 Z_{in}^e}{2 \cos \beta l} = -j \frac{Z_{0e} \cot \beta l}{2 \cos \beta l} i_1 \tag{7.54}$$

将式（7.54）代入式（7.52），两中心导体带上的电压可以改写为

$$v_a^1(z) = v_b^1(z) = -j \frac{Z_{0e} \cos \beta(l-z)}{\sin \beta l} i_1 \tag{7.55}$$

同样，用电流 i_3 驱动的线上偶模电压为

$$v_a^3(z) = v_b^3(z) = -j\frac{Z_{0e} \cos \beta z}{\sin \beta l} i_3 \tag{7.56}$$

2. 奇模驱动时的情形

下面考虑奇模驱动时的情形。用电流 i_2 在奇模下驱动，此时假定其他端口开路。在端口 1 或端口 2 可以看到输入阻抗为

$$Z_{in}^o = -jZ_{0o} \cot \beta l \tag{7.57}$$

在两中心导体带上的电压可以表示为

$$v_a^2(z) = -v_b^2(z) = V_o^+ \left[e^{j\beta(l-z)} + e^{-j\beta(l-z)} \right] = 2V_o^+ \cos \beta(l-z) \tag{7.58}$$

由式（7.58）可以得到

$$v_a^2(0) = -v_b^2(0) = 2V_o^+ \cos \beta l = i_2 Z_{in}^o \tag{7.59}$$

将式（7.57）与式（7.59）对比，可以得到

$$V_o^+ = \frac{i_2 Z_{in}^o}{2 \cos \beta l} = -j\frac{Z_{0o} \cot \beta l}{2 \cos \beta l} i_2 \tag{7.60}$$

将式（7.60）代入到式（7.58），两中心导体带上的电压可以改写为

$$v_a^2(z) = -v_b^2(z) = -j\frac{Z_{0o} \cos \beta(l-z)}{\sin \beta l} i_2 \tag{7.61}$$

同样，用电流 i_4 驱动的线上奇模电压为

$$v_a^4(z) = -v_b^4(z) = -j\frac{Z_{0o} \cos \beta z}{\sin \beta l} i_4 \tag{7.62}$$

3. 平行耦合微带线的滤波特性

通过上面的讨论，可以得到端口 1 的总电压为

$$\begin{aligned} V_1 &= v_a^1(0) + v_a^2(0) + v_a^3(0) + v_a^4(0) \\ &= -j(Z_{0e}i_1 + Z_{0o}i_2) \cot \beta l - j(Z_{0e}i_3 + Z_{0o}i_4) \csc \beta l \end{aligned} \tag{7.63}$$

式（7.63）中

$$i_1 = \frac{1}{2}(I_1 + I_2)$$

$$i_2 = \frac{1}{2}(I_1 - I_2)$$

$$i_3 = \frac{1}{2}(I_3 + I_4)$$

$$i_4 = \frac{1}{2}(I_4 - I_3)$$

于是式（7.63）成为

$$V_1 = -\frac{j}{2}(Z_{0e}I_1 + Z_{0e}I_2 + Z_{0o}I_1 - Z_{0o}I_2)\cot\beta l$$
$$-\frac{j}{2}(Z_{0e}I_3 + Z_{0e}I_4 + Z_{0o}I_4 - Z_{0o}I_3)\csc\beta l \tag{7.64}$$

由式（7.64）可以得到耦合微带线开路阻抗矩阵的 Z_{11}、Z_{12}、Z_{13}、Z_{14}。同样可以求得耦合微带线其他开路阻抗矩阵元，所有结果如下

$$\left.\begin{array}{l} Z_{11} = Z_{22} = Z_{33} = Z_{44} = -\dfrac{j}{2}(Z_{0e} + Z_{0o})\cot\beta l \\[2mm] Z_{12} = Z_{21} = Z_{34} = Z_{43} = -\dfrac{j}{2}(Z_{0e} - Z_{0o})\cot\beta l \\[2mm] Z_{13} = Z_{31} = Z_{24} = Z_{42} = -\dfrac{j}{2}(Z_{0e} - Z_{0o})\csc\beta l \\[2mm] Z_{14} = Z_{41} = Z_{23} = Z_{32} = -\dfrac{j}{2}(Z_{0e} + Z_{0o})\csc\beta l \end{array}\right\} \tag{7.65}$$

耦合微带线开路制作比较容易，假设 $I_2 = I_4 = 0$，四端口阻抗矩阵简化为

$$\left.\begin{array}{l} V_1 = Z_{11}I_1 + Z_{13}I_3 \\ V_3 = Z_{31}I_1 + Z_{33}I_3 \end{array}\right\} \tag{7.66}$$

与式（7.66）对应的耦合微带线结构如图 7.27 所示。当端口 3 接负载 Z_{i3} 时，端口 1 的输入阻抗为

$$Z_{i1} = \frac{V_1}{I_1} = \frac{AZ_{i3} + B}{CZ_{i3} + D}$$

当端口 1 接负载 Z_{i1} 时，端口 3 的输入阻抗为

$$Z_{i3} = -\frac{V_3}{I_3} = \frac{DZ_{i1} + B}{CZ_{i1} + A}$$

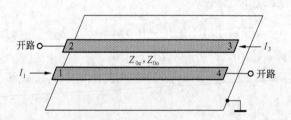

图 7.27　有带通响应的耦合微带线结构

当图 7.27 所示的结构级联时，需要使每个单元的 2 个端口都与下一个匹配，也即要求 $Z_{i1} = Z_{i3}$，由于网络是对称的，可以得到

$$A = D$$
$$Z_{i1} = Z_{i3} = \sqrt{\frac{B}{C}} \tag{7.67}$$

利用表 4.1 将式（7.67）中 $[ABCD]$ 矩阵的参量转换为 $[Z]$ 矩阵的参量，可以得到

$$Z_{i1} = \frac{1}{2}\sqrt{(Z_{0e} - Z_{0o})^2 \csc^2 \beta l - (Z_{0e} + Z_{0o})^2 \cot^2 \beta l} \qquad (7.68)$$

式（7.68）表明，当 $\beta l \to 0$ 或 $\beta l \to \pi$，$Z_{i1} \to \pm j\infty$，表明是阻带。若取 $\beta l = \pi/2$ 即 $l = \lambda/4$，式（7.68）成为

$$Z_{i1} = \frac{1}{2}(Z_{0e} - Z_{0o}) \qquad (7.69)$$

因为 $Z_{0e} > Z_{0o}$，这是一个正实数。在 $0 \leqslant \beta l \leqslant 2\pi$ 区间，以 βl 为自变量，可以得到 $\mathrm{Re}(Z_{i1})$ 的函数响应，如图 7.28 所示，图中 $\theta = \beta l$。由图 7.28 可以看出，当耦合微带线 $\theta = \beta l = \pi/2$ 即 $l = \lambda/4$ 时，可以得到带通滤波的特性。

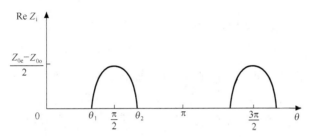

图 7.28　有带通响应的耦合微带线输入阻抗实部

由式（7.68）还可以看到，以 βl 为自变量的阻抗响应有周期性，应避免使用较高的工作频率，以避开更高频段寄生通带响应产生。

7.6.3　带通滤波器设计举例

前面讨论的 $\lambda/4$ 长耦合微带线单元虽然具有滤波特性，但其不能提供陡峭的通带到阻带过渡。如果将多个耦合微带线单元级联，级连后的网络可以具有良好的滤波特性。

图 7.29 所示为多节耦合微带线构成的带通滤波器，设计这种带通滤波器需要大量的计算，计算过程参阅相关文献。下面给出设计的步骤。

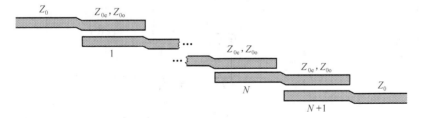

图 7.29　多节耦合微带线带通滤波器

（1）根据需要的衰减或波纹，选择巴特沃斯或切比雪夫低通滤波器原型参数。设计时先从图 7.3 或图 7.7 中确定滤波器的阶数 N，然后从表 7.1、表 7.2 或表 7.2 中选取低通滤波器原型的 g_1、g_2、$\cdots$、g_N、g_{N+1}。

（2）确定上、下边频和归一化带宽。下边频 ω_1、上边频 ω_2 与中心频率 ω_0 之间的关系为 $\omega_0 = (\omega_1 + \omega_2)/2$，归一化带宽为

$$\Delta = \frac{\omega_2 - \omega_1}{\omega_0} \qquad (7.70)$$

（3）计算耦合微带线各节偶模和奇模的特性阻抗。

$$
\left.\begin{aligned}
J_1 &= \frac{1}{Z_0}\sqrt{\frac{\pi\Delta}{2g_0g_1}} \\
J_i &= \frac{1}{Z_0}\frac{\pi\Delta}{2\sqrt{g_{i-1}g_i}} \quad i = 2,3,\cdots,N \\
J_{N+1} &= \frac{1}{Z_0}\sqrt{\frac{\pi\Delta}{2g_Ng_{N+1}}} \\
Z_{0e}\big|_i &= Z_0\left[1 + Z_0J_i + (Z_0J_i)^2\right] \\
Z_{0o}\big|_i &= Z_0\left[1 - Z_0J_i + (Z_0J_i)^2\right]
\end{aligned}\right\}
\tag{7.71}
$$

（4）确定微带线的实际尺寸。根据奇偶模的特性阻抗，由图 7.26 可以确定微带线的尺寸关系，当 PCB 板的 d 和 ε_r 给定后，可以确定 W 和 S 的实际尺寸。

例 7.8 设计平行耦合微带线带通滤波器。要求 3 阶，带内波纹为 0.5dB，中心频率为 2GHz，带宽为 10%，阻抗为 50Ω。

解 （1）计算低通滤波器原型参数。由表 7.2 可以得到 $N=3$、带内波纹为 0.5dB 的切比雪夫低通滤波器原型参数为

$$g_1 = 1.596\,3$$
$$g_2 = 1.096\,7$$
$$g_3 = 1.596\,3$$

（2）计算每节奇偶模的特性阻抗。滤波器需要 4 节耦合微带线级连，计算可以得到每节奇偶模的特性阻抗。利用式（7.71）计算可以得到

$$Z_0J_1 = \sqrt{\frac{0.1\pi}{2\times1\times1.596\,3}} \approx 0.313\,7$$

$$Z_0J_2 = \frac{0.1\pi}{2\sqrt{1.596\,3\times1.096\,7}} \approx 0.118\,7$$

$$Z_0J_3 = \frac{0.1\pi}{2\sqrt{1.096\,7\times1.596\,3}} \approx 0.118\,7$$

$$Z_0J_4 = \sqrt{\frac{0.1\pi}{2\times1.596\,3\times1}} \approx 0.313\,7$$

每节奇偶模的特性阻抗为

$$Z_{0e}\big|_1 \approx 70.6\Omega\,, \quad Z_{0o}\big|_1 \approx 39.2\Omega$$
$$Z_{0e}\big|_2 \approx 56.6\Omega\,, \quad Z_{0o}\big|_2 \approx 44.8\Omega$$
$$Z_{0e}\big|_3 \approx 56.6\Omega\,, \quad Z_{0o}\big|_3 \approx 44.8\Omega$$
$$Z_{0e}\big|_4 \approx 70.6\Omega\,, \quad Z_{0o}\big|_4 \approx 39.2\Omega$$

（3）本题可以采用 ADS 仿真设计，当给定平行耦合微带线的结构后，可以得到滤波器的版图，设计的详细过程参阅人民邮电出版社出版的《ADS 射频电路设计基础与典型应用》和《物联网：ADS 射频电路仿真与实例详解》。

本章小结

滤波器是一个二端口网络，可以精确地实现预定的频率特性。滤波器有低通滤波器、高通滤波器、带通滤波器和带阻滤波器 4 种基本类型。理想滤波器的输出在通带内与它的输入相同，在阻带内为 0；理想滤波器是不存在的，实际滤波器的输出在通带内允许信号以很小的衰减通过，在阻带内的衰减将急剧增大。

低通滤波器原型是设计滤波器的基础，低通滤波器原型是假定源阻抗为 1Ω 和截止频率为 $\omega_c = 1$ 的归一化设计，实际滤波器可以根据低通滤波器原型变换而来。用插入损耗作为考察滤波器的指标，插入损耗 $IL = 10\lg\dfrac{1}{1-\left|\Gamma_{in}(\omega)\right|^2}$。插入损耗可以选特定的函数，随所需的响应而定，常用的有通带内最平坦、通带内有等幅波纹起伏、通带和阻带内都有等幅波纹起伏、通带内有线性相位 4 种情形，对应这 4 种响应的滤波器称为巴特沃斯滤波器、切比雪夫滤波器、椭圆函数滤波器和线性相位滤波器。低通滤波器原型可以由 N 个电感和电容元件构成，N 是滤波器的阶数，N 值越大，阻带内衰减随着频率增大得越快。

低通滤波器原型能够变换到任意源阻抗和任意频率的低通滤波器、高通滤波器、带通滤波器和带阻滤波器，变换包括阻抗变换和频率变换两个过程。阻抗变换就是用实际的源电阻 R_S 乘低通滤波器原型中的元件值 L 或 C，令变换后实际滤波器的元件值用带撇号的符号表示，阻抗变换为 $R'_S = 1R_S$、$L' = R_S L$、$C' = C/R_S$、$R'_L = R_S R_L$。频率变换不仅可以将低通滤波器原型变换为低通滤波器，而且可以将低通滤波器原型变换为高通、带通和带阻滤波器，其中，将低通滤波器原型变换为低通滤波器，频率变换为 $\dfrac{\omega}{\omega_c} \to \omega$；将低通滤波器原型变换为高通滤波器，频率变换为 $-\dfrac{\omega_c}{\omega} \to \omega$；将低通滤波器原型变换为带通滤波器，频率变换为 $\dfrac{\omega_0}{\omega_2-\omega_1}\left(\dfrac{\omega}{\omega_0}-\dfrac{\omega_0}{\omega}\right) \to \omega$；将低通滤波器原型变换为带阻滤波器，频率变换为 $\left[\dfrac{\omega_0}{\omega_2-\omega_1}\left(\dfrac{\omega}{\omega_0}-\dfrac{\omega_0}{\omega}\right)\right]^{-1} \to \omega$。低通滤波器原型电路由电感和电容构成，低通滤波器原型的电感变换到低通滤波器为电感、变换到高通滤波器为电容、变换到带通滤波器为电感与电容的串联、变换到带阻滤波器为电感与电容的并联；低通滤波器原型的电容变换到低通滤波器为电容、变换到高通滤波器为电感、变换到带通滤波器为电感与电容的并联、变换到带阻滤波器为电感与电容的串联。

当频率不高时，电感和电容构成的集总元件滤波器工作良好。但当频率高于 500MHz 时，滤波器通常由分布参数元件构成。短截线滤波器是一种分布参数滤波器，可以实现低通滤波器和带阻滤波器，该滤波器可以由集总元件滤波器变换而来，其中理查德（Richards）变换用于将集总元件变换为传输线段，科洛达（Kuroda）规则可以将各滤波器元件分隔。阶梯阻抗低通滤波器也是一种分布参数滤波器，其由具有很高和很低特性阻抗的传输线段交替排列而成，结构紧凑，便于设计和实现。平行耦合微带线也可以构成滤波器，其采用奇偶模的概念讨论，偶模和奇模有不同的特性阻抗，单个 $\lambda/4$ 长的平行耦合微带线段有滤波特性，如果将多个平行耦合微带线段的单元级连，级连后的网络可以构成带通滤波器。

思考题和练习题

7.1　滤波器是几端口网络？什么是理想低通滤波器、理想高通滤波器、理想带通滤波器和理想带阻滤波器？

7.2　什么是最平坦响应和等波纹响应？滤波器的响应是怎样用插入损耗表征的？什么是巴特沃斯滤波器和切比雪夫滤波器？

7.3　什么是低通滤波器原型的设计方法？什么是滤波器的阶数？滤波器的阶数对阻带内的衰减有什么影响？

7.4　集总参数滤波器是由什么元件构成？画出低通滤波器原型电路。

7.5　什么是滤波器的变换？滤波器的变换包括哪两个过程？

7.6　通过怎样的频率变换，可以将低通滤波器原型变换为低通滤波器、高通滤波器、带通滤波器和带阻滤波器？

7.7　低通滤波器原型的电感变换到高通滤波器、带通滤波器、带阻滤波器时，分别是什么元件？低通滤波器原型的电容变换到高通滤波器、带通滤波器、带阻滤波器时，分别是什么元件？

7.8　为什么频率较高时，滤波器不再由集总元件的电感和电容构成，而采用分布参数元件构成？通常什么频率采用分布参数滤波器？

7.9　短截线滤波器采用什么变换和规则，将集总元件滤波器变换为分布参数滤波器？

7.10　阶梯阻抗滤波器采用什么结构？有什么滤波特性？平行耦合微带线滤波器采用什么结构？有什么滤波特性？

7.11　设计一个巴特沃斯低通滤波器原型，在2倍截止频率处具有30dB以上的衰减，求滤波器的阶数和元件值。

7.12　设计一个切比雪夫低通滤波器原型，通带内3dB波纹，在1.5倍截止频率处具有20dB以上的衰减，求滤波器的阶数和元件值。

7.13　设计一个3阶巴特沃斯低通滤波器，信号源和负载的阻抗为50Ω，截止频率为300MHz，要求与信号源相连的第一个元件为电容。

7.14　设计一个5阶切比雪夫高通滤波器，通带内0.5dB波纹，截止频率为200MHz，信号源的阻抗为50Ω，要求与信号源相连的第一个元件为电感。

7.15　设计一个3阶巴特沃斯带通滤波器，中心频率为1GHz，带宽为10%，阻抗为50Ω，要求与信号源相连的元件为电感和电容的串联。考察本题的电感和电容取值，说明此频率还适合采用集总参数的滤波器吗？

7.16　证明科洛达规则第2种和第4种情况的恒等性。

7.17　科洛达规则也适用于长度为 $\lambda_0/4$ 的传输线单元。证明传输线单元 $\lambda_0/4$ 长时，第

1 种科洛达规则成立。

7.18 只用并联短截线设计一个低通 3 阶最平坦滤波器，截止频率 6GHz，阻抗为 50Ω。

7.19 设计微带线阶梯阻抗低通滤波器，要求截止频率为 3GHz，用 5 阶 0.5dB 等波纹响应，阻抗为 50Ω。设微带线厚度 0.79mm，介质的相对介电常数 $\varepsilon_r = 9.5$，能做到的微带线特性阻抗最大值 $Z_h = 100\Omega$，特性阻抗最小值 $Z_l = 18\Omega$。

7.20 设计一个 3 阶平行耦合微带线带通滤波器，阻抗为 50Ω，3dB 波纹，中心频率为 5GHz，下边频和上边频分别为 4.8GHz 和 5.2GHz。求滤波器每阶奇偶模的特性阻抗。

第 8 章 放大器的稳定性、增益和噪声

放大器完成信号放大并提供一定的功率增益，是射频通信系统的一种基本电路。在射频发射系统中，放大器负责提供足够功率的射频信号输出；在射频接收系统中，放大器负责将微弱信号放大。由于晶体管振荡器和晶体管混频器的基本单元都是射频放大电路，射频放大器也是振荡器和混频器的设计基础。

在射频放大器的设计中，需要分析的技术指标很多，其中最重要的就是稳定性、增益和噪声，本章将对上述问题的特性作系统讨论，以便下一章集中讨论各类放大器的设计。

8.1 放大器的稳定性

设计射频放大器时，必须考虑电路的稳定性，这一点与低频电路的设计方法完全不同。由于反射波的存在，射频放大器在某些工作频率或终端条件下有产生振荡的倾向，不再发挥放大器的作用，因此必须分析射频放大器的稳定性。

稳定性是指射频放大器抑制环境的变化（如信号频率、温度、源、负载等变化时），维持正常工作特性的能力。

8.1.1 稳定准则

放大器的二端口网络如图 8.1 所示，在它的输入端接有一个内阻为 Z_S 的源 $V_S \angle 0°$，在它的输出端接有负载 Z_L。图 8.1 中传输线上有反射波传输，其中源的反射系数为 Γ_S；负载的反射系数为 Γ_L；二端口网络输入端的反射系数为 Γ_{in}；二端口网络输出端的反射系数为 Γ_{out}。如果反射系数的模大于 1，传输线上反射波的振幅将比入射波的振幅大，这将导致放大器不稳定。因此，放大器稳定意味着反射系数的模小于 1，即

$$|\Gamma_S| < 1, \quad |\Gamma_L| < 1, \quad |\Gamma_{in}| < 1, \quad |\Gamma_{out}| < 1 \tag{8.1}$$

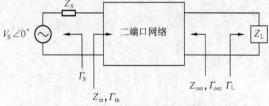

图 8.1 接源和负载的放大器二端口网络

由式（4.92）和式（4.93）可以得到

$$\Gamma_{\text{in}} = S_{11} + \frac{S_{12}S_{21}}{1 - S_{22}\Gamma_{\text{L}}} \Gamma_{\text{L}} \tag{8.2}$$

$$\Gamma_{\text{out}} = S_{22} + \frac{S_{12}S_{21}}{1 - S_{11}\Gamma_{\text{S}}} \Gamma_{\text{S}} \tag{8.3}$$

所以，对放大器稳定性有影响的是 Γ_{L}、Γ_{S} 和放大器的 $[S]$ 参量。放大器的 $[S]$ 参量与频率、温度、外加信号的大小等有关，所以放大器的稳定性也与上述参数有关；但当上述参数为特定值时，$[S]$ 参量是固定值。

由式（8.1）、式（8.2）和式（8.3），可以得到介于稳定和不稳定的临界值为

$$\left| \Gamma_{\text{in}} \right| = \left| S_{11} + \frac{S_{12}S_{21}}{1 - S_{22}\Gamma_{\text{L}}} \Gamma_{\text{L}} \right| = 1 \tag{8.4}$$

$$\left| \Gamma_{\text{out}} \right| = \left| S_{22} + \frac{S_{12}S_{21}}{1 - S_{11}\Gamma_{\text{S}}} \Gamma_{\text{S}} \right| = 1 \tag{8.5}$$

式（8.4）和式（8.5）是判定稳定临界值的方程。

对于信源 $|\Gamma_{\text{S}}| < 1$ 和负载 $|\Gamma_{\text{L}}| < 1$，有如下 2 种性质的稳定。

（1）条件稳定：只对部分而非所有的 $|\Gamma_{\text{S}}| < 1$ 和 $|\Gamma_{\text{L}}| < 1$ 有

$$\left| \Gamma_{\text{in}} \right| < 1, \quad \left| \Gamma_{\text{out}} \right| < 1$$

（2）绝对稳定：对于所有的 $|\Gamma_{\text{S}}| < 1$ 和 $|\Gamma_{\text{L}}| < 1$ 均有

$$\left| \Gamma_{\text{in}} \right| < 1, \quad \left| \Gamma_{\text{out}} \right| < 1$$

8.1.2　稳定性判别的图解法

射频放大器的稳定性可以用图解的方法进行判别。Γ_{L}、Γ_{S} 和 $[S]$ 参量对放大器的稳定性有影响，但由于 $[S]$ 参量对于特定条件（频率、温度、外加信号的大小等）是固定值，所以对稳定性有影响的就只有 Γ_{L} 和 Γ_{S}。下面在 Γ_{L} 和 Γ_{S} 的复平面上讨论稳定区域，用图解的方法给出结论。

1. 输出稳定判别圆

首先在 Γ_{L} 的复平面上讨论稳定区域。由式（8.4）有

$$\left| \Gamma_{\text{in}} \right| = \left| \frac{S_{11} - \Gamma_{\text{L}}\Delta}{1 - S_{22}\Gamma_{\text{L}}} \right| = 1 \tag{8.6}$$

式（8.6）中

$$\Delta = S_{11}S_{22} - S_{12}S_{21} \tag{8.7}$$

对式（8.6）两边平方，得到

$$\left| S_{11} - \Gamma_{\text{L}}\Delta \right|^2 = \left| 1 - S_{22}\Gamma_{\text{L}} \right|^2$$

$$\left| S_{11} \right|^2 + \left| \Gamma_{\text{L}} \right|^2 \left| \Delta \right|^2 - (\Delta\Gamma_{\text{L}}S_{11}^* + \Delta^*\Gamma_{\text{L}}^*S_{11}) = 1 + \left| S_{22} \right|^2 \left| \Gamma_{\text{L}} \right|^2 - (\Gamma_L S_{22} + \Gamma_{\text{L}}^*S_{22}^*)$$

$$(\left| S_{22} \right|^2 - \left| \Delta \right|^2)\Gamma_{\text{L}}\Gamma_{\text{L}}^* - (S_{22} - \Delta S_{11}^*)\Gamma_{\text{L}} - (S_{22}^* - \Delta^*S_{11})\Gamma_{\text{L}}^* = \left| S_{11} \right|^2 - 1$$

$$\varGamma_L\varGamma_L^* - \frac{(S_{22} - \Delta S_{11}^*)\varGamma_L + (S_{22}^* - \Delta^* S_{11})\varGamma_L^*}{|S_{22}|^2 - |\Delta|^2} = \frac{|S_{11}|^2 - 1}{|S_{22}|^2 - |\Delta|^2} \tag{8.8}$$

在式（8.8）两边加上 $|S_{22} - \Delta S_{11}^*|^2 / (|S_{22}|^2 - |\Delta|^2)^2$，使式（8.8）左边形成完全平方式，为

$$\left| \varGamma_L - \frac{(S_{22} - \Delta S_{11}^*)^*}{|S_{22}|^2 - |\Delta|^2} \right|^2 = \frac{|S_{11}|^2 - 1}{|S_{22}|^2 - |\Delta|^2} + \frac{|S_{22} - \Delta S_{11}^*|^2}{(|S_{22}|^2 - |\Delta|^2)^2}$$

将上式整理后有

$$\left| \varGamma_L - \frac{(S_{22} - \Delta S_{11}^*)^*}{|S_{22}|^2 - |\Delta|^2} \right| = \left| \frac{S_{12}S_{21}}{|S_{22}|^2 - |\Delta|^2} \right| \tag{8.9}$$

或写为

$$|\varGamma_L - C_L| = r_L \tag{8.10}$$

式（8.9）及式（8.10）是圆方程，说明放大器稳定和不稳定的边界是圆，称为输出稳定判别圆。输出稳定判别圆给出了 $\varGamma_L$ 复平面上稳定与不稳定的边界。

这里需要特别说明的是，输出稳定判别圆只是稳定与不稳定的边界，稳定区域可能是圆内，也可能是圆外，视具体情况而定。式（8.10）中，输出稳定判别圆的圆心和半径分别为

$$C_L = C_L^R + jC_L^I = \frac{(S_{22} - \Delta S_{11}^*)^*}{|S_{22}|^2 - |\Delta|^2} \tag{8.11}$$

$$r_L = \left| \frac{|S_{12}S_{21}|}{|S_{22}|^2 - |\Delta|^2} \right| \tag{8.12}$$

式（8.11）中，圆心位置由 $\varGamma_L$ 复平面上的实部 C_L^R 和虚部 C_L^I 给出，圆心距史密斯圆图中心点（$\varGamma_L = 0$）的距离为 $|C_L|$。式（8.12）中 r_L 为输出稳定判别圆的半径。

式（8.1）表明，在 $\varGamma_L$ 的复平面上稳定要求 $|\varGamma_L| < 1$，史密斯圆图也是在 $|\varGamma_L| \le 1$ 的复平面上给出的；同时，稳定还要求 $|\varGamma_{in}| < 1$，$|\varGamma_{in}| < 1$ 在 $\varGamma_L$ 复平面上的边界是式（8.10）给出的输出稳定判别圆。因此，史密斯圆图单位圆 $|\varGamma_L| = 1$ 和输出稳定判别圆共同决定了 $\varGamma_L$ 复平面上的稳定区域，只有 $\varGamma_L$ 的取值在稳定区域内时，放大器才能稳定工作。

当 $\varGamma_L = 0$ 时，由式（8.2）可以得到 $|\varGamma_{in}| = |S_{11}|$。因此，当 $|S_{11}| < 1$ 时，史密斯圆图中心点（$\varGamma_L = 0$ 点）的 $|\varGamma_{in}| = |S_{11}| < 1$，处于稳定区域；当 $|S_{11}| > 1$ 时，史密斯圆图中心点（$\varGamma_L = 0$ 点）的 $|\varGamma_{in}| = |S_{11}| > 1$，处于不稳定区域。$\varGamma_L$ 复平面上的输出稳定判别圆和史密斯圆图如图 8.2 所示。

由图 8.2 可以看出，输出稳定判别圆将 $\varGamma_L$ 复平面划分为圆内和圆外两部分，输出稳定判别圆决定了 $\varGamma_L$ 的稳定区域。下面讨论 $\varGamma_L$ 的稳定区域。

（1）若 $|S_{11}| < 1$，史密斯圆图中心点（$\varGamma_L = 0$ 点）在稳定区域内。这时分 2 种情况。

① 若输出稳定判别圆包含史密斯圆图中心点，如图 8.2（a）所示，$\varGamma_L$ 的稳定区域在输出稳定判别圆内。$\varGamma_L$ 的稳定区域是史密斯圆图单位圆内输出稳定判别圆内的区域，是图 8.2（a）中的阴影区。

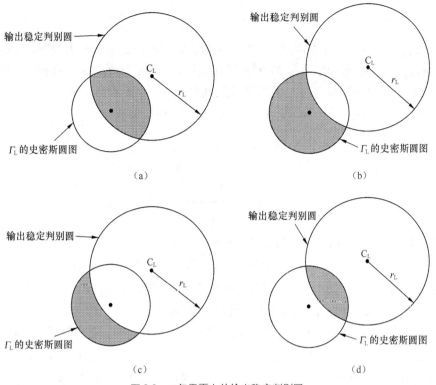

图 8.2　Γ_L 复平面上的输出稳定判别圆

② 若输出稳定判别圆不包含史密斯圆图中心点，如图 8.2（b）所示，Γ_L 的稳定区域在输出稳定判别圆外。Γ_L 的稳定区域是史密斯圆图单位圆内输出稳定判别圆外的区域，是图 8.2（b）中的阴影区。

（2）若 $|S_{11}| > 1$，史密斯圆图中心点（$\Gamma_L = 0$ 点）在稳定区域外。这时分 2 种情况。

① 若输出稳定判别圆包含史密斯圆图中心点，如图 8.2（c）所示，Γ_L 的稳定区域在输出稳定判别圆外。Γ_L 的稳定区域是史密斯圆图单位圆内输出稳定判别圆外的区域，是图 8.2（c）中的阴影区。

② 若输出稳定判别圆不包含史密斯圆图中心点，如图 8.2（d）所示，Γ_L 的稳定区域在输出稳定判别圆内。Γ_L 的稳定区域是史密斯圆图单位圆内输出稳定判别圆内的区域，是图 8.2（d）中的阴影区。

2. 输入稳定判别圆

下面在 Γ_S 的复平面上讨论稳定区域。由式（8.5）有

$$|\Gamma_{out}| = \left| \frac{S_{22} - \Gamma_S \Delta}{1 - S_{11} \Gamma_S} \right| = 1 \tag{8.13}$$

用与输出稳定判别圆相类似的推导，可以得到

$$\left| \Gamma_S - \frac{(S_{11} - \Delta S_{22}^*)^*}{|S_{11}|^2 - |\Delta|^2} \right| = \left| \frac{S_{12} S_{21}}{|S_{11}|^2 - |\Delta|^2} \right| \tag{8.14}$$

或

$$|\Gamma_S - C_S| = r_S \tag{8.15}$$

式（8.14）及式（8.15）也是圆方程，说明放大器稳定和不稳定的边界也是圆，称为输入稳定判别圆。输入稳定判别圆给出了在 Γ_S 的复平面上稳定与不稳定的边界。同样，输入稳定判别圆只是稳定与不稳定的边界，稳定区域可能是圆内，也可能是圆外，视具体情况而定。

式（8.15）中，输入稳定判别圆的圆心和半径分别为

$$C_S = \frac{(S_{11} - \Delta S_{22}^*)^*}{|S_{11}|^2 - |\Delta|^2} \tag{8.16}$$

$$r_S = \left| \frac{|S_{12}S_{21}|}{|S_{11}|^2 - |\Delta|^2} \right| \tag{8.17}$$

圆心位置由式（8.16）给出，圆半径由式（8.17）给出。

式（8.1）表明，在 Γ_S 的复平面上稳定要求 $|\Gamma_S| < 1$ 和 $|\Gamma_{out}| < 1$，$|\Gamma_S| < 1$ 在史密斯圆图单位圆内，$|\Gamma_{out}| < 1$ 的边界是式（8.15）给出的输入稳定判别圆。因此，史密斯圆图单位圆 $|\Gamma_S| = 1$ 及输入稳定判别圆共同决定了 Γ_S 复平面上的稳定区域。

当 $\Gamma_S = 0$ 时，由式（8.3）可以得到 $|\Gamma_{out}| = |S_{22}|$。当 $|S_{22}| < 1$ 时，史密斯圆图中心点（$\Gamma_S = 0$ 点）的 $|\Gamma_{out}| = |S_{22}| < 1$，处于稳定区域；当 $|S_{22}| > 1$ 时，史密斯圆图中心点（$\Gamma_S = 0$ 点）的 $|\Gamma_{out}| = |S_{22}| > 1$，处于不稳定区域。输入稳定判别圆和 Γ_S 的稳定区域如图 8.3 所示。

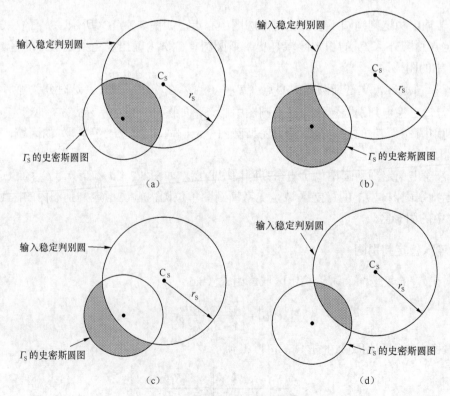

图 8.3　Γ_S 复平面上输入稳定判别圆

下面讨论 Γ_S 的稳定区域。

（1）若 $|S_{22}|<1$，史密斯圆图中心点在稳定区域内。这时分 2 种情况。

① 若输入稳定判别圆包含史密斯圆图中心点，如图 8.3（a）所示，Γ_S 的稳定区域是史密斯圆图单位圆内输入稳定判别圆内的区域，是图 8.3（a）中的阴影区。

② 若输入稳定判别圆不包含史密斯圆图中心点，如图 8.3（b）所示，Γ_S 的稳定区域是史密斯圆图单位圆内输入稳定判别圆外的区域，是图 8.3（b）中的阴影区。

（2）若 $|S_{22}|>1$，史密斯圆图中心点在稳定区域外。这时分 2 种情况。

① 若输入稳定判别圆包含史密斯圆图中心点，如图 8.3（c）所示，Γ_S 的稳定区域是史密斯圆图单位圆内输入稳定判别圆外的区域，是图 8.3（c）中的阴影区。

② 若输入稳定判别圆不包含史密斯圆图中心点，如图 8.3（d）所示，Γ_S 的稳定区域是史密斯圆图单位圆内输入稳定判别圆内的区域，是图 8.3（d）中的阴影区。

3．绝对稳定

绝对稳定是放大器稳定的一个特例，是指在频率等特定的条件下，放大器在 Γ_L 和 Γ_S 的整个史密斯圆图内都处于稳定状态。也就是说，Γ_L 和 Γ_S 选择任何 $|\Gamma_L|<1$ 和 $|\Gamma_S|<1$ 的值，放大器都绝对稳定。

若 $|S_{11}|<1$ 且 $|S_{22}|<1$，则满足下列条件之一的放大器是绝对稳定的。

（1）输出稳定判别圆包含 Γ_L 的史密斯圆图，输入稳定判别圆包含 Γ_S 的史密斯圆图，如图 8.4（a）所示。

（2）输出稳定判别圆位于 Γ_L 的史密斯圆图外，输入稳定判别圆位于 Γ_S 的史密斯圆图外，如图 8.4（b）所示。

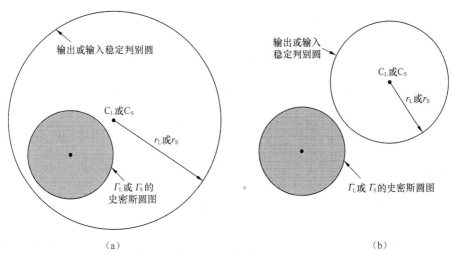

（a）　　　　　　　　　　　　　　　（b）

图 8.4　绝对稳定时稳定判别圆与史密斯圆图的相对位置

绝对稳定可以用数学方式表达为

$$\left| |C_L| - r_L \right| > 1, \quad |S_{11}| < 1 \tag{8.18}$$

$$\left| |C_S| - r_S \right| > 1, \quad |S_{22}| < 1 \tag{8.19}$$

式（8.18）和式（8.19）说明，史密斯圆图中心与稳定判别圆中心之间的距离减去稳定判别圆的半径所得到的绝对值，必须大于史密斯圆图的半径，才能达到绝对稳定。注意，史密斯圆图的半径等于1。

特别需要说明的是，若$|S_{11}| > 1$或$|S_{22}| > 1$，放大器不能绝对稳定。因为在史密斯圆图的中心处（即$\Gamma_L = 0$，$\Gamma_S = 0$），$|\Gamma_{in}| = |S_{11}| > 1$或$|\Gamma_{out}| = |S_{22}| > 1$，这点不是稳定点。

8.1.3　绝对稳定判别的解析法

上一小节给出了稳定判别的图解法，本节讨论绝对稳定判别的解析法。将式（8.16）和式（8.17）代入到式（8.19），可以得到

$$\left| \frac{\left| S_{11} - S_{22}^* \Delta \right| - \left| S_{12} S_{21} \right|}{\left| S_{11} \right|^2 - \left| \Delta \right|^2} \right| > 1 \tag{8.20}$$

将式（8.20）平方，可以得到

$$\left| S_{11} - S_{22}^* \Delta \right|^2 - 2\left| S_{11} - S_{22}^* \Delta \right|\left| S_{12} S_{21} \right| + \left| S_{12} S_{21} \right|^2 > \left| \left| S_{11} \right|^2 - \left| \Delta \right|^2 \right|^2 \tag{8.21}$$

式（8.21）中

$$\left| S_{11} - S_{22}^* \Delta \right|^2 = \left| S_{12} S_{21} \right|^2 + (1 - \left| S_{22} \right|^2)(\left| S_{11} \right|^2 - \left| \Delta \right|^2) \tag{8.22}$$

将式（8.22）代入式（8.21），有

$$2\left| S_{11} - S_{22}^* \Delta \right|\left| S_{12} S_{21} \right| < 2\left| S_{12} S_{21} \right|^2 + (1 - \left| S_{22} \right|^2)(\left| S_{11} \right|^2 - \left| \Delta \right|^2) - \left| \left| S_{11} \right|^2 - \left| \Delta \right|^2 \right|^2$$

将上式再平方，并利用式（8.22），有

$$4\left| S_{12} S_{21} \right|^2 \left[\left| S_{12} S_{21} \right|^2 + (1 - \left| S_{22} \right|^2)(\left| S_{11} \right|^2 - \left| \Delta \right|^2) \right]$$

$$< \left[2\left| S_{12} S_{21} \right|^2 + (1 - \left| S_{22} \right|^2)(\left| S_{11} \right|^2 - \left| \Delta \right|^2) - \left| \left| S_{11} \right|^2 - \left| \Delta \right|^2 \right|^2 \right]^2$$

整理后可以得到

$$(\left| S_{11} \right|^2 - \left| \Delta \right|^2)^2 \left\{ \left[(1 - \left| S_{22} \right|^2) - (\left| S_{11} \right|^2 - \left| \Delta \right|^2) \right]^2 - 4\left| S_{12} S_{21} \right|^2 \right\} > 0 \tag{8.23}$$

式（8.23）中大括号内的值大于零，整理后可以得到

$$k = \frac{1 - \left| S_{11} \right|^2 - \left| S_{22} \right|^2 + \left| \Delta \right|^2}{2\left| S_{12} \right|\left| S_{21} \right|} > 1 \tag{8.24}$$

式（8.24）中，k称为稳定性因子。式（8.24）虽然由式（8.19）推出，但对式（8.18）同样适用。

绝对稳定要求

$$k > 1, \quad \left| \Delta \right| < 1 \tag{8.25}$$

式（8.25）中的2个条件应同时成立。式（8.25）称为绝对稳定判别的解析法。

例 8.1　在 2GHz 的频率下，某砷化镓场效应管（GaAs FET）的 $[S]$ 参量为

$$S_{11} = 0.894\angle -60.6°，\quad S_{21} = 3.122\angle 123.6°$$
$$S_{12} = 0.020\angle 62.4°，\quad S_{22} = 0.781\angle -27.6°$$

用图解法和解析法判定其稳定性。

解　（1）图解法

由式（8.11）、式（8.12）、式（8.16）、式（8.17）可以得到

$$C_{\mathrm{L}} \approx 1.36\angle 46.7°，\quad r_{\mathrm{L}} \approx 0.50$$
$$C_{\mathrm{S}} \approx 1.13\angle 68.5°，\quad r_{\mathrm{S}} \approx 0.20$$

为方便，将输入、输出稳定判别圆画在同一图中，如图 8.5 所示。由图可以看出，该场效应管不是绝对稳定，存在"潜在不稳定"。由于 $|S_{11}| < 1$，$|S_{22}| < 1$，所以史密斯圆图的中心点为稳定点，稳定区域在输入、输出稳定判别圆外。

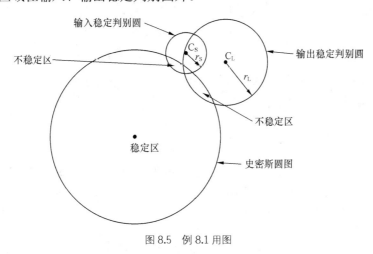

图 8.5　例 8.1 用图

（2）解析法

由式（8.7）和式（8.24）可以得到

$$k \approx 0.61，\quad |\varDelta| \approx 0.70$$

由于 $k < 1$，所以该场效应管不是绝对稳定，存在"潜在不稳定"，这与图解法的结论是一致的。

例 8.2　某晶体管的 $[S]$ 参量为

$$S_{11} = 0.7\angle -70°，\quad S_{21} = 5.5\angle 85°$$
$$S_{12} = 0.2\angle -10°，\quad S_{22} = 0.7\angle -45°$$

用图解法和解析法判定其稳定性。

解　（1）图解法

计算可以得到

$$C_{\mathrm{L}} \approx 0.21\angle 27°，\quad r_{\mathrm{L}} \approx 0.54$$
$$C_{\mathrm{S}} \approx 0.21\angle 52°，\quad r_{\mathrm{S}} \approx 0.54$$

输入、输出稳定判别圆如图 8.6 所示。由图可以看出，该晶体管不是绝对稳定，存在"潜在不稳定"。由于 $|S_{11}| < 1$，$|S_{22}| < 1$，所以史密斯圆图的中心点为稳定点，稳定区域在输入、输

出稳定判别圆内。

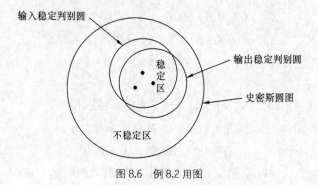

图 8.6　例 8.2 用图

（2）解析法

由式（8.7）和式（8.24）可以得到

$$k \approx 1.15 \, , \quad |\Delta| \approx 1.58$$

由于 $|\Delta| > 1$，所以该晶体管不是绝对稳定，存在"潜在不稳定"，这与图解法的结论是一致的。

由例 8.1 和例 8.2 可以看出，只满足 $k > 1$ 或 $|\Delta| < 1$，不能达到绝对稳定。由式（8.25），绝对稳定需要同时满足 $k > 1$ 与 $|\Delta| < 1$。

8.1.4　放大器稳定措施

当放大器不是绝对稳定，有时信源和负载选择的 Γ_S 和 Γ_L 会造成 $|\Gamma_{in}| > 1$ 或 $|\Gamma_{out}| > 1$，使放大器处于非稳定状态。此时应当采取措施，使放大器进入稳定状态。

$|\Gamma_{in}| > 1$ 和 $|\Gamma_{out}| > 1$ 用输入阻抗表达，为

$$\left| \Gamma_{in} \right| = \left| \frac{Z_{in} - Z_0}{Z_{in} + Z_0} \right| > 1 \text{ 和 } \left| \Gamma_{out} \right| = \left| \frac{Z_{out} - Z_0}{Z_{out} + Z_0} \right| > 1 \tag{8.26}$$

这表明非稳定状态有

$$\mathrm{Re}(Z_{in}) < 0 \tag{8.27}$$

$$\mathrm{Re}(Z_{out}) < 0 \tag{8.28}$$

在这种情况下，若能保证总输入阻抗为正，仍可确保是绝对稳定。

稳定放大器的措施就是在其不稳定的端口增加一个串联或并联的电阻，以保证总输入阻抗为正。图 8.7 所示为输入端口的稳定电路，增加了串联电阻 R'_{in} 或并联电导 G'_{in}。

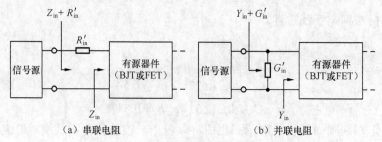

（a）串联电阻　　　　　　　　（b）并联电阻

图 8.7　串联或并联电阻稳定输入端口

同样，在输出端口增加一个串联或并联的电阻，如图 8.8 所示，若保证总输出阻抗为正，也可以保证输出端口稳定。

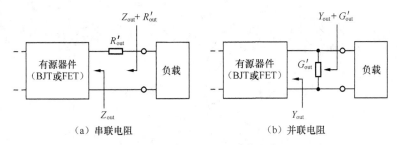

图 8.8 串联或并联电阻稳定输出端口

用增加电阻的方法实现放大器稳定，会带来一些副作用，如增益减小、噪声加大、放大器输出功率减小等。

例 8.3 一个晶体管的 $[S]$ 参量为

$$S_{11} - 0.65\angle -95°，\quad S_{21} = 5.0\angle 115°$$

$$S_{12} = 0.035\angle 40°，\quad S_{22} = 0.8\angle -35°$$

这个晶体管是否绝对稳定？如果不是，求使晶体管输入和输出端口进入稳定的外加电阻值，已知工作系统的特性阻抗 $Z_0 = 50\Omega$。

解 计算可以得到

$$k \approx 0.55$$

$$\Delta \approx 0.50\angle -110.4°$$

由于 $k < 1$，所以该晶体管不是绝对稳定，存在"潜在不稳定"。

由式（8.11）和式（8.12），可以得到输出稳定判别圆的圆心和半径

$$C_L \approx 1.3\angle 48°，\quad r_L \approx 0.45$$

由式（8.16）和式（8.17），可以得到输入稳定判别圆的圆心和半径

$$C_S \approx 1.79\angle 122°，\quad r_S \approx 1.04$$

输入、输出稳定判别圆如图 8.9 所示。由于 $|S_{11}| < 1$、$|S_{22}| < 1$，所以史密斯圆图的中心点为稳定点，不稳定区域分别在输入、输出稳定判别圆与史密斯圆图相交的部分。

在史密斯圆图上画等电阻圆，分别与输入、输出稳定判别圆相切，与输入稳定判别圆相切的等电阻圆在史密斯圆图上的归一化电阻读数为 $r_1 = 0.18$；与输出稳定判别圆相切的等电阻圆在史密斯圆图上的归一化电阻读数为 $r_3 = 0.86$。在史密斯圆图上画等电导圆，分别与输入、输出稳定判别圆相切，与输入稳定判别圆相切的等电导圆在史密斯圆图上的归一化电阻读数为 $r_2 = 1.42$；与输出稳定判别圆相切的等电导圆在史密斯圆图上的归一化电阻读数为 $r_4 = 10$。

由图 8.9 可以看出，$|\Gamma_{out}| > 1$ 的不稳定区域在史密斯圆图上的归一化电阻读数小于 r_1 值，归一化电导读数小于 $1/r_2$ 值。若采用图 8.7（a）所示的稳定措施，选 $R'_{in} \geq r_1 Z_0 = 9\Omega$，可以达到稳定；若采用图 8.7（b）所示的稳定措施，选 $G'_{in} \geq 1/(r_2 Z_0) = 0.014S$，可以达到稳定。

$|\Gamma_{in}| > 1$ 的不稳定区域在史密斯圆图上的归一化电阻读数小于 r_3 值，归一化电导读数小于

$1/r_4$ 值。若采用图 8.8（a）所示的稳定措施，选 $R'_{out} \geqslant r_3 Z_0 = 43\Omega$，可以达到稳定；若采用图 8.8（b）所示的稳定措施，选 $G'_{out} \geqslant 1/(r_4 Z_0) = 0.002\text{S}$，可以达到稳定。

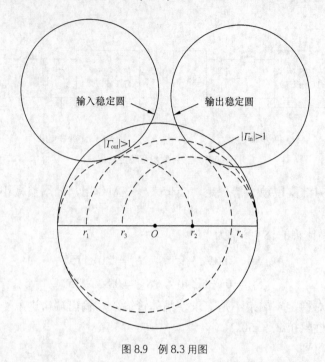

图 8.9 例 8.3 用图

由于晶体管的耦合效应，通常只需稳定一个端口，就可以使输入和输出端口都达到稳定。对于例 8.3，选用上述 4 个措施中的任何一个，都能使晶体管稳定。

由于晶体管输入端加电阻会增加输入损耗，进而转化为输出端较大的噪声指数，因此一般不在输入端加电阻，而采用在输出端加电阻达到晶体管稳定的目的。

8.2 放大器的增益

对输入信号进行放大是放大器最重要的任务，因此在放大器的设计中增益的概念很重要。在低频放大电路中，放大器的增益通常用电压放大系数表示；在射频放大电路中，放大器的增益通常用功率增益进行描述。放大器的功率增益不仅取决于晶体管的参数，还与输入输出匹配网络有关。

8.2.1 功率增益的定义和计算公式

射频放大器的功率增益有多种描述方式，常用的有转换功率增益、资用功率增益、功率增益（也称为工作功率增益）等，当 $S_{12} = 0$ 时还需讨论单向化功率增益。

1. 功率增益的定义

图 8.10 所示为两端接匹配网络的单级晶体管放大器。

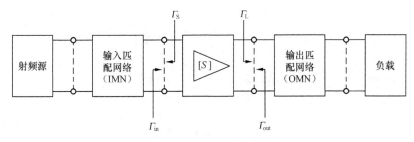

图 8.10　单级放大器的一般框图

放大器的功率增益有多种定义，它们取决于放大器的运行机制。现分别对与增益相关的不同功率给予定义。

P_{in}——晶体管输入端口的输入功率。

P_{AVS}——匹配状态下源的资用功率。它是在 $\Gamma_{in} = \Gamma_S^*$ 时 P_{in} 的特例。

P_L——负载吸收的功率。

P_{AVN}——匹配状态下晶体管的资用功率。它是在 $\Gamma_L = \Gamma_{out}^*$ 时 P_L 的特例。

基于以上不同功率的定义，可以定义以下的功率增益。

$$G_T = \frac{P_L}{P_{AVS}}$$

为转换功率增益；

$$G_A = \frac{P_{AVN}}{P_{AVS}}$$

为资用功率增益；

$$G_P = \frac{P_L}{P_{in}}$$

为工作功率增益（也称为功率增益）；

$$G_{TU} = G_T\big|_{S_{12}=0}$$

为单向化功率增益。

2．功率增益的计算公式

将 2 个匹配网络包含在源和负载中，如图 8.11（a）所示，根据图中符号的规定，利用 4.6 节讨论的信号流图概念和结论，可以得到放大器的信号流图，如图 8.11（b）所示。根据图 8.11（b）的信号流图，可以得到不同功率增益的计算公式。

（1）转换功率增益

晶体管的入射功率为

$$P_{inc} = \frac{|a_1|^2}{2} \tag{8.29}$$

晶体管输入端口的输入功率为

$$P_{in} = P_{inc}(1 - |\Gamma_{in}|^2) \tag{8.30}$$

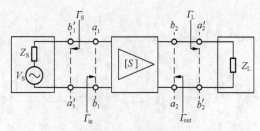

（a）简化的单级放大电路

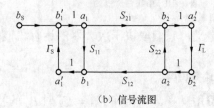

（b）信号流图

图 8.11 单级放大器及信号流图

由式（4.95），式（8.30）为

$$P_{in} = \frac{1}{2} \frac{|b_S|^2}{|1 - \Gamma_{in}\Gamma_S|^2}(1 - |\Gamma_{in}|^2) \tag{8.31}$$

式（8.31）中，Γ_{in} 和 b_S 由式（4.92）和式（4.95）给出，分别为

$$\Gamma_{in} = S_{11} + \frac{S_{12}S_{21}}{1 - S_{22}\Gamma_L}\Gamma_L$$

$$b_S = V_S \frac{\sqrt{Z_0}}{Z_S + Z_0}$$

当 $\Gamma_{in} = \Gamma_S^*$ 时，可以由式（8.31）得到源的资用功率为

$$P_{AVS} = \frac{1}{2} \frac{|b_S|^2}{1 - |\Gamma_S|^2} \tag{8.32}$$

负载吸收的功率为

$$P_L = \frac{1}{2}|b_2|^2(1 - |\Gamma_L|^2) \tag{8.33}$$

由式（4.91）和式（4.95），式（8.33）为

$$P_L = \frac{1}{2}\left|\frac{S_{21}}{1 - S_{22}\Gamma_L}\frac{b_S}{1 - \Gamma_{in}\Gamma_S}\right|^2(1 - |\Gamma_L|^2) \tag{8.34}$$

由式（8.32）和式（8.34），可以得到转换功率增益为

$$G_L = \frac{1 - |\Gamma_S|^2}{|1 - \Gamma_{in}\Gamma_S|^2}|S_{21}|^2\frac{1 - |\Gamma_L|^2}{|1 - S_{22}\Gamma_L|^2} \tag{8.35}$$

式（8.35）还可以写为

$$G_T = G_S G_0 G_L \tag{8.36}$$

式（8.36）中

$$G_S = \frac{1-|\Gamma_S|^2}{|1-\Gamma_{in}\Gamma_S|^2} \tag{8.37}$$

$$G_0 = |S_{21}|^2 \tag{8.38}$$

$$G_L = \frac{1-|\Gamma_L|^2}{|1-S_{22}\Gamma_L|^2} \tag{8.39}$$

这里可以视 G_0 为晶体管的增益，G_S 为输入匹配网络的有效增益，G_L 为输出匹配网络的有效增益。

利用式（4.92）和式（4.93），将式（8.35）中的 Γ_{in} 改为 Γ_{out}，转换功率增益还可以写为

$$G_T = \frac{1-|\Gamma_S|^2}{|1-S_{11}\Gamma_S|^2}|S_{21}|^2 \frac{1-|\Gamma_L|^2}{|1-\Gamma_{out}\Gamma_L|^2} \tag{8.40}$$

Γ_{out} 由式（4.93）给出，为

$$\Gamma_{out} = S_{22} + \frac{S_{12}S_{21}}{1-S_{11}\Gamma_S}\Gamma_S$$

（2）资用功率增益

当 $\Gamma_L = \Gamma_{out}^*$ 时，转换功率增益成为资用功率增益。由式（8.40），资用功率增益为

$$G_A = \frac{1-|\Gamma_S|^2}{|1-S_{11}\Gamma_S|^2}|S_{21}|^2 \frac{1}{1-|\Gamma_{out}|^2} \tag{8.41}$$

（3）功率增益

功率增益为

$$G_P = \frac{P_L}{P_{in}} = \frac{P_L}{P_{AVS}}\frac{P_{AVS}}{P_{in}} = G_T \frac{P_{AVS}}{P_{in}} \tag{8.42}$$

由式（8.31）、式（8.32）和式（8.35），式（8.42）为

$$G_P = \frac{1}{1-|\Gamma_{in}|^2}|S_{21}|^2 \frac{1-|\Gamma_L|^2}{|1-S_{22}\Gamma_L|^2} \tag{8.43}$$

（4）单向化功率增益

当 $S_{12} = 0$ 时，晶体管是单向性的，有如下关系

$$\Gamma_{in} = S_{11}, \quad \Gamma_{out} = S_{22}$$

单向化功率增益为

$$G_{TU} = \frac{1-|\Gamma_S|^2}{|1-S_{11}\Gamma_S|^2}|S_{21}|^2 \frac{1-|\Gamma_L|^2}{|1-S_{22}\Gamma_L|^2} \tag{8.44}$$

式（8.44）还可以写为

$$G_{TU} = G_S G_0 G_L \tag{8.45}$$

式（8.45）中

$$\left.\begin{aligned} G_S &= \frac{1-\left|\Gamma_S\right|^2}{\left|1-S_{11}\Gamma_S\right|^2} \\ G_L &= \frac{1-\left|\Gamma_L\right|^2}{\left|1-S_{22}\Gamma_L\right|^2} \end{aligned}\right\} \tag{8.46}$$

例 8.4 射频放大器在 800MHz 时的散射参量（$Z_0 = 50\Omega$）为

$$S_{11} = 0.45\angle 150°, \quad S_{21} = 2.05\angle 10°$$

$$S_{12} = 0.01\angle -10°, \quad S_{22} = 0.4\angle -150°$$

源阻抗 $Z_S = 20\Omega$，负载阻抗 $Z_L = 30\Omega$。求转换功率增益 G_T、资用功率增益 G_A 和功率增益 G_P。

解 计算可以得到

$$\Gamma_S = \frac{Z_S - Z_0}{Z_S + Z_0} \approx -0.429$$

$$\Gamma_L = \frac{Z_L - Z_0}{Z_L + Z_0} = -0.25$$

$$\begin{aligned} \Gamma_{in} &= S_{11} + \frac{S_{12}S_{21}}{1 - S_{22}\Gamma_L}\Gamma_L \\ &= 0.45\angle 150° + \frac{(0.01\angle -10°)(2.05\angle 10°)(-0.25)}{1 - (0.4\angle -150°)(-0.25)} \\ &\approx 0.395 + j0.225 \approx 0.455\angle 150.3° \end{aligned}$$

$$\begin{aligned} \Gamma_{out} &= S_{22} + \frac{S_{12}S_{21}}{1 - S_{11}\Gamma_S}\Gamma_S \\ &= 0.4\angle -150° + \frac{(0.01\angle -10°)(2.05\angle 10°)(-0.429)}{1 - (0.45\angle 150°)(-0.429)} \\ &\approx -0.357 - j0.199 \approx 0.408\angle -150.9° \end{aligned}$$

转换功率增益为

$$G_T = \frac{1-\left|\Gamma_S\right|^2}{\left|1-\Gamma_{in}\Gamma_S\right|^2}\left|S_{21}\right|^2 \frac{1-\left|\Gamma_L\right|^2}{\left|1-S_{22}\Gamma_L\right|^2} \approx 5.49$$

$$G_T = 10\lg 5.49 \approx 7.4\text{dB}$$

资用功率增益为

$$G_A = \frac{1-\left|\Gamma_S\right|^2}{\left|1-S_{11}\Gamma_S\right|^2}\left|S_{21}\right|^2 \frac{1}{1-\left|\Gamma_{out}\right|^2} \approx 5.86$$

$$G_A = 10\lg 5.86 \approx 7.7\text{dB}$$

功率增益为

$$G_P = \frac{1}{1-\left|\Gamma_{in}\right|^2}\left|S_{21}\right|^2 \frac{1-\left|\Gamma_L\right|^2}{\left|1-S_{22}\Gamma_L\right|^2} \approx 5.94$$

$$G_P = 10 \lg 5.94 \approx 7.7 \text{dB}$$

例 8.5 射频放大器的 $V_S = 5 \angle 0° \text{V}$，$Z_S = 40\Omega$，$Z_0 = 50\Omega$，$\Gamma_L = 0.187$，$S_{11} = 0.3 \angle -70°$，$S_{21} = 3.5 \angle 85°$，$S_{12} = 0.2 \angle -10°$，$S_{22} = 0.4 \angle -45°$。

求：（1）晶体管的输入功率 P_{in}，匹配状态下源的资用功率 P_{AVS}，负载吸收的功率 P_L。

（2）转换功率增益 G_T，资用功率增益 G_A，功率增益 G_P。

（3）讨论转换功率增益 G_T 与单向化功率增益 G_{TU} 在数值上的差异。

解 （1）计算可以得到

$$\Gamma_S = \frac{Z_S - Z_0}{Z_S + Z_0} \approx -0.111$$

$$\Gamma_{in} = S_{11} + \frac{S_{12}S_{21}}{1 - S_{22}\Gamma_L}\Gamma_L \approx 0.146 - j0.151$$

$$\Gamma_{out} = S_{22} + \frac{S_{12}S_{21}}{1 - S_{11}\Gamma_S}\Gamma_S \approx 0.265 - j0.358$$

由式（8.31）计算可以得到

$$P_{in} = \frac{1}{2} \frac{1}{|1 - \Gamma_{in}\Gamma_S|^2} \frac{|V_S|^2 Z_0}{(Z_S + Z_0)^2}(1 - |\Gamma_{in}|^2) \approx 71.4 \text{mW}$$

以 dBm 为单位，得到

$$P_{in} = 10 \lg[P_{in}/(1\text{mW})] \approx 18.54 \text{dBm}$$

由式（8.32）计算可以得到

$$P_{AVS} = \frac{1}{2} \frac{|b_S|^2}{1 - |\Gamma_S|^2} = \frac{|V_S|^2 Z_0}{2(1 - |\Gamma_S|^2)(Z_S + Z_0)^2} \approx 78.1 \text{mW}$$

$$P_{AVS} \approx 18.93 \text{dBm}$$

还可以由式（2.85）计算源的资用功率

$$P_{AVS} = \frac{|V_S|^2}{8R_S} \approx 78.1 \text{mW}$$

上面 2 种计算方法得到的结果相同。

由式（8.34）计算可以得到

$$P_L \approx 981.4 \text{mW}$$

$$P_L \approx 29.92 \text{dBm}$$

（2）转换功率增益为

$$G_T = \frac{1 - |\Gamma_S|^2}{|1 - \Gamma_{in}\Gamma_S|^2} |S_{21}|^2 \frac{1 - |\Gamma_L|^2}{|1 - S_{22}\Gamma_L|^2} \approx 12.56$$

$$G_T = 10 \lg 12.56 \approx 10.99 \text{dB}$$

资用功率增益为

$$G_A = \frac{1-|\Gamma_S|^2}{|1-S_{11}\Gamma_S|^2}|S_{21}|^2\frac{1}{1-|\Gamma_{out}|^2} \approx 14.74$$

$$G_A = 10\lg 14.74 \approx 11.68\text{dB}$$

功率增益为

$$G_P = \frac{1}{1-|\Gamma_{in}|^2}|S_{21}|^2\frac{1-|\Gamma_L|^2}{|1-S_{22}\Gamma_L|^2} \approx 13.74$$

$$G_P = 10\lg 13.74 \approx 11.38\text{dB}$$

由式（8.42），负载吸收的功率为源的资用功率与转换功率增益的乘积，这也可以由上面的计算结果得到验证，上面的计算结果有

$$P_L = P_{AVS} + G_T = 29.92\text{dBm}$$

（3）单向化功率增益 G_{TU}

假定 $S_{12} = 0$，单向化功率增益为

$$G_{TU} \approx 12.67$$

$$G_{TU} = 10\lg 12.67 \approx 11.03\text{dB}$$

G_{TU} 与 G_T 的值非常接近。由于单向化功率增益可以大幅度简化放大器的设计工作，所以以后还要专门讨论单向化设计。

8.2.2 最大功率增益

由式（8.36）可以看出，由于晶体管的增益 G_0 是固定的，放大器的总增益受输入匹配网络有效增益 G_S 和输出匹配网络有效增益 G_L 的控制。

由式（8.37）和式（8.39）可知，G_S 和 G_L 的值可能大于 1。由于匹配网络是无源的，这初看起来有些不可思议。产生上述反常现象的原因是，如果没有匹配网络，放大器输入和输出端口的传输功率可能不能达到最大化，相当于出现了功率损耗。G_S 和 G_L 降低了功率损耗，因而可以被视为增益。

当 G_S 和 G_L 的值达到最大化时，放大器可以有最大增益。当输入匹配网络与输出匹配网络能保证晶体管的输入端和输出端分别实现共轭匹配时，放大器可以实现最大增益。在共轭匹配的状态下，晶体管既能从源获得最大输入功率，又能输出给负载最大功率。

基于共轭匹配的概念，当

$$\Gamma_{in} = \Gamma_S^* \tag{8.47}$$

和

$$\Gamma_{out} = \Gamma_L^* \tag{8.48}$$

时，放大器有最大增益。

8.2.3 晶体管单向情况

当 $S_{12} = 0$ 时，晶体管是单向的。实际应用中，有时可以忽略晶体管自身反馈的影响，视 $S_{12} \approx 0$。当晶体管近似为单向时，可以带来设计上的诸多便利，此时

$$\Gamma_{in} = S_{11} + \frac{S_{12}S_{21}}{1-S_{22}\Gamma_L}\Gamma_L = S_{11}$$

$$\Gamma_{out} = S_{22} + \frac{S_{12}S_{21}}{1-S_{11}\Gamma_S}\Gamma_S = S_{22}$$

Γ_{in} 和 Γ_{out} 彼此独立,这意味着输入匹配网络与输出匹配网络无关,可以各自独立设计。下面在晶体管单向的前提下,讨论放大器的增益,同时给出单向化设计带来的误差。

1. 最大增益

当晶体管单向时,也可以得到放大器的最大增益。由式(8.47)和式(8.48),单向晶体管在

$$\Gamma_S = S_{11}^* \text{ 和 } \Gamma_L = S_{22}^*$$

时,可以得到最大增益。由式(8.44),单向化晶体管的最大增益为

$$G_{TU\,max} = \frac{1}{1-|S_{11}|^2}|S_{21}|^2\frac{1}{1-|S_{22}|^2} \tag{8.49}$$

式(8.49)还可以写为

$$G_{TU\,max} = G_{S\,max}G_0G_{L\,max} \tag{8.50}$$

式(8.50)中

$$\left.\begin{array}{l} G_{S\,max} = \dfrac{1}{1-|S_{11}|^2} \\[3mm] G_{L\,max} = \dfrac{1}{1-|S_{22}|^2} \end{array}\right\} \tag{8.51}$$

2. 固定增益设计和等增益圆

固定增益是指输入、输出网络的增益 G_S 和 G_L 分别达到某一期望的值,这一期望的值小于各自的最大值 $G_{S\,max}$ 和 $G_{L\,max}$。在设计时,预定的增益指标 G_S 和 G_L 有时没有达到各自的最大值,目的是兼顾放大器的其他指标或满足增益的设计指标。

由上面的讨论可以看出,G_S 和 G_L 的取值范围为

$$0 < G_S < G_{S\,max}$$
$$0 < G_L < G_{L\,max}$$

可以将 G_S 和 G_L 的贡献对它们的最大值归一化,可以得到

$$g_S = \frac{G_S}{G_{S\,max}} = \frac{1-|\Gamma_S|^2}{|1-S_{11}\Gamma_S|^2}(1-|S_{11}|^2) \tag{8.52}$$

$$g_L = \frac{G_L}{G_{L\,max}} = \frac{1-|\Gamma_L|^2}{|1-S_{22}\Gamma_L|^2}(1-|S_{22}|^2) \tag{8.53}$$

g_S 和 g_L 的取值范围为

$$0 < g_S < 1, \; 0 < g_L < 1 \tag{8.54}$$

若增益 G_S 为固定值，则 g_S 为固定值，这对 Γ_S 的取值有要求；同样，若增益 G_L 为固定值，则 g_L 为固定值，这对 Γ_L 的取值有要求。

下面在 Γ_S 复平面上找出等增益 G_S 的曲线；在 Γ_L 复平面上找出等增益 G_L 的曲线。这里首先讨论 g_S 为常数（也即等 G_S 值）的情况。由式（8.52）可以得到

$$g_S(1+|S_{11}\Gamma_S|^2 - S_{11}^*\Gamma_S^* - S_{11}\Gamma_S) = 1-|S_{11}|^2 - |\Gamma_S|^2 + |S_{11}|^2|\Gamma_S|^2$$

整理后为

$$(1-|S_{11}|^2 + g_S|S_{11}|^2)|\Gamma_S|^2 - g_S S_{11}\Gamma_S - g_S S_{11}^*\Gamma_S^* = 1-g_S-|S_{11}|^2$$

两边同除 $|\Gamma_S|^2$ 的系数，为

$$|\Gamma_S|^2 - g_S\frac{S_{11}\Gamma_S + S_{11}^*\Gamma_S^*}{1-|S_{11}|^2 + g_S|S_{11}|^2} = \frac{1-g_S-|S_{11}|^2}{1-|S_{11}|^2 + g_S|S_{11}|^2}$$

上式两边加 $\left[g_S S_{11}/(1-|S_{11}|^2 + g_S|S_{11}|^2)\right]^2$，使左边配成完全平方，有

$$\left|\Gamma_S - \frac{g_S S_{11}^*}{1-|S_{11}|^2 + g_S|S_{11}|^2}\right|^2 = \frac{1-g_S-|S_{11}|^2}{1-|S_{11}|^2 + g_S|S_{11}|^2} + \left(\frac{g_S S_{11}}{1-|S_{11}|^2 + g_S|S_{11}|^2}\right)^2$$

简化后为

$$\left|\Gamma_S - \frac{g_S S_{11}^*}{1-|S_{11}|^2 + g_S|S_{11}|^2}\right| = \frac{\sqrt{1-g_S}(1-|S_{11}|^2)}{1-|S_{11}|^2 + g_S|S_{11}|^2} \tag{8.55}$$

式（8.55）描述的是一个圆，为

$$|\Gamma_S - C_{g_S}| = r_{g_S} \tag{8.56}$$

圆心和半径分别为

$$C_{g_S} = \frac{g_S S_{11}^*}{1-|S_{11}|^2(1-g_S)} \tag{8.57}$$

$$r_{g_S} = \frac{\sqrt{1-g_S}(1-|S_{11}|^2)}{1-|S_{11}|^2(1-g_S)} \tag{8.58}$$

式（8.56）称为输入等增益圆，表明输入匹配网络的等增益点在 Γ_S 复平面的一个圆上。

同样，由式（8.53）可以得到

$$|\Gamma_L - C_{g_L}| = r_{g_L} \tag{8.59}$$

式（8.59）也为圆方程，圆心和半径分别为

$$C_{g_L} = \frac{g_L S_{22}^*}{1-|S_{22}|^2(1-g_L)} \tag{8.60}$$

$$r_{g_L} = \frac{\sqrt{1-g_L}(1-|S_{22}|^2)}{1-|S_{22}|^2(1-g_L)} \tag{8.61}$$

式（8.59）称为输出等增益圆，表明输出匹配网络的等增益点在 Γ_L 复平面的一个圆上。

等增益圆有如下 5 个特性。

（1）当 $g_S = 1$ 和 $g_L = 1$ 时，由式（8.57）、式（8.58）、式（8.60）和式（8.61）可以得到

$$r_{g_S} = 0，\quad r_{g_L} = 0 \tag{8.62}$$

$$C_{g_S} = S_{11}^*，\quad C_{g_L} = S_{22}^* \tag{8.63}$$

这表明最大增益时，等增益圆的半径为 0，缩为一个点，这个点的位置由式（8.63）给出。考虑到单向化时 $\Gamma_{in} = S_{11}$、$\Gamma_{out} = S_{22}$，观察式（8.63）可以看出，式（8.63）的结论与式（8.47）、式（8.48）一致。

（2）所有等增益圆的圆心都落在原点与 S_{11}^* 或原点与 S_{22}^* 的连线上，增益值越小，圆心越靠近原点，同时半径越大。

（3）0dB 等增益圆（即 $G_S = 1$ 和 $G_L = 1$ 的圆）总是经过原点（$\Gamma_S = 0$ 和 $\Gamma_L = 0$），圆的半径是原点到圆心的距离。例如当 $\Gamma_S = 0$ 时，$g_S = 1 - |S_{11}|^2$，有

$$|C_{g_S}| = |r_{g_S}| = \frac{|S_{11}^*|}{1 + |S_{11}|^2}$$

（4）在史密斯圆图的外边缘（$|\Gamma_S| = 1$ 和 $|\Gamma_L| = 1$）上，有

$$|\Gamma_S| = 1 \Rightarrow G_S = 0 \Rightarrow G_S = -\infty \text{dB}$$

$$|\Gamma_L| = 1 \Rightarrow G_L = 0 \Rightarrow G_L = -\infty \text{dB}$$

该增益是不可及的，所以等增益圆永远也不与史密斯圆图相交。

（5）等增益圆上各点的增益相同，所以满足增益的 Γ_S 和 Γ_L 有多种选择。实际设计时选等增益圆上的哪一点，要综合考虑噪声、带宽和失配等多项指标。当对噪声不要求时，常选靠近史密斯圆图中心的点。

例 8.6 某场效应管工作频率为 4GHz，在正常工作状态下处于绝对稳定状态，$S_{11} = 0.7\angle 125°$，$S_{12} = 0$。求输入网络最大增益 $G_{S\text{max}}$，并画出不同 G_S 时所对应的等增益圆。

解 输入网络最大增益为

$$G_{S\text{max}} = \frac{1}{1 - |S_{11}|^2} \approx 1.96$$

$$G_{S\text{max}} = 10\lg 1.96 \approx 2.92 \text{dB}$$

利用式（8.52）、式（8.57）和式（8.58），给出不同 G_S 时所对应的 g_S、C_{g_S} 和 r_{g_S} 如下。

$G_S = G_{S\text{max}} = 2.92 \text{dB}$ 时，有

$$g_S = 1，\quad C_{g_S} = 0.7\angle -125°，\quad r_{g_S} = 0$$

$G_S = 2.6 \text{dB}$ 时，有

$$g_S = 0.93，\quad C_{g_S} = 0.67\angle -125°，\quad r_{g_S} = 0.14$$

$G_S = 2 \text{dB}$ 时，有

$$g_S = 0.81，\quad C_{g_S} = 0.62\angle -125°，\quad r_{g_S} = 0.25$$

$G_S = 1 \text{dB}$ 时，有

$$g_S = 0.64 , \quad C_{g_S} = 0.54\angle -125° , \quad r_{g_S} = 0.37$$

$G_S = 0\text{dB}$ 时，有

$$g_S = 0.51 , \quad C_{g_S} = 0.47\angle -125° , \quad r_{g_S} = 0.47$$

$G_S = -1\text{dB}$ 时，有

$$g_S = 0.41 , \quad C_{g_S} = 0.40\angle -125° , \quad r_{g_S} = 0.56$$

等增益圆画在图8.12中。

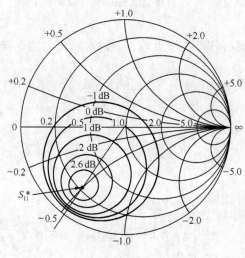

图8.12　例8.6用图

3. 单向化设计误差因子

大多数情况下，$S_{12} \neq 0$，若此时仍采用单向化设计，会产生误差。下面估计此近似带来的误差。

当考虑了放大器的反馈影响 S_{12} 后，可以通过比值 G_T / G_{TU} 分析单向化近似带来的误差。由式（8.35）和式（8.44）可以得到

$$\frac{G_T}{G_{TU}} = \frac{1}{\left| 1 - \dfrac{S_{12}S_{21}\Gamma_S\Gamma_L}{(1-S_{11}\Gamma_S)(1-S_{22}\Gamma_L)} \right|^2} \tag{8.64}$$

当 $\Gamma_S = S_{11}^*$、$\Gamma_L = S_{22}^*$ 时，G_{TU} 达到最大值 $G_{TU\,max}$，单向化设计存在最大误差。此时，式（8.64）成为

$$\frac{G_T}{G_{TU\,max}} = \frac{1}{\left| 1 - \dfrac{S_{12}S_{21}S_{11}^*S_{22}^*}{(1-\left|S_{11}\right|^2)(1-\left|S_{22}\right|^2)} \right|^2} \tag{8.65}$$

$G_T / G_{TU\,max}$ 的比值范围为

$$\frac{1}{(1+U)^2} < \frac{G_T}{G_{TU\,max}} < \frac{1}{(1-U)^2} \tag{8.66}$$

式（8.66）中的 U 称为单向化设计误差因子，U 为

$$U = \frac{|S_{12}||S_{21}||S_{11}||S_{22}|}{(1-|S_{11}|^2)(1-|S_{22}|^2)} \tag{8.67}$$

单向化设计误差因子 U 给出了最坏情况的误差估计。

U 的值越小，单向化近似带来的误差越小。由于 U 的值取决于 S 参数，所以它随频率变化，当改变频率后，需要重新计算 U 值。

例 8.7 一个 $S_{12} \neq 0$ 的放大器在 1GHz 时的 $U = 0.05$，求 $G_{\text{T}}/G_{\text{TUmax}}$。若该晶体管用于 15dB 的放大器设计中，问此单向化的假设还能用吗？

解 当 $U = 0.05$ 时，$G_{\text{T}}/G_{\text{TUmax}}$ 为

$$0.907 < G_{\text{T}}/G_{\text{TUmax}} < 1.108$$

以 dB 为单位，得到

$$-0.42\text{dB} < G_{\text{T}}/G_{\text{TUmax}} < 0.45\text{dB}$$

由于 $G_{\text{T}}/G_{\text{TUmax}}$ 值的范围远小于 15dB，可以采用单向化设计。

8.2.4 晶体管双向情况

当 $S_{12} \neq 0$ 且采用单向化设计会产生较大误差时，就不能忽略晶体管反馈的影响，这时必须考虑晶体管的双向情况。由于

$$\Gamma_{\text{in}} = S_{11} + \frac{S_{12}S_{21}}{1 - S_{22}\Gamma_{\text{L}}}\Gamma_{\text{L}} = \frac{S_{11} - \Gamma_{\text{L}}\Delta}{1 - S_{22}\Gamma_{\text{L}}}$$

$$\Gamma_{\text{out}} = S_{22} + \frac{S_{12}S_{21}}{1 - S_{11}\Gamma_{\text{S}}}\Gamma_{\text{S}} = \frac{S_{22} - \Gamma_{\text{S}}\Delta}{1 - S_{11}\Gamma_{\text{S}}}$$

所以双向晶体管的 Γ_{in} 和 Γ_{out} 不再彼此独立，这使双向晶体管比单向晶体管的情况复杂。下面在晶体管双向的前提下，讨论放大器的增益。

1. 最大增益

当晶体管双向时，同时满足式（8.47）和式（8.48）可以得到放大器的最大增益。式（8.47）和式（8.48）是输入与输出同时达到共轭匹配。

$$\Gamma_{\text{in}} = \Gamma_{\text{S}}^*, \quad \Gamma_{\text{out}} = \Gamma_{\text{L}}^*$$

即

$$\Gamma_{\text{S}}^* = S_{11} + \frac{S_{12}S_{21}}{1 - S_{22}\Gamma_{\text{L}}}\Gamma_{\text{L}} = \frac{S_{11} - \Gamma_{\text{L}}\Delta}{1 - S_{22}\Gamma_{\text{L}}} \tag{8.68}$$

$$\Gamma_{\text{L}}^* = S_{22} + \frac{S_{12}S_{21}}{1 - S_{11}\Gamma_{\text{S}}}\Gamma_{\text{S}} = \frac{S_{22} - \Gamma_{\text{S}}\Delta}{1 - S_{11}\Gamma_{\text{S}}} \tag{8.69}$$

在式（8.68）和式（8.69）的条件下，双向晶体管可以得到最大增益。

式（8.68）中 Γ_{S} 取决于 Γ_{L}，式（8.69）中 Γ_{L} 又取决于 Γ_{S}，这意味着 Γ_{S} 和 Γ_{L} 是交叉耦合，必须解式（8.68）和式（8.69）所给出的联立方程，同时获得 Γ_{S} 和 Γ_{L} 的解。

由式（8.68）得出 Γ_{L}，并将 Γ_{L} 代入式（8.69），可以得到关于 Γ_{S} 的方程，为

$$\Gamma_S^2(S_{11} - S_{22}^*\Delta) - \Gamma_S(1 + |S_{11}|^2 - |S_{22}|^2 - \Delta^2) + (S_{11}^* - S_{22}\Delta^*) = 0 \tag{8.70}$$

式（8.70）是标准的二次方程，解此方程得到

$$\Gamma_{MS} = \frac{B_1 - \sqrt{B_1^2 - 4|C_1|^2}}{2C_1} \tag{8.71}$$

由于式（8.70）是在共轭匹配的前提下得到的，所以式（8.71）中将解由 Γ_S 写为 Γ_{MS}。式（8.71）中开方根前只选择负号，目的是为了满足 $k > 1$ 及 $|\Delta| < 1$，以保证稳定性。式（8.71）中

$$\left. \begin{array}{l} B_1 = 1 + |S_{11}|^2 - |S_{22}|^2 - \Delta^2 \\ C_1 = S_{11} - S_{22}^*\Delta \end{array} \right\} \tag{8.72}$$

同理，由式（8.69）得出 Γ_S，并将 Γ_S 代入式（8.68），可以得到关于 Γ_L 的方程，解方程后可以得到

$$\Gamma_{ML} = \frac{B_2 - \sqrt{B_2^2 - 4|C_2|^2}}{2C_2} \tag{8.73}$$

式（8.73）中

$$\left. \begin{array}{l} B_2 = 1 - |S_{11}|^2 + |S_{22}|^2 - \Delta^2 \\ C_2 = S_{22} - S_{11}^*\Delta \end{array} \right\} \tag{8.74}$$

有了上面的讨论，由式（8.35）可以得到双向最大增益为

$$G_{Tmax} = \frac{1}{1 - |\Gamma_{MS}|^2} |S_{21}|^2 \frac{1 - |\Gamma_{ML}|^2}{|1 - S_{22}\Gamma_{ML}|^2} \tag{8.75}$$

将式（8.71）和式（8.73）代入到式（8.75），可以得到

$$G_{Tmax} = \left| \frac{S_{21}}{S_{12}} \right| (k - \sqrt{k^2 - 1}) \tag{8.76}$$

式（8.76）中的 k 为式（8.24）中的稳定性因子。式（8.76）说明，当已知 k 时，观察 S_{12} 和 S_{21} 就可以得到 G_{Tmax}，当 $k = 1$ 时，$G_{Tmax} = |S_{21} / S_{12}|$ 为最大值。

由式（8.41）和式（8.43）可以得到

$$G_{Tmax} = G_{Amax} = G_{Pmax} \tag{8.77}$$

2. 固定增益及等功率增益和等资用功率增益圆

固定增益是指放大器的增益达到某一期望的值，这一期望的值小于放大器的最大增益。对于双向晶体管来说，固定增益放大器的设计将变得比较复杂。

可以采用固定功率增益法设计放大器，此时预期的放大器功率增益为 G_P，这一期望的值小于 G_{Pmax}。也可以采用固定资用功率增益法设计放大器，此时预期的放大器资用功率增益为 G_A，这一期望的值小于 G_{Amax}。

（1）固定功率增益法

功率增益由式（8.43）给出，由式（8.43）有

$$G_{P} = \frac{|S_{21}|^{2}(1-|\Gamma_{L}|^{2})}{(1-|\Gamma_{in}|^{2})|1-S_{22}\Gamma_{L}|^{2}} = g_{P}|S_{21}|^{2} \tag{8.78}$$

式（8.78）中

$$g_{P} = \frac{1-|\Gamma_{L}|^{2}}{(1-|\Gamma_{in}|^{2})|1-S_{22}\Gamma_{L}|^{2}} = \frac{1-|\Gamma_{L}|^{2}}{|1-S_{22}\Gamma_{L}|^{2}-|S_{11}-\Delta\Gamma_{L}|^{2}} \tag{8.79}$$

仿照单向时等增益圆的推导过程，由式（8.79）可以得到

$$g_{P} = \frac{1-|\Gamma_{L}|^{2}}{1-|S_{11}|^{2}+|\Gamma_{L}|^{2}(|S_{22}|^{2}-|\Delta|^{2})-2\mathrm{Re}\left[\Gamma_{L}(S_{22}-\Delta S_{11}^{*})\right]}$$

$$|\Gamma_{L}|^{2}\left[1+g_{P}(|S_{22}|^{2}-|\Delta|^{2})\right]-2g_{P}\,\mathrm{Re}\left[\Gamma_{L}(S_{22}-\Delta S_{11}^{*})\right]=1-g_{P}(1-|S_{11}|^{2})$$

上式可以写为圆方程的形式，为

$$\left|\Gamma_{L}-C_{g_{P}}\right|=r_{g_{P}} \tag{8.80}$$

式（8.80）称为等功率增益圆，圆心和半径分别为

$$C_{g_{P}} = \frac{g_{P}(S_{22}-\Delta S_{11}^{*})^{*}}{1+g_{P}(|S_{22}|^{2}-|\Delta|^{2})} \tag{8.81}$$

$$r_{g_{P}} = \frac{\sqrt{1-2kg_{P}|S_{12}S_{21}|+g_{P}^{2}|S_{12}S_{21}|^{2}}}{\left|1+g_{P}(|S_{22}|^{2}-|\Delta|^{2})\right|} \tag{8.82}$$

式（8.82）中的 k 为式（8.24）中的稳定性因子。

当由式（8.80）任选了等功率增益圆上的一个 Γ_{L} 后，可以计算出 Γ_{in}，进而利用 $\Gamma_{S} = \Gamma_{in}^{*}$ 可以计算出 Γ_{S}。

式（8.80）表明，等功率增益点在 Γ_{L} 复平面上是一个圆。等增益功率圆上各点的增益相同，所以满足增益的 Γ_{L} 有多种选择，这与双向最大增益时 Γ_{ML} 只有式（8.73）一种选择相比，增加了灵活性。实际设计时选等功率增益圆上的哪一点，可以综合考虑增益、噪声和带宽等多项指标，相比之下，双向最大增益时 Γ_{MS} 和 Γ_{ML} 由式（8.71）式（8.73）唯一确定，虽然增益可以达到最大值，但其他指标随 Γ_{MS} 和 Γ_{ML} 也唯一确定，并不能达到最佳值，这就是讨论完双向最大增益后又讨论固定功率增益的原因。

（2）固定资用功率增益法

双向晶体管也可以采用固定资用功率增益法设计放大器。资用功率增益可以写为

$$G_{A} = \frac{(1-|\Gamma_{S}|^{2})|S_{21}|^{2}}{|1-S_{11}\Gamma_{S}|^{2}(1-|\Gamma_{out}|^{2})} = g_{a}|S_{21}|^{2} \tag{8.83}$$

式（8.83）中

$$g_{a} = \frac{1-|\Gamma_{S}|^{2}}{|1-S_{11}\Gamma_{S}|^{2}(1-|\Gamma_{out}|^{2})} \tag{8.84}$$

由式（8.84）可以得到

$$\left| \Gamma_S - C_{g_a} \right| = r_{g_a} \tag{8.85}$$

式（8.85）是圆方程。式（8.85）表明，等资用功率增益点在 Γ_S 复平面上是一个圆，圆心和半径分别为

$$C_{g_a} = \frac{g_a (S_{11} - \Delta S_{22}^*)^*}{1 + g_a (|S_{11}|^2 - |\Delta|^2)} \tag{8.86}$$

$$r_{g_a} = \frac{\sqrt{1 - 2kg_a |S_{12}S_{21}| + g_a^2 |S_{12}S_{21}|^2}}{\left| 1 + g_a (|S_{11}|^2 - |\Delta|^2) \right|} \tag{8.87}$$

总之，用资用功率增益法设计放大器，首先选择 Γ_S；然后计算 Γ_{out}；最后由 $\Gamma_L = \Gamma_{out}^*$ 确定 Γ_L。

8.3 输入输出电压驻波比

在很多情况下，放大器的特性用输入和输出电压驻波比描述，而且电压驻波比必须保持在特定指标之下。若驻波比为 1，称为匹配；若驻波比不为 1，称为失配。信源与晶体管之间及晶体管与负载之间都会出现失配，下面讨论失配因子及电压驻波比。

8.3.1 失配因子

源失配因子定义为

$$M_S = \frac{P_{in}}{P_{AVS}} \tag{8.88}$$

由式（8.31）和式（8.32）可以得到

$$M_S = \frac{(1 - |\Gamma_S|^2)(1 - |\Gamma_{in}|^2)}{\left| 1 - \Gamma_{in} \Gamma_S \right|^2} \tag{8.89}$$

M_S 是用来衡量传送到晶体管输入端的功率 P_{in} 占信源资用功率 P_{AVS} 的比例，取值范围为 $M_S \leqslant 1$。如果 $\Gamma_{in} = \Gamma_S^*$，$M_S = 1$，意味着信源资用功率全部送给了晶体管。

同样可以定义负载失配因子为

$$M_L = \frac{P_L}{P_{AVN}} \tag{8.90}$$

由式（8.34）可以得到

$$M_L = \frac{(1 - |\Gamma_L|^2)(1 - |\Gamma_{out}|^2)}{\left| 1 - \Gamma_L \Gamma_{out} \right|^2} \tag{8.91}$$

M_L 是用来衡量传送到负载的功率 P_L 占晶体管资用功率 P_{AVN} 的比例，取值范围为 $M_L \leqslant 1$。如果 $\Gamma_{out} = \Gamma_L^*$，$M_L = 1$，意味着晶体管的资用功率全部送给了负载。

8.3.2 输入、输出驻波分析

放大器如图 8.13 所示，输入、输出电压驻波比为

$$\left.\begin{array}{l} \rho_{\text{in}} = \dfrac{1+\left|\Gamma_{\text{a}}\right|}{1-\left|\Gamma_{\text{a}}\right|} \\[4mm] \rho_{\text{out}} = \dfrac{1+\left|\Gamma_{\text{b}}\right|}{1-\left|\Gamma_{\text{b}}\right|} \end{array}\right\} \qquad (8.92)$$

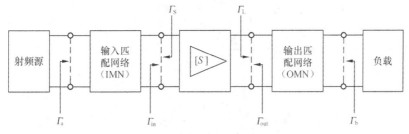

图 8.13 放大器输入及输出端口的失配

P_{in} 与 P_{AVS} 的关系式为

$$P_{\text{in}} = (1-\left|\Gamma_{\text{a}}\right|^2)P_{\text{AVS}} \qquad (8.93)$$

比较式（8.88）和式（8.93）可以得到

$$M_{\text{S}} = 1-\left|\Gamma_{\text{a}}\right|^2$$

即

$$\left|\Gamma_{\text{a}}\right| = \sqrt{1-M_{\text{S}}} \qquad (8.94)$$

输入电压驻波比为

$$\rho_{\text{in}} = \frac{1+\sqrt{1-M_{\text{S}}}}{1-\sqrt{1-M_{\text{S}}}} \qquad (8.95)$$

如果 $\Gamma_{\text{in}} = \Gamma_{\text{S}}^*$ ， $M_{\text{S}} = 1$ ，由式（8.95）可以得到 $\rho_{\text{in}} = 1$ ，此时输入电压驻波比为最小值。

P_{L} 与 P_{AVN} 的关系式为

$$P_{\text{L}} = (1-\left|\Gamma_{\text{b}}\right|^2)P_{\text{AVN}} \qquad (8.96)$$

比较式（8.90）和式（8.96）可以得到

$$M_{\text{L}} = 1-\left|\Gamma_{\text{b}}\right|^2$$

即

$$\left|\Gamma_{\text{b}}\right| = \sqrt{1-M_{\text{L}}} \qquad (8.97)$$

输出电压驻波比为

$$\rho_{\text{out}} = \frac{1+\sqrt{1-M_{\text{L}}}}{1-\sqrt{1-M_{\text{L}}}} \qquad (8.98)$$

如果 $\Gamma_{\text{out}} = \Gamma_{\text{L}}^*$ ， $M_{\text{L}} = 1$ ，由式（8.98）可以得到 $\rho_{\text{out}} = 1$ ，此时输出电压驻波比为最小值。

例 8.8 图 8.13 所示放大电路的

$$\Gamma_{\text{S}} = 0.5\angle 120° ， \quad \Gamma_{\text{L}} = 0.4\angle 90°$$

$$S_{11} = 0.6\angle -160° , \quad S_{21} = 2.5\angle 30°$$

$$S_{12} = 0.045\angle 16° , \quad S_{22} = 0.5\angle -90°$$

求：（1）源和负载的失配因子。（2）输入输出电压驻波比。

解 （1）计算可以得到

$$\Gamma_{in} = S_{11} + \frac{S_{12}S_{21}}{1 - S_{22}\Gamma_L}\Gamma_L \approx 0.63\angle -165°$$

$$\Gamma_{out} = S_{22} + \frac{S_{12}S_{21}}{1 - S_{11}\Gamma_S}\Gamma_S \approx 0.47\angle -98°$$

源的失配因子为

$$M_S = \frac{(1 - |0.5|^2)(1 - |0.63|^2)}{|1 - 0.315\angle -45°|^2} \approx 0.69$$

负载的失配因子为

$$M_L = \frac{(1 - |0.4|^2)(1 - |0.47|^2)}{|1 - 0.188\angle -8°|^2} \approx 0.99$$

（2）输入电压驻波比为

$$\rho_{in} = \frac{1 + \sqrt{1 - M_S}}{1 - \sqrt{1 - M_S}} \approx 3.44$$

输出电压驻波比为

$$\rho_{out} = \frac{1 + \sqrt{1 - M_L}}{1 - \sqrt{1 - M_L}} \approx 1.22$$

8.4 放大器的噪声

设计有源网络时，需要考虑噪声问题，噪声的存在对整个射频电路的设计有重要影响。小信号放大通常是射频放大电路的第一级，这时放大器必须尽可能降低噪声，在低噪声的前提下进行放大。前面讨论过放大器的增益，但放大器的最小噪声与放大器的最大增益相冲突，最小噪声与最大增益不能同时达到，设计中需要兼顾噪声和增益两个方面，因此需要讨论噪声参数，以便得到最佳设计。下面，首先介绍噪声的表示方法；然后讨论级联网络的噪声特性；最后在史密斯圆图上画出等噪声系数圆。

8.4.1 等效噪声温度和噪声系数

等效噪声温度和噪声系数是噪声的表示方法。一个电阻可能产生的最大资用热噪声功率为

$$P_N = kTB \tag{8.99}$$

式（8.99）中，k 是波尔兹曼常数；T 是以开氏为单位的温度；B 是频率带宽。波尔兹曼常数为

$$k = 1.38 \times 10^{-23} \text{J} / \text{K} \tag{8.100}$$

当 $B = 1\text{Hz}$、标准室温（$T = 290\text{K}$）下，$P_\text{N} = -174\text{dBm}$。

1. 等效噪声温度

一个资用功率增益为 G_A、带宽为 B 的有噪声放大器，与电阻为 R 的电源和电阻为 R_L 的负载相连。假定 R 的温度 $T = 0\text{K}$，没有噪声进入放大器，$P_\text{Ni} = 0$，放大器自身输出噪声 P_n，放大器输出的总噪声功率 $P_\text{No} = P_\text{n}$，如图 8.14（a）所示。对于这个有噪声的放大器，可以用无噪声的放大器和一个带有噪声的电阻 R 来等效，如图 8.14（b）所示，电阻 R 的等效噪声温度为

$$T_\text{e} = \frac{P_\text{n}}{G_\text{A} k B} \tag{8.101}$$

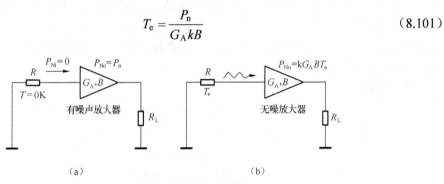

图 8.14　有噪声放大器的等效模型

如果电阻 R 处于温度 $T = T_\text{S}$ 时，电阻 R 的总等效噪声温度为 $T_\text{e} + T_\text{S}$，放大器输出的总噪声功率为

$$P_\text{No} = G_\text{A} P_\text{Ni} + P_\text{n} \tag{8.102}$$

即

$$P_\text{No} = G_\text{A} k B (T_\text{S} + T_\text{e}) \tag{8.103}$$

2. 噪声系数

放大器的噪声除可以由等效噪声温度来表征外，还可以由噪声系数表征。在标准室温（$T_0 = 290\text{K}$）下，若仅由输入端电阻 R 在放大器输出端产生的热噪声为 $(P_\text{No})_\text{i}$，则放大器的噪声系数定义为放大器总输出噪声 P_No 与 $(P_\text{No})_\text{i}$ 的比值，用 F 表示。即

$$F = \frac{P_\text{No}}{(P_\text{No})_\text{i}} \tag{8.104}$$

式（8.104）也可以写为

$$P_\text{No} = F G_\text{A} k T_0 B \tag{8.105}$$

或写为

$$F = \frac{(P_\text{No})_\text{i} + P_\text{n}}{(P_\text{No})_\text{i}} = 1 + \frac{P_\text{n}}{(P_\text{No})_\text{i}} \tag{8.106}$$

由式（8.106）可以看出 $F \geqslant 1$。F 的最佳取值为 $F = 1$，代表的是一个无噪声的理想放大器。

噪声系数 F 还有另一种物理意义。由于

$$F = \frac{P_{\mathrm{No}}}{(P_{\mathrm{No}})_{\mathrm{i}}} = \frac{P_{\mathrm{No}}}{G_{\mathrm{A}} P_{\mathrm{Ni}}}$$

资用功率增益 G_{A} 为

$$G_{\mathrm{A}} = \frac{P_{\mathrm{So}}}{P_{\mathrm{Si}}}$$

所以

$$F = \frac{P_{\mathrm{Si}} / P_{\mathrm{Ni}}}{P_{\mathrm{So}} / P_{\mathrm{No}}} \tag{8.107}$$

式（8.107）中，$P_{\mathrm{Si}} / P_{\mathrm{Ni}}$ 为放大器输入端的额定信噪比；$P_{\mathrm{So}} / P_{\mathrm{No}}$ 为放大器输出端的额定信噪比。式（8.107）表明，噪声系数 F 也可以由放大器输入端额定信噪比与输出端额定信噪比的比值来确定。

例 8.9 一个放大器的增益为 15dB，带宽为 2GHz，室温下的噪声系数为 3dB，求输出噪声功率。以 dBm 为单位。

解 由式（8.105）可得

$$P_{\mathrm{No}} = F G_{\mathrm{A}} k T_0 B$$

其中

$$G_{\mathrm{A}} = 15\mathrm{dB}$$

$$k = 1.380 \times 10^{-23} \mathrm{J / K}$$

$$B = 2\mathrm{GHz}$$

室温下

$$T_0 = 290\mathrm{K}$$

输出噪声功率为

$$10\lg(P_{\mathrm{No}})$$
$$= F(\mathrm{dB}) + G_{\mathrm{A}}(\mathrm{dB}) + 10\lg(1.380 \times 10^{-23} \times 1\,000 \times 290 \times 2 \times 10^{9})\mathrm{dBm}$$
$$= -63\mathrm{dBm}$$

8.4.2 级连网络的等效噪声温度和噪声系数

1. 2个放大器的级连

首先考虑 2 个放大器的级连。如图 8.15 所示，每个放大器有各自的增益、等效噪声温度或噪声系数，每一级输出的噪声功率为

$$P_{\mathrm{No1}} = G_{\mathrm{A1}} k B (T_0 + T_{\mathrm{e1}}) \tag{8.108}$$

$$P_{\mathrm{No2}} = G_{\mathrm{A2}} P_{\mathrm{No1}} + G_{\mathrm{A2}} k T_{\mathrm{e2}} B \tag{8.109}$$

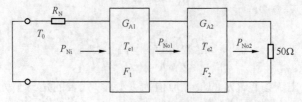

图 8.15 2 级放大器的级连

作为一个整体，2 级放大器的总增益为 $G_A = G_{A1} G_{A2}$，总等效噪声温度为 T_e，总输出噪声功率为 P_{No}，P_{No} 可以写为

$$P_{No} = G_A k B (T_0 + T_e) \qquad (8.110)$$

比较式（8.109）与式（8.110），并注意到 $P_{No2} = P_{No}$，可得

$$T_e = T_{e1} + T_{e2} / G_{A1} \qquad (8.111)$$

进而得到 2 级放大器的总噪声系数 F 为

$$F = 1 + T_e / T_0 = 1 + (T_{e1} + T_{e2} / G_{A1}) / T_0 \qquad (8.112)$$

由于 $F_1 = 1 + T_{e1} / T_0$、$F_2 = 1 + T_{e2} / T_0$，式（8.112）成为

$$F = F_1 + \frac{F_2 - 1}{G_{A1}} \qquad (8.113)$$

式（8.113）表明，级连网络的第一级噪声系数 F_1 和增益 G_{A1} 对系统总噪声系数的影响大。

2. n 个放大器的级连

下面考虑 n 个放大器的级连。如图 8.16 所示，n 个放大器级连的总等效噪声温度和总噪声系数可以视为 2 个放大器级连的推广，即

$$T_e = T_{e1} + \frac{T_{e2}}{G_{A1}} + \frac{T_{e3}}{G_{A1} G_{A2}} + \cdots + \frac{T_{en}}{G_{A1} G_{A2} \cdots G_{An-1}} \qquad (8.114)$$

$$F = F_1 + \frac{F_2 - 1}{G_{A1}} + \frac{F_3 - 1}{G_{A1} G_{A2}} + \cdots + \frac{F_n - 1}{G_{A1} G_{A2} \cdots G_{An-1}} \qquad (8.115)$$

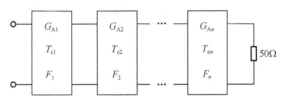

图 8.16　n 级放大器的级连

式（8.115）表明，多级级连的高增益放大器，仅第一级对总噪声有较大影响，而其他级对总噪声的影响很小。第一级的影响中，增益和噪声系数均对系统的总噪声系数起主要作用。

为降低总噪声系数，如何安排级连的顺序？以 2 级级连网络为例，讨论如下。

如果放大器（G_{A1}，F_1）后面跟着放大器（G_{A2}，F_2），这种排列的总噪声系数为

$$F(1,2) = F_1 + \frac{F_2 - 1}{G_{A1}} \qquad (8.116)$$

如果放大器（G_{A2}，F_2）后面跟着放大器（G_{A1}，F_1），这种排列的总噪声系数为

$$F(2,1) = F_2 + \frac{F_1 - 1}{G_{A2}} \qquad (8.117)$$

一般 $F(1,2) \neq F(2,1)$。如果 $F(1,2) < F(2,1)$，由式（8.116）和式（8.117）可得

$$F_1 + \frac{F_2 - 1}{G_{A1}} < F_2 + \frac{F_1 - 1}{G_{A2}}$$

即

$$\frac{F_1 - 1}{1 - 1/G_{A1}} < \frac{F_2 - 1}{1 - 1/G_{A2}} \qquad (8.118)$$

定义

$$M = \frac{F - 1}{1 - 1/G} \qquad (8.119)$$

M 称为噪声度量。结论是

$$\text{若 } M_1 < M_2, \text{ 则 } F(1,2) < F(2,1) \qquad (8.120)$$

由式（8.119）和式（8.120）可以决定 2 级级联网络的排序。

8.4.3 等噪声系数圆

二端口放大器的噪声系数可以表示为

$$F = F_{\min} + \frac{R_n}{G_S}\left| Y_S - Y_{\text{opt}} \right|^2 \qquad (8.121)$$

式（8.121）中，R_n 表示晶体管的等效噪声电阻；$Y_S = G_S + jB_S = \dfrac{1}{Z_0}\dfrac{1 - \varGamma_S}{1 + \varGamma_S}$ 表示晶体管的源导纳；$Y_{\text{opt}} = G_{\text{opt}} + jB_{\text{opt}}$ 表示得出最小噪声系数的最佳源导纳；$F_{\min}$ 表示 $Y_S = Y_{\text{opt}}$ 时晶体管的最小噪声系数。

对于晶体管，$F_{\min}$、R_n 和 Y_{opt} 通常由制造商提供。有时制造商提供的是与 Y_{opt} 相对应的 $\varGamma_{\text{opt}}$，Y_{opt} 与 $\varGamma_{\text{opt}}$ 的关系是

$$Y_{\text{opt}} = \frac{1}{Z_0}\frac{1 - \varGamma_{\text{opt}}}{1 + \varGamma_{\text{opt}}} \qquad (8.122)$$

1. 噪声系数的最小值

为便于推导，令

$$r_n = R_n / Z_0$$
$$y_S = Y_S Z_0 = g_S + jb_S$$
$$y_{\text{opt}} = Y_{\text{opt}} Z_0 = g_{\text{opt}} + jb_{\text{opt}}$$

于是式（8.121）成为

$$F = F_{\min} + \frac{r_n}{g_S}\left| y_S - y_{\text{opt}} \right|^2 \qquad (8.123)$$

y_S 与 $\varGamma_S$ 的关系为

$$y_S = \frac{1 - \varGamma_S}{1 + \varGamma_S} \qquad (8.124)$$

由式（8.124）可以得到 g_S 为

$$g_S = \frac{1 - \left| \varGamma_S \right|^2}{\left| 1 + \varGamma_S \right|^2} \qquad (8.125)$$

由式（8.122）和式（8.124）可以得到

$$\left|y_{\mathrm{S}}-y_{\mathrm{opt}}\right|^2=\left|\frac{1-\varGamma_{\mathrm{S}}}{1+\varGamma_{\mathrm{S}}}-\frac{1-\varGamma_{\mathrm{opt}}}{1+\varGamma_{\mathrm{opt}}}\right|^2=\frac{4\left|\varGamma_{\mathrm{S}}-\varGamma_{\mathrm{opt}}\right|^2}{\left|1+\varGamma_{\mathrm{S}}\right|^2\left|1+\varGamma_{\mathrm{opt}}\right|^2} \tag{8.126}$$

将式（8.125）和式（8.126）代入式（8.123），可以得到

$$F=F_{\min}+\frac{4R_{\mathrm{n}}\left|\varGamma_{\mathrm{S}}-\varGamma_{\mathrm{opt}}\right|^2}{Z_0\left(1-\left|\varGamma_{\mathrm{S}}\right|^2\right)\left|1+\varGamma_{\mathrm{opt}}\right|^2} \tag{8.127}$$

由式（8.127）可以看出，当 $\varGamma_{\mathrm{S}}=\varGamma_{\mathrm{opt}}$ 时，$F=F_{\min}$，噪声系数最小。

2. 等 F 曲线

由于 $F_{\min}$、R_{n} 和 $\varGamma_{\mathrm{opt}}$ 是由制造商提供的已知数，所以式（8.127）中的 F 仅由 $\varGamma_{\mathrm{S}}$ 决定，可以通过调整 $\varGamma_{\mathrm{S}}$ 来调整噪声系数 F。于是将式（8.127）改写为

$$\frac{F-F_{\min}}{(4R_{\mathrm{n}}/Z_0)}\left|1+\varGamma_{\mathrm{opt}}\right|^2=\frac{\left|\varGamma_{\mathrm{S}}-\varGamma_{\mathrm{opt}}\right|^2}{1-\left|\varGamma_{\mathrm{S}}\right|^2}=N \tag{8.128}$$

式（8.128）中的 N 称为噪声系数参量。

下面，在 $\varGamma_{\mathrm{S}}$ 复平面上推导等 F 曲线，也即由式（8.128）推导等 N 曲线。由式（8.128）可以得到

$$\left(1-\left|\varGamma_{\mathrm{S}}\right|^2\right)N=\left|\varGamma_{\mathrm{S}}-\varGamma_{\mathrm{opt}}\right|^2$$

$$N-N(\varGamma_{\mathrm{S}}\varGamma_{\mathrm{S}}^*)=\varGamma_{\mathrm{S}}\varGamma_{\mathrm{S}}^*-(\varGamma_{\mathrm{S}}\varGamma_{\mathrm{opt}}^*+\varGamma_{\mathrm{opt}}\varGamma_{\mathrm{S}}^*)+\varGamma_{\mathrm{opt}}\varGamma_{\mathrm{opt}}^*$$

$$\varGamma_{\mathrm{S}}\varGamma_{\mathrm{S}}^*-\frac{\varGamma_{\mathrm{S}}\varGamma_{\mathrm{opt}}^*+\varGamma_{\mathrm{opt}}\varGamma_{\mathrm{S}}^*}{N+1}+\frac{\left|\varGamma_{\mathrm{opt}}\right|^2}{(N+1)^2}=\frac{N-\varGamma_{\mathrm{opt}}\varGamma_{\mathrm{opt}}^*}{N+1}+\frac{\left|\varGamma_{\mathrm{opt}}\right|^2}{(N+1)^2}$$

$$\left|\varGamma_{\mathrm{S}}-\frac{\varGamma_{\mathrm{opt}}}{N+1}\right|^2=\frac{N(N+1)-N\left|\varGamma_{\mathrm{opt}}\right|^2}{(N+1)^2}$$

所以

$$\left|\varGamma_{\mathrm{S}}-\frac{\varGamma_{\mathrm{opt}}}{N+1}\right|=\frac{\sqrt{N(N+1)-N\left|\varGamma_{\mathrm{opt}}\right|^2}}{N+1} \tag{8.129}$$

也即

$$\left|\varGamma_{\mathrm{S}}-C_{\mathrm{F}}\right|=r_{\mathrm{F}} \tag{8.130}$$

式（8.129）或式（8.130）是圆方程，称为等噪声系数圆，表明在 $\varGamma_{\mathrm{S}}$ 复平面上等噪声点在一个圆上。圆心坐标和半径分别为

$$C_{\mathrm{F}}=\frac{\varGamma_{\mathrm{opt}}}{1+N} \tag{8.131}$$

$$r_{\mathrm{F}}=\frac{\sqrt{N(N+1)-N\left|\varGamma_{\mathrm{opt}}\right|^2}}{N+1} \tag{8.132}$$

等噪声系数圆如图 8.17 所示，图中 $F_1<F_2<F_3$。所有等噪声系数圆的圆心都落在史密斯圆图原点与 $\varGamma_{\mathrm{opt}}$ 的连线上，噪声系数越大，圆心距原点越近，圆的半径越大。当 $\varGamma_{\mathrm{S}}=\varGamma_{\mathrm{opt}}$ 时，

$F = F_{min}$，噪声系数在史密斯圆图上缩为一个点。

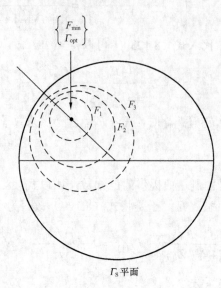

图 8.17　等噪声系数圆

本章小结

　　放大器完成信号放大并提供一定的功率增益，是射频通信系统的一种基本电路。由于晶体管振荡器和晶体管混频器的基本单元都是射频放大电路，射频放大器也是振荡器和混频器的设计基础。在射频放大器的设计中，最重要的技术指标就是稳定性、增益和噪声，本章对这 3 个参数的特性进行了系统讨论，以便下一章集中讨论各类放大器的设计。

　　设计射频放大器时，必须考虑电路的稳定性，这是由于反射波的存在使射频放大器有产生振荡的倾向，不再发挥放大器的作用，因此放大器稳定意味着反射系数的模小于 1，即 $|\Gamma_S| < 1$、$|\Gamma_L| < 1$、$|\Gamma_{in}| < 1$、$|\Gamma_{out}| < 1$。对放大器稳定性有影响的是 Γ_L、Γ_S 和放大器的 $[S]$ 参量，放大器有条件稳定和绝对稳定 2 种情形，可以通过图解法和解析法进行分析。放大器稳定性的图解法需要首先讨论输出稳定判别圆，该圆在 Γ_L 的复平面上讨论稳定区域，给出了放大器在 Γ_L 复平面上稳定与不稳定的边界；其次讨论输入稳定判别圆，该圆在 Γ_S 的复平面上讨论稳定区域，给出了放大器在 Γ_S 复平面上稳定与不稳定的边界；最后讨论绝对稳定，放大器绝对稳定是指 Γ_L 和 Γ_S 选择任何 $|\Gamma_L| < 1$ 和 $|\Gamma_S| < 1$ 的值，放大器都处于稳定状态。放大器稳定性的解析法是讨论绝对稳定的解析判别方法，绝对稳定要求 $k > 1$ 和 $|\Delta| < 1$ 同时成立。当放大器不是绝对稳定，信源和负载选择的某些 Γ_S 和 Γ_L 会造成 $|\Gamma_{in}| > 1$ 或 $|\Gamma_{out}| > 1$，使放大器处于非稳定状态，此时应当采取措施，使放大器进入稳定状态。稳定放大器的措施就是在其不稳定的端口增加一个串联或并联的电阻，以保证总输入阻抗为正，由于晶体管输入端加电阻会增加输入损耗，一般采用在输出端加电阻达到晶体管稳定的目的。

　　对输入信号进行放大是放大器最重要的任务，在射频电路中，放大器的增益通常用功率增益进行描述。放大器的功率增益不仅取决于晶体管的参数，还与输入输出匹配网络有关，常用的有转换功率增益 G_T、资用功率增益 G_A、功率增益（也称为工作功率增益）G_P 等，

当 $S_{12}=0$ 时还需要讨论单向化功率增益 G_{TU}。由于晶体管的增益 G_0 是固定的，放大器的增益受输入匹配网络有效增益 G_S 和输出匹配网络有效增益 G_L 的控制，例如转换功率增益 $G_T=G_S G_0 G_L$。当 G_S 和 G_L 的值达到最大化时，即当晶体管的输入端和输出端都实现共轭匹配时（$\Gamma_{in}=\Gamma_S^*$，$\Gamma_{out}=\Gamma_L^*$），放大器可以有最大增益，此时晶体管既能从源获得最大输入功率、又能输出给负载最大功率。当 $S_{12}=0$ 时，晶体管是单向的，Γ_{in} 和 Γ_{out} 彼此独立，输入匹配网络与输出匹配网络无关，可以各自独立设计，此时可以采用等增益圆的概念进行设计。当 $S_{12}\neq0$ 且采用单向化设计会产生较大误差时，就不能忽略晶体管反馈的影响，必须考虑晶体管的双向情况，此时 Γ_S 和 Γ_L 是交叉耦合，必须给出 Γ_S 和 Γ_L 的联立方程，同时获得 Γ_S 和 Γ_L 的解。

信源与晶体管之间及晶体管与负载之间都会出现失配，失配因子与电压驻波比相关。若驻波比为 1，称为匹配；若驻波比不为 1，称为失配。源失配因子 M_S 用来衡量传送到晶体管输入端的功率 P_{in} 占信源资用功率 P_{AVS} 的比例，负载失配因子 M_L 用来衡量传送到负载的功率 P_L 占晶体管资用功率 P_{AVN} 的比例，M_S 和 M_L 是反射系数的函数。电压驻波比与反射系数的关系为 $\rho=\dfrac{1+|\Gamma|}{1-|\Gamma|}$，因此输入电压驻波比为 $\rho_{in}=\dfrac{1+\sqrt{1-M_S}}{1-\sqrt{1-M_S}}$，输出电压驻波比为 $\rho_{out}=\dfrac{1+\sqrt{1-M_L}}{1-\sqrt{1-M_L}}$。

噪声的存在对整个射频电路的设计有重要影响，射频放大电路的第一级必须在低噪声的前提下进行放大。噪声可以用等效噪声温度和噪声系数进行表示，等效噪声温度为 $T_e=\dfrac{P_n}{G_A kB}$；噪声系数为 $F=\dfrac{P_{No}}{(P_{No})_i}$（噪声系数 F 也可以由放大器输入端额定信噪比与输出端额定信噪比的比值确定）。当 n 个放大器的级连时，总噪声系数为 $F=F_1+\dfrac{F_2-1}{G_{A1}}+\cdots+\dfrac{F_n-1}{G_{A1}G_{A2}\cdots G_{An-1}}$，表明多级级连的高增益放大器，仅第一级对总噪声有较大影响。放大器的噪声系数还可以表示为 $F=F_{min}+\dfrac{R_n}{G_S}\left|Y_S-Y_{opt}\right|^2$，当 $\Gamma_S=\Gamma_{opt}$ 时，$F=F_{min}$，噪声系数最小。等 F 曲线是圆方程，称为等噪声系数圆，噪声系数 F 越大圆的半径越大。

思考题和练习题

8.1　什么是放大器的稳定准则？稳定对反射系数 $|\Gamma_S|$、$|\Gamma_L|$、$|\Gamma_{in}|$ 和 $|\Gamma_{out}|$ 有什么要求？什么是条件稳定和绝对稳定？

8.2　什么是输出稳定判别圆？放大器的稳定区域是在圆内还是圆外？当 $|S_{11}|<1$ 或 $|S_{11}|>1$ 时，讨论 Γ_L 的稳定区域。

8.3　什么是输入稳定判别圆？输入稳定判别圆在哪个复平面上讨论放大器的稳定？稳定区域是在圆内还是圆外？

8.4　放大器绝对稳定时，对输入和输出稳定判别圆有什么要求？

8.5　当放大器不是绝对稳定时，应当采取什么措施，使放大器进入稳定状态？这些措施又会带来哪些副作用？

8.6 在射频放大电路中，放大器的增益通常用电压放大系数还是功率增益表示？给出转换功率增益、资用功率增益、功率增益的定义。

8.7 放大器的增益由什么决定？什么时候放大器可以实现最大增益？

8.8 什么是单向化功率增益？单向化设计有什么优点？什么时候单向化设计可以实现最大增益？什么是单向化设计的等增益圆？

8.9 什么是放大器的失配？源失配因子 M_S 是怎样定义的？源失配因子 M_S 与输入电压驻波比 ρ_{in} 有什么关系？

8.10 放大器的噪声系数是怎样定义的？为什么放大电路的第一级必须尽可能降低噪声？

8.11 放大器最小噪声与最大增益能同时达到吗？什么时候放大器的噪声系数最小？等噪声系数圆有什么特点？

8.12 Philips BFG505W 双极结晶体管在 $V_{CE} = 6V$、$I_C = 4mA$ 时的 $[S]$ 参量如下。

（1）$f = 500MHz$ 时，$S_{11} = 0.70\angle-57°$、$S_{21} = 10.5\angle136°$、$S_{12} = 0.04\angle47°$、$S_{22} = 0.79\angle-33°$；

（2）$f = 750MHz$ 时，$S_{11} = 0.56\angle-78°$、$S_{21} = 8.6\angle122°$、$S_{12} = 0.05\angle33°$、$S_{22} = 0.66\angle-42°$；

（3）$f = 1GHz$ 时，$S_{11} = 0.46\angle-97°$、$S_{21} = 7.1\angle112°$、$S_{12} = 0.06\angle22°$、$S_{22} = 0.57\angle-48°$；

（4）$f = 1.25GHz$ 时，$S_{11} = 0.38\angle-115°$、$S_{21} = 6.00\angle104°$、$S_{12} = 0.06\angle14°$、$S_{22} = 0.50\angle-52°$。

晶体管 $[S]$ 参量在不同频率下是变化的，分别画出稳定判别圆。

8.13 某射频晶体管的 $[S]$ 参量如下。

（1）$f = 500MHz$ 时，$[S] = \begin{bmatrix} 0.761\angle-151° & 0.025\angle31° \\ 11.8\angle102° & 0.429\angle-35° \end{bmatrix}$；

（2）$f = 1000MHz$ 时，$[S] = \begin{bmatrix} 0.770\angle-166° & 0.029\angle35° \\ 6.11\angle89° & 0.365\angle-34° \end{bmatrix}$；

（3）$f = 1500MHz$ 时，$[S] = \begin{bmatrix} 0.760\angle-174° & 0.040\angle44° \\ 3.06\angle74° & 0.364\angle-43° \end{bmatrix}$；

（4）$f = 2000MHz$ 时，$[S] = \begin{bmatrix} 0.756\angle-179° & 0.064\angle48° \\ 1.53\angle53° & 0.423\angle-66° \end{bmatrix}$。

晶体管 $[S]$ 参量在不同频率下是变化的，用解析法分别判定稳定性。

8.14 双极结晶体管在 $f = 750MHz$ 时的 $[S]$ 参量（$Z_0 = 50\Omega$）为 $S_{11} = 0.56\angle-78°$、$S_{21} = 8.64\angle122°$、$S_{12} = 0.05\angle33°$、$S_{22} = 0.66\angle-42°$。求使晶体管进入稳定状态的输入输出端口串联或并联电阻。

8.15 某放大电路的 $V_S = 10\angle0°V$，$\Gamma_S = 0.5\angle120°$，$\Gamma_L = 0.4\angle90°$，$S_{11} = 0.6\angle-160°$，$S_{21} = 2.5\angle30°$，$S_{12} = 0.045\angle16°$，$S_{22} = 0.5\angle-90°$。

求：（1）转换功率增益 G_T、资用功率增益 G_A 和功率增益 G_P。

（2）功率 P_{in}、P_{AVS}、P_L 和 P_{AVN}。

8.16 用晶体管设计一个具有 G_{TUmax} 的放大器，该晶体管在 50Ω 的系统中散射参量为

$$[S] = \begin{bmatrix} 0.5\angle 140° & 0 \\ 5\angle 45° & 0.6\angle -95° \end{bmatrix}$$

（1）求 $G_{TU\,max}$。

（2）在史密斯圆图上标出 $G_{L\,max}$ 点，画出 $G_L = 0dB$、$G_L = 1dB$ 的等增益圆，并比较圆心位置及半径。

（3）在史密斯圆图上标出 $G_{S\,max}$ 点，画出 $G_S = 0dB$、$G_S = 1dB$ 的等增益圆，并比较圆心位置及半径。

8.17 用于放大器的某砷化镓场效应管散射参量为

$$[S] = \begin{bmatrix} 0.5\angle 180° & 0 \\ 4\angle 90° & 0.5\angle -45° \end{bmatrix}$$

求：（1）$G_{TU\,max}$。

（2）在 50Ω 的系统中，输入阻抗 Z_{in}。

8.18 某砷化镓场效应管散射参量为

$$[S] = \begin{bmatrix} 0.5\angle 180° & 0 \\ 3\angle 90° & 0.5\angle -90° \end{bmatrix}$$

求：（1）$G_{TU\,max}$。

（2）在 50Ω 的系统中，输出阻抗 Z_{out}。

8.19 某晶体管的散射参量为

$$[S] = \begin{bmatrix} 0.6\angle -160° & 0.045\angle 16° \\ 2.5\angle 30° & 0.5\angle -90° \end{bmatrix}$$

求：（1）采用单向传输设计的 $G_{TU\,max}$。

（2）单向化设计误差因子。

（3）单向化设计的误差最大上限和下限。

8.20 某砷化镓场效应管的散射参量为

$$[S] = \begin{bmatrix} 0.64\angle -171.3° & 0.057\angle 16.3° \\ 2.058\angle 28.5° & 0.572\angle -95.7° \end{bmatrix}$$

求：（1）该场效应管是否绝对稳定？

（2）共轭匹配的条件是什么？

（3）采用双向传输设计的最大功率转换增益。

8.21 对于 8.15 题，系统 $Z_0 = 50\Omega$。

求：（1）晶体管输入端和输出端的失配因子。

（2）输入端和输出端的电压驻波比。

8.22 一个放大器的增益为 12dB，带宽为 150MHz，室温下的噪声系数为 4dB，求输出噪声功率。以 dBm 为单位。

8.23 2 个放大器级连，放大器 1 的噪声系数 $F_1 = 2.6$、增益 $G_{A1} = 20dB$，放大器 2 的噪声系数 $F_2 = 2.4$、增益 $G_{A2} = 6dB$。求 2 种级连方式下放大电路的总噪声系数和增益。

8.24 3 个放大器级连，放大器 1 的噪声系数 $F_1 = 2dB$、增益 $G_{A1} = 7dB$，放大器 2 的噪

声系数 $F_2 = 3\text{dB}$、增益 $G_{A2} = 8\text{dB}$，放大器 3 的噪声系数 $F_3 = 4\text{dB}$、增益 $G_{A3} = 9\text{dB}$。求总噪声系数，问哪一级对总噪声有较大影响。

8.25 某双极结晶体管在 $f = 2.4\text{GHz}$ 时的 $[S]$ 参量（ $Z_0 = 50\Omega$ ）为

$$[S] = \begin{bmatrix} 0.3\angle 30° & 0.2\angle -60° \\ 2.5\angle -80° & 0.2\angle -15° \end{bmatrix}$$

晶体管的噪声参数为 $F_{\min} = 1.5\text{dB}$、$R_n = 4\Omega$、$\Gamma_{opt} = 0.5\angle 45°$。

（1）在史密斯圆图上标出 $F_{\min}$ 点。

（2）在史密斯圆图上标出 $F = 1.5\text{dB}$、$F = 1.55\text{dB}$ 及 $F = 1.6\text{dB}$ 的等噪声系数圆，并比较圆心位置及半径值。

第 9 章 放大器的设计

本章介绍各类放大器的设计。根据应用领域的不同，射频放大器包括低噪声放大器、窄带放大器、宽频带放大器和功率放大器等。射频放大器的设计包括最小噪声设计、最大功率增益设计、多级放大电路设计和最大功率输出设计等。射频放大器的设计方法有晶体管单向传输设计方法、晶体管双向传输设计方法、基于晶体管小信号线性模型的设计方法和基于晶体管大信号非线性模型的设计方法等。

设计射频放大器首先要选择适当的晶体管，在选择了有特定参量的晶体管后，放大器主要通过调节输入匹配网络、输出匹配网络、负反馈电路和静态工作点实现。本章将射频放大器等效为有源二端口网络，通过引入稳定性、功率增益、噪声系数、交调失真、增益压缩等概念，逐步介绍设计方法。在各类射频放大器的设计中，Smith 圆图依然是非常有效的辅助设计工具，在 Smith 圆图上可采用输入稳定判别圆、输出稳定判别圆、等功率增益圆、等噪声系数圆、等功率输出圆、等功率曲线等的设计方法。

本章首先讨论放大器的分类和偏置网络；然后对小信号讨论高增益、低噪声和宽频带放大器的设计步骤；最后讨论功率放大器和多级放大器的设计步骤。

9.1 放大器的工作状态和分类

不同工作状态的放大器设计方法不同，在讨论放大器的设计之前，首先讨论放大器的工作状态和放大器的分类。

9.1.1 基于静态工作点的放大器分类

根据静态工作点的不同，放大器主要分为以下 4 类。

（1）A 类放大器

A 类放大器也称为甲类放大器。工作于这种状态的放大器，晶体管在整个信号的周期内均导通，如图 9.1（a）所示。

（2）B 类放大器

B 类放大器也称为乙类放大器。工作于这种状态的放大器，晶体管仅在半个信号的周期内导通，如图 9.1（b）所示。

（3）AB 类放大器

AB 类放大器也称为甲乙类放大器。工作于这种状态的放大器，对于小信号工作于 A 类，对于大信号工作于 B 类，如图 9.1（c）所示。

（4）C 类放大器

C 类放大器也称为丙类放大器。工作于这种状态的放大器，晶体管的导通时间小于半个信号周期，如图 9.1（d）所示。

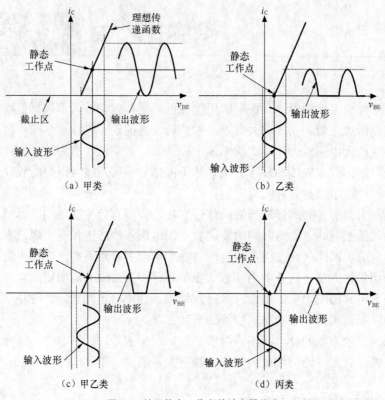

图 9.1　基于静态工作点的放大器分类

功率放大器的效率是特别需要考虑的。放大器的效率定义为射频输出功率与直流输入功率之比，A 类放大器的效率最低，不超过 50%；B 类放大器的理论效率为 78%；C 类放大器的效率可以接近 100%。

9.1.2　基于信号大小的放大器分类

根据信号大小的不同，放大器可以分为小信号工作模式和大信号工作模式。在小信号及大信号这 2 种不同的工作模式下，放大器的设计方法不同。

（1）小信号分析法

当输入交流信号的幅度与恒定偏压值相比是一个小量级时，器件的工作状态近似为线性的，可以采用小信号分析法。

（2）大信号分析法

当输入交流信号的幅度很大时，交流信号的工作区域会超出器件的线性工作区域，进入非线性工作区域，引起器件非线性工作，这时用大信号分析法。

9.2　放大器的偏置网络

偏置网络的设计是直流电路的设计，偏置电路的作用是在特定的工作条件下为放大器提供适当的静态工作点，以保持放大器工作特性的恒定。

在放大器的设计中，偏置电路的设计与射频电路的设计是各自独立的。下面首先讨论偏置电路与射频电路之间的连接；然后给出 2 个偏置电路的设计方法。

9.2.1　偏置电路与射频电路之间的连接

偏置电路是直流的通路，射频电路是射频交流信号的通路。偏置电路与射频电路是一个放大器中不可分割的两部分，但希望直流的通路与射频交流信号的通路之间能够完全隔离，以消除直流与射频交流信号之间的耦合。

为此，偏置电路与射频电路之间的连接可以采取以下 3 种方案。

（1）在直流源与射频电路之间连接一个电感，即通常所说的射频扼流圈（RFC）。RFC可以有效地阻塞射频信号，但对直流可以视为无损耗通路，直流可以无损耗地通过 RFC。

（2）在直流源与射频电路之间连接一个 $\lambda/4$ 阻抗变换器。阻抗变换器的特性阻抗应很高，其可以对射频信号产生很高的阻抗。

（3）将一个大电容作为负载接于 $\lambda/4$ 阻抗变换器的终端，可以有效地短路可能泄露到偏置电路中的射频信号。大电容在射频频率下呈现短路，经 $\lambda/4$ 阻抗变换器后，相当于开路，从而可以隔断射频信号。

上述 3 种方案可以综合使用，以达到直流通路与射频交流通路隔离的目的，保证放大器正常工作。

9.2.2　偏置电路的设计

偏置电路有许多设计方法，这里举例说明。考察 2 种偏置电路，如图 9.2 所示，图中 RFC和电容 C_B 用来隔离射频信号。

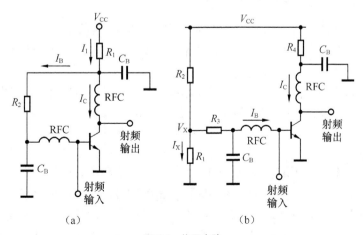

图 9.2　偏置电路

图 9.2（a）中的电阻 R_1 和 R_2 构成了直流偏置网络。这是一种结构简洁的直流偏置电路，通过电阻网络为射频晶体管提供合适的工作电压和工作电流，并形成并联直流电压负反馈。该直流偏置电路有如下关系

$$I_1 = I_C + I_B = I_C(1 + \beta^{-1}) \tag{9.1}$$

$$R_1 = \frac{V_{CC} - V_{CE}}{I_1} \tag{9.2}$$

$$R_2 = \frac{V_{CE} - V_{BE}}{I_B} \tag{9.3}$$

图 9.2（b）中的电阻 R_1、R_2、R_3 和 R_4 构成了直流偏置网络。该直流偏置电路采用电阻 R_2 分压方式，在这个电路中可以选择电位 V_x 或电流 I_x，提高了设计的灵活性。当选择了 V_x 后，该直流偏置电路有如下关系

$$R_3 = \frac{V_x - V_{BE}}{I_B} \tag{9.4}$$

$$R_1 = \frac{V_x}{I_x} \tag{9.5}$$

$$R_2 = \frac{V_{CC} - V_x}{I_x + I_B} \tag{9.6}$$

$$R_4 = \frac{V_{CC} - V_{CE}}{I_C} \tag{9.7}$$

上面选择 V_x 的自由度是有限制的，即只能选择与商品电阻标称值对应的设置。

9.3 小信号放大器的设计

本节讨论多种小信号放大器的设计，其中每一种放大器都是注重放大器某些方面的特性，如注重增益、噪声系数或带宽等。下面首先给出小信号放大器的设计步骤；然后分别讨论各类小信号放大器的设计。

9.3.1 小信号放大器的设计步骤

（1）根据放大器设计指标的要求，选择合适的晶体管。例如，若设计要求放大器的增益为 G，则应选择在要求的频率范围内满足 $|S_{21} / S_{12}| > G$ 的晶体管；若设计要求放大器的噪声系数为 F，则应选择最小噪声系数 $F_{min} < F$ 的晶体管。

（2）确定晶体管的直流工作点。对双极结晶体管（BJT），将工作点偏置在 $I_C - V_{CE}$ 曲线的中部；对场效应晶体管（FET），将工作点偏置在 $I_D - V_{DS}$ 曲线的中部。

（3）在直流工作点下，测量晶体管的 [S] 参量。如果没有测量条件，可以参考生产商提供的典型参数值。

（4）在工作频率下，用解析法（$k > 1$，$|\Delta| < 1$）检验晶体管的稳定性。如果晶体管不是绝对稳定，应在史密斯圆图上画出输入和输出稳定判别圆，确定稳定区域。

（5）考察能否使用单向化设计。若 $S_{12} = 0$，可以使用单向化设计。若 $S_{12} \neq 0$，计算单向化设计误差因子 U，如果误差在可允许的范围内，可以使用单向化设计；若 $S_{12} \neq 0$，但 U 误

差超出可允许的范围，使用双向化设计。

（6）设计射频输入、输出匹配网络，达到下面的设计指标要求。

① 最大增益放大器。

② 固定增益放大器。

③ 最小噪声放大器。

④ 低噪声放大器。

⑤ 宽带放大器。

图 9.3 给出了小信号放大器的设计步骤。

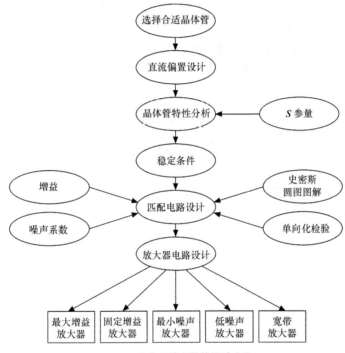

图 9.3　小信号放大器的设计步骤

9.3.2　最大增益放大器的设计

最大增益放大器，需要考虑单向化设计和双向化设计 2 种情况。无论是单向化设计还是双向化设计，都要保证信源与晶体管之间以及晶体管与负载之间达到共轭匹配，这导致 Γ_S 和 Γ_L 的取值是唯一的。当得到 Γ_S 和 Γ_L 以后，可以设计输入输出匹配网络，并可以得到最大增益的数值。

1. 单向化设计

单向化设计，放大器应满足

$$\Gamma_S = S_{11}^*, \quad \Gamma_L = S_{22}^*$$

最大增益为

$$G_{\text{TU max}} = G_{\text{S max}} G_0 G_{\text{L max}}$$

式中

$$G_{S\max} = \frac{1}{1 - |S_{11}|^2}$$

$$G_0 = |S_{21}|^2$$

$$G_{L\max} = \frac{1}{1 - |S_{22}|^2}$$

例 9.1 一个具有适当偏置的双极结晶体管在 1GHz 的频率下 [S] 参量（ $Z_0 = 50\Omega$ ）为

$$S_{11} = 0.606\angle -155°, \quad S_{21} = 6\angle 180°$$

$$S_{12} = 0, \quad S_{22} = 0.48\angle -20°$$

采用该晶体管设计一个具有最大增益的放大器。

解 本题只设计射频电路。由于 $S_{12} = 0$ ，采用单向化设计。

（1）检验晶体管的稳定性

$$|\Delta| = |S_{11}S_{22} - S_{12}S_{21}| \approx 0.29$$

$$k = \frac{1 - |S_{11}|^2 - |S_{22}|^2 + |\Delta|^2}{2|S_{12}||S_{21}|} = \infty$$

由于满足 $k > 1$ 及 $|\Delta| < 1$ ，所以该晶体管是绝对稳定的。

（2）计算最大增益

$$G_{TU\max} = \frac{|S_{21}|^2}{(1 - |S_{11}|^2)(1 - |S_{22}|^2)} \approx 73.93$$

$$G_{TU\max} = 10\lg(73.93) \approx 18.69\text{dB}$$

（3）求 Γ_S 和 Γ_L

$$\Gamma_S = S_{11}^* = 0.606\angle 155°$$

$$\Gamma_L = S_{22}^* = 0.48\angle 20°$$

（4）设计射频输入匹配网络

本题采用电感和电容的匹配网络，设计过程如图 9.4（a）所示。 Γ_S 在史密斯圆图上的点 D 。由史密斯圆图的中心点沿等电导圆顺时针旋转到点 C ，然后由点 C 沿等电阻圆顺时针旋转到点 D ，可以完成设计。因此，输入匹配网络的第 1 个元件为并联电容 C_S ，值为

$$j\omega C_S = j1.7 / 50$$

$$C_S \approx 5.41\text{pF}$$

输入匹配网络的第 2 个元件为串联电感 L_S ，值为

$$j\omega L_S = j[0.2 - (-0.45)] \times 50$$

$$L_S \approx 5.17\text{nH}$$

（5）设计射频输出匹配网络

本题采用电感和电容的匹配网络，设计过程如图 9.4（a）所示。 Γ_L 在史密斯圆图上的点

B。由史密斯圆图的中心点沿等电阻圆逆时针旋转到点 A，然后由点 A 沿等电导圆逆时针旋转到点 B，可以完成设计。因此，输出匹配网络的第 1 个元件为串联电容 C_L，值为

$$1/j\omega C_L = -j1.38 \times 50$$

$$C_L \approx 2.3\text{pF}$$

输出匹配网络的第 2 个元件为并联电感 L_L，值为

$$1/j\omega L_L = j(-0.16 - 0.48)/50$$

$$L_L \approx 12.43\text{nH}$$

射频电路图如图 9.4（b）所示。

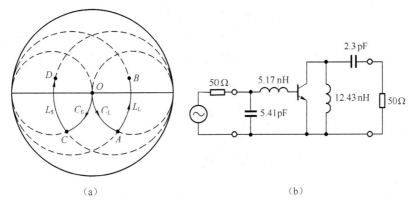

（a） （b）

图 9.4 例 9.1 用图

2．双向化设计

双向化设计，放大器应满足

$$\Gamma_S = \Gamma_{in}^*, \quad \Gamma_L = \Gamma_{out}^*$$

最大增益为

$$G_{Tmax} = G_{Smax}G_0G_{Lmax} = \frac{1}{1-|\Gamma_{MS}|^2}|S_{21}|^2\frac{1-|\Gamma_{ML}|^2}{|1-S_{22}\Gamma_{ML}|^2}$$

此时 $\Gamma_S = \Gamma_{MS}$、$\Gamma_L = \Gamma_{ML}$，式中

$$\Gamma_{MS} = \frac{B_1 - \sqrt{B_1^2 - 4|C_1|^2}}{2C_1}$$

$$\Gamma_{ML} = \frac{B_2 - \sqrt{B_2^2 - 4|C_2|^2}}{2C_2}$$

$$B_1 = 1 + |S_{11}|^2 - |S_{22}|^2 - \Delta^2$$

$$C_1 = S_{11} - S_{22}^*\Delta$$

$$B_2 = 1 - |S_{11}|^2 + |S_{22}|^2 - \Delta^2$$

$$C_2 = S_{22} - S_{11}^*\Delta$$

例 9.2 一个具有适当偏置的砷化镓场效应管（GaAs FET）在 4GHz 的频率下 $[S]$ 参量（$Z_0 = 50\Omega$）为

$$S_{11} = 0.72\angle{-116°}, \quad S_{21} = 2.60\angle 76°$$

$$S_{12} = 0.03\angle 57°, \quad S_{22} = 0.73\angle{-54°}$$

采用该晶体管设计一个具有最大增益的放大器。

解 本题只设计射频电路。由于 $S_{12} \neq 0$，采用双向化设计。

（1）检验晶体管的稳定性

$$|\Delta| = |S_{11}S_{22} - S_{12}S_{21}| \approx 0.49$$

$$k = \frac{1 - |S_{11}|^2 - |S_{22}|^2 + |\Delta|^2}{2|S_{12}||S_{21}|} \approx 1.20$$

由于满足 $k > 1$ 及 $|\Delta| < 1$，所以该晶体管是绝对稳定的。

（2）计算最大增益

$$\Gamma_{MS} = \frac{B_1 - \sqrt{B_1^2 - 4|C_1|^2}}{2C_1} \approx 0.87\angle 123°$$

$$\Gamma_{ML} = \frac{B_2 - \sqrt{B_2^2 - 4|C_2|^2}}{2C_2} \approx 0.88\angle 61°$$

$$G_{T\max} = \frac{1}{1 - |\Gamma_{MS}|^2}|S_{21}|^2\frac{1 - |\Gamma_{ML}|^2}{|1 - S_{22}\Gamma_{ML}|^2} \approx 47.08$$

$$G_{T\max} = 10\lg G_{T\max} \approx 16.73\text{dB}$$

（3）求 Γ_{MS} 和 Γ_{ML}

$$\Gamma_S = \Gamma_{MS} = 0.87\angle 123°$$

$$\Gamma_L = \Gamma_{ML} = 0.88\angle 61°$$

（4）设计射频输入匹配网络

本题采用分布参数元件的匹配网络，设计过程如图 9.5（a）所示。Γ_S 在史密斯阻抗圆图上的点 C。由点 C 旋转 180° 到点 B，点 B 对应 y_S。由点 B 沿等反射系数圆逆时针旋转，与电导为 1 的圆相交在 $1 + jb$ 的点 A，点 A 与点 B 的电刻度差为传输线的长度，为

$$l_{S1} = 0.330\lambda - 0.210\lambda = 0.120\lambda$$

可以读出 $b = j3.5$，选用并联开路短截线（开路短截线即终端开路的一段传输线），并联开路短截线应提供 $b = j3.5$，所以并联开路短截线的长度为

$$l_{S2} = 0.206\lambda$$

（5）设计射频输出匹配网络

本题采用分布参数元件的匹配网络，设计过程与输入匹配网络相同。可以求出

$$l_{L1} = 0.206\lambda$$

$$l_{L2} = 0.206\lambda$$

射频电路图如图 9.5（b）所示。

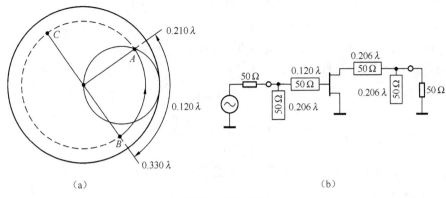

图 9.5　例 9.2 用图

9.3.3　固定增益放大器的设计

固定增益是指小于最大增益的某一特定值。在许多情况下，设计要求达到固定增益而不是最大增益，以兼顾放大器的其他指标或满足放大器增益的设定值。固定增益放大器的设计需要考虑单向化设计和双向化设计 2 种情况，下面分别给出设计过程。

1．单向化设计

单向化设计需要根据指标要求分配 G_S 和 G_L 的取值，并根据 G_S 和 G_L 取值画出输入、输出等增益圆。在输入等增益圆上任选满足稳定性的 $\varGamma_S$，在输出等增益圆上任选满足稳定性的 $\varGamma_L$，以此为依据完成输入、输出匹配网络的设计。此时，满足增益要求的 $\varGamma_S$ 和 $\varGamma_L$ 可有多种选择，不是唯一的。输入、输出等增益圆分别表示为

$$\left|\varGamma_S - C_{g_s}\right| = r_{g_s}, \quad \left|\varGamma_L - C_{g_L}\right| = r_{g_L}$$

式中

$$C_{g_s} = \frac{g_S S_{11}^*}{1 - \left|S_{11}\right|^2 (1 - g_s)}$$

$$r_{g_s} = \frac{\sqrt{1 - g_s}\left(1 - \left|S_{11}\right|^2\right)}{1 - \left|S_{11}\right|^2 (1 - g_s)}$$

$$C_{g_L} = \frac{g_L S_{22}^*}{1 - \left|S_{22}\right|^2 (1 - g_L)}$$

$$r_{g_L} = \frac{\sqrt{1 - g_L}\left(1 - \left|S_{22}\right|^2\right)}{1 - \left|S_{22}\right|^2 (1 - g_L)}$$

$$g_s = \frac{G_S}{G_{S\max}}, \quad g_L = \frac{G_L}{G_{L\max}}$$

例 9.3　设计一个频率为 3GHz、功率增益为 15dB 的固定增益放大器，所选双极结晶体管在 $V_{CE} = 4V$、$I_C = 5mA$ 时的 [S] 参量（$Z_0 = 50\Omega$）为

$$S_{11} = 0.7\angle -155° , \quad S_{21} = 4\angle 180°$$

$$S_{12} = 0 , \quad S_{22} = 0.51\angle -20°$$

解 本题只设计射频电路。由于 $S_{12} = 0$，采用单向化设计。

（1）检验晶体管的稳定性

$$|\Delta| = |S_{11}S_{22} - S_{12}S_{21}| = 0.357$$

$$k = \frac{1 - |S_{11}|^2 - |S_{22}|^2 + |\Delta|^2}{2|S_{12}||S_{21}|} = \infty$$

由于满足 $k > 1$ 及 $|\Delta| < 1$，所以该晶体管是绝对稳定的。

（2）分配增益

由于采用单向化设计，有

$$G_{TU} = G_S G_0 G_L$$

式中

$$G_0 = |S_{21}|^2 = 16$$

$$G_0 \approx 12\text{dB}$$

指标要求总增益为 15dB，其余 3dB 由输入、输出匹配网络获得。

由于

$$G_{S\max} = \frac{1}{1 - |S_{11}|^2} \approx 1.96$$

$$G_{S\max} \approx 2.9\text{dB}$$

$$G_{L\max} = \frac{1}{1 - |S_{22}|^2} \approx 1.35$$

$$G_{L\max} \approx 1.3\text{dB}$$

参照以上 $G_{S\max}$ 和 $G_{L\max}$ 的值，G_S 和 G_L 可以分配为

$$G_S = 2\text{dB} , \quad G_L = 1\text{dB}$$

即

$$G_S \approx 1.59 , \quad G_L \approx 1.26$$

（3）画输入、输出等增益圆

根据 $G_S = 1.59$，计算可以得到

$$g_S = G_S / G_{S\max} \approx 0.81$$

$$C_{g_S} \approx 0.63\angle 155° , \quad r_{g_S} \approx 0.25$$

由圆心位置 C_{g_S} 和半径 r_{g_S} 可以画出输入等增益圆，如图 9.6（a）所示。

根据 $G_L = 1.26$，计算可以得到

$$g_L = G_L / G_{L\max} \approx 0.93$$

$$C_{g_L} \approx 0.48\angle 20° , \quad r_{g_L} \approx 0.20$$

由圆心位置 C_{g_L} 和半径 r_{g_L} 可以画出输出等增益圆，如图 9.6（a）所示。

（4）选择 Γ_S 和 Γ_L

由于晶体管绝对稳定，所以 Γ_S 的值可以在输入等增益圆上任选，Γ_L 的值可以在输出等增益圆上任选。一种可选的设计如下

$$\Gamma_S = 0.71\angle 173°$$
$$\Gamma_L = 0.50\angle -5°$$

（5）设计射频输入匹配网络

本题采用电感和电容的匹配网络，设计过程如图 9.6（a）所示。输入匹配网络的第 1 个元件为并联电容 C_S，值为

$$C_S \approx 2.31\text{pF}$$

第 2 个元件为串联电感 L_S，值为

$$L_S \approx 1.14\text{nH}$$

（6）设计射频输出匹配网络

本题采用电感和电容的匹配网络，设计过程如图 9.6（a）所示。输出匹配网络的第 1 个元件为串联电容 C_L，值为

$$C_L \approx 0.73\text{pF}$$

第 2 个元件为并联电感 L_L，值为

$$L_L \approx 6.17\text{nH}$$

射频电路图如图 9.6（b）所示。

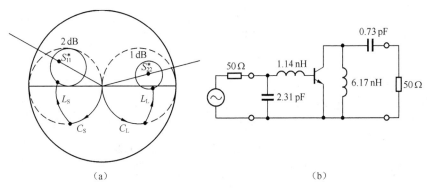

（a）　　　　　　　　　　　　　　　（b）

图 9.6　例 9.3 用图

例 9.4　一个场效应管在不同频率下的 $[S]$ 参量（$Z_0 = 50\Omega$）见表 9.1。用该场效应管设计一个 f =4GHz、增益为 11dB 的放大器，并在 f =3GHz 和 f =5GHz 时讨论该放大器增益的变化情况。

表 9.1　　　　　　　　　　　　　　3 个频率下的 $[S]$ 参量

f/GHz	S_{11}	S_{21}	S_{12}	S_{22}
3	$0.8\angle -90°$	$2.8\angle 100°$	0	$0.66\angle -50°$
4	$0.75\angle -120°$	$2.5\angle 80°$	0	$0.6\angle -70°$
5	$0.71\angle -140°$	$2.3\angle 60°$	0	$0.58\angle -85°$

解 本题只设计射频电路。由于 $S_{12}=0$，采用单向化设计。

（1）检验晶体管的稳定性

$$|\Delta| = |S_{11}S_{22} - S_{12}S_{21}| = |S_{11}S_{22}| < 1$$

$$k = \frac{1 - |S_{11}|^2 - |S_{22}|^2 + |\Delta|^2}{2|S_{12}||S_{21}|} = \infty$$

由于满足 $k>1$ 及 $|\Delta|<1$，所以该晶体管在 $f=3\text{GHz}$、$f=4\text{GHz}$ 和 $f=5\text{GHz}$ 是绝对稳定的。

（2）分配增益

对 $f=4\text{GHz}$、增益为 11dB 的放大器，分配增益如下。

$$G_0 = |S_{21}|^2 = 6.25$$

$$G_0 \approx 7.96\text{dB}$$

$$G_{S\max} = \frac{1}{1 - |S_{11}|^2} \approx 2.29$$

$$G_{S\max} \approx 3.59\text{dB}$$

$$G_{L\max} = \frac{1}{1 - |S_{22}|^2} \approx 1.56$$

$$G_{L\max} \approx 1.93\text{dB}$$

设计要求放大器的增益为 11dB，G_S 和 G_L 可以分配为

$$G_S = 2\text{dB}$$

$$G_L = 1\text{dB}$$

$$G_{TU} = G_0 + G_S + G_L \approx 11\text{dB}$$

（3）画输入、输出等增益圆

根据 $G_S = 2\text{dB}$，计算可以得到

$$g_S \approx 0.69$$

$$C_{g_S} \approx 0.627\angle 120°, \quad r_{g_S} \approx 0.294$$

根据 $G_L = 1\text{dB}$，计算可以得到

$$g_L \approx 0.81$$

$$C_{g_L} \approx 0.52\angle 70°, \quad r_{g_L} \approx 0.30$$

可以画出输入及输出等增益圆，如图 9.7（a）所示。

（4）选择 Γ_S 和 Γ_L

在输入等增益圆上选择最靠近原点的点 A 为 Γ_S，$\Gamma_S = 0.33\angle 120°$；在输出等增益圆上选择最靠近原点的点 C 为 Γ_L，$\Gamma_L = 0.22\angle 70°$。如图 9.7（a）所示。

（5）设计射频输入、输出匹配网络

本题采用分布参数元件的匹配网络，设计过程如图 9.7（a）所示。

$$l_{S1} = 0.179\lambda, \quad l_{S2} = 0.100\lambda$$

$$l_{L1} = 0.045\lambda, \quad l_{L2} = 0.432\lambda$$

射频电路图如图 9.7（b）所示。

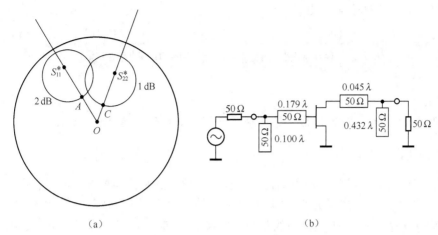

（a）　　　　　　　　　　　　（b）

图 9.7　例 9.4 用图

（6）f =3GHz 时该放大器的增益

f =3GHz 时，原来的电长度要乘以 0.75，所以有

$$l_{S1} = 0.75 \times 0.183\lambda \approx 0.137\lambda$$

$$l_{S2} = 0.75 \times 0.09\lambda \approx 0.068\lambda$$

$$l_{L1} = 0.75 \times 0.044\lambda = 0.033\lambda$$

$$l_{L2} = 0.75 \times 0.431\lambda \approx 0.323\lambda$$

利用史密斯圆图可以得到

$$\Gamma_S = 0.24\angle 158°$$

$$\Gamma_L = 0.72\angle 109°$$

由式（8.44）可以计算单向化功率增益，为

$$G_{TU} = \frac{1-0.24^2}{\left|1-(0.8\angle-90°)(0.24\angle158°)\right|^2} \times 2.8^2 \times \frac{1-0.72^2}{\left|1-(0.66\angle-50°)(0.72\angle109°)\right|^2}$$

$$\approx 5.41$$

$$G_{TU} \approx 7.33\text{dB}$$

与 f =4GHz 相比，f =3GHz 时放大器增益下降了 11dB−7.33dB=3.67dB。

（7）f =5GHz 时该放大器的增益

f =5GHz 时，原来的电长度要乘以 1.25，所以有

$$l_{S1} = 1.25 \times 0.183\lambda \approx 0.229\lambda$$

$$l_{S2} = 1.25 \times 0.09\lambda \approx 0.113\lambda$$

$$l_{L1} = 1.25 \times 0.044\lambda = 0.055\lambda$$

$$l_{L2} = 1.25 \times 0.431\lambda \approx 0.539\lambda$$

利用史密斯圆图可以得到

$$\Gamma_S = 0.41\angle 81°$$

$$\Gamma_L = 0.15\angle -151°$$

由式（8.44）可以计算单向化功率增益，为

$$G_{TU} = \frac{1-0.41^2}{\left|1-(0.71\angle -140°)(0.41\angle 81°)\right|^2} \times 2.3^2 \times \frac{1-0.15^2}{\left|1-(0.58\angle -85°)(0.15\angle -151°)\right|^2}$$

$$\approx 4.97$$

$$G_{TU} \approx 6.96\text{dB}$$

与 $f = 4\text{GHz}$ 相比，$f = 5\text{GHz}$ 时放大器增益下降了 11dB–6.96dB=4.04dB。

2. 双向化设计

晶体管双向时，可以采用功率增益法设计放大器。这时需要根据功率增益的值画出等功率增益圆，在任选等功率增益圆上满足稳定性的一个 Γ_L 后，可以计算出 Γ_{in}，进而利用 $\Gamma_S = \Gamma_{\text{in}}^*$ 可以计算出 Γ_S。需要说明的是，当选择了 Γ_L 后，Γ_S 唯一确定。由 Γ_S 和 Γ_L 可以设计输入输出匹配网络。等功率增益圆表示为

$$\left|\Gamma_L - C_{g_P}\right| = r_{g_P}$$

式中

$$C_{g_P} = \frac{g_P(S_{22}-\Delta S_{11}^*)^*}{1+g_P\left(\left|S_{22}\right|^2 - \left|\Delta\right|^2\right)}$$

$$r_{g_P} = \frac{\sqrt{1-2kg_P\left|S_{12}S_{21}\right|+g_P^2\left|S_{12}S_{21}\right|^2}}{\left|1+g_P\left(\left|S_{22}\right|^2 - \left|\Delta\right|^2\right)\right|}$$

$$g_P = G_P/\left|S_{21}\right|^2$$

例 9.5   一个具有适当偏置的砷化稼场效应管在 2GHz 的 50Ω 系统里[S]参量为

$$S_{11} = 0.7\angle -65°, \quad S_{21} = 3.2\angle 110°$$

$$S_{12} = 0.03\angle 60°, \quad S_{22} = 0.8\angle -30°$$

采用该晶体管设计一个 $G_P = 10\text{dB}$ 的放大器。

解   本题只设计射频电路。由于 $S_{12} \neq 0$，采用双向化设计。

（1）检验晶体管的稳定性

$$\left|\Delta\right| = \left|S_{11}S_{22} - S_{12}S_{21}\right| \approx 0.58$$

$$k = \frac{1-\left|S_{11}\right|^2 - \left|S_{22}\right|^2 + \left|\Delta\right|^2}{2\left|S_{12}\right|\left|S_{21}\right|} \approx 1.05$$

由于满足 $k > 1$ 及 $\left|\Delta\right| < 1$，所以该晶体管是绝对稳定的。

（2）画等功率增益圆

$$G_P = 10\text{dB}, \quad G_P = 10$$

$$g_P = G_P/\left|S_{21}\right|^2 \approx 0.98$$

$$C_{g_P} \approx 0.31\angle 39°, \quad r_{g_P} \approx 0.69$$

由圆心位置 C_{g_P} 和半径 r_{g_P}，可以画出等功率增益圆，如图 9.8（a）所示。

（3）选择 Γ_L，计算与 Γ_L 相应的 Γ_S

在等功率增益圆上选择一点，例如选择

$$\Gamma_L = 0.38\angle 180°$$

由 Γ_L 可以计算输入反射系数，为

$$\Gamma_{in} = S_{11} + \frac{S_{12}S_{21}}{1 - S_{22}\Gamma_L}\Gamma_L \approx 0.71\angle -63°$$

所以 Γ_S 为

$$\Gamma_S = \Gamma_{in}^* = 0.71\angle 63°$$

（4）设计射频输入匹配网络

设计过程如图 9.8（a）所示。Γ_S 在史密斯阻抗圆图上的点 A。由点 A 旋转 180° 到点 B，点 B 对应 y_S。由点 B 沿等反射系数圆逆时针旋转，与电导为 1 的圆相交在 $1 + jb$ 的点 F，点 F 与点 B 的电刻度差为传输线的长度，为

$$l_S = 0.10\lambda$$

可以读出 $b = -j2.1$，选用并联电感提供 $b = -j2.1$，电感为

$$L_S \approx 1.89\text{nH}$$

（5）设计射频输出匹配网络

Γ_L 在史密斯阻抗圆图上的点 C。由点 C 旋转 180° 到点 D，点 D 对应 y_L。由点 D 沿等反射系数圆逆时针旋转，与电导为 1 的圆相交在 $1 + jb$ 的点 E，点 E 与点 D 的电刻度差为传输线的长度，为

$$l_L = 0.094\lambda$$

可以读出 $b = j0.8$，选用并联电容提供 $b = j0.8$，电容为

$$C_L \approx 1.27\text{pF}$$

射频电路图如图 9.8（b）所示。

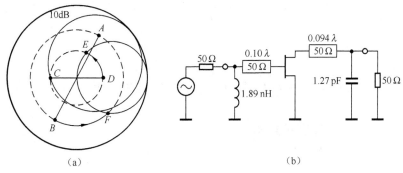

图 9.8　例 9.5 用图

例 9.6　一个场效应管的 $[S]$ 参量（$Z_0 = 50\Omega$）为

$$S_{11} = 0.5\angle -180°,\quad S_{21} = 2.5\angle 70°$$

$$S_{12} = 0.08\angle 30°, \quad S_{22} = 0.8\angle -100°$$

用该场效应管设计一个放大器，使其功率增益 $G_P = 10\text{dB}$。

解 本题只设计射频电路。由于 $S_{12} \neq 0$，采用双向化设计。

（1）检验晶体管的稳定性

$$|\Delta| = |S_{11}S_{22} - S_{12}S_{21}| \approx 0.22$$

$$k = \frac{1 - |S_{11}|^2 - |S_{22}|^2 + |\Delta|^2}{2|S_{12}||S_{21}|} \approx 0.399$$

由于 $k < 1$，所以该晶体管是潜在不稳定的。

（2）画输入和输出稳定判别圆

计算可以得到输入稳定判别圆的圆心和半径分别为

$$C_S \approx 1.67\angle 171°, \quad r_S \approx 0.998$$

因为 $|S_{22}| < 1$，所以原点（$\Gamma_S = 0$ 点）为稳定点。Γ_S 复平面上的稳定区域在输入稳定判别圆外。

同样，计算输出稳定判别圆的圆心和半径分别为

$$C_L \approx 1.18\angle 97°, \quad r_L \approx 0.339$$

因为 $|S_{11}| < 1$，所以原点（$\Gamma_L = 0$ 点）为稳定点。Γ_L 复平面上的稳定区域在输出稳定判别圆外。输入输出稳定判别圆如图 9.9（a）所示。

（3）画等功率增益圆

$$G_P = 10\text{dB}, \quad G_P = 10$$

$$C_{g_P} \approx 0.57\angle 97°, \quad r_{g_P} \approx 0.47$$

可以画出等功率增益圆，如图 9.9（a）所示。

（4）选择 Γ_S 和 Γ_L

所选的 Γ_S 和 Γ_L 必须避开不稳定区。用试探法。假如在等功率增益圆上选择 $\Gamma_L = 0.1\angle 97°$，由 Γ_L 可以计算输入反射系数，为

$$\Gamma_{\text{in}} = S_{11} + \frac{S_{12}S_{21}}{1 - S_{22}\Gamma_L}\Gamma_L \approx 0.52\angle -179°$$

所以 Γ_S 为

$$\Gamma_S = \Gamma_{\text{in}}^* = 0.52\angle 179°$$

由于 Γ_S 和 Γ_L 均处于稳定区，上述方案可行。Γ_S 和 Γ_L 在史密斯圆图上的位置如图 9.9（a）所示。

（5）设计射频输入、输出匹配网络

本题采用分布参数元件的匹配网络。

$$l_{S1} = 0.082\lambda$$
$$l_{S2} = 0.142\lambda$$
$$l_{L1} = 0.231\lambda$$
$$l_{L2} = 0.034\lambda$$

射频电路图如图 9.9（b）所示。

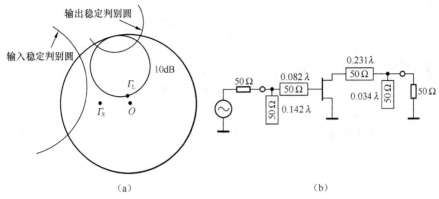

图 9.9　例 9.6 用图

9.3.4　最小噪声放大器的设计

设计最小噪声放大器，应有 $F = F_{\min}$ ，只能选择

$$\Gamma_{\mathrm{S}} = \Gamma_{\mathrm{opt}}$$

为在输出端得到最大的功率转换，选

$$\Gamma_{\mathrm{L}} = \Gamma_{\mathrm{out}}^{*} = \left(S_{22} + \frac{S_{12}S_{21}}{1 - S_{11}\Gamma_{\mathrm{opt}}} \Gamma_{\mathrm{opt}} \right)^{*}$$

以上确定的 Γ_{S} 和 Γ_{L} 可以设计输入输出匹配网络。

当放大器的噪声最小时，增益不能达到最大，这是因为两者所需的 Γ_{S} 和 Γ_{L} 不同，也即两者所需的输入输出匹配网络不同。

例 9.7　晶体管在频率为 4GHz、$V_{\mathrm{CE}} = 10\mathrm{V}$ 、$I_{\mathrm{C}} = 4\mathrm{mA}$ 时，$[S]$ 参量（$Z_0 = 50\Omega$）为

$$S_{11} = 0.55\angle 169° , \quad S_{21} = 1.68\angle 26°$$

$$S_{12} = 0.05\angle 23° , \quad S_{22} = 0.84\angle -67°$$

晶体管的噪声参数为

$$F_{\min} = 2.5\mathrm{dB} , \quad \Gamma_{\mathrm{opt}} = 0.48\angle 166° , \quad R_{\mathrm{n}} = 3.5\Omega$$

设计最小噪声放大器，并比较此时放大器的增益与放大器最大增益的差别。

解　本题只设计射频电路。

（1）检验晶体管的稳定性

$$|\Delta| = |S_{11}S_{22} - S_{12}S_{21}| \approx 0.42$$

$$k = \frac{1 - |S_{11}|^2 - |S_{22}|^2 + |\Delta|^2}{2|S_{12}||S_{21}|} \approx 1.01$$

由于满足 $k > 1$ 及 $|\Delta| < 1$ ，所以该晶体管是绝对稳定的。

（2）选择 Γ_{S}

设计最小噪声放大器，应选择

$$\Gamma_{\mathrm{S}} = \Gamma_{\mathrm{opt}} = 0.48\angle 166°$$

（3）选择 Γ_{L}

$$\Gamma_{\mathrm{out}} = S_{22} + \frac{S_{12}S_{21}}{1 - S_{11}\Gamma_{\mathrm{S}}}\Gamma_{\mathrm{S}} \approx 0.84\angle 70°$$

为在输出端得到最大的功率转换，选

$$\Gamma_{\mathrm{L}} = \Gamma_{\mathrm{out}}^* = 0.84\angle - 70°$$

（4）设计射频输入匹配网络

由 Γ_{S} 可以设计输入匹配网络，设计过程如图 9.10（a）所示。输入匹配网络的第 1 个元件为并联电容 C_{S}，值为

$$C_{\mathrm{S}} \approx 1.1\mathrm{pF}$$

第 2 个元件为串联电感 L_{S}，值为

$$L_{\mathrm{S}} \approx 1.2\mathrm{nH}$$

（5）设计射频输出匹配网络

由 Γ_{L} 可以设计输出匹配网络，设计过程如图 9.10（a）所示。输出匹配网络的第 1 个元件为并联电容 C_{L1}，值为

$$C_{\mathrm{L1}} \approx 1.4\mathrm{pF}$$

第 2 个元件为串联电容 C_{L2}，值为

$$C_{\mathrm{L2}} \approx 0.83\mathrm{pF}$$

射频电路图如图 9.10 所示。

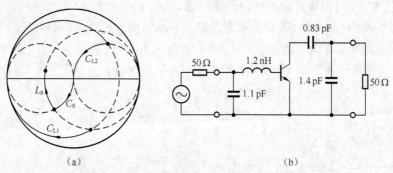

（a）　　　　　　　　　　　　　（b）

图 9.10　例 9.7 用图

（6）最小噪声放大器的增益与放大器最大增益的差别

由最小噪声放大器选择的 Γ_{S} 和 Γ_{L}，根据式（8.43）可以计算 G_{P}，为

$$G_P = \frac{|S_{21}|^2(1 - |\Gamma_{\mathrm{L}}|^2)}{(1 - |\Gamma_{\mathrm{in}}|^2)|1 - S_{22}\Gamma_{\mathrm{L}}|^2}$$

$$= \frac{|S_{21}|^2}{1 - \left|S_{11} + \dfrac{S_{12}S_{21}}{1 - S_{22}\Gamma_{\mathrm{L}}}\Gamma_{\mathrm{L}}\right|^2}\frac{1 - |\Gamma_{\mathrm{L}}|^2}{|1 - S_{22}\Gamma_{\mathrm{L}}|^2}$$

$$\approx 12.59$$

$$G_{\mathrm{P}} \approx 11\mathrm{dB}$$

由式（8.76）和式（8.77）可以计算放大器增益的最大值，为

$$G_{\text{Pmax}} = G_{\text{Tmax}} = G_{\text{Amax}} = \frac{|S_{21}|}{|S_{12}|}(k - \sqrt{k^2 - 1}) \approx 29.51$$

$$G_{\text{Pmax}} \approx 14.7\text{dB}$$

由上面的计算可以看出，放大器噪声最小时，增益达不到最大。

9.3.5 低噪声放大器的设计

低噪声放大器的设计目标是在输入端噪声系数不超过给定值的前提下，获得设定的增益。低噪声放大器的设计需要画出等噪声系数圆。等噪声系数圆为

$$|\Gamma_S - C_F| = r_F$$

式中

$$C_F = \frac{\Gamma_{\text{opt}}}{1 + N}$$

$$r_F = \frac{\sqrt{N(N+1) - N|\Gamma_{\text{opt}}|^2}}{N + 1}$$

晶体管单向时，将设定的增益分配给 G_S 和 G_L，并根据 G_S 和 G_L 画出输入、输出等增益圆。由输入等增益圆和等噪声系数圆选择满足 G_S 和 F 的 Γ_S，由 Γ_S 可以完成输入匹配网络的设计；在输出等增益圆上任选 Γ_L，由 Γ_L 可以完成输出匹配网络的设计。需要说明的是，Γ_L 及输出匹配网络与噪声系数 F 无关。在上面的分析中，输入等增益圆的半径越小，G_S 越大，若输入等增益圆与等噪声系数圆相切，此时满足噪声系数的 G_S 是最大的。

例 9.8 设计一个噪声系数 $F = 3.5\text{dB}$、功率增益为 16dB 的低噪声放大器。所选双极结晶体管在频率为 1GHz、$V_{\text{CE}} = 4\text{V}$、$I_C = 30\text{mA}$ 时的[S]参量（$Z_0 = 50\Omega$）为

$$S_{11} = 0.7\angle -155°, \quad S_{21} = 5\angle 180°$$

$$S_{12} = 0, \quad S_{22} = 0.51\angle -20°$$

晶体管的噪声参数为

$$F_{\text{min}} = 3\text{dB}, \quad \Gamma_{\text{opt}} = 0.45\angle 180°, \quad R_n = 4\Omega$$

解 本题只设计射频电路。由于 $S_{12} = 0$，采用单向化设计。

（1）检验晶体管的稳定性

$$|\Delta| = |S_{11}S_{22} - S_{12}S_{21}| \approx 0.36$$

$$k = \frac{1 - |S_{11}|^2 - |S_{22}|^2 + |\Delta|^2}{2|S_{12}||S_{21}|} = \infty$$

由于满足 $k > 1$ 及 $|\Delta| < 1$，所以该晶体管是绝对稳定的。

（2）分配增益

由于采用单向化设计，有

$$G_{\text{TUmax}} = G_{\text{Smax}}G_0G_{\text{Lmax}}$$

$$G_{S\max} = \frac{1}{1 - |S_{11}|^2} \approx 1.96$$

$$G_{S\max} \approx 2.9\text{dB}$$

$$G_0 = |S_{21}|^2 = 25$$

$$G_0 \approx 14\text{dB}$$

$$G_{L\max} = \frac{1}{1 - |S_{22}|^2} \approx 1.35$$

$$G_{L\max} \approx 1.3\text{dB}$$

$$G_{TU\max} = G_{S\max} + G_0 + G_{L\max} = 18.3\text{dB}$$

参照以上的 $G_{S\max}$ 和 $G_{L\max}$ 值，G_S 和 G_L 可以分配为

$$G_S = 1.22\text{dB}, \quad G_L = 0.78\text{dB}$$

即

$$G_S = 1.32, \quad G_L = 1.20$$

（3）画输入等增益圆

计算可以得到

$$g_S = 1.32 / 1.96 \approx 0.67$$

$$C_{gs} = 0.56\angle 155°, \quad r_{gs} = 0.35$$

输入等增益圆如图 9.11（a）所示。

（4）画 $F = 3.5\text{dB}$ 的等噪声系数圆

计算可以得到

$$F \approx 2.24$$

$$N \approx 0.23$$

$$C_F \approx 0.37\angle 180°$$

$$r_F \approx 0.39$$

等噪声系数圆如图 9.11（a）所示。

（5）选择 Γ_S，设计射频输入匹配网络

由等噪声系数圆及输入等增益圆选择 Γ_S。在落于 $F = 3.5\text{dB}$ 等噪声系数圆内（或圆上）的输入等增益圆上，任选一点 Γ_S，可以用于设计射频输入匹配网络。如图 9.11（a）所示，选择了一点 Γ_S，射频输入匹配网络的元件如下。

并联电容

$$j\omega C_S = j0.75 / 50$$

$$C_S \approx 2.39\text{pF}$$

串联电感

$$j\omega L_S = j0.56 \times 50$$

$$L_S \approx 4.46\text{nH}$$

射频电路图如图 9.11（b）所示。

（6）画输出等增益圆

计算可以得到

$$g_L = 1.20 / 1.35 \approx 0.89$$

$$C_{g_L} \approx 0.47 \angle 20°, \quad r_{g_L} \approx 0.25$$

输出等增益圆如图 9.11（a）所示。

（7）选择 Γ_L，设计射频输出匹配网络

Γ_L 只与输出等增益圆有关，与等噪声系数圆无关。在 0.78dB 的输出等增益圆上，任选一点 Γ_L，可以用于设计射频输出匹配网络。如图 9.11（a）所示，选择了一点 Γ_L，射频输出匹配网络的元件如下。

串联电容

$$1 / j\omega C_L = -j1.4 \times 50$$

$$C_L \approx 2.27 \text{pF}$$

并联电感

$$1 / j\omega L_L = -0.4 / 50$$

$$L_L \approx 19.89 \text{nH}$$

射频电路图如图 9.11（b）所示。

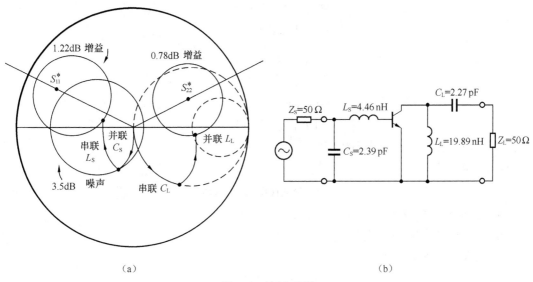

（a）　　　　　　　　　　　　　　　（b）

图 9.11　例 9.8 用图

例 9.9　一个砷化镓场效应管，用 50Ω 系统进行测量，在频率为 4GHz 时 $[S]$ 参量为

$$S_{11} = 0.6 \angle -60°, \quad S_{21} = 1.9 \angle 81°$$

$$S_{12} = 0.05 \angle 26°, \quad S_{22} = 0.5 \angle -60°$$

晶体管的噪声参数为

$$F_{\min} = 1.6 \text{dB}, \quad \Gamma_{\text{opt}} = 0.62 \angle 100°, \quad R_n = 20\Omega$$

采用单项化设计，设计一个有最大增益且噪声系数不大于 2.0dB 的放大器。

解 本题只设计射频电路。

（1）检验晶体管的稳定性

$$|\Delta| = |S_{11}S_{22} - S_{12}S_{21}| \approx 0.37$$

$$k = \frac{1 - |S_{11}|^2 - |S_{22}|^2 + |\Delta|^2}{2|S_{12}||S_{21}|} = 2.78$$

由于满足 $k > 1$ 及 $|\Delta| < 1$，所以该晶体管是绝对稳定的。

（2）单向化设计误差因子及放大器增益误差

$$U = \frac{|S_{12}||S_{21}||S_{11}||S_{22}|}{(1 - |S_{11}|^2)(1 - |S_{22}|^2)} \approx 0.059$$

$$0.50\text{dB} < \frac{G_T}{G_{TU\,\text{max}}} < 0.53\text{dB}$$

（3）计算最大增益

$$G_{S\text{max}} = \frac{1}{1 - |S_{11}|^2} \approx 1.56$$

$$G_{S\text{max}} \approx 1.94\text{dB}$$

$$G_0 = |S_{21}|^2 = 3.61$$

$$G_0 \approx 5.58\text{dB}$$

$$G_{L\,\text{max}} = \frac{1}{1 - |S_{22}|^2} \approx 1.33$$

$$G_{L\,\text{max}} \approx 1.25\text{dB}$$

$$G_{TU\,\text{max}} = 8.76\text{dB}$$

（4）画 $F = 2\text{dB}$ 的等噪声系数圆

计算可以得到

$$C_F \approx 0.56\angle 100° \;,\quad r_F \approx 0.25$$

等噪声系数圆如图 9.12（a）所示。

（5）画输入等增益圆，选择 Γ_S

试探选 $G_S = 1.5\text{dB}$，计算得到

$$C_{gs} \approx 0.56\angle 60° \;,\quad r_{gs} = 0.21$$

再试探选 $G_S = 1.7\text{dB}$，计算得到

$$C_{gs} \approx 0.58\angle 60° \;,\quad r_{gs} = 0.15$$

$G_S = 1.5\text{dB}$ 和 $G_S = 1.7\text{dB}$ 的输入等增益圆如图 9.12（a）所示。

从图 9.12（a）可以看出，$G_S = 1.5\text{dB}$ 的等增益圆半径比 $G_S = 1.7\text{dB}$ 的等增益圆半径大，$G_S = 1.7\text{dB}$ 的等增益圆几乎与等噪声系数圆相切，所以本题 G_S 的最大允许取值为

$$G_S = 1.7\text{dB}$$

Γ_S 在图中选 $G_S = 1.7\text{dB}$ 的等增益圆与等噪声系数圆相切于点 A，$\Gamma_S = 0.53\angle 75°$。

（6）选择 $\varGamma_{\mathrm{L}}$

负载不影响噪声系数。为达到最大增益，应该用共轭匹配负载阻抗。选择

$$\varGamma_{\mathrm{L}} = S_{22}^* = 0.5\angle 60°$$

此时

$$G_{\mathrm{L}} = G_{\mathrm{Lmax}} \approx 1.25\mathrm{dB}$$

（7）计算增益

满足噪声系数的最大增益为

$$G_{\mathrm{TU}} = G_{\mathrm{S}} + G_0 + G_{\mathrm{L}} = 1.7 + 5.58 + 1.25 = 8.53\mathrm{dB}$$

（8）设计射频输入匹配网络

根据 $\varGamma_{\mathrm{S}}$，采用分布参数元件电路设计输入输出匹配网络。输入匹配网络

$$l_{\mathrm{S1}} = 0.226\lambda$$

选用并联开路短截线，长度为

$$l_{\mathrm{S2}} = 0.144\lambda$$

（9）设计射频输出匹配网络

根据 $\varGamma_{\mathrm{L}}$，采用分布参数元件电路设计输入输出匹配网络。输出匹配网络

$$l_{\mathrm{L1}} = 0.25\lambda$$

选用并联开路短截线，长度为

$$l_{\mathrm{L2}} = 0.136\lambda$$

射频电路图如图 9.12（b）所示。

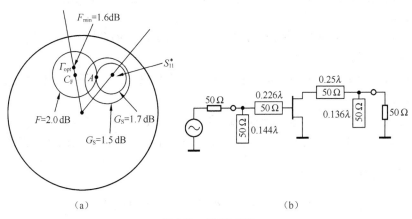

图 9.12　例 9.9 用图

9.3.6　宽带放大器的设计

带宽为中心工作频率的 10%（或更低）的放大器为窄带放大器。例如，中心工作频率为 1GHz 的窄带放大器，工作频率范围小于 950～1 050MHz。前面讨论的小信号放大器，设计思路和方法适用于窄带放大器。

带宽可以用倍频程表示，一个倍频程是任意一个给定频率 f 与该频率的 2 倍（$2f$）或

二分之一（$f/2$）之间的频率区域。在一个倍频程以上的宽频带范围内，若放大器具有基本平坦的频率曲线和基本平坦的功率增益，可以称为宽频带放大器。例如，工作在 1～2GHz 的放大器可以称为宽频带放大器。

1．宽带放大器的特性随频率而变化

随着工作带宽的增加，放大器晶体管参量和匹配网络的特性将随频率的变化而变化，造成放大器设计复杂化。这些变化主要如下。

（1）晶体管参量 S_{21} 随频率的升高而下降，下降可达 6dB/倍频程；晶体管参量 S_{12} 随频率的升高而升高，升高可达 6dB/倍频程。

（2）稳定性因子 k 与 $|S_{12}S_{21}|$ 有关，所以放大器的稳定性取决于 $|S_{12}S_{21}|$ 随频率的变化。

（3）放大器的增益与 $[S]$ 参量有关，$[S]$ 参量随频率的变化会影响增益的平坦性。

（4）放大器的噪声与 $[S]$ 参量有关，$[S]$ 参量随频率的变化会影响噪声系数。

（5）放大器输入输出匹配网络的特性随频率而变化。

2．宽带放大器的设计方法

由于宽带放大器带来了上述问题，必须对宽带放大器的设计给予特殊考虑。宽带放大器的设计目标是在工作宽带内获得相对平坦的功率增益，而不再是获得最大功率增益，这是以牺牲功率增益换取宽频带内功率增益的平坦性。

宽带放大器的设计方法是多样的，可以采取以下 4 种方法进行设计。

（1）补偿匹配网络。考虑到 $|S_{21}|$ 随频率的升高而下降，导致增益随频率的升高而下降，可以采用输入输出匹配网络补偿上述增益的变化。这种方法使输入输出匹配网络适当失配来达到补偿的目的。

（2）平衡放大器。在输入和输出端之间用 2 个 3dB 正交耦合器和 2 个放大器构成对称电路，形成平衡放大器。

（3）负反馈。使用负反馈技术可以获得平坦的功率增益，降低输入输出驻波系数。使用这种方法，以牺牲增益和噪声系数为代价。

（4）分布放大器。几个晶体管沿着传输线级联在一起，可以在较宽的宽带上给出良好的匹配、增益和噪声系数。但该电路较庞大，而且不能给出同样级数级联放大器的增益。

3．宽带放大器的设计举例

下面，讨论宽带放大器设计中的补偿匹配网络和平衡放大器。

（1）补偿匹配网络

放大器的增益可以表示为 $G_T = G_S G_0 G_L$，其中 G_S 和 G_L 分别是输入输出匹配网络的有效功率增益。因为晶体管的 $|S_{21}|$ 随频率的升高而下降，导致 $G_0 = |S_{21}|^2$ 随频率的升高而下降，为此设计输入输出匹配网络，在低频时降低 G_S 或 G_L，在高频时提高 G_S 或 G_L，来补偿 G_0 随频率的变化。

例 9.10 设计集总参数 L 形匹配网络，在工作频率为 300～700MHz 的范围内，实现转换功率增益为 10dB 的宽带放大器。所选双极结晶体管的 $[S]$ 参量（$Z_0 = 50\Omega$）如表 9.2 所示。

表 9.2　　　　　　　　　　　　　　　　　　　**3 个频率下的[S]参量**

f/MHz	S_{11}	S_{21}	S_{12}	S_{22}
300	$0.3\angle-45°$	$4.47\angle40°$	0	$0.86\angle-5°$
450	$0.27\angle-70°$	$3.16\angle35°$	0	$0.855\angle-14°$
700	$0.2\angle-95°$	$2.0\angle30°$	0	$0.85\angle-22°$

解　本题只设计射频电路。

① 检验晶体管的稳定性

由于 $S_{12}=0$，$|S_{11}|<1$，$|S_{22}|<1$，所以该晶体管是绝对稳定的。

② 3 个频率下的 G_0 及补偿值

因为 $G_0=|S_{21}|^2$，计算得到表 9.3。

表 9.3　　　　　　　　　　　　　　　**3 个频率下的 G_0 和补偿值**

f/MHz	G_0/dB	补偿值/dB
300	13	-3
450	10	0
700	6	+4

③ 3 个频率下输入输出匹配网络的最大增益

$$G_{S\max}=\frac{1}{1-|S_{11}|^2}$$

$$G_{L\max}=\frac{1}{1-|S_{22}|^2}$$

计算可以得到表 9.4。

表 9.4　　　　　　　　　　　　　**3 个频率下的 $G_{S\max}$ 和 $G_{L\max}$**

f/MHz	$G_{S\max}$/dB	$G_{L\max}$/dB
300	0.409	5.84
450	0.329	5.70
700	0.177	5.56

由表 9.4 可以看出，输入匹配网络所提供的增益 $G_{S\max}$ 很小，因此将输入匹配网络视为源阻抗与晶体管的基极直接相连。设计补偿值由输出匹配网络提供。

④ 3 个频率下的输出等增益圆

画出 $G_L=-3\text{dB}$（300MHz）、$G_L=0\text{dB}$（450MHz）和 $G_L=4\text{dB}$（700MHz）时的输出等增益圆。输出等增益圆的圆心和半径分别为

$$C_{g_L}=\frac{g_L S_{22}^*}{1-|S_{22}|^2(1-g_L)}$$

$$r_{g_L}=\frac{\sqrt{1-g_L}(1-|S_{22}|^2)}{1-|S_{22}|^2(1-g_L)}$$

式中

$$g_L = \frac{G_L}{G_{L\max}}$$

根据上述圆心和半径的公式，计算得到表 9.5。

表 9.5　　　　　　　　**3 个频率下输出等增益圆的圆心 C_{g_L} 和半径 r_{g_L}**

f/MHz	C_{g_L}	r_{g_L}
300	$0.31\angle 5°$	0.68
450	$0.49\angle 14°$	0.49
700	$0.76\angle 22°$	0.2

输出等增益圆如图 9.13（a）所示。

⑤ 输出匹配网络设计

输出匹配网络应能将 50Ω 负载转换到 300～700MHz 频率范围内 3 个输出等增益圆上的某一点。由图 9.13（a）可以确定，输出匹配网络是先并联 1 个电感 L_1，再串联 1 个电感 L_2。

由最低频率 $f=300$MHz，可以确定电感 L_1 的值为

$$1/j\omega L_1 = j(-1.2)/50$$

$$L_1 \approx 22.1\text{nH}$$

由最高频率 $f=700$MHz，可以确定电感 L_2 的值为

$$j\omega L_2 = j(3.2-0.4)\times 50$$

$$L_2 \approx 31.8\text{nH}$$

射频电路图如图 9.13（b）所示。

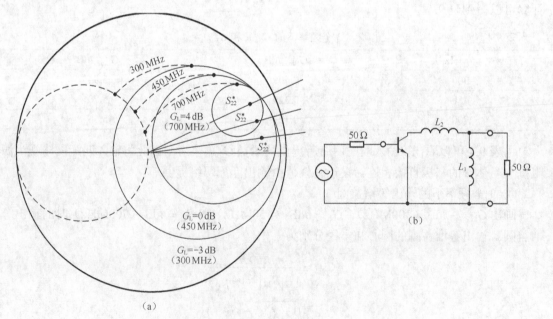

图 9.13　例 9.10 用图

（2）平衡放大器

平衡放大器由 2 个 3dB 正交（90°）的耦合器和 2 个放大器构成，如图 9.14 所示。第 1 个耦合器将输入信号分成有相等幅值但相位相差 90°的两路信号，以驱动 2 个放大器；第 2 个耦合器将 2 个放大器的输出信号重新组合在一起。3dB 正交（90°）耦合器可以采用图 4.14 中的分支线耦合器，或图 4.15 中的混合环，或图 4.16 中的 Lange 耦合器。

图 9.14 中的输入信号，在端口 1 进入耦合器，在端口 2 和端口 3 将功率平分输出，端口 2 和端口 3 输出信号的相位相差 90°。端口 2 和端口 3 的信号分别入射到放大器 A 和 B，放大器 A 和 B 将一部分信号反射回端口 2 和端口 3，由端口 1 和端口 4 输出。端口 1 出现的 2 个反射信号相位相差 180°，相互抵消。端口 4 出现的 2 个反射信号相位相同，但由于端口 4 有匹配负载，将反射信号吸收。相同的效应也出现在平衡放大器的输出端。放大器 A 和 B 的输出信号进入端口 2′ 和端口 3′，端口 2′ 和端口 3′ 的信号相位相差 90°，在端口 4′ 两路输出信号相位相同，有输出，在端口 1′ 两路输出信号相位相差 180°，无输出。

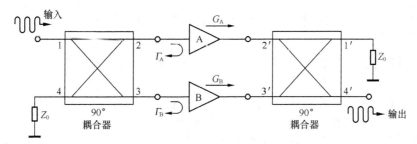

图 9.14 平衡放大器

将放大器 A 的[S]参量写为 S_{11a}、S_{12a}、S_{21a} 和 S_{22a}，放大器 B 的[S]参量写为 S_{11b}、S_{12b}、S_{21b} 和 S_{22b}，平衡放大器的散射参量为

$$|S_{11}| = |S_{11a} - S_{11b}| / 2 \tag{9.8}$$

$$|S_{21}| = |S_{21a} + S_{21b}| / 2 \tag{9.9}$$

$$|S_{12}| = |S_{12a} + S_{12b}| / 2 \tag{9.10}$$

$$|S_{22}| = |S_{22a} - S_{22b}| / 2 \tag{9.11}$$

正向功率增益为

$$(G_T)_F = |S_{21}|^2 = |S_{21a} + S_{21b}|^2 / 4 \tag{9.12}$$

输入输出驻波比为

$$\rho_{in} = \frac{1 + |S_{11}|}{1 - |S_{11}|} \tag{9.13}$$

$$\rho_{out} = \frac{1 + |S_{22}|}{1 - |S_{22}|} \tag{9.14}$$

若 2 个晶体管的特性相同，即便输入输出端不匹配，由此组合的放大器也是匹配的。此时将有

$$S_{11} = 0 \tag{9.15}$$

$$S_{22} = 0 \tag{9.16}$$

$$(G_{\mathrm{T}})_{\mathrm{F}} = |S_{21}|^2 = |S_{21\mathrm{a}}|^2 \tag{9.17}$$

$$\rho_{\mathrm{in}} = 1 \tag{9.18}$$

$$\rho_{\mathrm{out}} = 1 \tag{9.19}$$

输入输出端口完全匹配，平衡放大器的增益与单个放大器的增益相同。

由上面的分析可以看出，平衡放大器有如下 4 个特点。

① 平衡放大器有高度的稳定性。反射在耦合器的端口被抵消或吸收了，提高了输入输出端口的匹配及放大器的稳定性。

② 若 2 个晶体管的特性相同，平衡放大器的输出功率与单个放大器的输出功率相同。系统在单个放大器出故障时仍可工作，但增益减小 6dB，其余的功率将损耗在耦合器的终端。

③ 平衡放大器的带宽能达到一个倍频程或更大。平衡放大器的带宽主要受限于耦合器的带宽。

④ 平衡放大器的缺点是消耗较大的直流功率和有较大的体积。

9.4 功率放大器的设计

前面只讨论了小信号放大器。小信号放大器的输入信号功率足够小，可以假定晶体管是线性器件，此时放大器的设计是基于小信号的[S]参量进行的。

功率放大器是大信号放大器。功率放大器由于信号幅度比较大，晶体管时常工作于非线性区域，在这种情况下，小信号[S]参量对大信号放大器通常失效，此时需要求得晶体管大信号时的相应参数，以便得到放大器的合理设计。

功率放大器可以设计为 A 类放大器、AB 类放大器、B 类放大器或 C 类放大器。当工作频率大于 1GHz 时，常使用 A 类功率放大器。下面讨论 A 类功率放大器的设计和交调失真。

9.4.1 A 类放大器的设计

1. 大信号下晶体管的特性参数

生产厂商在提供大信号下晶体管的各项参数时，往往会给出 1dB 增益压缩点及相应参数，各项参数介绍如下。

（1）1dB 增益压缩点

当晶体管的输入功率达到饱和状态时，其增益开始下降，或者称为压缩。典型的输入输出功率关系可以画在双对数坐标中，如图 9.15 所示，当输入功率较低时，输出与输入功率成线性关系；当输入功率超过一定的量值之后，输出与输入功率为非线性关系，晶体管的增益开始下降。

当晶体管的功率增益从其小信号线性功率增益下降 1dB 时，对应的点称为 1dB 增益压缩点。小信号线性功率增益记为 $G_{0\mathrm{dB}}$，1dB 增益压缩点的功率增益记为 $G_{1\mathrm{dB}}$，即

$$G_{1\mathrm{dB}} = G_{0\mathrm{dB}} - 1\mathrm{dB} \tag{9.20}$$

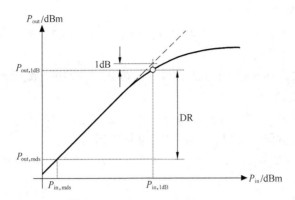

图 9.15 功率放大器输入功率与输出功率的关系

在 1dB 增益压缩点，输入功率记为 $P_{in,1dB}$，输出功率记为 $P_{out,1dB}$，有如下关系

$$G_{1dB} = P_{out,1dB} / P_{in,1dB} \qquad (9.21)$$

$$P_{out,1dB}dBm = P_{in,1dB}dBm + G_{1dB}dB \qquad (9.22)$$

（2）动态范围（DR）

系统能检测到的最小信号称为最小可检信号。相对于最小输入可检信号功率 $P_{in,mds}$，相应的最小输出可检信号功率 $P_{out,mds}$ 必须大于噪声功率方可被检测到。为检测得到的输出信号，假定 $P_{out,mds}$ 比输出热噪声 P_{No} 高 XdB，通常 XdB 取 3dB。

功率放大器的动态范围定义为

$$DR = P_{out,1dB} - P_{out,mds}dB \qquad (9.23)$$

动态范围的低端功率被噪声所限，高端功率限制在 1dB 增益压缩点。式（9.23）中

$$P_{out,mds}dBm = P_{No}dBm + XdB \qquad (9.24)$$

动态范围基本是放大器的线性工作范围。

输出热噪声为

$$P_{No} = kBTG_A F$$

在 $T = 290$K 时

$$P_{No}dBm = -174dBm + 10\lg B + G_A dB + FdB \qquad (9.25)$$

（3）Γ_{SP} 和 Γ_{LP}

Γ_{SP} 和 Γ_{LP} 是晶体管在 1dB 增益压缩点时源和负载的反射系数。

（4）等功率线

在史密斯圆图上，作为负载反射系数 Γ_{LP} 的函数的等输出功率点，构成了等功率线。由于晶体管的非线性，等功率线通常不是圆。

2．A 类功率放大器的设计

（1）利用小信号[S]参量设计

有些工作在大信号下的 A 类功率放大器，可以利用小信号[S]参量进行设计，其小信号[S]参量在大信号时除 S_{21} 以外几乎保持不变，但 S_{21} 会随功率电平的增高而降低。

（2）利用大信号[*S*]参量设计

若可以得到大信号[*S*]参量，利用大信号[*S*]参量设计 A 类功率放大器。

（3）利用 Γ_{SP} 和 Γ_{LP} 设计

利用 Γ_{SP} 和 Γ_{LP} 设计输入输出匹配网络，可以完成 A 类功率放大器的设计。

（4）利用等功率线设计

在等功率线上选择有稳定性的 Γ_{LP}；然后计算 Γ_{in}；再由 $\Gamma_{SP} = \Gamma_{in}^*$ 得到 Γ_{SP}。利用 Γ_{SP} 和 Γ_{LP} 设计输入输出匹配网络，可以完成 A 类功率放大器的设计。

例 9.11　一个功率放大器用砷化镓场效应管（GaAs FET），在频率为 3GHz 的 50Ω 系统中，大信号[*S*]参量如下

$$S_{11} = 0.62\angle 140° , \quad S_{21} = 2.58\angle 20°$$

$$S_{12} = 0.06\angle -10° , \quad S_{22} = 0.53\angle -120°$$

$$P_{\text{out,1dB}} = 30\text{dBm}$$

设计具有最大输出功率的 A 类放大器，允许增益误差为 ±0.5dB 。

解　本题只设计射频电路。

（1）检验晶体管的稳定性

$$|\Delta| = |S_{11}S_{22} - S_{12}S_{21}| \approx 0.17$$

$$k = \frac{1 - |S_{11}|^2 - |S_{22}|^2 + |\Delta|^2}{2|S_{12}||S_{21}|} \approx 1.18$$

由于满足 $k > 1$ 及 $|\Delta| < 1$，所以该晶体管是绝对稳定的。

（2）单向化设计误差因子及放大器增益误差

$$U = \frac{|S_{12}||S_{21}||S_{11}||S_{22}|}{(1 - |S_{11}|^2)(1 - |S_{22}|^2)} \approx 0.115$$

$$-0.95\text{dB} < \frac{G_T}{G_{TU\max}} < 1.06\text{dB}$$

误差大于 ±0.5dB ，用双向化设计。

（3）增益计算

双向最大增益为

$$G_{T\max} = G_{A\max} = G_{P\max} = \left|\frac{S_{21}}{S_{12}}\right|(k - \sqrt{k^2 - 1})$$

$$G_{A\max} \approx 13.5\text{dB}$$

1dB 增益压缩点的增益为

$$G_{1\text{dB}} = 13.5\text{dB} - 1\text{dB} = 12.5\text{dB}$$

（4）所需的输入功率

$$P_{\text{in,1dB}} = P_{\text{out,1dB}} - G_{1\text{dB}} = 30\text{dBm} - 12.5\text{dB} = 17.5\text{dBm}$$

（5）计算 Γ_{MS} 和 Γ_{ML}

$$B_1 = 1 + |S_{11}|^2 - |S_{22}|^2 - \Delta^2 \approx 1.07$$

$$C_1 = S_{11} - S_{22}^* \Delta \approx 0.53 \angle 138.5°$$

$$B_2 = 1 - |S_{11}|^2 + |S_{22}|^2 - \Delta^2 \approx 0.86$$

$$C_2 = S_{22} - S_{11}^* \Delta \approx 0.42 \angle -122°$$

$$\Gamma_{MS} = \frac{B_1 - \sqrt{B_1^2 - 4|C_1|^2}}{2C_1} \approx 0.83 \angle -138.5°$$

$$\Gamma_{ML} = \frac{B_2 - \sqrt{B_2^2 - 4|C_2|^2}}{2C_2} \approx 0.79 \angle 122°$$

（6）设计射频输入匹配网络

由 Γ_{MS} 设计输入匹配网络。本题采用分布参数元件的匹配网络。采用两段平行的 $\lambda/8$ 开路短截线和一段 $\lambda/4$ 阻抗变换线实现匹配网络。

短截线的特性阻抗计算如下。

$$Z_{MS} = Z_0 \frac{1 + \Gamma_{MS}}{1 - \Gamma_{MS}}$$

$$Y_{MS} = \frac{1}{Z_{MS}} \approx (0.018 + j0.047)S$$

输入端两段平行的 $\lambda/8$ 开路短截线产生电纳 j0.047S，每段产生电纳 j0.023 5S，所以

$$j0.023\,5 = j(\tan \beta l)/Z_{01} = j(\tan \pi/4)/Z_{01}$$

$\lambda/8$ 开路短截线的特性阻抗为

$$Z_{01} \approx 42.6\Omega$$

$\lambda/4$ 阻抗变换线的特性阻抗为

$$Z_{02} = \sqrt{50 \times (1/0.018)} \approx 52.7\Omega$$

（7）设计射频输出匹配网络

由 Γ_{ML} 设计输出匹配网络。本题采用分布参数元件的匹配网络。采用两段平行的 $3\lambda/8$ 开路短截线和一段 $\lambda/4$ 阻抗变换线实现匹配网络。

短截线的特性阻抗计算如下。

$$Z_{ML} = Z_0 \frac{1 + \Gamma_{ML}}{1 - \Gamma_{ML}}$$

$$Y_{ML} = \frac{1}{Z_{ML}} \approx (0.014 - j0.031)S$$

输入端两段平行的 $3\lambda/8$ 开路短截线产生电纳 $-$j0.031S，每段产生电纳 $-$j0.015 5S，所以

$$-j0.015\,5 = j(\tan \beta l)/Z_{03} = j(\tan 3\pi/4)/Z_{03}$$

$3\lambda/8$ 开路短截线的特性阻抗为

$$Z_{03} \approx 64.5\Omega$$

$\lambda/4$ 阻抗变换线的特性阻抗为

$$Z_{04} = \sqrt{50 \times (1/0.014)} \approx 59.8\Omega$$

射频电路图如图 9.16 所示。

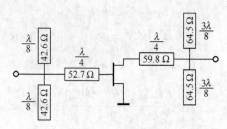

图 9.16　例 9.11 用图

9.4.2　交调失真

功率放大器工作在大信号状态，晶体管工作在非线性区域，出现非线性失真。功率放大器失真主要是交调失真。理想的线性放大器没有交调失真，小信号射频放大器往往也不考虑交调失真。

1.　三阶截止点（IP）

在非线性放大器的输入端加 2 个或 2 个以上频率的正弦信号时，在输出端会产生附加频率分量，这会引起输出信号的失真。

在非线性放大器中，假设输入信号的频率为 f_1 和 f_2，输入信号可以写为

$$v_i(t) = V_0 \left[\cos(2\pi f_1 t) + \cos(2\pi f_2 t) \right] \tag{9.26}$$

输出信号为

$$
\begin{aligned}
v_0(t) = {} & a_0 + a_1 V_0 \left[\cos(2\pi f_1 t) + \cos(2\pi f_2 t) \right] + a_2 V_0^2 \left[\cos(2\pi f_1 t) + \cos(2\pi f_2 t) \right]^2 \\
& + a_3 V_0^3 \left[\cos(2\pi f_1 t) + \cos(2\pi f_2 t) \right]^3 + \cdots
\end{aligned}
\tag{9.27}
$$

输出信号中除有频率成分 f_1 和 f_2 外，还会产生新的频率分量 $2f_1$、$2f_2$、$3f_1$、$3f_2$、$f_1 \pm f_2$、$2f_1 \pm f_2$、$2f_2 \pm f_1$ 等。新的频率分量分类如下。

（1）二次谐波：$2f_1$、$2f_2$。

（2）三次谐波：$3f_1$、$3f_2$。

（3）二阶交调：$f_1 \pm f_2$。

（4）三阶交调：$2f_1 \pm f_2$、$2f_2 \pm f_1$。

这些新的频率分量是非线性系统失真的产物，称为谐波失真或交调失真。以上新的频率分量除三阶交调 $2f_1 - f_2$ 和 $2f_2 - f_1$ 以外，都可以被滤除，但三阶交调 $2f_1 - f_2$ 和 $2f_2 - f_1$ 由于距 f_1 和 f_2 太近而落在了放大器的频带内，不易用滤波器滤除，可以导致信号失真。

由式（9.27）可以看出，与三阶交调 $2f_1 - f_2$ 和 $2f_2 - f_1$ 相关的输出电压按 V_0^3 增长，与线性产物 f_1 和 f_2 相关的输出电压按 V_0 增长。也就是说，三阶交调的输出功率按输入功率的 3 次方增长；线性产物 f_1 和 f_2 的输出功率按输入功率的 1 次方增长。可以将三阶交调输出功率和线性产物输出功率随输入功率的变化曲线画在双对数坐标中，如图 9.17 所示。

由图 9.17 可以看出，三阶交调输出功率随输入功率变化的斜率为 3，线性产物输出功率随输入功率变化的斜率为 1，说明当输入功率增大时，三阶交调输出功率比线性产物输出功率增长得快。图中延伸三阶交调与线性产物的线性区，可以得到两条曲线的假想交叉点，这

个假想的交叉点称为三阶截止点 IP，IP 点的输出功率值为 P_{IP}。IP 点的功率值 P_{IP} 越大，放大器的动态范围越大，功率放大器希望有高的 IP 点。

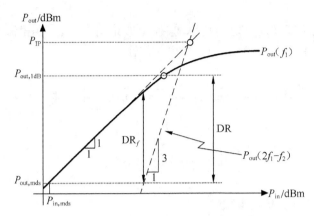

图 9.17 输入输出功率关系及三阶截止点

2. 无寄生动态范围 DR_f

当三阶交调信号等于最小输出可检信号功率 $P_{out,mds}$ 时，线性产物输出功率与三阶交调输出功率的比值称为无寄生动态范围 DR_f。若频率 f_1 的线性产物输出功率用 P_{f_1} 表示，三阶交调 $2f_1 - f_2$ 的输出功率用 $P_{2f_1-f_2}$ 表示，DR_f 为

$$DR_f = P_{f_1} / P_{2f_1-f_2} = P_{f_1} / P_{out,mds} \tag{9.28}$$

或

$$DR_f = P_{f_1} - P_{out,mds} \text{dB} \tag{9.29}$$

考虑到图 9.17 中三阶交调输出功率随输入功率变化的斜率为 3，线性产物输出功率随输入功率变化的斜率为 1，可以得到

$$\frac{P_{IP} - P_{f_1}}{P_{IP} - P_{out,mds}} = \frac{1}{3} \tag{9.30}$$

于是式（9.29）成为

$$DR_f = \frac{2}{3}(P_{IP} - P_{out,mds}) \text{dB} \tag{9.31}$$

一般而言，基于交调失真定义的动态范围 DR_f 小于基于 1dB 增益压缩定义的动态范围 DR。

例 9.12 功率放大器的增益为 20dB，噪声系数为 5dB，带宽为 250MHz，可传输功率 $P_{out,1dB} = 30\text{dBm}$，$T = 290\text{K}$，$P_{IP} = 40\text{dBm}$。计算动态范围 DR 及无寄生动态范围 DR_f。

解

$$P_{out,mds} \text{dBm} = -174\text{dBm} + 10\lg B + G_A \text{dB} + F\text{dB} + X\text{dB}$$
$$= -174 + 10\lg(250 \times 10^6) + 5 + 20 + 3 = -62\text{dBm}$$
$$DR = P_{out,1dB} - P_{out,mds} \text{dB} = 30 - (-62) = 92\text{dB}$$
$$DR_f = \frac{2}{3}(P_{IP} - P_{out,mds}) \text{dB} = \frac{2}{3}(40 + 62) = 68\text{dB}$$

9.5 多级放大器的设计

如果单级放大器不能实现预定的功率增益，必须采用多级放大电路。图 9.18 所示为 N 级 BJT 放大器电路，其中 Q_1、Q_2、$\cdots$、Q_n 代表晶体管。

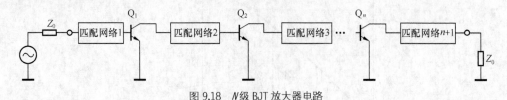

图 9.18 N 级 BJT 放大器电路

1. N 级放大器的主要特性参数

在网络无耗和匹配良好的前提下，可以给出以下 N 级放大器的特性参数。

（1）总功率增益 G_A

N 级放大器的总功率增益是各级放大器增益的乘积。设各级放大器的增益分别为 G_{A1}、G_{A2}、$\cdots$、G_{An}，则 N 级放大器的总功率增益为

$$G_A dB = G_{A1}dB + G_{A2}dB + \cdots + G_{An}dB \tag{9.32}$$

（2）总噪声系数 F

设各级放大器的噪声系数分别为 F_1、F_2、$\cdots$、F_n，N 级放大器的噪声系数 F 为

$$F = F_1 + \frac{F_2 - 1}{G_{A1}} + \frac{F_3 - 1}{G_{A1}G_{A2}} + \cdots + \frac{F_n - 1}{G_{A1}G_{A2} \cdots G_{An-1}} \tag{9.33}$$

由式（9.33）可以看出，第一级放大器的噪声系数对总噪声系数 F 影响最大，因此第一级放大器的噪声系数要尽可能的小。

（3）三阶截止点功率 P_{IP}

设各级放大器在三阶截止点的功率值分别为 P_{IP1}、P_{IP2}、$\cdots$、P_{IPn}，N 级放大器在三阶截止点的功率 P_{IP} 为

$$\frac{1}{P_{IP}} = \frac{1}{P_{IPn}} + \frac{1}{G_{Pn}P_{IPn-1}} + \cdots + \frac{1}{G_{Pn}G_{Pn-1} \cdots G_{P2}P_{IP1}} \tag{9.34}$$

式（9.34）中 G_P 为功率增益。由式（9.34）可以看出，N 级放大器在三阶截止点的功率 P_{IP} 小于最后一级在三阶截止点的功率 P_{IPn}。

（4）最小输出可检信号功率 $P_{out,mds}$

N 级放大器动态范围的下限由最小输出可检信号功率确定。N 级放大器的 $P_{out,mds}$ 为

$$P_{out,mds}dBm = kTBdBm + G_A dB + FdB + 3dB \tag{9.35}$$

（5）1dB 增益压缩点的输出功率 $P_{out,1dB}$

N 级放大器动态范围的上限由 1dB 增益压缩点确定。设各级放大器在三阶截止点的功率值分别为 $P_{out1,dB,1}$、$P_{out,1dB,2}$、$\cdots$、$P_{out,1dB,n}$，N 级放大器在 1dB 增益压缩点的输出功率 $P_{out,1dB}$ 为

$$\frac{1}{P_{\text{out,1dB}}} = \frac{1}{P_{\text{out,1dB},n}} + \frac{1}{G_{\text{P}n}P_{\text{out,1dB},n-1}} + \cdots + \frac{1}{G_{\text{P}n}G_{\text{P}n-1}\cdots G_{\text{P}2}P_{\text{out,1dB},1}} \qquad (9.36)$$

由式（9.36）可以看出，N 级放大器在 1dB 增益压缩点的输出功率小于最后一级在 1dB 增益压缩点的输出功率。因此，要设法使最后一级放大器有较大的 1dB 增益压缩点输出功率。

（6）动态范围 DR

N 级放大器的动态范围为

$$DR = P_{\text{out,1dB}} - P_{\text{out,mds}} \text{dB} \qquad (9.37)$$

2．N 级放大器设计举例

例 9.13 设计一个 10W 的功率放大电路，其工作频率为 1GHz，输入信号为 1mW，设计中可以选用表 9.6 中的放大器。

表 9.6　　　　　　　　　　用于例 9.13 的放大器参数

放 大 器	$G_{0\text{dB}}$/dB	$P_{\text{out,1dB}}$/dBm	F/dB
AMP–A	16	40	3
AMP-B	16	38	2
AMP-C	20	32	2

解

（1）多级放大器的总增益

输入信号 1mW 为 0dBm，输出 10W 为 40dBm，多级放大器的总增益为 40dB。

（2）多级放大器的级数

从表 9.6 可以看出，单级放大器的增益分别为 16dB、16dB、20dB，所以必须使用 3 级放大器才能达到总增益为 40dB。

（3）多级放大器的排序

放大器的排序应为

$$\text{AMP-C} \rightarrow \text{AMP-B} \rightarrow \text{AMP-A}$$

原因如下。

① 多级放大器的输出为 40dBm，只有 AMP-A 的 $P_{\text{out,1dB}}$ 可以达到，所以末级选 AMP-A。

② 第一级应该为低噪声、高增益，才能使总噪声最小，所以第一级选 AMP-C。

（4）多级放大器的电路参数

由于末级 AMP-A 在 1dB 增益压缩点工作，故其增益会降低 1dB，所以末级 AMP-A 的增益用 16dB–1dB=15dB 代入。

多级放大器的电路如图 9.19 所示，各级的增益值和功率值已经示于图中。

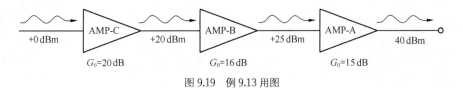

图 9.19　例 9.13 用图

本章小结

根据应用领域的不同，射频放大器分为低噪声放大器、窄带放大器、宽频带放大器和功率放大器等。本章首先将放大器分类；然后讨论各类放大器的设计。

放大器可以基于静态工作点和信号的大小进行分类。基于静态工作点的不同，放大器主要分为 A 类放大器（甲类放大器）、B 类放大器（乙类放大器）、AB 类放大器（甲乙类放大器）和 C 类放大器（丙类放大器）。射频功率放大器常采用 A 类放大器，A 类放大器的效率最高为 50%。基于信号大小的不同，放大器分为小信号工作模式和大信号工作模式。小信号放大器的工作状态近似于线性的；大信号放大器引起器件非线性工作。

在射频放大器的设计中，偏置电路的设计与射频电路的设计是各自独立的。偏置电路是直流的通路；射频电路是射频交流信号的通路。偏置电路的作用是在特定的工作条件下为放大器提供适当的静态工作点，因此希望直流通路与射频交流信号通路能够完全隔离，以消除直流与射频交流信号的耦合。偏置电路与射频电路之间的连接可以采取 RFC 或 $\lambda/4$ 阻抗变换器，以达到直流通路与射频交流通路隔离的目的。

小信号放大器有多种设计方法，例如设计最大增益放大器、固定增益放大器、最小噪声放大器、低噪声放大器和宽频带放大器等。设计小信号放大器首先选择合适的晶体管；然后确定晶体管的直流工作点；第三，在直流工作点下测量晶体管的 [S] 参量；第四，检验晶体管的稳定性；最后按照技术指标进行设计。放大器有晶体管单向传输设计方法和双向传输设计方法，放大器的技术指标主要通过调节输入匹配网络和输出匹配网络实现。最大增益放大器要保证信源与晶体管之间、晶体管与负载之间达到共轭匹配，这导致 Γ_S 和 Γ_L 的取值是唯一的；固定增益是指小于最大增益的某一特定值，在许多情况下，放大器需兼顾其他指标，设计要求达到固定增益而不是最大增益；最小噪声放大器只能选择 $\Gamma_S = \Gamma_{opt}$，为在输出端得到最大功率转换，选 $\Gamma_L = \Gamma_{out}^*$；低噪声放大器是在输入端噪声系数不超过给定值的前提下，获得设定的增益；宽频带放大器是指在一个倍频程以上的带宽内具有基本平坦的功率增益，但晶体管的 S_{21} 随频率升高而下降（可达 6dB/倍频程），需要采用补偿匹配网络或平衡放大器实现宽频带放大器。在各类射频放大器的设计中，Smith 圆图依然是非常有效的辅助设计工具，在 Smith 圆图上可以采用输入稳定判别圆、输出稳定判别圆、等功率增益圆、等噪声系数圆等的设计方法。

功率放大器是大信号放大器，由于信号幅度比较大，晶体管时常工作于非线性区域。功率放大器通过引入 1dB 增益压缩点、增益压缩、动态范围 DR、等功率线、交调失真、三阶截止点 IP、无寄生动态范围 DR_f 等特性参数进行设计。当工作频率大于 1GHz 时，常使用 A 类功率放大器。

如果单级放大器不能实现预定的功率增益，必须采用多级放大电路。N 级放大器的主要特性参数有总功率增益 G_A、总噪声系数 F、三阶截止点功率 P_{IP}、最小输出可检信号功率 $P_{out,mds}$、1dB 增益压缩点的输出功率 $P_{out,1dB}$、动态范围 DR 等。N 级放大器的总功率增益是各级放大器增益的乘积；第一级放大器的噪声系数对总噪声系数 F 影响最大；N 级放大器在三阶截止点的功率 P_{IP} 小于最后一级在三阶截止点的功率；N 级放大器动态范围的下限由最小输出可检信号功率确定；N 级放大器在 1dB 增益压缩点的输出功率小于最后一级在 1dB 增益压缩点的输出功率。N 级放大器可以根据特性进行设计。

习题

9.1 放大器基于静态工作点的不同可以分为哪几类放大器？各有什么不同？功率放大器的效率有什么区别？

9.2 放大器基于信号大小的不同可以分为哪几类放大器？分别采取哪种设计方法？

9.3 偏置网络是哪种电路的设计？偏置电路的作用是什么？

9.4 什么是射频电路？如何达到直流通路与射频交流信号通路之间的隔离？

9.5 小信号放大器有哪几种设计方法？小信号放大器的设计步骤是什么？

9.6 什么是最大增益放大器？有哪几种设计方法？应满足什么条件？

9.7 什么是最小噪声放大器？应满足什么条件？如何设计？

9.8 什么是宽频带放大器？宽频带放大器的特性随频率怎样变化？宽频带放大器有哪几种设计方法？

9.9 说明平衡放大器的工作原理。平衡放大器的输出功率与单个放大器的输出功率相同吗？若系统的单个放大器出故障，平衡放大器还可以工作吗？

9.10 功率放大器是基于小信号 $[S]$ 参量进行设计的吗？当工作频率大于 1GHz 时，射频功率放大器常采用哪种类型的放大器？大信号下晶体管的特性参数有哪些？

9.11 什么是功率放大器的增益压缩和交调失真？

9.12 多级放大电路的主要特性参数是什么？在多级放大电路中，晶体管的排序有什么基本规则？

9.13 采用图 9.2（a）所示的电路，设计偏置网络。已知晶体管的工作状态为 $I_C = 10\text{mA}$、$V_{CE} = 3\text{V}$、$V_{CC} = 5\text{V}$，晶体管的 $\beta = 100$、$V_{BE} = 0.8\text{V}$。

9.14 采用图 9.2（b）所示的电路，设计偏置网络。晶体管的工作状态和晶体管的参数与 9.13 题相同，选取 $V_x = 1.5\text{V}$。

9.15 某晶体管在 $f = 1.9\text{GHz}$ 时的 $[S]$ 参量（$Z_0 = 50\Omega$）为

$$S_{11} = 0.25\angle -92°, \quad S_{21} = 6.64\angle 72°$$

$$S_{12} = 0.066\angle 67°, \quad S_{22} = 0.51\angle -1.7°$$

采用该晶体管设计一个具有最大增益的放大器。

9.16 3 个放大器级联，增益和噪声系数依次为 $G_1 = 3\text{dB}$、$F_1 = 3\text{dB}$；$G_2 = 20\text{dB}$、$F_2 = 1.5\text{dB}$；$G_3 = 13\text{dB}$、$F_3 = 4\text{dB}$，计算级联后的噪声系数。若第一级与第二级互换，计算级联后的噪声系数。

9.17 将式（9.27）展开，计算输出信号中频率分量 $2f_1$、$2f_2$、$3f_1$、$3f_2$、$f_1 \pm f_2$、$2f_1 \pm f_2$、$2f_2 \pm f_1$ 的振幅。

9.18 功率放大器的增益为 20dB，噪声系数为 7dB，带宽为 0.8GHz，在 1dB 增益压缩点的输出功率为 $P_{\text{out,1dB}} = 30\text{dBm}$，$T = 290\text{K}$。计算最小输入可检信号功率 $P_{\text{in,mds}}$、最小输出可检信号功率 $P_{\text{out,mds}}$ 和动态范围 DR。

9.19 设计一个多级放大器，要求 $P_{\text{out,1dB}} = 18\text{dBm}$，功率增益不低于 20dB。设计中可以选用题表 9.1 中的放大器，表中给出了 2GHz 时的相关参数。估算放大器总噪声系数和三阶截止点功率 P_{IP}。

题表 9.1   **题 9.19 的放大器参量**

放 大 器	G_{0dB}/dB	$P_{out,1dB}$/dBm	F/dB	P_{IP}/dBm
AMP-A	10	4	1.9	10
AMP-B	9	17	1.9	26
AMP-C	7	21	2	34

9.20 功率放大器的增益为 25dB，噪声系数为 2.5dB，带宽为 200MHz，在 1dB 增益压缩点的输出功率为 $P_{out,1dB} = 20\text{dBm}$，$T = 290\text{K}$，$P_{IP} = 40\text{dBm}$。计算动态范围 DR 和无寄生动态范围 DR_f。

第 **10** 章　振荡器的设计

振荡器是射频系统中最基本的部件之一，它可以将直流功率转化成射频功率，在特定的频率点建立起稳定的正弦振荡，成为所需的射频信号源。通常接收机和发射机的射频电路都包含振荡器，小信号振荡器常用于接收机的本振，大信号振荡器常用于发射机的本振，在典型的射频通信系统中，接收机和发射机的混频电路需要由振荡器提供本振信号。

随着现代通信系统的出现，频率不断升高，现代射频系统的载波频率常常超过 1GHz，这就需要有与之相适应的微波振荡器。在较高频率处可以使用工作于负阻状态的二极管和晶体管，并利用腔体、传输线或介质谐振器等构成振荡器，用这种方法构成的振荡器可以产生高达 100GHz 的基频振荡。

早期的振荡器在较低频率下使用，通过振荡电路的一般分析，可以形成考毕兹（Colpitts）、哈特莱（Hartley）等结构的振荡器，并可以使用晶体谐振器提高振荡器的频率稳定性，形成皮尔斯（Pierce）晶体振荡器。

目前全固态振荡器已经广泛使用，只在个别场合还用到大功率电真空器件，本章只介绍各种常用的固态振荡器。虽然在许多场合已经大量使用频率合成器，但频率合成器本身也是由参考源和振荡器构成的。

本章将分析振荡器的工作原理、电路结构和基本设计方法。首先讨论振荡电路的形成；其次讨论微波振荡器；然后通过振荡电路的一般分析，讨论 Colpitts、Hartley 和 Pierce 振荡器；最后讨论振荡器的技术指标。

10.1　振荡电路的形成

10.1.1　振荡器的基本模型

从最一般的意义上看，振荡器是一个非线性电路，它将直流（DC）功率转换为交流（AC）波形。振荡器的核心是一个能够在特定频率上实现正反馈的环路，图 10.1 示出了振荡器的基本工作原理，具有电压增益 A 的放大单元输出电压为 $V_o(\omega)$，这一输出电压通过传递函数为 $H(\omega)$ 的反馈网络，加到电路的输入电压 $V_i(\omega)$ 上，于是输出电压可以表示为

$$V_o(\omega) = AV_i(\omega) + H(\omega)AV_o(\omega) \tag{10.1}$$

用输入电压表示的输出电压为

$$V_o(\omega) = \frac{A}{1 - AH(\omega)} V_i(\omega) \qquad (10.2)$$

由于振荡器没有输入信号，若要得到非零的输出电压，式（10.2）的分母必须为 0，这称为巴克豪森准则（Barkhausen Criterion）。

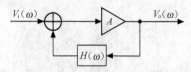

图 10.1　振荡器的基本结构框图

图 10.1 所示只是在概念上描述了振荡器的构成，并不能为实际振荡器的设计提供多少有用信息。实际振荡器需要讨论有源器件的特性和无源网络的构成。

10.1.2　振荡器的有源器件

振荡器的内部有一个有源固态器件，例如晶体管或隧道二极管等。有源固态器件与无源网络相配合，形成振荡器。

由于振荡器是在无输入信号的条件下产生射频功率，因此其必须具有负阻效应。若一个器件的端电压与流过该器件电流的相位差为 180°，该器件称为负阻器件。负阻器件中的电流与电压的乘积始终为负值，这与功率产生的概念相一致。因此，负阻器件的概念与功率产生的概念直接相关，负阻器件是振荡器的必要组成部分。

负阻器件是振荡器的有源器件。三端口的负阻器件包括双极结晶体管（BJT）、场效应晶体管（FET）、金属-半导体场效应晶体管（MESFET）等；二端口的负阻器件包括隧道二极管、雪崩渡越二极管（IMPATT）、耿氏二极管（GUNN）等。利用三端口负阻器件或二端口负阻器件都可以构成振荡器。需要注意的是，此时负阻器件工作于不稳定区域。

10.1.3　振荡器与放大器的比较

振荡器的设计与放大器的设计十分相似，主要体现在器件的选择和偏置电路的设计上。振荡器与放大器的主要差别在于放大器需要输入一个射频信号，而振荡器无需输入信号。振荡器由起振到稳态依赖于不稳定电路，这与放大器的设计不同，放大器的有源器件工作于稳定的工作点附近，达到稳定。

振荡器与放大器的差异主要表现在如下 4 个方面。

（1）放大器工作于稳定状态，振荡器依赖于不稳定电路。因此，放大器的 $|\Gamma_{in}| < 1$、$|\Gamma_{out}| < 1$；振荡器的 $|\Gamma_{in}| > 1$、$|\Gamma_{out}| > 1$。

（2）放大器设计输入匹配网络和输出匹配网络，振荡器设计调谐网络和终端网络。振荡器的调谐网络对应放大器的输入匹配网络，振荡器的终端网络对应放大器的输出匹配网络。

（3）放大器将输入射频信号放大，振荡器的起振由任意噪声或暂态信号触发。振荡器起振后，将很快达到一个稳定的振荡状态，如图 10.2 所示。

（4）振荡器由起振到稳态需要非线性有源器件完成，工作于 A 类的线性放大器不能胜任，因此对振荡器的全面分析就变得十分复杂。

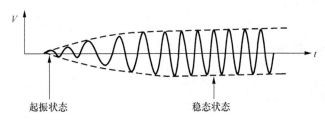

图 10.2　振荡器从起振到稳态的过程

10.2　微波振荡器

当工作频率接近或大于 1GHz 时，电压和电流的波动特性不能忽略，需要采用分布参数描述电路的特性。因此，需要讨论基于反射系数 Γ 和[S]参量的微波振荡器。

微波振荡器的内部有一个有源固态器件，该有源器件与无源网络组合在一起，可以产生所需要的微波信号。由于振荡器是在无输入信号的条件下产生振荡功率，因此其具有负阻效应。利用双极结晶体管或场效应晶体管等三端口负阻器件，可以设计出微波双端口振荡器；利用隧道二极管或耿氏二极管等二端口负阻器件，可以设计出微波单端口振荡器。

本节首先讨论微波振荡器的振荡条件；然后分别讨论晶体管振荡器、二极管振荡器、介质谐振器振荡器和压控振荡器的设计。

10.2.1　振荡条件

振荡器经常用经典控制理论开始研究，这是一个很有用的出发点，这种理论使振荡器作为双端口器件设计，它具有确定的输入输出响应，并且能推导出振荡条件。然后，转向将振荡器作为单端口器件（也就是输出端口），从宏观角度把它当成单端口振荡器进行设计。

双端口振荡器和单端口振荡器都有稳态振荡的条件，振荡器还有起振的条件和稳定振荡的条件。下面分别加以讨论。

1．双端口振荡器稳态振荡的条件

双端口振荡器如图 10.3 所示，由晶体管、调谐网络和终端网络 3 部分组成。

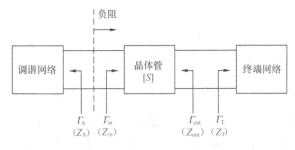

图 10.3　双端口振荡器的框图

若使图 10.3 所示的双端口振荡器产生稳态的振荡，需要满足如下 3 个条件。

条件 1   存在不稳定有源器件

$$k < 1 \tag{10.3a}$$

条件 2   振荡器左端满足

$$\Gamma_{\text{in}} \Gamma_{\text{S}} = 1 \tag{10.3b}$$

条件 3   振荡器右端满足

$$\Gamma_{\text{out}} \Gamma_{\text{T}} = 1 \tag{10.3c}$$

式（10.3a）中的 k 是由式（8.24）确定的稳定性因子，式（10.3b）和式（10.3c）中的 Γ_{in} 和 Γ_{out} 利用式（8.2）和式（8.3）确定，有

$$\Gamma_{\text{in}} = S_{11} + \frac{S_{12}S_{21}}{1 - S_{22}\Gamma_{\text{T}}} \Gamma_{\text{T}} \tag{10.4}$$

$$\Gamma_{\text{out}} = S_{22} + \frac{S_{12}S_{21}}{1 - S_{11}\Gamma_{\text{S}}} \Gamma_{\text{S}} \tag{10.5}$$

实际上，如果输入或输出端口中的任何一个端口符合振荡条件，电路的两个端口都将产生振荡。因为如果式（10.3b）成立，将有

$$\Gamma_{\text{in}} \Gamma_{\text{S}} = \left(\frac{S_{11} - \Delta \Gamma_{\text{T}}}{1 - S_{22}\Gamma_{\text{T}}} \right) \Gamma_{\text{S}} = 1 \tag{10.6}$$

由式（10.6）可以得到

$$\Gamma_{\text{T}} = \frac{1 - S_{11}\Gamma_{\text{S}}}{S_{22} - \Delta \Gamma_{\text{S}}} \tag{10.7}$$

于是有

$$\Gamma_{\text{out}} \Gamma_{\text{T}} = \left(\frac{S_{22} - \Delta \Gamma_{\text{S}}}{1 - S_{11}\Gamma_{\text{S}}} \right) \left(\frac{1 - S_{11}\Gamma_{\text{S}}}{S_{22} - \Delta \Gamma_{\text{S}}} \right) = 1$$

所以式（10.3c）同时成立。

由上面的条件可以看到，双端口振荡器的设计与放大器的设计有相似之处。但放大器有输入信号，振荡器无输入信号，这导致两者之间有差异。对振荡器的要求如下。

（1）稳定性因子 $k < 1$。也即在振荡器的情形下，希望器件具有高度的不稳定性。

（2）振荡器的有源器件为非线性负阻器件，受到触发起振，但很快达到稳定的振荡状态。

（3）振荡器的调谐网络一般由无源网络构成，由于有 $|\Gamma_{\text{S}}| < 1$，所以要求 $|\Gamma_{\text{in}}| > 1$。

（4）振荡器的终端网络一般由无源网络构成，由于有 $|\Gamma_{\text{T}}| < 1$，所以要求 $|\Gamma_{\text{out}}| > 1$。

（5）振荡器的调谐网络决定振荡频率。

（6）振荡器的终端网络将负载转换为所需的负载，确保振荡产生。

2. 单端口振荡器稳态振荡的条件

单端口振荡器是双端口振荡器的特例。微波二极管可以构成单端口振荡器；晶体管配以适当的负载终端，也可以转变为单端口负阻振荡器。串联结构的单端口振荡器如图 10.4 所示。

若使图 10.4 所示的单端口振荡器产生稳态的振荡，需要满足如下条件

$$Z_{\text{in}} + Z_{\text{S}} = 0 \tag{10.8}$$

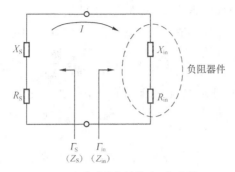

图 10.4 串联结构的单端口振荡器

也即

$$R_{in} + R_S = 0 \tag{10.9a}$$

$$X_{in} + X_S = 0 \tag{10.9b}$$

因为负载是无源的，$R_S > 0$，由式（10.9a）可得 $R_{in} < 0$。正电阻 R_S 消耗能量，负电阻 R_{in} 提供能量，负电阻 R_{in} 是源。

$$\Gamma_{in} = \frac{Z_{in} - Z_0}{Z_{in} + Z_0} \tag{10.10a}$$

$$\Gamma_S = \frac{Z_S - Z_0}{Z_S + Z_0} \tag{10.10b}$$

$$\Gamma_{in}\Gamma_S = \left(\frac{Z_{in} - Z_0}{Z_{in} + Z_0}\right)\left(\frac{Z_S - Z_0}{Z_S + Z_0}\right) = \left(\frac{Z_{in} - Z_0}{Z_{in} + Z_0}\right)\left(\frac{-Z_{in} - Z_0}{-Z_{in} + Z_0}\right) = 1 \tag{10.11}$$

式（10.11）与式（10.8）都是单端口振荡器产生稳态振荡的条件，而式（10.11）与式（10.3b）和式（10.3c）有相同的形式。

3．振荡器由起振到稳态

振荡器在起振时，仅有式（10.8）和式（10.9a）是不够的，还要求整个电路在某一频率 ω 下出现不稳定，即应有

$$R_{in}(I,\omega) + R_S < 0 \tag{10.12}$$

只要式（10.12）满足，电路的总电阻将小于 0，振荡器中将有对应频率下持续增长的电流 I 流过。

当电流 I 增加时，$R_{in}(I,\omega) + R_S$ 应变为较小的负值，直到电流达到稳态值 I_0。此时

$$\left.\begin{array}{l} R_{in}(I_0,\omega_0) + R_S = 0 \\ X_{in}(I_0,\omega_0) + X_S(\omega_0) = 0 \end{array}\right\} \tag{10.13}$$

从而使振荡器在稳态下运行，稳定振荡的频率为 ω_0。

4．稳定振荡条件

仅有式（10.13）的条件不足以保证稳定振荡，对于一个稳定的振荡来说，还应有能力消

除由电流或频率的扰动所引起的振荡频率偏差。也就是说，稳定的振荡要求电流或频率的任何扰动都应该被阻尼掉，使振荡器回到原来的状态。通过推导可以给出稳定振荡的条件为

$$\frac{\partial R_{in}}{\partial I} \frac{\partial}{\partial \omega}(X_S + X_{in}) - \frac{\partial X_{in}}{\partial I} \frac{\partial R_{in}}{\partial \omega} > 0 \qquad (10.14)$$

通常有 $\partial R_{in} / \partial I > 0$，所以只要 $\partial(X_S + X_{in}) / \partial \omega >> 0$，式（10.14）就能成立。这意味着，由高 Q 谐振电路构成调谐网络可以使振荡器有高稳定性。因此，为提高振荡器的稳定性，应选择有高品质因数 Q 的调谐网络。

此外，对一个振荡器的全面设计，除需要考虑稳定性外，还需要考虑最大功率输出、相位噪声、稳态工作点选择等因素。

10.2.2　晶体管振荡器

晶体管振荡器是工作于不稳定区域的晶体管二端口网络。把有潜在不稳定的晶体管终端连接一个阻抗，选择阻抗的数值，在不稳定区域驱动晶体管，就可以建立单端口负阻网络。

在放大器的情形，希望器件具有高度的稳定性；对于振荡器，情况则恰恰相反，希望器件具有高度的不稳定性。

1. 晶体管振荡器的设计步骤

晶体管振荡器的设计步骤如下。

（1）选择一个在期望振荡频率处潜在不稳定的晶体管。

（2）选择一个合适的晶体管电路结构。

① 对于 BJT，一般常采用共基或共射的组态。

② 对于 FET，一般常采用共栅或共源的组态。

为增强上述电路的不稳定性，还常常配以正反馈增加其不稳定性。

（3）在 Γ_T 复平面上画出输出稳定判别圆，然后在不稳定区域中选择一个合适的反射系数值 Γ_T，使其在晶体管的输入端产生一个大的负阻，满足

$$|\Gamma_{in}| > 1$$

即

$$Z_{in} < 0 \qquad (10.15)$$

由选定的反射系数 Γ_T 可以确定终端网络。

（4）此时电路可以视为单端口振荡器，需要选择调谐网络的阻抗 Z_S，$Z_S = R_S + jX_S$。由振荡器的起振条件（式（10.12））可以得到

$$R_{in} + R_S < 0 \qquad (10.16)$$

实际中常选

$$R_S = |R_{in}| / 3 \qquad (10.17)$$

Z_S 的虚部选为

$$X_S = -X_{in} \qquad (10.18)$$

式（10.17）和式（10.18）可以保证电路谐振。由阻抗 Z_S 可以确定调谐网络。

（5）如果输入或输出端口中的任何一个端口符合振荡条件，则电路的端口都将产生振荡。

2. 设计举例

例 10.1 使用共栅结构场效应管设计一个工作于 4GHz 的晶体管振荡器，其中栅极串联一个 5nH 的电感，以增加不稳定性。选择一个与 50 Ω 匹配的终端网络和适当的调谐网络。已知晶体管 $[S]$ 参量（ $Z_0 = 50\Omega$ ）为

$$[S] = \begin{bmatrix} 0.72\angle -116° & 0.03\angle 57° \\ 2.60\angle 76° & 0.73\angle -54° \end{bmatrix}$$

解 （1）晶体管在栅极串联一个电感，是为了增强晶体管的不稳定性。晶体管在栅极串联一个电感，可以看成晶体管二端口网络与电感二端口网络的串联，利用表 4.3 和表 4.4 二端口网络各种参量之间的相互转换公式，带有栅极串联电感的晶体管的新 $[S]$ 参量为

$$[S'] = \begin{bmatrix} S'_{11} & S'_{12} \\ S'_{21} & S'_{22} \end{bmatrix} = \begin{bmatrix} 2.18\angle -35° & 1.26\angle 18° \\ 2.75\angle 96° & 0.52\angle 155° \end{bmatrix}$$

可以看到 $|S'_{11}|$ 比 $|S_{11}|$ 大，这表明串联一个电感后增强了晶体管的不稳定性。

至此，完成了晶体管振荡器设计步骤的前 2 项。

（2）在 Γ_T 复平面上画输出稳定判别圆。根据式（8.11）和式（8.12），可以计算输出稳定判别圆的圆心和半径如下。

$$C_T = \frac{(S'_{22} - \Delta' S'^*_{11})^*}{|S'_{22}|^2 - |\Delta'|^2} \approx 1.08\angle 33°$$

$$r_T = \left| \frac{|S'_{12} S'_{21}|}{|S'_{22}|^2 - |\Delta'|^2} \right| \approx 0.665$$

输出稳定判别圆如图 10.5（a）所示。因为 $|S'_{11}| > 1$ ，稳定区域位于输出稳定判别圆内，非稳定区域位于输出稳定判别圆外。

由于非稳定区域有无穷多个点，所以 Γ_T 有无穷多个可取值，但应选 Γ_T 使得 $|\Gamma_{in}|$ 为大值。经多次试探和检验，选择

$$\Gamma_T = 0.59\angle -104°$$

计算得到

$$\Gamma_{in} = S'_{11} + \frac{S'_{12} S'_{21}}{1 - S'_{22} \Gamma_T} \Gamma_T \approx 3.96\angle -2.4°$$

对应上面 Γ_{in} ，可以得到 Z_{in} 如下

$$Z_{in} = (-84 - j1.9)\Omega$$

（3）选择调谐网络的阻抗。由式（10.17）和式（10.18）可以得到调谐网络的阻抗为

$$R_S = |R_{in}| / 3 = 28\Omega$$

$$X_S = -X_{in} = j1.9\Omega$$

$$Z_S = (28 + j1.9)\Omega$$

（4）由 Z_S 设计调谐网络，由 Z_T 设计终端网络。

$r_S = R_S / Z_0 = 0.56$ 。如图 10.5（b）所示，在史密斯圆图上找到 $r_S = 0.56$ 的点 A，并将该

点旋转 180° 与右半实轴相交于点 B，点 B 的读数为 1.78，点 B 的输入电阻为 $50 \times 1.78 = 89\Omega$。由点 A 沿等电阻圆顺时针旋转到 $x_S = X_S / Z_0 = 0.038$ 的点 C，点 A 与点 C 间电长度为 0.006λ。调谐网络如图 10.5（c）所示。

同样可以由 Z_T 得到终端网络。振荡器的电路图如图 10.5（c）所示。

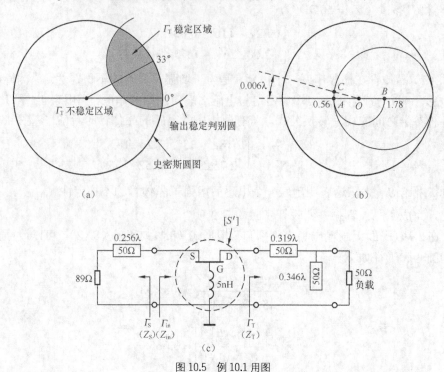

图 10.5　例 10.1 用图

例 10.2　设计一个工作于 1.5GHz 的晶体管振荡器。用集总元件设计终端网络和调谐网络。该晶体管的 $[S]$ 参量（$Z_0 = 50\Omega$）为

$$[S] = \begin{bmatrix} 1.47\angle 125° & 0.327\angle 130° \\ 2.2\angle -63° & 1.23\angle -45° \end{bmatrix}$$

解　（1）计算稳定性因子 k。

$$k = \frac{1 - |S_{11}|^2 - |S_{22}|^2 + |\Delta|^2}{2|S_{12}||S_{21}|} = -0.975$$

由于 $k < 1$，该晶体管具有潜在不稳定性。

（2）在 Γ_S 复平面上画输入稳定判别圆。输入稳定判别圆的圆心和半径如下。

$$C_S = \frac{(S_{11} - \Delta S_{22}^*)^*}{|S_{11}|^2 - |\Delta|^2} \approx 0.27\angle -57°$$

$$r_S = \left| \frac{|S_{12}S_{21}|}{|S_{11}|^2 - |\Delta|^2} \right| \approx 0.82$$

输入稳定判别圆如图 10.6（a）所示。因为 $|S_{22}| > 1$，稳定区域位于输入稳定判别圆外，非稳

定区域位于输入稳定判别圆内。

在非稳定区域，Γ_S 有无穷多个可取值，但应选 Γ_S 使得 $|\Gamma_{out}|$ 为大值。经试探和检验，选择

$$\Gamma_S = 0.65\angle -125°$$

计算得到

$$\Gamma_{out} = S_{22} + \frac{S_{12}S_{21}}{1 - S_{11}\Gamma_S}\Gamma_S \approx 14.67\angle -36.85°$$

对应上面的 Γ_S 和 Γ_{out}，可以得到 Z_S 和 Z_{out} 如下。

$$Z_S = (13 - j25)\Omega$$
$$Z_{out} = (-55.6 - j4.57)\Omega$$

（3）选择 Z_T。选择

$$R_T = 50\Omega < 55.6\Omega$$
$$X_T = -X_{out} = j4.57\Omega$$
$$Z_T = (50 + j4.57)\Omega$$

（4）由 Z_S 设计调谐网络，由 Z_T 设计终端网络，采用集总元件实现。

$$X_S = \frac{1}{j\omega C} = \frac{1}{j2\pi \times 1.5\times 10^9 \times C} = -j25$$

$$C \approx 4.24pF$$

$$X_T = j\omega L = j2\pi \times 1.5\times 10^9 \times L = j4.57\Omega$$

$$L \approx 0.48nH$$

振荡器电路如图 10.6（b）所示。

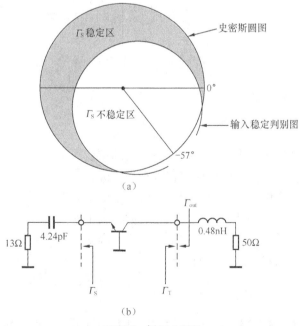

图 10.6 例 10.2 用图

10.2.3 二极管振荡器

可以使用隧道二极管、雪崩渡越二极管和耿氏二极管等负阻器件构建单端口振荡器。这些振荡器的缺点是输出波形较差，噪声也比较高，但使用这些二极管构建的振荡器可以方便地获得射频高端频段的振荡信号，例如耿氏二极管可以用于制造工作频率在 $1\sim100\text{GHz}$ 的小功率振荡器。下面举例说明这类振荡电路的设计方法。

例 10.3 使用隧道二极管设计单端口振荡器。该二极管在 50Ω 系统中工作于 8GHz 时的 $\Gamma_{\text{in}}=1.25\angle40°$。

解 （1）计算得到

$$Z_{\text{in}}=Z_0\frac{1+\Gamma_{\text{in}}}{1-\Gamma_{\text{in}}}\approx(-43+\text{j}123)\Omega$$

调谐网络的输入阻抗为 Z_S，选择

$$R_S=|R_{\text{in}}|/3\approx14.3\Omega$$

$$X_S=-X_{\text{in}}=-\text{j}123\Omega$$

所以有

$$Z_S=(14.3-\text{j}123)\Omega$$

（2）由 Z_S 设计调谐网络。该电路可以采取多种形式，现采用 $\lambda/4$ 阻抗变换器和并联短截线实现。计算得到

$$Y_S=\frac{1}{Z_S}=(0.001+\text{j}0.008)\text{S}$$

$\lambda/4$ 阻抗变换器的特性阻抗为

$$Z_{01}=\sqrt{50\times\frac{1}{0.001}}=223\Omega$$

并联短截线的特性阻抗为

$$Z_{02}=\frac{1}{0.008}=125\Omega$$

振荡器电路如图 10.7 所示。

10.2.4 介质谐振器振荡器

式（10.14）曾经讨论过，由高 Q 谐振电路构成的调谐网络可以使振荡器有高的稳定性，因此应选择有高品质因数的调谐网络。用集总元件或微带线构成的调谐网络，Q 值很难超过几百，可以参见例 5.2 的计算结果。而介质谐振器未加载的 Q 值可以达到几千或上万，由于其结构紧凑而且容易与平面电路集成，因此得到越来越广泛的应用。

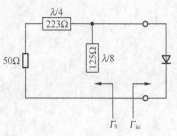

图 10.7 例 10.3 用图

1. 介质谐振器

介质谐振器可以用陶瓷材料制作，这种材料具有极好的温度稳定度。由于这种介质的相

对介电常数 ε_r 在 20～80 之间，明显大于空气的相对介电常数（$\varepsilon_r = 1$），所以介质谐振器的体积在同频率下相对较小。但介质谐振器一般不用于 500MHz 以下，因为当频率低时它的尺寸太大。由双极结晶体管组成的介质振荡器，频率可以高达 15GHz；由场效应晶体管组成的介质振荡器，频率可以高达 35GHz。

介质谐振器通常放在微带线旁边，使它与振荡电路耦合，如图 10.8（a）所示，耦合强度取决于谐振器与微带线之间的间隔 d。介质谐振器等效于 RLC 并联谐振电路，如图 10.8（b）所示，这个并联谐振电路表现为微带线上的串联负载。

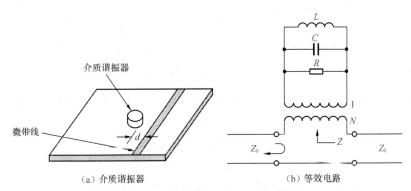

图 10.8　介质谐振器及等效电路

2. 介质谐振器与微带线的耦合

介质谐振器与微带线之间的耦合类似于变压器，变压器的圈数比为 N。根据 RLC 并联谐振电路的输入阻抗公式（5.34），从微带线看到的介质谐振器等效阻抗为

$$Z = \frac{N^2 R}{1 + j\dfrac{2Q\Delta\omega}{\omega_0}} \tag{10.19}$$

式（10.19）中，$Q = R/\omega_0 L$ 是谐振器固有品质因数；$\omega_0 = 1/(\sqrt{LC})$ 是谐振角频率；$\Delta\omega = \omega - \omega_0$。谐振器与微带线之间的耦合系数是固有品质因数 Q 与外品质因数 Q_e 之比，耦合系数为

$$g = \frac{Q}{Q_e} = \frac{R/\omega_0 L}{R_L/N^2\omega_0 L} = \frac{N^2 R}{2Z_0} \tag{10.20}$$

式（10.20）中 $R_L = 2Z_0$ 是带有源和终端电阻 Z_0 的微带线负载电阻。当微带线端接距谐振器 $\lambda/4$ 的开路线时，$R_L = Z_0$，耦合因子为式（10.20）给出值的 2 倍。

在微带线终端向谐振器看到的反射系数为

$$\Gamma = \frac{(Z_0 + N^2 R) - Z_0}{(Z_0 + N^2 R) + Z_0} = \frac{N^2 R}{2Z_0 + N^2 R} = \frac{g}{1+g} \tag{10.21}$$

由式（10.21）可以看到，可以通过测量反射系数 Γ 得到耦合系数 g。

3. 介质谐振器振荡器设计举例

介质谐振器振荡器可以是并联反馈结构和串联反馈结构，如图 10.9 所示，其中串联反馈结构比较简单，仅用单条微带馈线，下面举例说明串联反馈介质谐振器振荡器的设计方法。

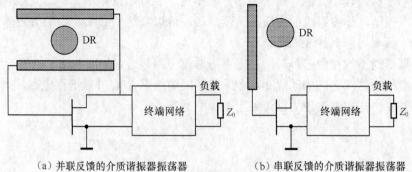

（a）并联反馈的介质谐振器振荡器　　　　　　（b）串联反馈的介质谐振器振荡器

图 10.9　介质谐振器及等效电路

例 10.4　在无线局域网的应用中，需要工作频率为 2.4GHz 的本机振荡器。使用具有下述 $[S]$ 参量的双极结型晶体管（50Ω 系统）

$$[S] = \begin{bmatrix} 1.8\angle 130° & 0.4\angle 45° \\ 3.8\angle 36° & 0.7\angle -63° \end{bmatrix}$$

按照图 10.10 所示的串联反馈电路设计介质谐振器振荡器，即确定介质谐振器所需的耦合系数、l_r 长、以及用做终端网络的微带匹配网络。假定未加载时介质谐振器的 $Q = 1\,000$，画出在频率设计值附近频率有微小变化时 Γ_{out} 幅值与 $\Delta f / f_0$ 的关系曲线。

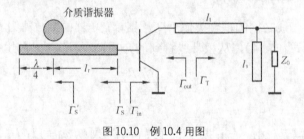

图 10.10　例 10.4 用图

解　介质谐振器放在距微带线开路终端 $\lambda / 4$ 处。调节传输线的长度 l_r 以便与需要的 Γ_S 值相配。下面设计介质谐振器振荡器。

（1）可以通过画稳定性判别圆确定设计方案，但本题不采用这种方法。本题考察 Γ_{out}，只要 $|\Gamma_{out}| > 1$，就相当于产生振荡。希望有大的 $|\Gamma_{out}|$ 值，由式（10.5）Γ_{out} 为

$$\Gamma_{out} = S_{22} + \frac{S_{12}S_{21}}{1 - S_{11}\Gamma_S}\Gamma_S$$

当 $1 - S_{11}\Gamma_S$ 接近于 0 时，$|\Gamma_{out}|$ 有大值。因此选择 $\Gamma_S = 0.6\angle -130°$，并由 Γ_S 可以计算出

$$\Gamma_{out} = 10.7\angle 132°$$

$$Z_{out} = Z_0 \frac{1 + \Gamma_{out}}{1 - \Gamma_{out}} \approx (-43.7 + j6.1)\Omega$$

（2）根据 Z_{out} 确定起振所需的终端阻抗 Z_T。Z_T 选择为

$$Z_T = \frac{|R_{out}|}{3} - jX_{out} \approx (14.6 - j6.1)\Omega$$

（3）由 Z_T 设计终端网络。采用并联短截线实现，利用史密斯圆图可以得到

$$l_t = 0.057\lambda$$

$$l_s = 0.149\lambda$$

如图 10.10 所示。

（4）由 Γ_S 设计介质谐振器。由式（10.19）可知，由微带线看到的介质谐振器等效阻抗在谐振频率处为实数，所以在这一点反射系数的相角为 0° 或 180°。对于欠耦合并联 *RLC* 谐振器有 $R < Z_0$，所以合适的相角为 180°，通过传输线长度 l_r 的变换可以达到这一值。所以

$$\Gamma'_S = \Gamma_S e^{j2\beta l_r} = (0.6\angle -130°)e^{j2\beta l_r} = 0.6\angle 180°$$

$$l_r = 0.431\lambda$$

谐振时谐振器的等效阻抗为

$$Z'_S = Z_0 \frac{1 + \Gamma'_S}{1 - \Gamma'_S} = 12.5\Omega$$

由式（10.20）可得耦合系数为

$$g = \frac{N^2 R}{Z_0} = \frac{12.5}{50} = 0.25$$

上式已经考虑了 $\lambda/4$ 短截线的因子 2。

（5）$|\Gamma_{out}|$ 随频率的变化成为振荡器频率稳定性的指标。首先利用式（10.19）计算 Z'_S、Γ'_S，然后经过传输线长度 l_r 变换到 Γ_S，就能够计算 $|\Gamma_{out}|$。计算的数据如图 10.11 所示，结果证明使用介质谐振器可以得到尖锐的频率选择性。

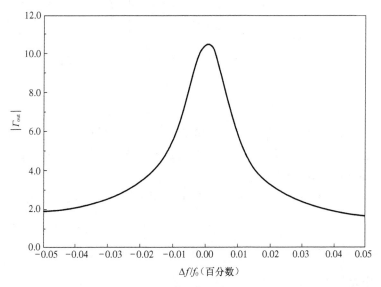

图 10.11　例 10.4 $|\Gamma_{out}|$ 随频率的变化曲线

10.2.5　压控振荡器

压控振荡器（VCO）与上述振荡器的形式相同，只是在谐振电路中增加了可变电容，以调谐输出信号的频率。用变容二极管取代谐振电路中的部分电容，即可将振荡器修改成压控振荡器。

1. 变容二极管

变容二极管（Varactor Diodes）又称为"可变电抗二极管"，是一种利用 PN 结电容（势垒电容）与其反向偏置电压的依赖关系及原理制成的二极管。变容二极管的作用是利用 PN 结之间电容可变的原理制成的半导体器件，在高频调谐、通信等电路中作可变电容器使用。

变容二极管的结电容与外加偏压之间的关系为

$$C_j = \frac{C_{j0}}{\left(1 - \dfrac{V_a}{V_{bi}}\right)} \tag{10.22}$$

式（10.22）中 C_{j0} 为零偏压时的结电容；V_a 为外加偏置电压；V_{bi} 为内建电压。变容二极管通常工作于 $V_a < 0$ 的负偏压区。击穿电压为 V_B 的变容二极管特性曲线如图 10.12 所示。

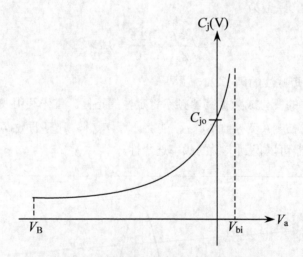

图 10.12　击穿电压为 V_B 的变容二极管特性曲线

当外加顺向偏压时，变容二格管有大量电流产生，PN 结的耗尽区变窄，电容变大，产生扩散电容效应；当外加反向偏压时，则会产生过渡电容效应。但因加顺向偏压时会有漏电流产生，所以在应用上均供给反向偏压。

变容二极管的主要参量有零偏结电容、反向击穿电压、中心反向偏压、标称电容、电容变化范围（以皮法为单位）以及截止频率等。

2. VCO 的设计步骤

VCO 谐振电路如图 10.13 所示。

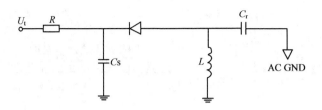

图 10.13　VCO 谐振电路

VCO 的设计步骤如下。

（1）选用电路结构

若 VCO 最高振荡频率为 f_{max}，最低振荡频率为 f_{min}，有

$$K = f_{max} / f_{min} \tag{10.23}$$

式（10.23）中，若 $K < 1.4$，变容二极管与 1 个固定值的电容串联；若 $K > 1.4$，2 个变容二极管并联。

（2）确定使用场合

变容二极管若单独应用，使用微调电容调整 f_{max} 和固定值电容，增加温度补偿；若用于锁相环，一般情况下不用微调电容和固定电容。

（3）估算等效谐振电容 C_r

$$C_r = 固定电容 + 可调电容 + 有源器件等效电容 + 离散电容$$

（4）计算最大调整电容 C_{Tmax}

$$C_{Tmax} = (K^2 - 1)C_r + K^2 C_{min} \tag{10.24}$$

式（10.24）中，C_{min} 从厂商提供的变容二极管资料中取得。

（5）计算谐振电感 L

$$L = \frac{1}{4\pi^2 f_{max}^2 (C_r + C_{min})} \tag{10.25}$$

（6）确定 R 和 C_s 值

电阻 R 和旁路电容 C_s 的主要作用是隔离调谐电路与射频电路的耦合干扰。R 值太小，不能达到去耦效果；R 值太大，变容二极管漏电流的交流成分会造成调制噪声。特殊情况下，电阻 R 可以用射频扼流圈代替。

10.3　振荡电路的一般分析

振荡电路有许多可能的形式，它们采用双极结晶体管或场效应晶体管，可以是共发射极/源极、共基极/栅极或共集电极/漏极结构，并可以采用多种形式的反馈网络。各种形式的反馈网络形成了考毕兹（Colpitts）、哈特莱（Hartley）等振荡电路，还可以形成皮尔斯（Pierce）晶体振荡器。上述振荡器的振荡频率一般小于 1GHz。

10.3.1　晶体管振荡器的一般电路

图 10.14 所示的基本振荡电路可以代表不同振荡器电路的一般形式。

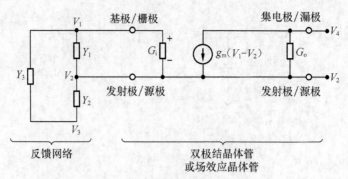

图 10.14　晶体管振荡器的一般电路

图 10.14 所示的电路中，晶体管可以是双极结晶体管或场效应晶体管，图的左边是反馈网络，图的右边是双极结晶体管或场效应晶体管的等效电路模型。图中，当 V_2 接地时形成共发射极/源极结构；当 V_1 接地时形成共基极/栅极结构；当 V_4 接地时形成共集电极/漏极结构；将 V_3 和 V_4 连接可以产生反馈。图 10.14 中假定晶体管是单向的，这种假定近似性很好，同时可以简化分析。g_m 是晶体管的跨导，晶体管的输入导纳为 G_i，输出导纳为 G_o，这里 G_i 和 G_o 取实数。反馈网络由 T 型结构的 3 个导纳 Y_1、Y_2、Y_3 组成，这些元件通常是电感和电容，用以得到具有选频特性的高 Q 值传递函数。

可以给出图 10.14 所示电路 4 个电压节点的基尔霍夫方程，方程为

$$\left.\begin{array}{l}Y_3(V_1-V_3)+Y_1(V_1-V_2)+G_i(V_1-V_2)=0 \\ -Y_1(V_1-V_2)-Y_2(V_3-V_2)-G_i(V_1-V_2)-g_m(V_1-V_2)-G_o(V_4-V_2)=0 \\ -Y_3(V_1-V_3)-Y_2(V_2-V_3)=0 \\ g_m(V_1-V_2)+G_o(V_4-V_2)=0\end{array}\right\} \quad (10.26)$$

式（10.26）整理后用矩阵方程表示如下。

$$\begin{bmatrix} (Y_1+Y_3+G_i) & -(Y_1+G_i) & -Y_3 & 0 \\ -(Y_1+G_i+g_m) & (Y_1+Y_2+G_i+G_o+g_m) & -Y_2 & -G_0 \\ -Y_3 & -Y_2 & (Y_2+Y_3) & 0 \\ g_m & -(G_o+g_m) & 0 & G_0 \end{bmatrix}\begin{bmatrix} V_1 \\ V_2 \\ V_3 \\ V_3 \end{bmatrix}=0 \quad (10.27)$$

式（10.27）对图 10.14 所示的电路进行了一般分析。式（10.27）需要说明如下。

（1）如果将式（10.27）中某个节点 i 接地，则 $V_i=0$，于是式（10.27）可以消去第 i 行和第 i 列，使式（10.27）矩阵降低 1 个阶数。

（2）如果将式（10.27）中的 2 个节点连接在一起，则需将矩阵的相应行或列相加，也可以使式（10.27）矩阵降低 1 个阶数。

10.3.2　考毕兹（Colpitts）振荡器

1. 使用双极结晶体管的共发射极振荡电路

下面以式（10.27）为出发点，考虑共发射极双极结晶体管的 Colpitts 振荡电路，此时 $V_2=0$，并从集电极反馈，使 $V_3=V_4$。另外，晶体管的输出导纳可以忽略，近似取 $G_o=0$。由以上条件，式（10.27）可以降为 2 阶矩阵方程，变为下式

$$\begin{bmatrix} (Y_1 + Y_3 + G_i) & -Y_3 \\ g_m - Y_3 & (Y_2 + Y_3) \end{bmatrix} \begin{bmatrix} V_1 \\ V \end{bmatrix} = 0 \tag{10.28}$$

式（10.28）中，$V = V_3 = V_4$。

反馈网络一般仅包含电感和电容，即 Y_1、Y_2 和 Y_3 为虚数，可以写为 $Y_1 = jB_1$、$Y_2 = jB_2$ 和 $Y_3 = jB_3$。当电路按振荡器工作时，V 和 V_1 非 0，若使式（10.28）成立，需矩阵行列式为 0，于是由式（10.28）可以得到

$$\begin{vmatrix} G_i + j(B_1 + B_3) & -jB_3 \\ g_m - jB_3 & j(B_2 + B_3) \end{vmatrix} = 0 \tag{10.29}$$

式（10.29）可以改写为

$$jG_i(B_2 + B_3) - (B_1 + B_3)(B_2 + B_3) + jB_3(g_m - jB_3) = 0$$

分别使上式的实部和虚部为 0，可以得到如下 2 个方程

$$\frac{1}{B_1} + \frac{1}{B_2} + \frac{1}{B_3} = 0 \tag{10.30a}$$

$$\frac{1}{B_3} + \left(1 + \frac{g_m}{G_i}\right)\frac{1}{B_2} = 0 \tag{10.30b}$$

令 $X_1 = 1/B_1$、$X_2 = 1/B_2$ 和 $X_3 = 1/B_3$，式（10.30a）可以改写为

$$X_1 + X_2 + X_3 = 0 \tag{10.31a}$$

利用式（10.30a）和式（10.30b）消去 B_3，可以得到

$$X_1 = \frac{g_m}{G_i} X_2 \tag{10.31b}$$

这里认为晶体管的跨导 g_m 和晶体管的输入导纳 G_i 为实数，$\beta = g_m / G_i$ 代表小信号电流增益。

由式（10.31b）可以看出，由于 g_m 和 G_i 为实数，X_1 和 X_2 同号，即 X_1 和 X_2 要么同为电容，要么同为电感。由式（10.31a）可以看出，X_3 与 X_1、X_2 反号，即若 X_1 和 X_2 同为电容，X_3 则为电感；若 X_1 和 X_2 同为电感，X_3 则为电容。如果选择 X_1 和 X_2 为电容、X_3 为电感，就形成 Colpitts 振荡器。共发射极的 Colpitts 振荡器如图 10.15 所示。

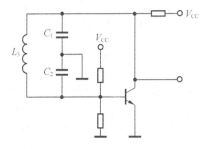

图 10.15　共发射极 Colpitts 振荡器

对于 Colpitts 振荡器，取 $X_1 = -1/(\omega_0 C_1)$、$X_2 = -1/(\omega_0 C_2)$、$X_3 = \omega_0 L_3$，则式（10.31b）成为

$$\frac{C_2}{C_1} = \frac{g_m}{G_i} \tag{10.32}$$

式（10.32）为 Colpitts 电路振荡的必要条件。式（10.31a）变为

$$-\frac{1}{\omega_0}\left(\frac{1}{C_1}+\frac{1}{C_2}\right)+\omega_0 L_3 = 0$$

由上式可以得到振荡器的振荡频率 ω_0 为

$$\omega_0 = \sqrt{\frac{1}{L_3}\left(\frac{C_1+C_2}{C_1 C_2}\right)} \tag{10.33}$$

必须强调以上的分析是基于相当理想的假设得到的，实际振荡器需要考虑到一些其他因素，例如晶体管的输入导纳有虚部而不是纯实数、晶体管特性随温度有变化、电路有耦合、电感和电容有损耗等。为考虑上述诸多因素，可以借助计算机辅助设计软件来完成设计。

例 10.5 使用共发射极晶体管设计 50MHz 的 Colpitts 振荡器，要求 $\beta = g_{\mathrm{m}} / G_{\mathrm{i}} = 30$，所用的电感 $L_3 = 0.10\mu\mathrm{H}$。为了能够维持振荡，电容 C_1 和 C_2 的值为多少？

解 由式（10.33）可得

$$\omega_0 = \sqrt{\frac{1}{L_3}\left(\frac{C_1+C_2}{C_1 C_2}\right)}$$

计算得到

$$\frac{C_1 C_2}{C_1+C_2} = \frac{1}{\omega_0^2 L_3} = \frac{1}{(2\pi)^2 (50\times 10^6)^2 (0.1\times 10^{-6})} = 100\mathrm{pF}$$

由式（10.31）可得

$$\frac{C_2}{C_1} = \frac{g_{\mathrm{m}}}{G_{\mathrm{i}}}$$

计算得到

$$\frac{C_2}{C_1} = 30$$

所以

$$C_1 = 103.33\mathrm{pF}$$
$$C_2 = 3100\mathrm{pF}$$

2. 使用场效应晶体管的共栅极 Colpitts 振荡电路

共栅极场效应晶体管振荡电路，要求式（10.27）中的 $V_1 = 0$，并用 $V_3 = V_4$ 给出反馈路径。另外，场效应晶体管的输入导纳可以忽略，近似取 $G_{\mathrm{i}} = 0$；但场效应晶体管的输出导纳不能忽略，$G_{\mathrm{o}} \neq 0$。由以上条件，式（10.27）可以降为 2 阶矩阵方程，变为下式。

$$\begin{bmatrix} (Y_1+Y_2+g_{\mathrm{m}}+G_{\mathrm{o}}) & -(Y_2+G_{\mathrm{o}}) \\ -(G_{\mathrm{o}}+g_{\mathrm{m}}+Y_2) & (Y_2+Y_3+G_{\mathrm{o}}) \end{bmatrix}\begin{bmatrix} V_2 \\ V \end{bmatrix} = 0 \tag{10.34}$$

式（10.34）中，$V = V_3 = V_4$。

同样假定反馈网络仅包含电感和电容，即 Y_1、Y_2 和 Y_3 为虚数，写为 $Y_1 = \mathrm{j}B_1$、$Y_2 = \mathrm{j}B_2$ 和 $Y_3 = \mathrm{j}B_3$，并且这里认为晶体管的跨导 g_{m} 和晶体管的输出导纳 G_{o} 为实数。由于 V_2 和 V 非 0，由式（10.34）可以得到

$$\begin{vmatrix} (g_{\mathrm{m}} + G_{\mathrm{o}}) + \mathrm{j}(B_1 + B_2) & -G_{\mathrm{o}} - \mathrm{j}B_2 \\ -(G_{\mathrm{o}} + g_{\mathrm{m}}) - \mathrm{j}B_2 & G_{\mathrm{o}} + \mathrm{j}(B_2 + B_3) \end{vmatrix} = 0 \tag{10.35}$$

分别使式（10.35）的行列式实部和虚部为零，可以得到如下 2 个方程

$$\left. \begin{aligned} \frac{1}{B_1} + \frac{1}{B_2} + \frac{1}{B_3} = 0 \\ \frac{G_{\mathrm{o}}}{B_3} + \frac{g_{\mathrm{m}}}{B_1} + \frac{G_{\mathrm{o}}}{B_1} = 0 \end{aligned} \right\} \tag{10.36}$$

同样令 $X_1 = 1/B_1$、$X_2 = 1/B_2$ 和 $X_3 = 1/B_3$，由式（10.36）可以得到

$$X_1 + X_2 + X_3 = 0 \tag{10.37a}$$

$$X_2 = \frac{g_{\mathrm{m}}}{G_{\mathrm{o}}} X_1 \tag{10.37b}$$

由于 g_{m} 和 G_{o} 为实数，X_1 和 X_2 必须为同号，X_3 与 X_1、X_2 必须反号。即若 X_1 和 X_2 同为电容，X_3 则为电感；若 X_1 和 X_2 同为电感，X_3 则为电容。

对于 Colpitts 振荡电路，式（10.37b）变为

$$\frac{C_1}{C_2} = \frac{g_{\mathrm{m}}}{G_{\mathrm{o}}} \tag{10.38}$$

式（10.38）为 Colpitts 电路振荡的必要条件。由式（10.37a）可以得到共栅极 Colpitts 振荡器的振荡频率 ω_0 为

$$\omega_0 = \sqrt{\frac{1}{L_3} \left(\frac{C_1 + C_2}{C_1 C_2} \right)} \tag{10.39}$$

式（10.39）与式（10.33）结果相同，这是由于振荡频率取决于反馈网络，二者的反馈网络是相同的。共栅极 Colpitts 振荡电路与图 10.15 类似，只是需要将图 10.15 中的双极结晶体管换为场效应晶体管。

以上的分析也是基于理想假设得到的，实际共栅极 Colpitts 振荡器同样可以借助计算机辅助设计软件来完成设计。

10.3.3 哈特莱（Hartley）振荡器

1. 使用双极结晶体管的共发射极振荡电路

式（10.31）中若 X_1 和 X_2 为电感、X_3 为电容，就得到了 Hartley 振荡器。对于 Hartley 振荡器，取 $X_1 = \omega_0 L_1$、$X_2 = \omega_0 L_2$、$X_3 = -1/(\omega_0 C_3)$，式（10.31b）变为

$$\frac{L_1}{L_2} = \frac{g_{\mathrm{m}}}{G_{\mathrm{i}}} \tag{10.40}$$

式（10.40）为 Hartley 电路振荡的必要条件。式（10.31a）变为

$$\omega_0 (L_1 + L_2) - \frac{1}{\omega_0 C_3} = 0$$

由上式可以得到振荡器的振荡频率 ω_0 为

$$\omega_0 = \sqrt{\frac{1}{C_3(L_1 + L_2)}} \tag{10.41}$$

共发射极的 Hartley 振荡器如图 10.16 所示。

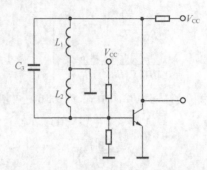

图 10.16　共发射极 Hartley 振荡器

以上的分析也是基于理想假设得到的，实际共发射极 Hartley 振荡器可以借助计算机辅助设计软件来完成设计。

2. 使用场效应晶体管的共栅极 Hartley 振荡电路

式（10.37）中，若 X_1 和 X_2 为电感、X_3 为电容，得到的是 Hartley 振荡电路。对于 Hartley 振荡电路，式（10.37b）变为

$$\frac{L_2}{L_1} = \frac{g_m}{G_o} \tag{10.42}$$

式（10.42）为 Hartley 电路振荡的必要条件。由式（10.37a）可以得到共栅极 Hartley 振荡器的振荡频率 ω_0 为

$$\omega_0 = \sqrt{\frac{1}{C_3(L_1 + L_2)}} \tag{10.43}$$

同样，式（10.43）与式（10.41）的结果相同。共栅极 Hartley 振荡电路与图 10.16 类似，只是需要将图 10.16 中的双极结晶体管换为场效应晶体管。

以上的分析也是基于理想假设得到的，实际共栅极 Hartley 振荡器同样可以借助计算机辅助设计软件来完成设计。

10.3.4　皮尔斯（Pierce）晶体振荡器

为了提高频率稳定性，常将石英晶体用于振荡器中。由石英晶体构成的谐振器具有许多优点，包括具有极高的品质因数（可以高达 100 000）、良好的频率稳定性和良好的温度稳定性等，因而由石英晶体控制的振荡器得到了广泛应用。但遗憾的是，石英晶体谐振器属于机械系统，其谐振频率一般不能超过 250MHz。

石英晶体谐振器由安装在 2 个金属板之间的石英切片构成。石英晶体具有在电场的作用下发生机械形变的压电效应，通过压电效应可以在晶体中激励机械振荡，根据晶体的几何形状和切割方向，石英会具有不同的纵向或切向谐振频率。

典型的石英晶体等效电路如图 10.17 所示，这一电路的串联谐振频率 ω_S 和并联谐振频率

ω_P 分别为

$$\omega_S = \frac{1}{\sqrt{LC}} \tag{10.44}$$

$$\omega_P = \frac{1}{\sqrt{L\left(\dfrac{C_0 C}{C_0 + C}\right)}} \tag{10.45}$$

一般 ω_P 比 ω_S 高不足 1%。为设计振荡器，晶体的振荡频率应落在频率 ω_S 和 ω_P 之间，在这一频率范围内，晶体的作用相当于一个电感，这也是晶体使用的工作点。

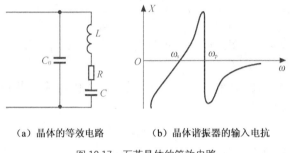

(a) 晶体的等效电路 　　　　(b) 晶体谐振器的输入电抗

图 10.17　石英晶体的等效电路

在晶体的工作点，晶体可以代替 Colpitts 或 Hartley 振荡器中的电感，典型的晶体振荡器电路如图 10.18 所示，称为皮尔斯（Pierce）振荡器。

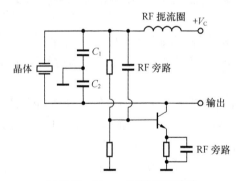

图 10.18　Pierce 晶体振荡器电路

10.4　振荡器的技术指标

衡量振荡器的技术指标包括射频输出信号频率的准确度和稳定度；射频输出信号振幅的准确度和稳定度；射频输出信号波形的失真度；射频信号输出端口的阻抗；射频最大输出功率等。振荡器的主要技术指标是射频输出信号的频率和功率，下面分别讨论。

1. 射频输出信号的频率

振荡器的输出信号基本上是一个正弦信号。振荡器的振荡频率不可能达到绝对稳定，频率越高，误差越大。影响频率的因素包括环境温度、内部噪声、机械振动、电源波纹等。射频输出信号的频率经常涉及到下列概念。

（1）频率稳定度

频率稳定度反映了在一定的时间内振荡频率的变化情况。频率稳定度有绝对精度和相对精度2种表示方式。

绝对精度为

$$f - f_0 = \Delta f \tag{10.46}$$

绝对精度是给定环境下频率的最大偏移，单位为 Hz。

相对精度为

$$E = \frac{f - f_0}{f_0} = \frac{\Delta f}{f_0} \tag{10.47}$$

相对精度是最大频偏与中心频率的比值，单位为 ppm。

（2）频率温漂

随着温度的变化，材料的热胀冷缩会引起振荡器的频率偏移，指标用 ppm/℃描述。ppm/℃是一个数量级单位，为

$$1ppm/℃=10^{-6}$$

在无线通信中，通常要求振荡器的频率温漂在0.5～2ppm/℃以下。例如，振荡频率为1GHz时，如果频率稳定度为1ppm/℃，表示在环境温度改变10℃时振荡频率将变化10kHz。

（3）电源牵引

电源牵引是指电源波纹或上电瞬间会影响振荡器的频率精度，指标用 Hz/V 表示。

（4）相位噪声

相位噪声是振荡器的关键指标。相位噪声归因于振荡器信号频率（或相位）的短期随机起伏，是输出信号时域抖动的频域等效。相位噪声、调频噪声和抖动是同一问题的不同表示方法。

相位噪声定义为：来自信号频率特定的偏离处，一个相位调制边带的单位带宽（1Hz）功率与总信号功率之比，通常用每 Hz 带宽内的噪声功率相对于载波功率的分贝数表示。

理想振荡器的输出信号为

$$v(t) = A\cos\omega_0 t \tag{10.48}$$

在频谱上是单一的一条线。

实际振荡器会存在许多噪声，噪声通过振荡器非线性有源器件后，会以幅度调制和相位调制的方式体现在输出信号中。所以，实际振荡器的输出是一个调幅调相波，即

$$v(t) = A\left[1 + \alpha(t)\right]\cos\left[\omega_0 t + \varphi_n(t)\right] \tag{10.49}$$

式（10.49）中，振幅调制非常有限，通常忽略不计，主要需要关注相位噪声。正常使用的振荡器相位噪声为 $\varphi_n(t) \ll 1$，式（10.49）简化为

$$v(t) \approx A\cos\omega_0 t - A\varphi_n(t)\sin(\omega_0 t) \tag{10.50}$$

式（10.50）中的第一项为理想输出，第二项为正弦信号被噪声调制。式（10.50）可以视为理想振荡器输出信号被搬移到振荡器中心频率 f_0 附近，出现一个展宽的噪声频谱。

频率稳定度的频域描述方式是使用单边（SSB）相位噪声。单边相位噪声是指离开振荡频率 f_0，在偏离 Δf 的位置上，单位频带内噪声功率 P_{SSB} 相对于平均载波功率 P_0 的分贝数。

单边相位噪声为

$$L(\Delta f) = 10\lg\frac{P_{SSB}}{P_0} \qquad (10.51)$$

相位噪声的单位为 dBc/Hz，dBc 表示噪声功率相对于载波功率的大小。例如，振荡器平均载波功率为–2dBm，在偏移载频 1MHz 处带宽 1kHz 内的噪声功率为–70dBm，则单边相位噪声为

$$\begin{aligned} L(\Delta f) &= -70\text{dBm} - (-2\text{dBm}) - 30\text{dB} \\ &= -98\text{dBc}\,/\,\text{Hz} \end{aligned} \qquad (10.52)$$

式（10.52）中的–30dB 是因为噪声的检测带宽为 1kHz 而引入的。对于无线通信系统，单边相位噪声为–80～–110dBc/Hz。

2．射频输出信号的功率

如果振荡器有足够的功率输出，就会降低振荡器内谐振器的有载 Q 值，导致输出功率随温度变化而变化。选用稳定的晶体管或采用补偿的办法，也可以增加电路输出功率的稳幅性。但这样，又会增加成本和噪声。

为了降低振荡器的噪声，让振荡器输出功率小一些。可降低振荡器的负载，增加一级放大器，以提高输出功率。通常振荡器的噪声比功率放大器大，故功率放大器不会增加额外噪声。

3．射频输出信号的调谐范围

可调谐振荡器还需要讨论调谐范围。调谐范围是指调谐的最大频率与最小频率；对于窄带可调谐振荡器（如 10%），调谐范围也可以用中心频率表示。可调谐振荡器通常采用变容二极管或钇铁石榴石（YIG）实现。

变容二极管用于改变振荡器调谐网络的电容，它的调谐灵敏度单位是 MHz/V。变容二极管与普通二极管不同，是一种利用 PN 结电压敏感性制成的半导体器件，结电容随外加偏压的变化而变化。由于变容二极管调谐振荡器是利用外加偏压控制频率，故形成压控振荡器（VCO）。

YIG 是一种磁性晶体材料，在偏置磁场下可以构成一个高 Q 谐振电路，调谐范围可达一个倍频程以上，可实现微波振荡器的宽带调谐。

通常变容二极管的调谐范围比 YIG 小，但变容二极管的调谐速度比 YIG 快。

本章小结

射频振荡器将直流功率转化成射频功率，是射频信号源。振荡器由有源固态器件和无源网络组成，有源固态器件包括三端口负阻器件（双极结晶体管、场效应晶体管、金属-半导体场效应晶体管）和二端口负阻器件（隧道二极管、雪崩渡越二极管、耿氏二极管等）；无源网络包括调谐网络和终端网络。振荡器与放大器的设计十分相似，二者的主要差别在于放大器需要输入一个射频信号；而振荡器无需输入信号，振荡器由起振到稳态依赖于不稳定电路。

现代射频系统的载波频率常常超过 1GHz，与之相适应的是微波振荡器。首先讨论振荡条件，包括稳态振荡条件、起振条件和稳定振荡条件。双端口振荡器产生稳态振荡的 3 个条件为不稳定的有源器件（$k<1$）、振荡器左端满足 $\Gamma_{in}\Gamma_S=1$、振荡器右端满足 $\Gamma_{out}\Gamma_T=1$；单端口振荡器产生稳态振荡的条件为负阻器件、$Z_{in}+Z_S=0$。振荡器起振时，整个电路在某一频率 ω 下出现不稳定，起振条件为 $R_{in}(I,\omega)+R_S<0$。振荡器稳定振荡要求任何扰动都应该被阻尼掉，稳定振荡的条件为 $\dfrac{\partial R_{in}}{\partial I}\dfrac{\partial}{\partial \omega}(X_S+X_{in})-\dfrac{\partial X_{in}}{\partial I}\dfrac{\partial R_{in}}{\partial \omega}>0$。其次讨论晶体管振荡器，晶体管振荡器的设计步骤为：在期望振荡的频率处选择不稳定的晶体管；为增强不稳定性，常常配以正反馈；确定共基/共射或共栅/共源的电路结构；终端网络应使晶体管的输入端产生一个大的负阻，满足 $|\Gamma_{in}|>1$；调谐网络应使 $R_{in}+R_S<0$，实际中常选 $R_S=|R_{in}|/3$，$X_S=-X_{in}$。第三，讨论二极管振荡器，二极管振荡器可以方便地获得射频高端频段的振荡信号，例如耿氏二极管可以用于制造 1～100GHz 的小功率振荡器，二极管振荡器的缺点是输出波形较差、噪声比较高。第四，讨论介质谐振器振荡器，介质谐振器的体积在频率较高时相对较小，未加载的 Q 值可以达到几千或上万，结构紧凑容易与平面电路集成（例如介质谐振器可以放在微带线旁边，使它与振荡电路耦合），因此得到越来越广泛的应用。第五，讨论压控振荡器，压控振荡器用变容二极管取代谐振电路中的部分电容，由于变容二极管的电容可变，因此可以调谐输出信号的频率。

早期的振荡器在较低频率下使用，通过振荡电路的一般分析，可以形成考毕兹（Colpitts）、哈特莱（Hartley）等结构的振荡器，并可以使用晶体谐振器提高振荡器的频率稳定性，形成皮尔斯（Pierce）晶体振荡器。由晶体管振荡器的一般电路分析，调谐网络有 3 个电抗元件，分别表示为 X_1、X_2、X_3。当振荡器为 Colpitts 振荡器时，X_1 和 X_2 选为电容、X_3 选为电感，若使用共发射极双极结晶体管，电路振荡的必要条件为 $\dfrac{C_2}{C_1}=\dfrac{g_m}{G_i}$，振荡器的振荡频率为

$$\omega_0=\sqrt{\frac{1}{L_3}\left(\frac{C_1+C_2}{C_1C_2}\right)}$$；若使用共栅极场效应晶体管，电路振荡的必要条件为 $\dfrac{C_1}{C_2}=\dfrac{g_m}{G_o}$，振荡器的振荡频率为 $\omega_0=\sqrt{\dfrac{1}{L_3}\left(\dfrac{C_1+C_2}{C_1C_2}\right)}$。当振荡器为 Hartley 振荡器时，$X_1$ 和 X_2 选为电感、X_3 选为电容，若使用共发射极双极结晶体管，电路振荡的必要条件为 $\dfrac{L_1}{L_2}=\dfrac{g_m}{G_i}$，振荡器的振荡

频率为 $\omega_0=\sqrt{\dfrac{1}{C_3[L_1+L_2]}}$；若使用共栅极场效应晶体管，电路振荡的必要条件为 $\dfrac{L_2}{L_1}=\dfrac{g_m}{G_o}$，

振荡器的振荡频率为 $\omega_0=\sqrt{\dfrac{1}{C_3(L_1+L_2)}}$。为了提高振荡器的频率稳定性，常使用石英晶体谐振器，石英晶体谐振器具有极高的品质因数（可以高达 100 000）和良好的温度稳定性，但谐振频率一般不能超过 250MHz。石英晶体可以代替 Colpitts 或 Hartley 振荡器中的电感，构成皮尔斯（Pierce）晶体振荡器。

振荡器的主要技术指标用于描述射频输出信号的频率、射频输出信号的功率和射频输出信号的调谐范围等。射频输出信号的频率需要讨论频率稳定度、频率温漂、电源牵引和相位噪声等参数；射频输出信号的功率需要讨论输出功率的大小和稳幅性；射频输出信号的调谐主要由变容二极管和钇铁石榴石（YIG）实现。

思考题与练习题

10.1 振荡器的作用是什么？什么是巴克豪森准则（Barkhausen Criterion）？

10.2 振荡器采用哪些有源器件？调谐网络有哪些结构？

10.3 比较振荡器与放大器的异同点。

10.4 微波双端口振荡器和单端口振荡器产生稳态振荡的条件是什么？

10.5 微波振荡器起振的条件和稳定振荡的条件是什么？

10.6 简述微波晶体管振荡器的设计步骤。

10.7 说明介质谐振器的特点，说明介质谐振器怎样形成调谐网络，简述介质谐振器振荡器的调谐网络设计步骤。

10.8 什么是变容二极管？由变容二极管构成的振荡器有什么特点？什么是 YIG？YIG 在振荡器中的作用与变容二极管有什么异同点？

10.9 考虑共发射极双极结晶体管的振荡电路，讨论 X_1、X_2 和 X_3 为电感还是电容时能构成 Colpitts 振荡器？电路振荡的必要条件是什么？振荡频率 ω_0 为多少？

10.10 考虑共发射极双极结晶体管的振荡电路，讨论 X_1、X_2 和 X_3 为电感还是电容时能构成 Hartley 振荡器？电路振荡的必要条件是什么？振荡频率 ω_0 为多少？

10.11 石英晶体谐振器有什么特点？在皮尔斯（Pierce）晶体振荡器中有什么作用？

10.12 振荡器射频输出信号的频率有哪些技术指标？什么是相位噪声？

10.13 证明微波双端口振荡器如果输入或输出端口中的任何一个端口符合振荡条件，则电路的二个端口都将产生振荡。

10.14 已知晶体管 A 和晶体管 B 在 2GHz 时的 $[S]$ 参量分别为

$$[S_A] = \begin{bmatrix} 0.48\angle25° & 0 \\ 5.0\angle30° & 0.3\angle-120° \end{bmatrix}, \quad [S_B] = \begin{bmatrix} 0.8\angle90° & 0 \\ 4.0\angle65° & 2.0\angle180° \end{bmatrix}$$

试判断谁更适合用做 2GHz 的振荡器设计。

10.15 使用双极结晶体管设计一个工作于 2.75GHz 的晶体管振荡器，其中基极串联一个 1.45nH 的电感，以增加不稳定性。已知共基极结构的晶体管 $[S]$ 参量（$Z_0 = 50\Omega$）为

$$[S] = \begin{bmatrix} 0.9\angle150° & 0.07\angle120° \\ 1.7\angle-80° & 1.08\angle-56° \end{bmatrix}$$

求：（1）基极串联电感后等效的晶体管 $[S]$ 参量；

（2）选择一个与 50Ω 匹配的终端网络，使 $|\Gamma_{in}| > 1$；

（3）计算 Z_{in}；

（4）确定 Z_S。

10.16 使用场效应管设计一个工作于 10GHz 的介质谐振器振荡器，要求 $g = 10$。已知共源结构的场效应管 $[S]$ 参量（$Z_0 = 50\Omega$）为

$$[S] = \begin{bmatrix} 3.68\angle-175° & 3.86\angle-38° \\ 4\angle30° & 2.77\angle176° \end{bmatrix}$$

求：（1）确定终端反射系数 Γ_T；

（2）确定终端阻抗 Z_T。

10.17 证明使用双极结型晶体管的共发射极振荡电路，与使用场效应晶体管的共栅极振荡电路，Colpitts 振荡器的振荡频率公式相同。为什么？

10.18 证明使用双极结型晶体管的共发射极振荡电路，与使用场效应晶体管的共栅极振荡电路，Hartley 振荡器的振荡频率公式相同。为什么？

10.19 场效应晶体管共栅极 Hartley 振荡器的振荡频率为 150MHz，$G_o = g_m$，$L_1 = 1nH$。为了能够维持振荡，电感 L_2 和电容 C_3 的值为多少？

10.20 场效应晶体管共栅极 Colpitts 振荡器的振荡频率为 200MHz，$g_m = 4.5mS$，$R_o = 50\Omega$，$L_3 = 1nH$。为了能够维持振荡，电容 C_1 和 C_2 的值为多少？

第 **11** 章 混频器和检波器的设计

混频器和检波器都是频率变换电路。混频器是一种将输入信号的频率升高（称为上变频）或降低（称为下变频），同时完好保留原信号特性的器件，其频率的变换可通过输入信号与另一信号（称为本振信号）混频而来；检波器是一种解调已调制信号的器件，用于直接提取信号的包络，可滤除载波成分，只输出调制信号。

为使用射频信号传递信息，在射频通信系统的发射端，通常需要将含有信息的基带信号的频谱搬移到中频，再将中频频率变换到射频频率，实现射频通信；在射频通信系统的接收端，需要一个相反的过程，将射频信号先转变为中频频率，再变换回基带信号，恢复射频信号中所含有的信息。在上述过程中，能够实现中频信号与射频信号之间频率变换的器件称为混频器；能够将中频信号中包含的基带信号恢复出来的器件称为检波器。

通常基带信号带宽窄、频率低，可以是模拟信号，也可以是数字信号。典型的中频频率是几十兆赫兹，也可以采用几百兆赫兹。

混频器和检波器利用固态器件的非线性实现频率变换，这些固态器件通常是工作于非线性区域的二极管和晶体管。固态器件的非线性程度越高，频率变换的效果越好，即输入信号频率转换为输出信号频率的百分比越高。但是，从另一个角度来说，输入信号与固态器件转换的产物之间希望是完全线性的关系。

本章首先讨论混频器，包括混频器的特性、种类、主要技术指标，以及单端二极管混频器和单平衡混频器 2 种类型的混频器；然后讨论检波器，包括整流器与检波器的关系、二极管检波器和检波器的灵敏度。

11.1 混频器

混频器是射频系统中用于频率变换的部件，具有广泛的应用领域，可以将输入信号的频率升高或降低而不改变原信号的特性。实际混频器通常是以二极管或晶体管的非线性特性为基础，非线性元件能产生众多的其他频率分量，然后通过滤波选取所需的频率分量。

11.1.1 混频器的特性

混频器是一个三端口器件，其中 2 个端口输入，1 个端口输出。混频器采用非线性元件，可以将 2 个不同频率的输入信号变换为一系列不同频率的输出信号，输出频率分别为 2 个输入频率的和频、差频及谐波。

1. 混频器的功能

在射频发射系统中，2 个不同频率的输入端分别称为中频端（IF）和本振端（LO），输出端称为射频端（RF），如图 11.1（a）所示。图 11.1（a）中将混频器用作上变频器，上变频器一般取 2 个输入频率的和频，即 $f_{RF} = f_{LO} + f_{IF}$。

在射频接收系统中，2 个不同频率的输入端分别称为射频端（RF）和本振端（LO），输出端称为中频端（IF），如图 11.1（b）所示。图 11.1（b）中将混频器用作下变频器，例如超外差式接收机就是这种使用方式。下变频器一般取输出的差频，即 $f_{IF} = f_{RF} - f_{LO}$。混频器的典型应用是在射频接收系统中，可以将较高频率的射频输入信号（RF）变换为频率较低的中频（IF）输出信号，以便更容易对信号进行后续的调整和处理。

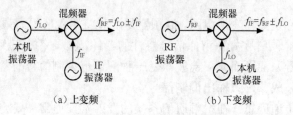

图 11.1　混频器的符号和功能图

2. 理想混频器的频谱

图 11.1 给出了混频器的符号和理想功能。混频器符号的意思是：输出与 2 个输入信号的乘积成比例。这是混频器工作的理想化观点。

对于图 11.1（a）的上变频过程，本振 LO 信号连接混频器的一个输入端口，可以表示为

$$v_{LO}(t) = \cos(2\pi f_{LO}t) \tag{11.1}$$

中频 IF 信号连接混频器的另一个输入端口，可以表示为

$$v_{IF}(t) = \cos(2\pi f_{IF}t) \tag{11.2}$$

理想混频器的输出是 LO 信号与 IF 信号的乘积，可以表示为

$$
\begin{aligned}
v_{RF}(t) &= k v_{LO}(t) v_{IF}(t) \\
&= k \cos(2\pi f_{LO}t)\cos(2\pi f_{IF}t) \\
&= k\left[\cos 2\pi(f_{LO} - f_{IF})t + \cos 2\pi(f_{LO} + f_{IF})t\right]
\end{aligned} \tag{11.3}
$$

式（11.3）中，k 是考虑混频器的损耗而引入的常量。理想混频器输出的 RF 信号包含输入 LO 与 IF 信号的和频和差频

$$f_{RF} = f_{LO} \pm f_{IF} \tag{11.4}$$

本振频率 f_{LO} 一般比中频频率 f_{IF} 要高许多，输出信号的频谱如图 11.2（a）所示。可以看出，混频器具有用 IF 信号调制 LO 信号的作用，其中 $f_{RF} = f_{LO} + f_{IF}$ 是上边带（USB），$f_{RF} = f_{LO} - f_{IF}$ 是下边带（LSB）。双边带（DSB）信号拥有上、下 2 个边带。单边带（SSB）信号可以通过滤波器产生，上变频采用式（11.4）中的和频，即

$$f_{RF} = f_{LO} + f_{IF} \tag{11.5}$$

对于图 11.1（b）的下变频过程，与用在接收机中的一样，RF 信号为输入信号，为

$$v_{RF}(t) = \cos(2\pi f_{RF}t) \tag{11.6}$$

式（11.6）给出的 RF 信号与式（11.1）给出的 LO 信号为混频器的 2 个输入信号，理想混频器的输出可以表示为

$$
\begin{aligned}
v_{IF}(t) &= kv_{RF}(t)v_{LO}(t) \\
&= k\cos(2\pi f_{RF}t)\cos(2\pi f_{LO}t) \\
&= k\left[\cos 2\pi(f_{RF}-f_{LO})t + \cos 2\pi(f_{RF}+f_{LO})t\right]
\end{aligned} \tag{11.7}
$$

式（11.7）的输出信号为 IF 信号，IF 信号的频率为 RF 与 LO 信号的和频和差频，即

$$f_{IF} = f_{RF} \pm f_{LO} \tag{11.8}$$

输出信号的频谱如图 11.2（b）所示。RF 频率与 LO 频率非常接近，式（11.8）中的和频几乎为 f_{RF} 的 2 倍，差频远小于 f_{RF}，所以希望输出式（11.8）中的差频，即

$$f_{IF} = f_{RF} - f_{LO} \tag{11.9}$$

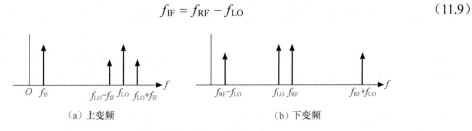

（a）上变频　　　　　　　　　　　　（b）下变频

图 11.2　理想混频器的频谱

3．实际混频器的频率输出

上面是对理想混频器的讨论。实际混频器是由二极管或晶体管构成的，由于二极管或晶体管的非线性，输出会有众多的其他频率分量，并且需要用滤波器选取所需的频率分量。

实际上，混频器利用一个或多个非线性器件，将相对较大的泵浦信号（LO）与一个输入信号（RF 或 IF）相混频，产生基于这 2 个信号各次谐波的和频与差频，输出信号的频率为

$$f_{out} = mf_{in} \pm nf_{LO} \tag{11.10}$$

式（11.10）中，f_{out} 为混频器输出信号的频率，在上变频中为 f_{RF}、在下变频中为 f_{IF}；f_{in} 为混频器输入信号的频率，在上变频中为 f_{IF}、在下变频中为 f_{RF}。

11.1.2　混频器的种类

混频器按照频率变换的类型可以分为 3 类电路，分别为上变频器、下变频器和谐波混频器，以适应不同的需求。

1．下变频器

下变频器借助于本振信号将射频频率下移到中频频率。由于 $\cos(f_{IF}t) = \cos(-f_{IF}t)$，中频信号的频率为

$$f_{IF} = |f_{RF} - f_{LO}| \tag{11.11}$$

例如，一个 18.1GHz 的 RF 信号与一个 18GHz 的 LO 信号，将产生 100MHz 的下变频 IF 信

号。

由式（11.11）可见，同一个中频可以由 2 个不同的射频产生。即

$$f_{IF} = +(f_{RF1} - f_{LO}) \quad \Rightarrow \quad f_{RF1} = f_{LO} + f_{IF} \tag{11.12}$$

$$f_{IF} = -(f_{RF2} - f_{LO}) \quad \Rightarrow \quad f_{RF2} = f_{LO} - f_{IF} \tag{11.13}$$

若将式（11.12）中的射频 f_{RF1} 称为产生 IF 信号的"直接频率"；则式（11.13）中的射频 f_{RF2} 称为产生 IF 信号的"镜像频率"，由 f_{RF2} 产生的 IF 信号称为"镜像响应"。在前面的举例中，用 18.1GHz 的 RF 信号与 18GHz 的 LO 信号产生了 100MHz 的下变频 IF 信号，18.1GHz 的 RF 信号就称为"直接频率"；而用 17.9GHz 的 RF 信号与 18GHz 的 LO 信号也能产生 100MHz 的下变频 IF 信号，17.9GHz 的 RF 信号就称为"镜像频率"。

镜像响应是不希望看到的，能抑制镜像响应的混频器称为镜像抑制混频器。通常，将只产生于"直接频率"、不含产生于"镜像频率"的 IF 信号称为单边带（SSB）IF 响应；将既产生于"直接频率"、又产生于"镜像频率"的 IF 信号称为双边带（DSB）IF 响应。DSB 所携带的能量是 SSB 的两倍。混频器需要讨论变频损耗和噪声系数等参数，上述参数均是指 SSB 的值。

例 11.1 已知一射频信道的中心频率为 1.89GHz，带宽为 20MHz，需要下变频为 200MHz 的中频，要求选择合适的本振频率。确定能够滤出该射频和相应中频的带通滤波器的品质因数。

解 （1）由式（11.12）和式（11.13）可以看出，根据 f_{RF} 和 f_{LO} 的相对大小，中频信号为

$$f_{IF} = f_{RF} - f_{LO}$$

或

$$f_{IF} = f_{LO} - f_{RF}$$

将 $f_{IF} = 200$MHz 及 $f_{RF} = 1.89$GHz 代入，可以得到

$$f_{LO} = 1.69\text{GHz}$$

或

$$f_{LO} = 2.09\text{GHz}$$

这 2 个本振频率都是可行的。但由于本振频率越低越容易生成和处理，所以常选小于 f_{RF} 的本振频率，即常选择

$$f_{LO} = 1.69\text{GHz}$$

（2）在下变频之前，信号带宽为 20MHz，中心频率为 1.89GHz，如果要滤出此信号，需要带通滤波器的品质因数为

$$Q = \frac{1.89 \times 10^9}{20 \times 10^6} = 94.5$$

（3）在下变频之后，信号带宽为 20MHz，中心频率为 200MHz，如果要滤出此信号，需要带通滤波器的品质因数为

$$Q = \frac{200 \times 10^6}{20 \times 10^6} = 10$$

2. 上变频器

上变频器与下变频器相反，上变频器借助于本振信号将中频频率上移到射频频率，射频信号的频率为

$$f_{RF} = f_{LO} + f_{IF} \tag{11.14}$$

上变频器也是混频器的一种，常用于发射机中，用已带有信息的 IF 信号去调制载波 LO 信号，以产生待发射的 RF 信号。例如，一个 100MHz 的 IF 信号与一个 18GHz 的 LO 信号，将产生 18.1GHz 的上变频 RF 信号。

这里需要说明的是，在上变频器中，射频信号为了只得到式（11.14）中的和频，需要采取滤波或镜像抑制措施。

3. 谐波混频器

当只具有一个低频 LO，而欲对一个高频 RF 信号进行下变频时，可以采用谐波混频器。即选用 LO 的适当谐波与 RF 信号进行混频，以实现下变频。输出的 IF 信号为

$$f_{IF} = nf_{LO} - f_{RF} \tag{11.15}$$

式（11.15）中，n 为整数。当 $n = 1$ 时，即为前面讨论的基波下变频器。如果选用 LO 频率的一半构成混频器，称为分谐波混频器，它属于谐波混频器的一个特例。

需要注意的是，LO 的谐波频率是在二极管混频器中产生的，因此变频损耗将高于基波变频器。谐波次数 n 每增加 1，变频损耗约增加 3dB。一般在射频频率很高时才使用谐波混频器，例如，若一个基波下变频器（$n = 1$、$f_{RF} = 68GHz$、$f_{LO} = 66GHz$、$f_{IF} = 2GHz$）的变频损耗为 6dB，那么采用二次谐波变频器（$n = 2$、$f_{RF} = 68GHz$、$f_{LO} = 33GHz$、$f_{IF} = 2GHz$）的变频损耗为 9dB，采用三次谐波变频器（$n = 3$、$f_{RF} = 68GHz$、$f_{LO} = 22GHz$、$f_{IF} = 2GHz$）的变频损耗为 12dB。

11.1.3 混频器主要技术指标

混频器的主要技术指标有变频损耗、噪声系数、线性特性、本振激励功率、端口隔离度和端口阻抗匹配等。混频器是前端电路，性能指标直接关系到接收机的性能。

1. 变频损耗

变频损耗是混频器的一个重要特性，这里以下变频为例讨论变频损耗。混频器的变频损耗定义为可用 RF 输入功率与可用 IF 输出功率之比，用 dB 表示为

$$L_C = 10\lg\left(\frac{P_{RF}}{P_{IF}}\right) \quad dB \tag{11.16}$$

变频损耗的典型值为 $4 \sim 7dB$。

变频损耗由如下 3 部分组成。

$$L_C = L_d + L_m + L_h \quad dB \tag{11.17}$$

式（11.17）中，L_d 为二极管的阻抗损耗，L_m 为混频器端口的失配损耗，L_h 为谐波分量引起

的损耗。其中，电阻性负载会吸收能量，产生阻抗损耗；混频器需要在三个端口上阻抗匹配，但由于存在几个频率及其它们的谐波频率，关系很复杂，会带来混频器端口的失配损耗；混频器输出只选和频或差频，谐波不是所需的输出信号，导致了谐波损耗。

由于 DSB 信号有 2 个边带，所以它在 IF 端口的输出功率为 SSB 信号的 2 倍，即 DSB 信号的变频损耗比 SSB 信号的变频损耗低 3dB，为

$$(L_C)_{DSB} = (L_C)_{SSB} - 3dB \tag{11.18}$$

2. 噪声系数

混频器的噪声系数定义为输入信号的信噪比与输出信号的信噪比的比值。混频器的噪声系数 F 主要取决于变频损耗 L_C，在工作温度 T 时有如下关系。

$$F = 1 + (L_C - 1)\frac{T}{T_0} \tag{11.19}$$

对于 SSB 信号，式（11.19）为

$$F_{SSB} = 1 + \left[(L_C)_{SSB} - 1\right]\frac{T}{T_0} \tag{11.20}$$

对于 DSB 信号，式（11.19）为

$$F_{DSB} = 1 + \left[\frac{(L_C)_{SSB}}{2} - 1\right]\frac{T}{T_0} \tag{11.21}$$

当混频器的工作温度 T 与标准室温 T_0 相同时，有

$$F_{SSB} = (L_C)_{SSB}$$

$$F_{DSB} = \frac{(L_C)_{SSB}}{2}$$

也即 DSB 信号的噪声系数比 SSB 信号的噪声系数低 3dB。也就是说，在分析混频器的噪声系数时，要特别注意是 DSB 信号还是 SSB 信号，它们的噪声系数有 3dB 差异。

3. 线性特性

混频器对于本振信号是非线性电路，这是由于本振信号的幅度很大，使混频器工作于非线性区域，使混频器具有混频电路的功能。混频器的射频输入信号一般远小于本振信号，混频器对于较小的射频输入信号是线性网络。混频器输出的中频信号与输入的射频信号在幅度上成正比关系，是一个线性的移频器。

当混频器的射频输入信号超过一定限制后，输出中频信号的幅度趋于饱和，将影响混频器的性能。这时混频器与大信号放大器类似，也存在 1dB 增益压缩点、三阶交调和动态范围等参数，如图 11.3 所示。

混频器 1dB 增益压缩点定义为当变频增益下降 1dB 时对应的输入射频功率（或输出中频功率）。如果混频器输入 2 个相邻频率的射频信号（f_1 和 f_2），其三阶互调分量（$2f_1 - f_2$ 和 $2f_2 - f_1$）与本振信号混频后，也位于中频带宽内，会对中频信号产生干扰。混频器的动态范围 DR 为最小可检信号功率 $P_{IF,mds}$ 到 1dB 增益压缩点处的信号功率 $P_{IF,1dB}$ 之间的范围。

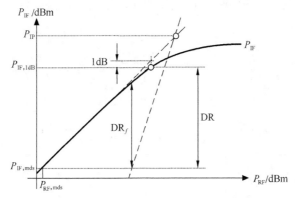

图 11.3　混频器的增益压缩、三阶交调和动态范围

4．本振激励功率

混频器的指标受本振功率控制。若本振功率不够，就会降低混频器的性能，甚至使混频器无法工作。因此，混频器要求给出本振激励功率的参数，以 dBm 为单位。实际使用的混频器也是按本振功率进行分类，如 7dBm、10dBm、17dBm 本振（LO），要求本振激励的功率达到上述数值。

5．端口隔离度

混频器 LO、RF、IF 端口的频率不同，端口隔离度定义为一个端口的输入信号与其他端口得到的该频率信号功率的衰减量，以 dB 为单位，一般要高于 20dB。例如，一个混频器本振端口的输入功率为 20dBm，中频输出端口得到本振频率的输出信号为–30dBm，该混频器本振输入端口与中频输出端口之间的隔离度为 50dB。

6．端口阻抗匹配

混频器的 3 个端口应配以适当的匹配电路，以求得最大转换效率。混频器端口阻抗匹配的原则是：对于该端口的工作频率的信号严格匹配，对于其他端口的工作频率的信号则需全反射。

混频器输入端口的设计与放大器类似，希望达到共轭匹配。而中频输出端口除了需要与后级阻抗匹配，还要求尽可能反射本振频率的信号，以提高隔离度。

11.1.4　单端二极管混频器

仅用一个二极管产生所需 IF 信号的混频器称为单端二极管混频器。下面讨论用单端二极管混频器设计下变频器。

1．电路构成

单端二极管混频器如图 11.4 所示，RF 和 LO 信号输入到同相耦合器中，2 个输入电压合为一体，利用二极管进行混频。由于二极管的非线性，从二极管输出的信号存在多个频率，经过一个低通滤波器，可以获得差频 IF 信号。二极管用 DC 电压偏置，该 DC 偏置电压必须与射频信号去耦，因此二极管与偏置电压源之间采用射频扼流圈（RFC），RFC 通直流、隔交流。

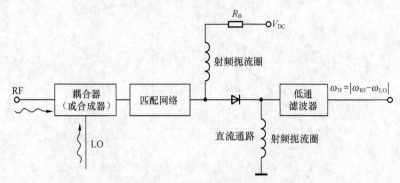

图 11.4　单端二极管混频器的一般框图

混频器的 AC 等效电路如图 11.5 所示，其中 RF 和 LO 输入电压用 2 个串联电压源表示。设 RF 输入电压是角频率为 ω_{RF} 的余弦波

$$v_{RF}(t) = V_{RF}\cos(\omega_{RF}t) \tag{11.22}$$

并设 LO 输入电压是角频率为 ω_{LO} 的余弦波

$$v_{LO}(t) = V_{LO}\cos(\omega_{LO}t) \tag{11.23}$$

输入 AC 的总电压可以表示为

$$v(t) = v_{RF} + v_{LO} = V_{RF}\cos(\omega_{RF}t) + V_{LO}\cos(\omega_{LO}t) \tag{11.24}$$

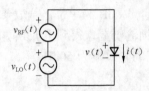

图 11.5　混频器的 AC 等效电路

2．二极管小信号分析

二极管是非线性的。通常可以将二极管视为一个非线性电阻，根据二极管的伏安特性，可以得到二极管电压和电流之间的关系为

$$I(V) = I_S\left(e^{\frac{V}{nV_T}} - 1\right) \tag{11.25}$$

式（11.25）中，I_S 是二极管饱和电流；V_T 为常数（在 $T = 293K$ 时，$V_T = 25mV$）；n 是理想化因子（$1 \leqslant n \leqslant 2$）。

为了进行小信号分析，输入直流偏压 V_0 及一个小信号 AC 电压 $v(t)$ 作用于二极管上，二极管上电压为

$$V = V_0 + v \tag{11.26}$$

此电压在非线性二极管上所产生的电流响应可以在 Q 点（I_0、V_0）处用泰勒极数展开

$$I(V) = I_0 + v\frac{\mathrm{d}I}{\mathrm{d}V}\bigg|_{V_0} + \frac{1}{2}v^2\frac{\mathrm{d}^2 I}{\mathrm{d}V^2}\bigg|_{V_0} + \cdots \qquad (11.27)$$

式（11.27）中，I_0 是直流偏置电流，为

$$I_0 = I_S\left(\mathrm{e}^{\frac{V_0}{nV_T}} - 1\right) \qquad (11.28)$$

式（11.27）中一阶导数为

$$\frac{\mathrm{d}I}{\mathrm{d}V}\bigg|_{V_0} = \alpha I_S \mathrm{e}^{\alpha V_0} = \alpha(I_0 + I_S) = G_d \qquad (11.29a)$$

G_d 称为二极管的动态电导。式（11.27）中二阶导数为

$$\frac{\mathrm{d}^2 I}{\mathrm{d}V^2}\bigg|_{V_0} = \alpha^2 I_S \mathrm{e}^{\alpha V_0} = \alpha G_d = G_d' \qquad (11.29b)$$

由式（11.28）和式（11.29），式（11.27）可以改写为

$$I(V) = I_0 + i = I_0 + vG_d + \frac{1}{2}v^2 G_d' + \cdots \qquad (11.30)$$

式（11.30）中，二极管电流的前 3 项称为"小信号近似"。这意味着对于小信号（$v/nV_T \ll 1$），略去 i 中二阶以上的高阶项不影响所讨论问题的精确度。

式（11.30）所确定的电流表达式是基于式（11.25）所描述的伏安特性在静态工作点（Q 点）处微分获得的。因此，式（11.30）仅反映了 i 与 v 之间的纯电阻关系，并未考虑二极管的电抗效应。也就是说，小信号分析只适用于低频段。

二极管的电抗效应包括：二极管结电容、封装导致的寄生电容、引线的电感等。二极管的电抗效应导致二极管的特性发生很大偏移。而迄今为止讨论的二极管均为理想二极管。

3. 二极管非线性产生新的频率分量

将式（11.24）代入式（11.30）中，可以得到二极管的 AC 电流为

$$\begin{aligned}
i &= vG_d + \frac{1}{2}v^2 G_d' + \cdots \\
&= G_d[v_{RF} + v_{LO}] + \frac{1}{2}G_d'[v_{RF} + v_{LO}]^2 + \cdots \\
&= G_d[V_{RF}\cos\omega_{RF}t + V_{LO}\cos\omega_{LO}t] \\
&\quad + \frac{1}{2}G_d'\left[V_{RF}^2\cos^2\omega_{RF}t + V_{LO}^2\cos^2\omega_{LO}t + 2V_{RF}V_{LO}\cos\omega_{RF}t\cos\omega_{LO}t\right] + \cdots \qquad (11.31) \\
&= G_d[V_{RF}\cos\omega_{RF}t + V_{LO}\cos\omega_{LO}t] \\
&\quad + \frac{G_d'}{4}\Big[V_{RF}^2(1 + \cos 2\omega_{RF}t) + V_{LO}^2(1 + \cos 2\omega_{LO}t) \\
&\quad + 2V_{RF}V_{LO}\cos(\omega_{RF} - \omega_{LO})t + 2V_{RF}V_{LO}\cos(\omega_{RF} + \omega_{LO})t\Big] + \cdots
\end{aligned}$$

从式（11.31）可以看出，正如前面所讨论的，二极管的非线性导致输出信号存在多个频率，新的频率分量为

$$m\omega_{\mathrm{RF}} \pm n\omega_{\mathrm{LO}} \tag{11.32}$$

式（11.32）中，m 和 n 是整数。这里关心的是差频，有

$$i_{\mathrm{IF}}(t) = \frac{1}{2}G'_{\mathrm{d}}V_{\mathrm{RF}}V_{\mathrm{LO}}\cos(\omega_{\mathrm{RF}} - \omega_{\mathrm{LO}})t = \frac{1}{2}G'_{\mathrm{d}}V_{\mathrm{RF}}V_{\mathrm{LO}}\cos\omega_{\mathrm{IF}}t \tag{11.33}$$

式（11.33）中，ω_{IF} 是所需的 IF 信号，这与图 11.2 所示的理想下变频的频谱一致。

为从二极管输出的众多频率中得到差频 ω_{IF}，需要低通滤波器。经过一个低通滤波器，并除去直流分量，可以获得差频 IF 信号。

4. 设计步骤

一个理想二极管有截止和导通 2 种状态：在截止状态下阻抗为 $Z_1 = \infty$，反射系数为 $\Gamma_1 = 1$；在导通状态下阻抗为 $Z_2 = 0$，反射系数为 $\Gamma_2 = -1$。2 种状态下反射系数的模值都为 1，相位相差 180°。理想二极管的工作状态如图 11.6（a）所示。

实际的二极管，在截止和导通状态时反射系数的模值都小于 1，相位差也不是 180°。实际二极管的工作状态如图 11.6（b）所示。

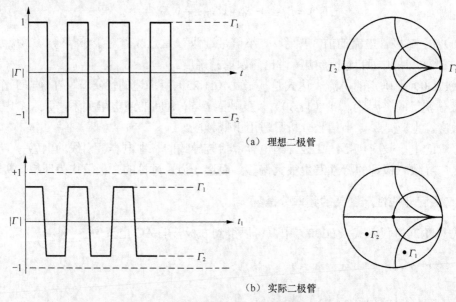

（a）理想二极管

（b）实际二极管

图 11.6 理想二极管和实际二极管工作状态比较

二极管实际状态与理想状态的差异，决定了二极管的变频损耗。为了降低变频损耗，需要用匹配电路将截止和导通 2 种状态下的反射系数转换成模值相等、相位相差 180°、模值幅度尽量大的另外 2 个阻抗，如图 11.7 所示。

基于以上讨论，单端二极管混频器的设计步骤如下。

（1）选择合适的二极管。二极管应具有很高的截止频率 ω_{C0}，以降低变频损耗。二极管的截止频率 ω_{C0} 应大于本振频率 ω_0 的 10 倍以上。即

$$\omega_{\mathrm{C0}} \geqslant 10\omega_0 \tag{11.34}$$

实际应用中常选用肖特基二极管。

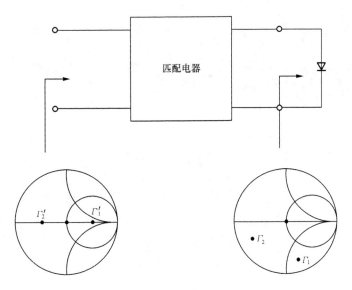

图 11.7　实际二极管加匹配电路后的工作状态

肖特基二极管不是利用 P 型半导体与 N 型半导体接触形成 PN 结原理制作的，而是利用金属与半导体接触形成的金属－半导体结原理制作的，是一种低功耗、超高速半导体器件，既具有很高的截止频率，又具有很小的串联电路损耗。

（2）测量大信号条件下二极管的阻抗值。分别测量二极管在截止状态时的阻抗 Z_1 和导通状态时的阻抗 Z_2，并在史密斯圆图上标出。

（3）设计匹配电路。利用史密斯圆图进行匹配，匹配电路应使截止和导通状态时的 $|\Gamma_1|$ 和 $|\Gamma_2|$ 最大，并使相位相差 180°。

（4）电路优化。将二极管、匹配电路、低通滤波器等通过传输线相连，构成混频器的初步设计模型。借助仿真软件对模型进一步优化，改善 RF、LO、IF 之间的阻抗匹配，降低变频损耗。

11.1.5　单平衡混频器

前面讨论的单端二极管混频器虽然容易实现，但在宽带应用中不易保持输入匹配及本振信号与射频信号之间相互隔离，为此提出单平衡混频器。

1．电路构成

图 11.8 所示为单平衡混频器的构成，2 个单端二极管混频器与 1 个 3dB 耦合器可以组成单平衡混频器，为简单起见，图中省略了对二极管的偏置电路。

图 11.8 描述的单平衡混频器，3dB 耦合器是四端口器件，可以是图 11.8（a）所示的 90°混合网络或图 11.8（b）所示的 180°混合网络，下面只讨论 90°混合网络。当 3dB 耦合器是 90°混合网络时，混频器可以有很宽的频率范围，在 RF 端口可以得到完全的输入匹配，同时可以除去所有偶数阶互调产物。

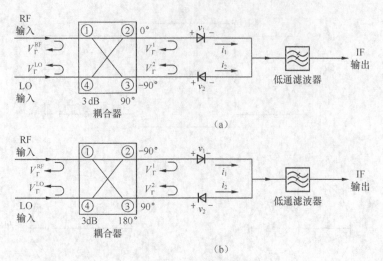

图 11.8　单平衡混频器

2．IF 输出

在单端二极管混频器中讨论过的小信号近似法，可以用于分析单平衡混频器。由第 4 章的讨论可知，当 3dB 耦合器是 90° 混合网络时，$[S]$ 参量为

$$[S] = -\frac{1}{\sqrt{2}}\begin{bmatrix} 0 & j & 1 & 0 \\ j & 0 & 0 & 1 \\ 1 & 0 & 0 & j \\ 0 & 1 & j & 0 \end{bmatrix} \qquad (11.35)$$

各端口的编号如图 11.8（a）所示。施加到 2 个二极管上的总 RF 和 LO 电压可以表示为

$$v_1(t) = \frac{1}{\sqrt{2}}[V_{\mathrm{RF}} \cos(\omega_{\mathrm{RF}}t - 90°) + V_{\mathrm{LO}} \cos(\omega_{\mathrm{LO}}t - 180°)]$$

$$= \frac{1}{\sqrt{2}}[V_{\mathrm{RF}} \sin \omega_{\mathrm{RF}}t - V_{\mathrm{LO}} \cos \omega_{\mathrm{LO}}t] \qquad (11.36)$$

$$v_2(t) = \frac{1}{\sqrt{2}}[V_{\mathrm{RF}} \cos(\omega_{\mathrm{RF}}t - 180°) + V_{\mathrm{LO}} \cos(\omega_{\mathrm{LO}}t - 90°)]$$

$$= \frac{1}{\sqrt{2}}[-V_{\mathrm{RF}} \cos \omega_{\mathrm{RF}}t + V_{\mathrm{LO}} \sin \omega_{\mathrm{LO}}t] \qquad (11.37)$$

IF 信号只用到式（11.30）二极管小信号近似中的二次项，所以也只讨论电压输入为式（11.36）和式（11.37）时输出电流的二次项。可以得到二极管的二次项电流为

$$i_1(t) = kv_1^2$$

$$= \frac{k}{2}[V_{\mathrm{RF}}^2 \sin^2 \omega_{\mathrm{RF}}t - 2V_{\mathrm{RF}}V_{\mathrm{LO}} \sin \omega_{\mathrm{RF}}t \cos \omega_{\mathrm{LO}}t + V_{\mathrm{LO}}^2 \cos^2 \omega_{\mathrm{LO}}t] \qquad (11.38)$$

$$i_2(t) = -kv_2^2$$

$$= -\frac{k}{2}[V_{\mathrm{RF}}^2 \cos^2 \omega_{\mathrm{RF}}t - 2V_{\mathrm{RF}}V_{\mathrm{LO}} \cos \omega_{\mathrm{RF}}t \sin \omega_{\mathrm{LO}}t + V_{\mathrm{LO}}^2 \sin^2 \omega_{\mathrm{LO}}t] \qquad (11.39)$$

式（11.38）和式（11.39）中，k 是二极管小信号近似二次项的常数，式（11.39）中，$i_2(t)$ 为负是由于考虑了二极管的极性倒相。在低通滤波器的输入处，$i_1(t)$ 和 $i_2(t)$ 相加，可以得到

$$i_1(t) + i_2(t) = -\frac{k}{2}[V_{RF}^2 \cos 2\omega_{RF}t + 2V_{RF}V_{LO} \sin \omega_{IF}t - V_{LO}^2 \cos 2\omega_{LO}t] \tag{11.40}$$

式（11.40）中，$\omega_{IF} = \omega_{RF} - \omega_{LO}$ 是所需的 IF 信号。实际上，二极管的 DC 分量在合成时已经消去。经过低通滤波之后，IF 输出信号为

$$i_{IF}(t) = -kV_{RF}V_{LO} \sin \omega_{IF}t \tag{11.41}$$

3. RF 和 LO 隔离

下面考虑当 3dB 耦合器是 90°混合网络时，RF 端口和 LO 端口之间的隔离。假定二极管是匹配的，并且在 RF 频率每个端口呈现的电压反射系数为 Γ，则在二极管处反射的 RF 电压为

$$V_{\Gamma_1} = \Gamma V_1 = \frac{-j\Gamma V_{RF}}{\sqrt{2}} \tag{11.42}$$

$$V_{\Gamma_2} = \Gamma V_2 = \frac{-\Gamma V_{RF}}{\sqrt{2}} \tag{11.43}$$

上述反射电压分别出现在 90°混合网络的端口 2 和端口 3，并且在 RF 端口和 LO 端口组合成如下的输出

$$V_{\Gamma}^{RF} = \frac{-jV_{\Gamma_1}}{\sqrt{2}} - \frac{V_{\Gamma_2}}{\sqrt{2}} = 0 \tag{11.44}$$

$$V_{\Gamma}^{LO} = \frac{-V_{\Gamma_2}}{\sqrt{2}} - \frac{jV_{\Gamma_1}}{\sqrt{2}} = j\Gamma V_{RF} \tag{11.45}$$

由式（11.44）和式（11.45）可以看出，当 3dB 耦合器是 90°混合网络时，混频器具有以下特点。

（1）RF 端口和 LO 端口无反射。即驻波比为

$$\rho_{RF} = 1 \tag{11.46}$$

$$\rho_{LO} = 1 \tag{11.47}$$

（2）RF 端口与 LO 端口有强耦合。

11.2 检波器

检波器也是频率变换电路。检波器是将已经调制的信号进行解调，输出调制信号的电路。检波器主要应用在接收机的解调电路中，对调幅信号进行解调，实现峰值包络检波，输出信号与输入信号的包络相同。

11.2.1 整流器与检波器

整流器是检波器的一个特例。整流器输入的是未调制的射频信号，也就是说输入的射频信号包络为直流，因此整流器输出零频率的信号（直流）。整流器的时域响应如图 11.9 所示，

其中图 11.9（a）为射频信号，图 11.9（b）为整流输出信号。

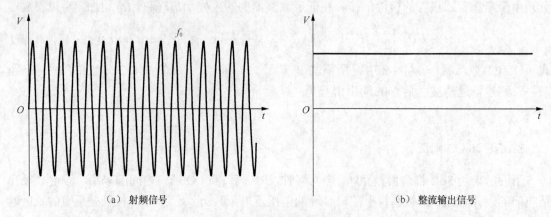

（a）射频信号 　　　　　　　　　　　（b）整流输出信号

图 11.9　整流器的时域响应

整流器主要用于自动增益控制（AGC）、射频功率监视和射频信号检测等。此外，整流器还用于无接触能量供应，通过对射频能量整流获得直流电压，为其他电路提供电源供应。

检波器输入的是已调制的射频信号，也就是说输入的射频信号包络具有一定的波形，检波器输出包络的波形。检波器的时域响应如图 11.10 所示，其中图 11.10（a）为已调制的射频信号，图 11.10（b）为检波输出信号。

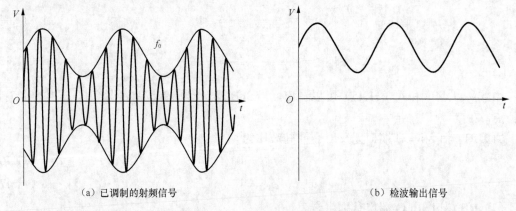

（a）已调制的射频信号 　　　　　　　　（b）检波输出信号

图 11.10　检波器的时域响应

检波器可以将射频信号降低为低频率的信号，经常用于驻波比（VSWR）的测量和信号指示器中。

11.2.2　二极管检波器

检波器是利用射频固态器件的非线性特性对输入射频信号进行频率变换。固态器件的非线性用伏安特性曲线描述，如果器件的非线性特性越强，器件将输入频率信号功率转换为输出频率信号功率的百分比就越大，检波器的检波效果就越好。由于二极管有非线性特性，可以利用二极管实现幅度调制信号的检波。

1．检波器电路的构成

检波器是二端口网络。典型的二极管检波器如图 11.11 所示，二极管的直流偏置电压由电阻 R_B 和射频扼流圈（RFC）提供；低通滤波器（LPF）用于滤去射频信号，通过包络信号；射频电源与二极管之间需要阻抗匹配电路。

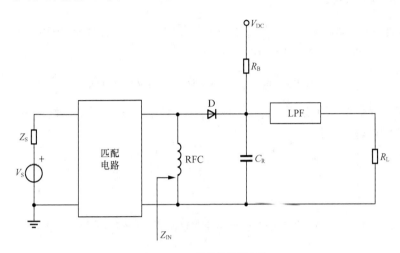

图 11.11　二极管检波器电路

2．二极管的整流特性

整流器作为检波器的特例，用于处理未调制的射频信号。图 11.11 所示的二极管检波器也可以用作整流电路。下面讨论二极管的整流特性。

在静态工作点 $Q(I_0, V_0)$ 处加频率为 ω_0、振幅为 v_m 的小信号射频电压

$$v = v_m \cos(\omega_0 t) \tag{11.48}$$

由式（11.30）可以得到电流输出为

$$\begin{aligned}
I &= I_0 + v G_d + \frac{1}{2} v^2 G_d' + \cdots \\
&= I_0 + G_d v_m \cos(\omega_0 t) + \frac{1}{2} G_d' v_m^2 \cos^2(\omega_0 t) + \cdots
\end{aligned} \tag{11.49}$$

利用恒等式

$$\cos^2(\omega_0 t) = \frac{1 + \cos(2\omega_0 t)}{2}$$

并取式（11.49）的前 3 项，电流输出为

$$I = I_0 + \frac{v_m^2 G_d'}{4} + v_m G_d \cos(\omega_0 t) + \frac{1}{4} v_m^2 G_d' \cos(2\omega_0 t) \tag{11.50}$$

式（11.50）中，总的直流电流为

$$I_{DC} = I_0 + \frac{v_m^2 G_d'}{4} \tag{11.51}$$

通过滤波器滤去式（11.50）中的基波项（频率为 ω_0）、二次谐波项（频率为 $2\omega_0$）及其他高次谐波，即可得到式（11.51）中的直流项 I_{DC}。直流项 I_{DC} 中的 $v_m^2 G_d' / 4$ 为整流输出电流。可以看到，整流输出电流与射频输入电压振幅的平方成正比，这正是自动增益控制、监控器等应用中的期望关系，满足这一关系的整流器称为"平方率"工作状态。

3. 二极管的检波特性

对于调幅射频信号的输入，二极管的输入电压（不包含直流偏置电压）为

$$
\begin{aligned}
v_{RF}(t) &= v_m(1 + m\cos\omega_m t)\cos\omega_0 t \\
&= v_m\cos\omega_0 t + \frac{m}{2}v_m\left[\cos(\omega_0 - \omega_m)t + \cos(\omega_0 + \omega_m)t\right]
\end{aligned}
\tag{11.52}
$$

式（11.52）中，ω_0 为射频频率，ω_m 为调幅信号的频率，m 为调制系数（$0 \leqslant m \leqslant 1$）。

（1）二极管的输出电流

通常情况下，$\omega_0 \gg \omega_m$，由式（11.30）可以得到二极管的输出电流为

$$
\begin{aligned}
i &= vG_d + \frac{1}{2}v^2 G_d' + \cdots \\
&= \left[\frac{1}{4} + \frac{1}{8}m^2\right]v_m^2 G_d' + \frac{1}{2}mv_m^2 G_d'\cos(\omega_m t) + \frac{1}{8}m^2 v_m^2 G_d'\cos(2\omega_m t) \\
&\quad + v_m G_d'\cos(\omega_0 t) + \left(\frac{1}{4} + \frac{1}{8}m^2\right)v_m^2 G_d'\cos(2\omega_0 t) \\
&\quad + \frac{1}{2}mv_m G_d\cos\left[(\omega_0 \pm \omega_m)t\right] + \frac{1}{4}mv_m^2 G_d'\cos\left[(2\omega_0 \pm \omega_m)t\right] \\
&\quad + \frac{1}{16}m^2 v_m^2 G_d'\cos\left[2(\omega_0 \pm \omega_m)t\right] + \cdots
\end{aligned}
\tag{11.53}
$$

式（11.53）提供了一系列的频率分量，包括直流电流（频率为 0）、包络信号（频率为 ω_m）、包络信号的高次谐波（频率为 $2\omega_m$）、射频信号（频率为 ω_0）、射频信号的高次谐波（频率为 $2\omega_0$）、包络信号与射频信号的组合（频率为 $\omega_0 \pm \omega_m$、$2\omega_0 \pm \omega_m$、$2(\omega_0 \pm \omega_m)$），如图 11.12 所示。上述信号在通过低通滤波器（LPF）并滤去直流电流后，就可以得到感兴趣的包络信号（频率为 ω_m）。

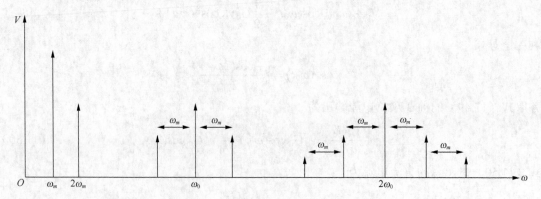

图 11.12　二极管检波器调幅信号的输出频谱

式（11.53）还提供了一系列频率分量的振幅。若假定 $A = v_m G_d$、$B = v_m^2 G_d' / 4$，调幅信号输出频谱的电流振幅见表 11.1。

表 11.1　　　　　　　　**二极管检波器调幅信号输出频谱的电流振幅**

输出信号的角频率/（rad/s）	输出信号的振幅/A
0	$B(1 + m^2 / 2)$
ω_m	$2mB$
$2\omega_m$	$m^2 B / 2$
ω_0	A
$2\omega_0$	$(1 + m^2 / 2)B$
$\omega_0 \pm \omega_m$	$mA / 2$
$2\omega_0 \pm \omega_m$	mB
$2(\omega_0 \pm \omega_m)$	$m^2 B / 4$

（2）平方率检波

这里需要特别关注调制信号（$\omega = \omega_m$）的电流振幅。由式（11.53）可以看到，调制信号（包络信号）的电流为

$$i_{\omega_m} = \frac{1}{2} m v_m^2 G_d' \cos(\omega_m t) \tag{11.54}$$

即检波器输出的调制信号的电流振幅正比于 v_m^2，这称为"平方率检波"。平方率检波经常用于驻波比（VSWR）的测量和信号指示器中。

（3）检波器的输出特性

前面讨论的是二极管输入功率满足小信号的情况。当二极管的输入射频功率在$-40 \sim -20$dBm 范围内时，属于小信号工作状态，二极管满足平方率检波。

随着输入二极管射频功率的增加，输出包络信号的幅度将与 v_m 成线性关系。当二极管的输入射频功率在$-20 \sim 10$dBm 范围内时，二极管工作在满足线性关系的区域。

如果输入二极管的射频功率继续增加，二极管将进入饱和区域，输出包络信号的电流将不随输入射频信号的幅度而增加。当二极管的输入射频功率在 $10 \sim 20$dBm 范围内时，二极管工作在饱和区域。

在实际二极管检波器的应用中，通常需要对检波电路按照输入功率进行标定，以获得输出检波电压（或电流）与输入射频功率之间的关系，如图 11.13 所示。

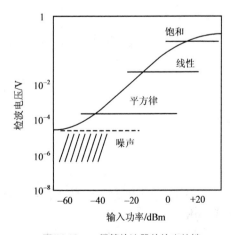

图 11.13　二极管检波器的输出特性

11.2.3　检波器的灵敏度

对检波器的要求是高检波灵敏度、低损耗、小输入 VSWR、宽动态范围、宽频带等。在此只介绍

检波器的灵敏度，其他指标前面已介绍多次。

灵敏度是指输入信号较低时，检波器返回有用信息的能力。检波器灵敏度定义为输出电流与输入功率之比。灵敏度越高，检波器越好。

1. 整流器的电流灵敏度

整流器的电流灵敏度定义为由于输入射频信号的变化引起的直流电流改变量 ΔI_{DC} 与输入射频功率 P_{IN} 之比，即

$$\beta_{\mathrm{i}} = \frac{\Delta I_{\mathrm{DC}}}{P_{\mathrm{IN}}} \tag{11.55}$$

近似将二极管视为一个纯电阻模型，由式（11.51）可得

$$\Delta I_{\mathrm{DC}} = \frac{v_m^2 G_{\mathrm{d}}'}{4} \tag{11.56}$$

又由于

$$P_{\mathrm{IN}} = \frac{1}{2}(v_m i_m) = \frac{1}{2} G_{\mathrm{d}} v_m^2 \tag{11.57}$$

所以

$$\beta_{\mathrm{i}} = \frac{G_{\mathrm{d}}'}{2G_{\mathrm{d}}} = \frac{1}{2nV_{\mathrm{T}}} \tag{11.58}$$

2. 整流器的电压灵敏度

电压灵敏度与负载相关，分开路电压灵敏度和有限负载灵敏度2种情况。

开路电压灵敏度定义为二极管开路时（$R_{\mathrm{L}} = \infty$）其结电阻（R_{j}）两端的电压降，在数值上等于结电阻与电流灵敏度的乘积。即

$$R_{\mathrm{j}} = \left(\frac{\mathrm{d}I}{\mathrm{d}V}\right)^{-1} = \frac{nV_{\mathrm{T}}}{I_0 + I_{\mathrm{S}}} \tag{11.59}$$

$$\beta_{\mathrm{v}} = \beta_{\mathrm{i}} R_{\mathrm{j}} = \frac{nV_{\mathrm{T}}}{I_0 + I_{\mathrm{S}}} \beta_{\mathrm{i}} \tag{11.60}$$

有限负载灵敏度定义为二极管的负载 $R_{\mathrm{L}} \neq \infty$ 时其结电阻（R_{j}）两端的电压降，即

$$(\beta_{\mathrm{v}})_{R_{\mathrm{L}} \neq \infty} = \beta_{\mathrm{v}} \left(\frac{1}{1 + R_{\mathrm{j}}/R_{\mathrm{L}}}\right) \tag{11.61}$$

所以

$$(\beta_{\mathrm{v}})_{R_{\mathrm{L}} \neq \infty} = \beta_{\mathrm{i}} \left(\frac{R_{\mathrm{j}}}{1 + R_{\mathrm{j}}/R_{\mathrm{L}}}\right) \tag{11.62}$$

二极管的结电压随频率而变化，频率越高，β_{v} 越小，可以增加匹配网络补偿 β_{v} 对高频信号的敏感性。

例 11.2 一个二极管的饱和电流 $I_{\mathrm{S}} = 0.1\mu\mathrm{A}$、理想化因子 $n = 1$，在 $T = 293\mathrm{K}$ 时输入功率 P_{IN} 为 0dBm。当静态工作点的电流 I_0 分别为 0μA 和 60μA，二极管的负载分别为 $R_{\mathrm{L}} = \infty$ 和

$R_L = 10k\Omega$ 时，求 R_j、β_i、β_v 和 $(\beta_v)_{R_L \neq \infty}$。

解　二极管的结电阻为

$$R_j = \frac{nV_T}{I_0 + I_S}$$

在 $T = 293K$ 时，

$$V_T = 25mV$$

（1）$I_0 = 0\mu A$

$$R_j = \frac{1 \times 0.025}{0 + 0.1 \times 10^{-6}} = 250k\Omega$$

$$\beta_i = \frac{1}{2nV_T} = \frac{1}{2 \times 1 \times 0.025} = 20A / W$$

当 $R_L = \infty$ 时

$$\beta_v = \beta_i R_j = 5 \times 10^6 V / W$$

当 $R_L = 10k\Omega$ 时

$$(\beta_v)_{R_L \neq \infty} = \beta_v \left(\frac{1}{1 + R_j / R_L} \right) = 5 \times 10^6 \left(\frac{1}{1 + 250 \times 10^3 / 10 \times 10^3} \right) \approx 1.92 \times 10^5 V / W$$

（2）$I_0 = 60\mu A$

$$R_j = \frac{1 \times 0.025}{60 \times 10^{-6} + 0.1 \times 10^{-6}} \approx 416\Omega$$

$$\beta_i = \frac{1}{2nV_T} = \frac{1}{2 \times 1 \times 0.025} = 20A / W$$

当 $R_L = \infty$ 时

$$\beta_v = \beta_i R_j \approx 8\,320V / W$$

当 $R_L = 10k\Omega$ 时

$$(\beta_v)_{R_L \neq \infty} = \beta_v \left(\frac{1}{1 + R_j / R_L} \right) = 8\,320 \times \left(\frac{1}{1 + 416 / 10 \times 10^3} \right) \approx 7\,988V / W$$

（3）结论是，当静态工作点的电流 I_0 增加（由 $0\mu A$ 到 $60\mu A$）时，结电阻 R_j 会降低，电流灵敏度 β_i 不变，开路电压灵敏度 β_v 大幅降低，有限负载灵敏度 $(\beta_v)_{R_L \neq \infty}$ 也有所降低。另外，由于结电阻 R_j 较小，任何远大于 R_j 的负载对电压灵敏度几乎没有影响，即电路对负载不敏感，这正是整流器所需要的特性。

3. 检波器的灵敏度

一般而言，当检波器输出信号的频率小于 1MHz 时，闪烁噪声对检波器灵敏度的影响较大。闪烁噪声又称为 $1/f$ 噪声，噪声功率与频率成反比。为避免闪烁噪声的影响，通常采用混频器构成超外差接收机，在 30MHz 或 70MHz 的中频放大后，再用检波器检波。

有多种方法可以提高检波器的灵敏度。例如，为提高检波器的灵敏度，经常选择肖特基低势垒二极管；选择截止频率高的二极管，这种二极管寄生参数影响小；加正向偏置电流，打通二极管，节省微波功率，提高灵敏度。

本章小结

混频器和检波器都是频率变换电路。在射频接收系统中，通常需要将射频信号转变为中频频率，再将中频频率变换为基带信号。在上述过程中，能够实现射频信号与中频信号之间频率变换的器件称为混频器；能够将中频信号中包含的基带信号恢复出来的器件称为检波器。混频器和检波器利用二极管或晶体管的非线性实现频率变换。本章讨论了混频器和检波器的特性、主要技术指标和电路构成。

混频器是三端口器件，其中 2 个端口输入，1 个端口输出。混频器按照频率变换的类型可以分为 3 类电路，分别为上变频器、下变频器和谐波混频器。混频器利用非线性器件，将相对较大的本振信号（LO）与一个输入信号（RF 或 IF）相混频，输出信号频率为 $f_{\text{out}} = m f_{\text{in}} \pm n f_{\text{LO}}$。下变频器借助于 LO 信号将 RF 频率下移到 IF 频率，输出的 IF 频率为 $f_{\text{IF}} = f_{\text{RF}} - f_{\text{LO}}$（差频）；上变频器借助于 LO 信号将 IF 频率上移到 RF 频率，输出的 RF 频率为 $f_{\text{RF}} = f_{\text{LO}} + f_{\text{IF}}$（和频）；谐波混频器用 LO 的适当谐波与 RF 信号进行混频，以实现下变频，输出的 IF 信号为 $f_{\text{IF}} = n f_{\text{LO}} - f_{\text{RF}}$。在接收机中，下变频器会产生"镜像频率"，应抑制"镜像响应"。

混频器是前端电路，性能指标直接关系到接收机的性能，主要技术指标有变频损耗、噪声系数、线性特性、本振激励功率、端口隔离度和端口阻抗匹配等。

单端二极管混频器用一个二极管产生所需的 IF 信号。二极管是非线性的，通常可以视为一个非线性电阻，伏安特性为 $I(V) = I_{\text{S}} \left(e^{\frac{V}{nV_T}} - 1 \right)$。对二极管进行小信号分析，用泰勒极数展开为 $I(V) = I_0 + i = I_0 + v G_{\text{d}} + \frac{1}{2} v^2 G_{\text{d}}' + \cdots$。由于输入二极管的 AC 电压可以表示为 $v(t) = v_{\text{RF}} + v_{\text{LO}} = V_{\text{RF}} \cos(\omega_{\text{RF}} t) + V_{\text{LO}} \cos(\omega_{\text{LO}} t)$，所以二极管输出的信号存在多个频率，新频率分量为 $m \omega_{\text{RF}} \pm n \omega_{\text{LO}}$，可以实现混频。理想二极管有截止和导通 2 种状态，2 种状态反射系数的模值都为 1，相位相差 180°；实际二极管在截止和导通时反射系数的模值都小于 1，相位差也不是 180°，需要采用肖特基二极管及匹配网络设计单端二极管混频器。

单平衡混频器由 2 个单端二极管混频器与 1 个 3dB 耦合器组成。可以用小信号近似法分析单平衡混频器。当 3dB 耦合器是 90°混合网络时，混频器可以有很宽的频率范围，在 RF 端口可以得到完全的输入匹配，但 RF 端口与 LO 端口有强耦合。

检波器是二端口器件，在输入端口为已调射频信号，在输出端口为调制信号。整流器是检波器的一个特例。整流器输入的是未调制的射频信号，输出的是零频率的信号（直流）；检波器输入的是已调制的射频信号，射频信号的包络具有一定的波形，检波器输出包络的波形。

由于二极管的非线性，二极管可以构成检波器和整流器。二极管整流器小信号输出的直流项为 $I_{\text{DC}} = I_0 + \frac{v_m^2 G_{\text{d}}'}{4}$，其中 $v_m^2 G_{\text{d}}' / 4$ 与射频输入电压振幅的平方成正比，称为整流器的"平方率"工作状态。二极管检波器输出的电流有直流电流、包络信号（ω_m）、包络信号的高次谐波、射频信号（ω_0）、射频信号的高次谐波、包络信号与射频信号的组合等，检波器感兴趣的输出电流的包络信号为 $\frac{1}{2}mv_m^2 G_d' \cos(\omega_m t)$，对小信号也符合"平方率检波"。

灵敏度是检波器重要的技术指标，灵敏度是指输入信号较低时检波器返回有用信息的能力。检波器有电流灵敏度和电压灵敏度，灵敏度越高，检波器性能越好。

思考题与练习题

11.1　混频器是几端口器件，有几个输入端口？有几个输出端口？混频器的作用是什么？

11.2　下变频器用于射频接收系统还是射频发射系统？输入端输入的信号是什么？输出端输出的理想信号是什么？

11.3　上变频器用于射频接收系统还是射频发射系统？输入端输入的信号是什么？输出端输出的理想信号是什么？

11.4　实际混频器的频率输出是什么？混频器按照频率变换分类有几种类型？

11.5　简述下变频器的"镜像响应"。什么是下变频器的"直接频率"？什么是下变频器的"镜像频率"？

11.6　什么是混频器的变频损耗？变频损耗与噪声系数有什么关系？

11.7　混频器是非线性器件，为什么还需要讨论线性特性？线性特性受哪些因素影响？

11.8　在下变频器中，本振激励功率与射频功率哪个大？什么是端口隔离度和端口阻抗匹配？

11.9　什么是二极管小信号分析？二极管非线性产生新的频率分量是什么？

11.10　画出单端二极管混频器的一般框图，说明单端二极管混频器的工作原理。

11.11　单平衡混频器是怎样构成的？当 3dB 耦合器是 90°混合网络时，IF 输出是什么？单平衡混频器有哪些优点？试证明在 RF 端口可以得到完全的输入匹配。

11.12　检波器是几端口器件，输入信号是什么？输出信号是什么？检波器的作用是什么？

11.13　为什么说整流器是检波器的一个特例？

11.14　二极管为什么有整流特性？试证明在小信号时，二极管整流器是"平方率"工作状态。

11.15　二极管为什么有检波特性？试证明在小信号时，二极管检波器是"平方率检波"。

11.16　什么是检波器的灵敏度？整流器电流灵敏度与开路电压灵敏度有什么关系？与有限负载灵敏度有什么关系？为什么混频器构成超外差接收机时，对中频放大后再检波？

11.17　一个射频接收系统的频带范围为 869～894MHz，第一中频频率为 87MHz。分别求高本振和低本振的频率，并计算相应情况下的镜像频率。

11.18　检波器中，二极管的参数分别为

（1）$I_S = 0.1\mu A$，$n = 1.05$，$R_L = 1M\Omega$，$T = 293K$，$I_0 = 0\mu A$。

（2）$I_S = 0.1\mu A$，$n = 1.05$，$R_L = 1M\Omega$，$T = 293K$，$I_0 = 40\mu A$。

求：2 种情况下的 R_j、β_i、β_v 和 $(\beta_v)_{R_L \neq \infty}$。

第 12 章　ADS 射频电路仿真设计简介

由前面的章节可以看出，射频电路的设计非常复杂。为简化射频电路的设计过程，美国安捷伦（Agilent）公司自 1983 年开始开发 ADS（Advanced Design System）软件，经过 30 年的不懈努力，ADS 已经成为射频和微波电路设计领域的首选工业级软件。

ADS 支持从射频电路到射频系统的设计与仿真。例如，前面章节讨论的射频电路都可以通过 ADS 进行设计，ADS 支持包括匹配网络、偏置网络和谐振电路的设计；支持射频滤波器、放大器、振荡器和混频器等各种功能模块的设计；支持射频通信系统的设计。本章只对 ADS 射频电路仿真设计作简要介绍，关于 ADS 的详细内容请参考人民邮电出版社出版的配套教材《ADS 射频电路设计基础与典型应用》和《ADS 射频电路仿真与实例详解》。

12.1　美国安捷伦（Agilent）公司与 ADS 软件

美国安捷伦公司是世界上最大的测试测量公司，1999 年从惠普（Hewlett-Packard，HP）研发有限合伙公司分离出来，目前主要致力于信息通信和生命科学两个领域内的工作。

1. 安捷伦公司

1939 年，斯坦福大学电子工程专业毕业的戴维·帕卡德（Dave Packard）和比尔·休利特（Bill Hewlett）创立了惠普公司。从 20 世纪 40 年代开始，惠普公司研制的电子测试与测量产品就在工程和科学领域广受欢迎，并收到大量政府订单。1943 年，惠普公司为海军研究实验室开发了信号发生器及雷达干扰设备，从而进入微波领域。惠普公司在第二次世界大战期间开发的成套系列微波测试产品，使该公司成为信号发生器领域公认的佼佼者。在以后的几十年间，惠普公司在微波测量仪器领域的重大技术进步使测量结果更加全面，并显著提高了测量的精确性。现在安捷伦公司的矢量网络分析仪是全球最优秀的同类测量仪器，该仪器是射频微波行业最高技术的体现，安捷伦公司也因此成为世界最优秀的微波仪器公司。

2000 年 6 月 2 日，惠普公司把其拥有的安捷伦股份分配给惠普股东，安捷伦公司完全独立。安捷伦公司在微波测试与测量领域保持稳健增长的同时，开始涉足其他相关领域。2000 年光子交换平台问世，加速了在全光网络领域的发展。现在安捷伦公司能够为 3G 无线通信、光通信、宽带 IP、分组语音网络和服务的服务供应商提供完整的解决方案。安捷伦公司也涉足了生命科学领域，在早期生产电子医疗仪器的基础上，2000 年以后进入生命科学和诊断领域，提供生命科学探索软件的解决方案，并致力于生命科学测试仪器的研制。

安捷伦公司总部和安捷伦公司的测量仪器如图 12.1 所示。

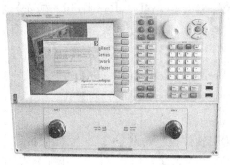

（a）安捷伦公司　　　　　　　　　　　　　　　（b）安捷伦的矢量网络分析仪

图 12.1　安捷伦公司总部和测量仪器

2．ADS 软件

ADS 软件由美国安捷伦公司开发，是工业级射频和微波电路设计的工程软件，已经成为当今业界最流行的射频微波电路和系统的设计工具。

射频电路是电与磁的场分布理论与传统电子学技术的融合，它将波动理论引入电路之中，形成了射频电路的理论体系和设计方法。现在射频电路的设计越来越复杂，指标要求越来越高，而设计周期却越来越短，这要求设计者使用电子设计自动化（EDA）软件工具。

目前国外射频和微波仿真软件的功能十分强大，使用软件工具已经成为射频和微波电路设计的趋势。ADS 软件设计和仿真手段丰富多样，并可以对设计结果进行优化、成品率分析和版图转换等，从而大大提高了复杂电路的设计效率。ADS 软件在国内已经被科研院所、大型 IT 公司和高校推广使用。在深入理解射频电路理论的基础上，结合 ADS 软件工具进行设计，是通向射频电路和射频系统设计成功的最佳路线。

3．ADS 的设计、仿真功能

ADS 的功能十分强大，支持开发所有类型的射频（RF）设计，从离散的射频/微波模块，到用于通信、航天和国防的微波集成电路（MMIC）。ADS 有丰富的仿真功能，可以进行时域电路仿真（SPICE-like Simulation）、频域电路仿真（Harmonic Balance、Linear Analysis）、三维电磁仿真（EM Simulation）、通信系统仿真（Communication System Simulation）和数字信号处理仿真（DSP Simulation）。

4．ADS 的开放与兼容性

现在，商业化的电子软件不断涌现，各种软件的主要功能和侧重点也有所不同，因此软件的开放性和兼容性是不容忽视的问题，软件和软件、软件和硬件、软件和测试设备、软件和元器件生产商之间的联系和沟通在设计中值得关注。ADS 软件便于与其他软件连接，便于与测试设备连接，并允许将厂商的元件模型读入，具有开放性和兼容性。

（1）与其他软件的连接

ADS 软件提供了丰富的接口，允许与其他软件连接。ADS 软件的 SPICE 电路转换器可以将 SPICE 格式的电路图转换成 ADS 格式的电路图进行仿真分析，ADS 格式的电路图也可以转换成 SPICE 格式的电路图进行仿真分析。ADS 软件的布局转换器可以将其他 EDA 或 CAD 软件产生的布局文件导入 ADS 软件中进行编辑。

实际上，ADS 提供与其他多种 EDA 软件，如 SPICE、Mentor Graphics 的 ModelSim、Cadence 的 NC-Verilog、Mathworks 的 Matlab 等做协同仿真（Co-Simulation），是目前国内使用最多的微波/射频电路和通信系统仿真软件。

（2）与测试设备连接

ADS 软件提供与测量仪器连接的功能，使用者既可以通过 ADS 软件将矢量网络分析仪测量得到的资料导入到 ADS 软件中进行仿真分析，也可以将软件仿真所得的结果输出到仪器（如信号发生器），作为待测元件的测试信号。

（3）与厂商元件模型间的沟通

对于设计者来说，EDA 软件除了需要提供准确快速的仿真方法外，与半导体厂商元件模型间的连接更是不可或缺的。ADS 软件允许得到厂商的元件模型，ADS 软件的设计工具箱便是扮演了与厂商元件模型间沟通的重要角色。ADS 软件可以由设计工具箱将半导体厂商的元件模型读入，供使用者进行电路的设计、仿真与分析。

安捷伦公司和多家半导体厂商合作建立 ADS Design Kit 及 Model File 供设计人员使用，使用者可以利用 Design Kit 与半导体厂商的元件模型进行连接，然后利用软件的仿真功能进行 MMIC/RFIC、模拟与数字电路的设计，以及通信系统的设计、规划与评估。

12.2　ADS 的设计功能

ADS 可以提供原理图设计。在原理图设计中，ADS 不仅提供了从无源到有源、从器件到系统的设计面板，而且提供了设计工具和设计指南等。除上述设计功能外，ADS 软件也提供辅助设计功能，如 Design Guide 是以范例及指令的方式示范电路或系统的设计流程，而 Simulation Wizard 是以步骤式界面进行电路设计与分析。此外，ADS 还能提供与其他 EDA 软件的协同设计，加上丰富的元件应用模型 Library 及测量/验证仪器间的连接功能，能增加电路与系统设计的方便性、速度与精确性。

ADS 还可以提供布局图设计，布局图也称为版图。当原理图设计完成后，可以将原理图直接转换为布局图，布局图给出了真实尺寸的电路布局。原理图和布局图的设计都可以在数据显示视窗中看到仿真结果。

1．设计面板

（1）设计面板的功能

利用元件面板上提供的元部件，可以进行原理图设计。在原理图设计中提供了 60 多类元件面板，每个元件面板上有几个到几十个不等的元件。这些元件包括时域源、频域源、调制源等各种类型的信号源；微带线、带状线等各种类型的传输线；集总参数元件、分布参数元件等各种无源器件；双极结器件、砷化镓器件、场效应管等各种有源器件；滤波器、放大器、混频器等各种系统级的功能模块等。

（2）设计面板举例

图 12.2 所示为 4 种类型的元件面板。其中，图 12.2（a）为频域源的元件面板，频域源可以用于大信号放大器、振荡器和混频器等的设计，这些设计通过谐波平衡仿真和增益压缩仿真能够得到谐波分量、1dB 增益压缩点和交调失真等参数；图 12.2（b）为微带传输线的元件面板，微带传输线可以用于分布参数滤波器、功率分配器、定向耦合器和匹配电路等的设计，这些设计通过[S]参数仿真能够得到插入损耗、反射系数等参数；图 12.2（c）为双极结器件的元件面板，双极结器件可以用于放大器和振荡器等的设计，这些设计通过[S]参数仿真能够得到增益、失配等参数；图 12.2（d）为带通滤波器的元件面板，这里的带通滤波器为系统级元件，用于组成射频系统。

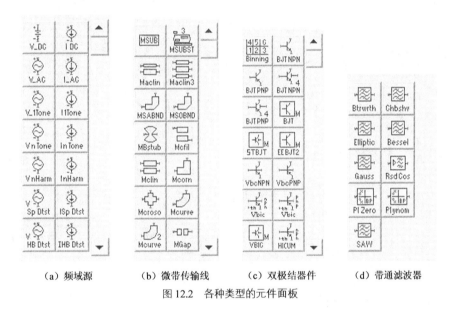

（a）频域源　　　（b）微带传输线　　　（c）双极结器件　　　（d）带通滤波器

图 12.2　各种类型的元件面板

2. 设计工具

（1）设计工具的功能

在原理图设计中提供了多种设计工具，使用者可以利用设计工具提供的图形化界面进行传输线计算、史密斯圆图计算、阻抗匹配等辅助设计。

（2）设计工具举例

图 12.3 所示为 2 种类型的设计工具。其中，图 12.3（a）所示为微带线的计算工具，该设计工具既可以通过微带线的尺寸计算特性阻抗，又可以通过特性阻抗计算微带线的尺寸；图 12.3（b）所示为利用史密斯圆图进行匹配计算，该设计工具可以进行源的共轭匹配和负载的阻抗匹配。

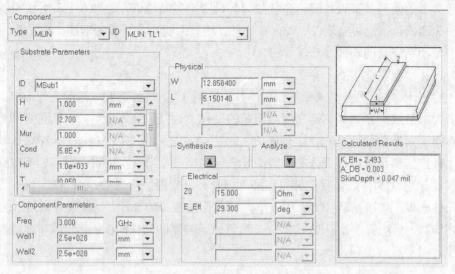

（a）计算微带线的尺寸和参数

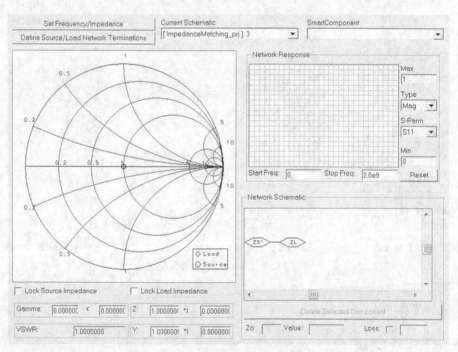

（b）利用史密斯圆图进行匹配计算

图 12.3　各种设计工具

3. 设计向导

（1）设计向导的功能

在原理图设计中，设计向导提供设定界面，供设计人员进行电路分析与设计。使用者可以利用图形化界面设定参数，设计向导会自动完成电路的响应模型。ADS 提供的设计向导包括负载电路设计向导、滤波器设计向导、放大器设计向导、混频器设计向导和振荡器设计向导等。

（2）设计向导举例

图 12.4 所示为滤波器设计向导。在滤波器设计向导中，通过输入滤波器的类型（巴特沃思滤波器或切比雪夫滤波器等），以及输入滤波器的设计指标（低通滤波器、高通滤波器、带通滤波器、带阻滤波器、通带频率范围、阻带衰减等），滤波器设计向导会自动给出滤波器的电路图，并给出电路中元器件的参数。

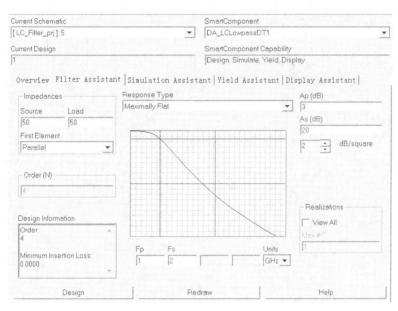

图 12.4　滤波器设计向导

4．设计指南

设计指南以范例与指令说明的形式示范电路的设计流程，使用者可以利用这些范例，学习如何利用 ADS 进行电路的高效设计。目前 ADS 提供的设计指南包括 GSM 设计指南、WLAN 设计指南、Bluetooth 设计指南、CDMA2000 设计指南、RF System 设计指南、Mixer 设计指南、Oscillator 设计指南、Passive Circuits 设计指南、Phased Locked Loop 设计指南、Amplifier 设计指南、Filter 设计指南和 RFIC 设计指南等。除了使用 ADS 软件自带的设计指南外，使用者也可以通过软件中的 Design Guide Developer Studio 建立自己的设计指南。

5．设计模板

（1）设计模板的功能

为增加仿真分析的方便性，ADS 提供了设计仿真的模板功能，将经常重复使用的仿真设定（如晶体管工作点扫描、仿真控制器、电压电流源、变量参数设定等）制成一个模板直接使用，避免了重复设定所需的时间和步骤。

仿真结果显示模板也具有相同的功能，使用者可以将经常使用的绘图或列表格式制作成模板，以减少重复设定所需的时间。

除了 ADS 软件可以提供标准的仿真与结果显示模板外，使用者也可自行建立模板以供使用。

（2）设计模板举例

图 12.5 所示为晶体管静态工作点设计模板。其中，图 12.5（a）所示为晶体管工作点扫描模板，在这个模板上添加晶体管，可以自动完成晶体管工作点的扫描工作；图 12.5（b）所示为晶体管直流工作点的扫描曲线。

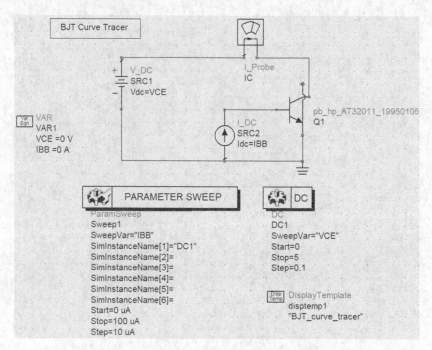

（a）晶体管工作点扫描模板

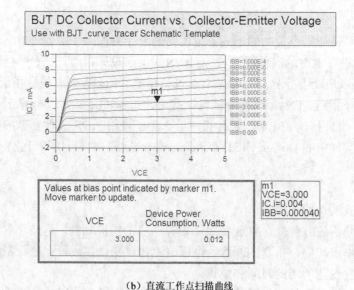

（b）直流工作点扫描曲线

图 12.5　晶体管工作点扫描的电路

6．设计转换

ADS 可以将原理图设计直接转换成布局图设计，对布局图也可以进行编辑和仿真，由布局图可以直接显示电路板的物理结构。

7．设计仿真结果显示

ADS 可以对原理图设计进行仿真分析，仿真结果在数据显示视窗中显示。ADS 也可以对布局图设计进行仿真分析，仿真结果同样可以在数据显示视窗中显示。

8．电子笔记本

电子笔记本（Electronic Notebook）可以让使用者将所设计的电路与仿真结果加入文字叙述，制成一份网页式的报告。由电子笔记本所制成的报告，不需要执行 ADS 软件，即可以在浏览器上浏览。

12.3　ADS 的仿真功能

ADS 的仿真功能十分强大，可以提供直流仿真、交流仿真、S 参数仿真、谐波平衡仿真、增益压缩仿真、电路包络仿真、瞬态仿真、预算仿真和电磁仿真等，这些仿真可以进行线性和非线性仿真、电路和电磁仿真、频域和时域仿真、射频系统仿真等。

1．线性分析

（1）线性分析的功能

线性分析为小信号、频域电路的仿真分析方法，可以对线性和非线性射频电路进行线性分析。在进行线性分析时，软件首先计算电路中每个元件的线性参数，如[S]参数、[Z]参数、[Y]参数、反射系数、增益与噪声系数等，然后对整个电路进行分析和仿真，得到线性电路的幅频、相频、群时延、小信号增益、线性噪声等特性。

（2）线性分析举例

图 12.6 所示为集总参数低通滤波器[S]参数仿真。其中，图 12.6（a）所示为原理图，原理图由[S]参数仿真控制器和低通滤波器构成，仿真控制器设置滤波器的仿真频率范围为 0～300MHz、每隔 10MHz 仿真一次，滤波器输入端和输出端都为 50Ω 的阻抗；图 12.6（b）所示为滤波器的子电路，该滤波器为 5 阶滤波器。

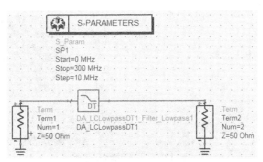

（a）集总参数低通滤波器[S]参数仿真原理图

图 12.6　集总参数低通滤波器[S]参数仿真

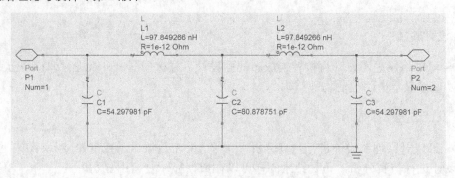

（b）滤波器子电路

图 12.6 集总参数低通滤波器[*S*]参数仿真（续）

2．瞬态分析

（1）瞬态分析的功能

瞬态分析可以分析线性与非线性电路的瞬态响应，是一种时域的仿真分析方法。瞬态仿真是传统 SPICE 软件采用的最基本的仿真方法，SPICE 软件可以说是所有电路仿真软件的鼻祖，能够对模拟和数字电路进行仿真。

瞬态分析方法提供如 SPICE 仿真器般的瞬态分析，在 SPICE 仿真器中无法直接使用的频域分析模型，如微带线和带状线等，也可以在高频 SPICE 仿真器中直接使用。因此高频 SPICE 除了可以做低频电路的瞬态分析，也可以分析射频电路的瞬态响应。此外，瞬态分析也提供瞬态噪声分析的功能，可以用来仿真电路的瞬态噪声。

卷积分析方法为架构在 SPICE 高频仿真器上的高级时域分析方法，由卷积分析可以更加准确地用时域的方法分析与频率相关的元件，如以[*S*]参数定义的元件和传输线等。

（2）瞬态分析举例

图 12.7 所示为振荡器瞬态仿真。其中，图 12.7（a）所示为瞬态仿真控制器，仿真控制器设置振荡器的仿真时间范围为 0.0～100ns，每隔 0.01ns 仿真一次；图 12.7（b）所示为振荡器起振时的电压波形，起振后电压振幅约为 585mV。

（a）瞬态仿真控制器

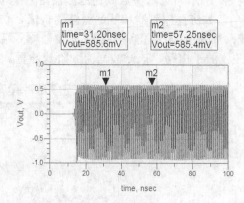

（b）振荡器起振时瞬态仿真

图 12.7 瞬态仿真控制器

3．谐波平衡和增益压缩分析

（1）谐波平衡和增益压缩分析的功能

谐波平衡仿真提供频域、大信号、非线性、稳态的电路分析仿真方法，可以用来分析具有多频输入信号的非线性电路，得到非线性的电路响应。与时域的瞬态仿真分析相比较，谐波平衡仿真对于非线性的电路分析，可以提供一个比较快速有效的分析结果。增益压缩仿真也是提供频域、大信号、非线性、稳态电路的仿真分析方法，可以用来分析具有多频输入信号的非线性电路。

谐波平衡仿真和增益压缩仿真是有效的频域分析工具，与时域瞬态 SPICE 仿真分析相比，可以给非线性电路提供一个快速有效的分析方法，可以得到谐波失真、功率压缩点、三阶交调点、非线性噪声等参数。谐波平衡分析方法的出现，弥补了 SPICE 瞬态响应分析与线性[S]参数分析对具有多频输入信号的非线性电路仿真上的不足，尤其在现今频率越来越高的通信系统中，由于大多包含了混频电路结构，使得谐波平衡分析方法的使用更加频繁。

（2）仿真举例

混频器是大信号、非线性、稳态电路，需要谐波平衡仿真。下变频器的谐波平衡仿真如图 12.8 所示，其中，图 12.8（a）所示为谐波平衡仿真控制器，仿真控制器设置混频器的射频输入频率为 3.8GHz，本振输入频率为 3.6GHz，谐波为 3 阶，互调为 4 阶；图 12.8（b）所示为输出信号的功率谱，中频输出为 200MHz，中频输出的功率为–34.663dBm。

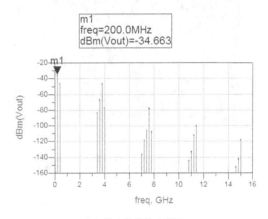

（a）谐波平衡仿真控制器图　　　　（b）输出信号的功率谱

图 12.8　混频器谐波平衡仿真

4．电路包络分析

电路包络仿真是近年来通信系统的一项标志性技术，可以将高频调制信号分解为时域和频域两个部分进行处理，非常适合对数字调制射频信号进行快速、全面的分析。在时域上，电路包络仿真对相对低频的调制信息用时域 SPICE 方法仿真分析；而对相对高频的载波成分，电路包络仿真则采用类似谐波平衡法的仿真方法，在频域进行处理。这样的处理使仿真器的速度和效率都得到了一个质的飞跃。

5．电磁仿真分析

（1）电磁仿真分析的功能

ADS软件采用矩量法（Momentum）对电路进行电磁仿真分析。矩量法与有限元法和时域有限差分法等一样，是一种数值计算方法，可以对微分方程和积分方程进行数值求解，因此在电磁场的数值计算中应用十分广泛。矩量法将激励和加载分割成若干个部分，并将一个泛函方程化为矩阵方程，从而得到射频电路电磁分布的数值解。若激励和加载分割得越细致，矩量法的电磁数值解就越精确。

ADS软件采用矩量法对版图（布局图）进行电磁仿真分析，得到电路版上的寄生和耦合效应，从而提高仿真的准确性。在射频电路原理图设计完成后，需要转换成版图，对原理图的设计结果加以验证。

（2）电磁仿真举例

图12.9所示为阶梯阻抗低通滤波器版图的电磁仿真，ADS只对版图进行电磁仿真。其中，图12.9（a）所示为阶梯阻抗低通滤波器版图，这是一个5阶滤波器；图12.9（b）所示为版图仿真控制窗口，仿真初始频率为0GHz，仿真终止频率为7GHz，样点选20个；图12.9（c）所示为版图仿真曲线。

（a）阶梯阻抗低通滤波器版图

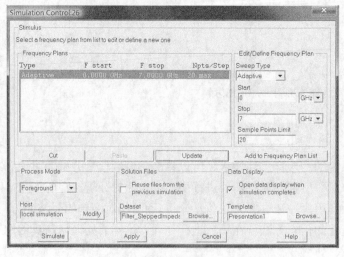

（b）版图仿真控制窗口

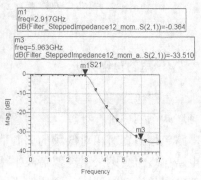

（c）版图仿真曲线

图12.9　阶梯阻抗低通滤波器电磁仿真

6. 射频系统分析

（1）射频系统分析的功能

射频系统分析为使用者提供模拟评估系统特性的方法，其中系统的电路模型除可以使用行为级模型外，也可以使用元件电路模型进行响应验证。射频系统仿真分析包含了上述的线性分析、谐波平衡分析和电路包络分析等，分别用来验证射频系统的无源元件与线性化系统模型特性、非线性系统模型特性、具有数字调频信号的系统特性等。

（2）射频系统分析举例

图 12.10 所示为超外差式接收机。其中，图 12.10（a）所示为原理图，原理图从左到右为频域功率源（用来代替接收到的射频信号）、射频带通滤波器（中心频率选为 2.4GHz）、低噪声放大器（增益选为 21dB，噪声系数选为 2dB）、功率分配器 1（将射频信号平分为同相和正交两路）、混频器（下变频器，将射频信号和本振信号进行混频）、本振源（本振频率选为 2.3GHz）、功率分配器 2（将本振信号平分为同相和正交两路）、相移器（移相 90°）、中频带通滤波器（中心频率选为 70MHz）、中频放大器（增益是一个变量，可以在某一范围内选取增益的数值）、负载终端（50Ω）；图 12.10（b）所示为信道选择性仿真的 S_{21} 曲线，中心频率为 2.4GHz，在标记 marker2 处频率相差 92MHz、衰减 25.752dB，在标记 marker3 处频率相差 96MHz、衰减 26.039dB。

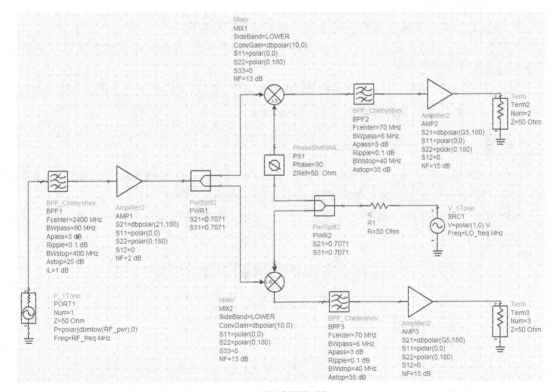

（a）射频系统原理图

图 12.10 超外差式接收机

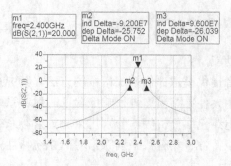

（b）信道选择性仿真的 S_{21} 曲线

图 12.10　超外差式接收机（续）

12.4　ADS 的 4 种主要工作视窗

ADS 软件主要是由各种工作视窗构成的，设计人员在工作视窗的界面上对电路和系统进行仿真、规划和评估。ADS 软件主要有 4 种工作视窗，分别为主视窗、原理图视窗、布局图（版图）视窗和数据显示视窗，ADS 软件的其他工作视窗是在上述 4 种工作视窗的基础上引申出来的。在 ADS 软件的 4 种工作视窗上，主要可以完成文件管理、原理图设计、版图设计和仿真数据显示等功能。

本章将以 3dB 定向耦合器的设计为例，介绍 ADS 软件的 4 种主要工作视窗。3dB 耦合器曾在第 9 章的平衡放大器和第 11 章的单平衡混频器中使用，是构成平衡放大器和单平衡混频器电路的主要器件。

本章主要介绍主视窗、原理图视窗、版图视窗和数据显示视窗的界面，通过本章的学习，读者会对 ADS 软件的工作界面有一个整体的认识。

12.4.1　主视窗

启动 ADS 后，首先进入主视窗，主视窗是进入和退出 ADS 系统的桥梁。此外，必须通过主视窗才能进入原理图视窗、版图视窗和数据显示视窗。

主视窗上不能做任何射频电路的设计工作，主视窗主要用于浏览文件和管理项目。主视窗如图 12.11 所示。

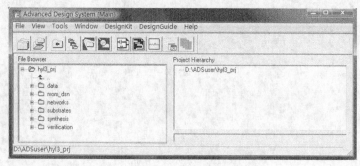

图 12.11　ADS 主视窗

12.4.2 原理图视窗

在原理图视窗上可以设计原理图，包括设计射频电路的原理图和设计射频系统的原理图。原理图视窗提供了设计、编辑、仿真原理图的环境，是进行设计时使用最多的视窗。原理图视窗如图 12.12 所示。

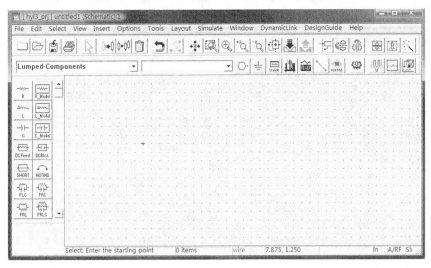

图 12.12　ADS 原理图视窗

在原理图视窗上可以进行射频电路的设计。作为一个例子，这里给出一个在原理图视窗上设计 3dB 耦合器的案例。图 12.13 所示的 3dB 耦合器由微带线构成，也称为 3dB 微带线分支定向耦合器。

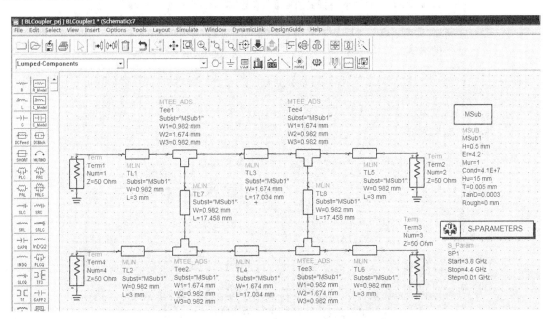

图 12.13　在原理图视窗上设计微带线分支定向耦合器

12.4.3 数据显示视窗

当在原理图上完成设计仿真后，可以在数据仿真视窗显示仿真结果。数据仿真视窗如图 12.14 所示。

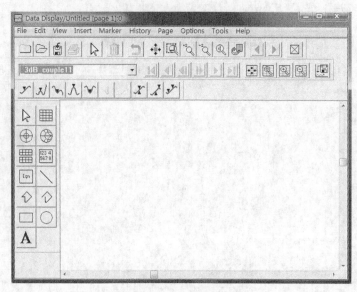

图 12.14 ADS 数据显示视窗

在数据显示视窗中，可以用多种图表和格式显示数据。图 12.13 中在原理图上设计的微带线分支定向耦合器，其仿真数据结果可以在数据显示视窗中给出，如图 12.15 所示。

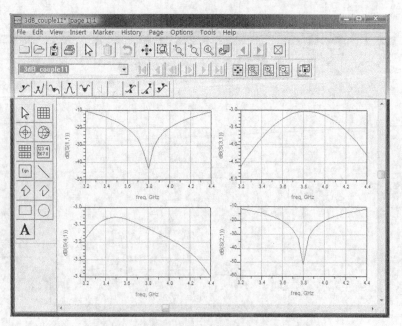

图 12.15 微带线分支定向耦合器原理图的仿真结果

12.4.4　版图视窗

在原理图上完成设计仿真后，需要将设计的原理图转换为版图。版图视窗用来进行版图的设计、编辑与仿真，版图视窗如图 12.16 所示。

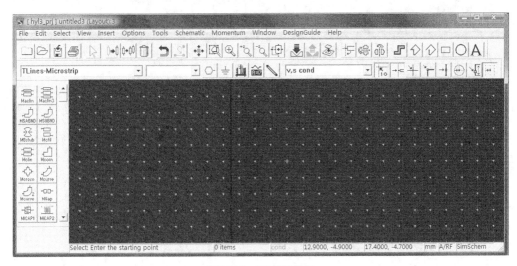

图 12.16　ADS 版图视窗

图 12.13 中在原理图上设计的微带线分支定向耦合器，需要转换为版图设计，对应的版图设计如图 12.17 所示。

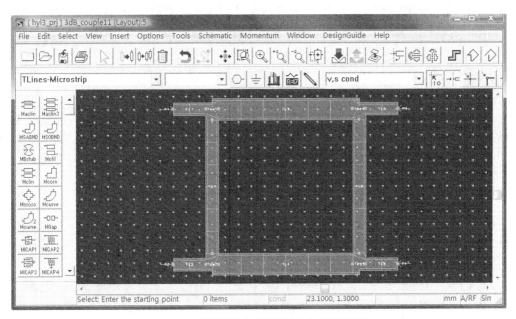

图 12.17　版图视窗中的微带线分支定向耦合器

虽然图 12.17 中微带线分支定向耦合器的版图设计是由图 12.13 中的原理图直接转换而来的，但两幅图的仿真数据不完全相同。这是因为版图的仿真数据采用了矩量法的电磁仿真，因此版图设计需要重新给出仿真数据。图 12.17 中微带线分支定向耦合器的版图仿真在数据显示视窗中给出，如图 12.18 所示。

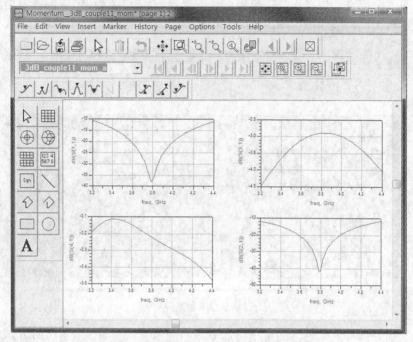

图 12.18　微带线分支定向耦合器版图的仿真结果

比较图 12.15 与图 12.18 可以看出，微带线分支定向耦合器原理图的仿真结果与版图的仿真结果有一定差异。因此，原理图设计完成后，对应的版图需要做一定的修改和调整。

本章小结

ADS（Advanced Design System）软件由美国安捷伦（Agilent）公司开发，是射频和微波电路设计的首选工业级软件。前面章节讨论的所有射频电路都可以通过 ADS 进行设计，ADS 支持从射频电路到射频系统的设计与仿真。射频电路理论与 ADS 软件设计工具相结合，可以简化设计过程，缩短设计时间，提高设计精确度。

ADS 具有开放性和兼容性，便于与其他软件连接，便于与测试设备连接，并允许将厂商的元件模型读入。ADS 提供原理图设计，当原理图设计完成后，还可以将原理图直接转换为布局图，布局图给出了真实尺寸的电路布局。原理图和布局图的设计都可以在数据显示视窗看到仿真结果。

ADS 的设计功能十分强大，支持所有类型的射频（RF）设计，从滤波器、放大器、振荡器和混频器等各种功能模块的设计，到用于通信、航天和国防的射频系统和微波集成电路（MMIC）的设计。在设计中，ADS 不仅提供了从无源到有源、从器件到系统的设计面板，而且提供了设计工具、设计向导、设计指南、设计模板和设计转换等，提高了设计的方便性、速度与精确性。

ADS 有丰富的仿真功能，可以进行包含时域电路仿真、频域电路仿真、三维电磁仿真、通信系统仿真和数字信号处理仿真等，可以实现线性分析、瞬态分析、谐波平衡分析、增益压缩分析、电路包络分析、电磁仿真分析和射频系统分析等。

思考题与练习题

12.1　在滤波器的设计中，设计向导有什么作用？滤波器需要做哪种类型的仿真？

12.2　在低噪声放大器的设计中，可以采用哪种设计模板？放大器需要做哪种类型的仿真？

12.3　在振荡器的设计中，分布参数匹配网络可以采用哪种设计工具？振荡器需要做哪种类型的仿真？

12.4　在混频器的设计中，信号源需要采用哪种类型的设计面板？混频器需要做哪种类型的仿真？

附录 A 国际单位制（SI）词头

名　称	因　数	符　号
太	10^{12}	T
吉	10^{9}	G
兆	10^{6}	M
千	10^{3}	k
百	10^{2}	h
十	10	da
分	10^{-1}	d
厘	10^{-2}	c
毫	10^{-3}	m
微	10^{-6}	μ
纳	10^{-9}	n
皮	10^{-12}	p
飞	10^{-15}	f

量		SI 单位		数　值
名　　称	符　　号	单　　位	符　　号	
电荷	Q	库[仑]	C	
电流	I	安[培]	A	
电压	V	伏[特]	V	
频率	f	赫[兹]	Hz	
电场强度	E	伏[特]每米	V/m	
磁场强度	H	安[培]每米	A/m	
磁通	Φ	韦[伯]	Wb	
能量		焦[耳]	J	
功率	P	瓦	W	
电容	C	法[拉]	F	
电感	L	亨[利]	H	
电阻	R	欧[姆]	Ω	
电导	G	西[门子]	S	
真空中的光速	c	米每秒	m/s	2.998×10^{8}
真空中的介电常数	ε_0	法[拉]每米	F/m	8.854×10^{-12}
真空中的磁导率	μ_0	亨[利]每米	H/m	$4\pi \times 10^{-7}$
真空中的波阻抗	η_0	欧[姆]	Ω	120π
电子电荷	e	库[仑]	C	1.602×10^{-19}
电子质量	m	千克	kg	9.107×10^{-31}
玻耳兹曼常数	k	焦[耳]每[开]尔文	J/K	1.38×10^{-23}

附录 **C** 某些材料的电导率

S/m

材　料	电导率(20℃)
铝	3.816×10^7
黄铜	2.564×10^7
青铜	1.00×10^7
铜	5.813×10^7
铬	3.846×10^7
金	4.098×10^7
铁	1.03×10^7
铂	9.52×10^6
银	6.13×10^7
钨	1.852×10^7
锌	1.67×10^7
焊料	7.0×10^6
铅	4.56×10^6
汞	1.04×10^6
锗	2.2×10^6
石墨	7.0×10^4
硅	4.4×10^{-4}
海水	$3 \sim 5$
蒸馏水	2×10^{-4}

附录  某些材料的相对介电常数和损耗角正切

材　　料	频率/GHz	ε_r	$\tan\delta$ (25°)
氧化铝	3	9.5～10	0.001
钛酸钡	3	37±5%	0.002 3
陶瓷	3	5.6	0.004 1
泡沫聚苯乙烯	3	1.03	0.000 1
聚乙烯	3	2.25	0.000 31
聚苯乙烯	3	2.54	0.000 33
聚四氟乙烯	3	2.08	0.000 15
树脂玻璃	3	2.6	0.005 7
蒸馏水	3	76.7	0.157

型号	内导体结构/mm		绝缘外径/mm	电缆外径/mm	特性阻抗/Ω		衰减不大于（dB/m）		电容不小于（1pF/m）	电晕电压（kV）
	根数×直径	外径			不小于	不大于	3MHz	10MHz		
SWY–50–2	1×0.68	0.68	2.2±0.1	4.0±0.3	47.5	52.5	2.0	4.3	115	1.5
SWY–50–3	1×0.90	0.90	3.0±0.2	5.3±0.3	47.5	52.5	1.7	3.9	110	2
SWY–50–5	1×1.37	1.37	4.6±0.2	9.6±0.6	47.5	52.5	1.4	3.5	110	3
SWY–50–7–1	7×0.76	2.28	7.3±0.3	10.3±0.6	47.5	52.5	1.25	3.5	115	4
SWY–50–7–2	7×0.76	2.28	7.3±0.3	11.1±0.6	47.5	52.5	1.25	3.2	115	4
SWY–50–9	7×0.95	2.85	9.2±0.5	12.8±0.8	47.5	52.5	0.85	2.5	115	4.5
SWY–50–11	7×1.13	2.39	11.0±0.6	14.0±0.8	47.5	52.5	0.85	2.5	115	5.5
SWY–75–5–1	1×0.72	0.72	4.6±0.2	7.3±0.4	72	78	1.3	3.3	75	2
SWY–75–5–2	7×0.26	0.78	4.6±0.2	7.3±0.4	72	78	1.5	3.6	76	2
SWY–75–7	7×0.40	1.20	7.3±0.3	10.3±0.6	72	78	1.1	2.7	76	3
SWY–75–9	1×1.37	1.37	9.0±0.4	12.6±0.8	72	78	0.8	2.4	70	4.5
SWY–100–7	1×0.60	0.60	7.3±0.3	10.3±0.8	95	105	1.2	2.8	57	3

注：型号 SWY–50–7–1 中各符号的含义如下：

S—同轴射频电缆

W—聚乙烯绝缘材料

Y—聚乙烯护层

50—特性阻抗 50Ω

7—芯线绝缘外径为 7mm

1—结构序号

第 1 章

1.1 目前射频（Radio Frequency）没有一个严格的频率范围定义，广义地说，可以向外辐射电磁信号的频率称为射频。微波是指频率从 300MHz 到 3 000GHz 的电磁波，对应的波长从 1m 到 0.1mm。目前射频频率与微波频率之间没有定义出明确的频率分界点。频谱的分配主要是根据电磁波传播的特性和各种设备通信业务的要求而确定的，同时也要考虑历史的发展、国际的协定、各国的政策、目前使用的状况和干扰的避免等因素，现在国际和国内都有频率分配的组织。

1.2 在电路设计中，当频率较高、电路的尺寸可以与波长相比拟时，应采用射频电路理论。一般认为，当频率高于 30MHz 时电路的设计就需要考虑射频电路理论；而射频电路理论应用的典型频段为几百 MHz 至 4GHz，在这个频率范围内，低频的基尔霍夫电路理论不再适用。移动通信、全球定位、无线局域网和射频识别都需要应用射频电路理论。

1.3 （1）10 000 ~ 1 000km；（2）10 ~ 1km；（3）100 ~ 10cm；（4）15 ~ 7.5cm。

1.4 （1）$Z_{in} = jZ_0 \tan \dfrac{\pi}{30\ 000} \Rightarrow 0$；（2）$Z_{in} = jZ_0 \tan \dfrac{\pi}{2} \Rightarrow \infty$。从上面的计算可以看出，市电采用低频电路理论，波长 $\lambda = 10$cm 时采用射频电路理论。

1.5 （1）$X_L \approx 2.5 \times 10^{-7} \Omega \Rightarrow 0$，$|X_C| \approx 3.6 \times 10^{11} \Omega \Rightarrow \infty$；（2）$X_L \approx 25.1\Omega$，$|X_C| \approx 3\ 584.6\Omega$。低频时分布电感和分布电容可以忽略，射频时分布电感和分布电容不能忽略。

1.6 （1）$\delta \approx 9.3$mm；（2）$\delta \approx 0.001$mm。集肤效应是指当频率升高时，电流只集中在导体的表面上，导体内部的电流密度非常小。导体内的电流主要集中在导体表面的趋肤深度内。铜线传输时，50Hz 时不需要考虑集肤效应，3GHz 时需要考虑集肤效应。

1.7 （1）$R_{RF} \approx 169.2R_{DC}$；（2）$R_{RF} \approx 478.5R_{DC}$。由于集肤效应，射频电阻损耗比直流电阻损耗大。

第 2 章

2.1 平行双导线、同轴线、带状线是 TEM 传输线，微带线是准 TEM 传输线。这 4 种传输线可以用于传输直流至几百兆赫兹（或几吉赫兹）的信号。TEM 传输线上可以传输 TEM 波，准 TEM 传输线上可以传输准 TEM 波。当传输线上传输 TEM 波或准 TEM 波时，可以用电压和电流取代电场和磁场描述传输线上的工作状态。

2.2 分布参数是相对于集总参数而言的。传输线理论是分布参数电路理论，认为分布电阻、分布电感、分布电容和分布电导这 4 个分布参数存在于传输线的所有位置上。在低频电路中，认为电场能量集中在电容器中，磁场能量集中在电感器中，电磁能的消耗全部集中在电阻元件上，连接元件的导线是既无电感、电容，又无电阻、电导的理想导线，这就是集总参数的概念。

2.3 传输线 A 的电长度 $\frac{l}{\lambda} = 0.5$，是长线；传输线 B 的电长度 $\frac{l}{\lambda} = \frac{1}{3\,000}$，是短线。

2.4 在传输线理论中，输入阻抗与终端负载不相等。题图 2.1（a），$Z_{in} = jZ_0$，输入阻抗 Z_{in} 不为 0；题图 2.1（b），$Z_{in} = -jZ_0$，输入阻抗 Z_{in} 不为 ∞。

2.5 当终端负载等于传输线的特性阻抗时，传输线上无反射，传输线工作于行波状态。传输线上传输行波时，传输线上各点电压和电流的振幅不变；传输线上电压和电流的相位相同，而且都随 z 的增加线性滞后；传输线上各点的输入阻抗均等于特性阻抗。当传输线终端短路、开路或接纯电抗负载时，传输线上产生全反射，传输线工作于驻波状态。传输线上传输驻波时，传输线上电压和电流的振幅是位置的函数，具有波腹点和波谷点，波腹点和波谷点相距 $\lambda/4$，波谷点值为 0；传输线上各点电压和电流的相位在时间上相差 $\pi/2$，在空间上也相差 $\pi/2$，不能传播能量；传输线上各点的输入阻抗为纯电抗，每过 $\lambda/4$ 输入阻抗性质改变一次，每过 $\lambda/2$ 输入阻抗性质重复一次；电感和电容可以用一段适当长度的终端短路传输线或终端开路传输线等效。

2.6 微带线导体带的周围有 2 种媒质，导体带的上面为空气、下面为介质，这种半开放式的系统虽然使微带线易于制作各种电路，但也给微带线参数的计算带来了复杂性。微带线有效介电常数是假设微带线导体带的周围全部填充介电常数 $\varepsilon_0\varepsilon_{re}$ 的微带线，ε_{re} 称为有效相对介电常数。$1 < \varepsilon_{re} < \varepsilon_r$。当介质基片的厚度 h 和相对介电常数 ε_r 相同时，微带线的导体带宽度 W 越大，特性阻抗越小。

2.7 $\varepsilon_r \approx 2.30$，252.5nH。

2.8 552.62Ω，29.27Ω。

2.9 $|\Gamma| = \frac{\sqrt{5}}{5}$，$\rho = \frac{5+\sqrt{5}}{5-\sqrt{5}}$，$K = \frac{5-\sqrt{5}}{5+\sqrt{5}}$。

2.10 $Z_{in} = j85\Omega$，$Z_{in} = \infty$，$Z_{in} = -j85\Omega$，$Z_{in} = 0$。

2.11 （1）$Z_{in} = 100\frac{3+j2}{6+j3}\Omega$；（2）$\Gamma_{in} = \frac{-2+j}{6-j2}$。

2.14 短路线 $l \approx 24.7$cm，开路线 $l \approx 12.5$cm。

2.15 $l \approx 13.5$cm。

2.16 $50\sqrt{2}\Omega$。

2.17 ab 段为行波，$|V| = 45$V，$|I| = 0.1$A，$|Z_{in}| = 450\Omega$；bc 段为行驻波，$|V|_{max} = 45$V，$|V|_{min} = 30$V，$|I|_{max} = 0.075$A，$|I|_{min} = 0.05$A，$|Z_{in}|_{max} = 900\Omega$，$|Z_{in}|_{min} = 400\Omega$。

2.18 bc 段的输入阻抗为 125Ω，此为 ab 段的负载阻抗；$P_{in} \approx 204.1$mW，$RL \approx 7.36$dB，$IL \approx 0.88$dB。

2.19 （1）工作波长 $\lambda \approx 6.67$cm；（2）该微带线长 $l \approx 1.67$cm。

2.20 （1）$W \approx 0.38\text{mm}$；（2）$W \approx 1.2\text{mm}$；（3）特性阻抗越小，导体带的宽度越大。

第 3 章

3.1 由等反射系数圆、电刻度圆、等电阻圆和等电抗圆构成（为简洁，等反射系数圆经常省略）；0.5λ；r 越小等电阻圆越大；$|x|$ 越小等电抗圆越大。

3.2 （1）匹配点在圆图的中心；（2）短路点在圆图的最左端；（3）开路点在圆图的最右端；（4）纯电感点在上半单位反射圆上；（5）纯电容点在下半单位反射圆上；（6）$r > 1$ 的纯电阻点在右半实数轴线上；（7）$r < 1$ 的纯电阻点在左半实数轴线上。

3.3 （1）若电阻不变，增大或减小电感，z_L 在圆图上沿 $r = 0.5$ 的等电阻圆的轨迹变化；（2）若电感不变，增大或减小电阻，z_L 在圆图上沿 $x = j0.6$ 的等电抗圆的轨迹变化。

3.4 史密斯阻抗圆图由等反射系数圆、电刻度圆、等电阻圆和等电抗圆构成，史密斯导纳圆图由等反射系数圆、电刻度圆、等电导圆和等电纳圆构成。在史密斯阻抗圆图上，将阻抗点旋转 180°，可以读出归一化导纳的值。

3.5 在史密斯导纳圆图上，电导 g 越小，等电导圆越大。在史密斯导纳圆图上，等电纳圆在实数轴以上的上半平面是感性，电纳值为负；在实数轴以下的下半平面是容性，电纳值为正；$|b|$ 越小等电纳圆的半径越大。

3.6 射频电路中经常会同时计算阻抗和导纳的值，将史密斯阻抗圆图和史密斯导纳圆图同时使用，就构成了史密斯阻抗-导纳圆图。

3.7 （1）在 $|\Gamma| = 0.5$ 的等反射系数圆上；（2）$\Gamma = 0.5$。

3.8 （1）$Z_{in} = (10 - j1.2)\Omega$；（2）$\Gamma_L = 0.88e^{-j46°}$；（3）$0.39\lambda$，$0.14\lambda$，$\rho = 4.5$，$K = 0.22$；（4）$Z_L = (90 + j91)\Omega$，$Z_{in} = (26 - j15)\Omega$；（5）$\rho = 3.85$，$Z_L = (52 + j90)\Omega$，$Z_{in} = (28 - j30)\Omega$。

3.9 （1）$\lambda = 23.1\text{cm}$；（2）$(83.6 - j40.5)\Omega$。

3.10 （1）$Z_L = -j179.6\Omega$；（2）8.46cm。

3.11 74.77Ω；距离终端 4.6cm。

3.12 $Z_{in} = (29.6 + j39.0)\Omega$，$Z_{in} = (24.2 - j13.7)\Omega$，$Z_{in} = (27.7 + j16.3)\Omega$。

3.13 $y_L = 0.5 - j1$，$y_{in} = 0.24 - j0.06$。

3.14 （1）15cm，2GHz；（2）$Z_L = (40.4 + j17.7)\Omega$；（3）距离终端 0.7cm，$Y_{in} = j0.009\,4\text{S}$，1.5cm；（4）距离终端 0.7cm，$Y_{in} = j0.009\,4\text{S}$，5.25cm。

3.15 $Z_{in} = (16.2 - j3.7)\Omega$。

3.16 $Z_{in} = (6 - j24.5)\Omega$。

第 4 章

4.3 互易二端口网络的特性为 $Z_{12} = Z_{21}$、$Y_{12} = Y_{21}$、$AD - BC = 1$、$S_{12} = S_{21}$、$T_{11}T_{22} - T_{12}T_{21} = 1$；对称网络首先是互易网络，对称二端口网络的特性为 $Z_{11} = Z_{22}$、$Z_{12} = Z_{21}$、$Y_{11} = Y_{22}$、$Y_{12} = Y_{21}$，$A = D$、$AD - BC = 1$，$S_{11} = S_{22}$、$S_{12} = S_{21}$，$T_{12} = -T_{21}$、$T_{11}T_{22} - T_{12}T_{21} = 1$。

4.4 有。所定义的射频网络就是由这些参考面所包围的区域，如果网络的参考面位置改变，网络的散射参量也随之改变。

4.5 Wilkinson 功率分配器如图 4.13 所示，其散射参量为 $[S] = -\dfrac{1}{\sqrt{2}}\begin{bmatrix} 0 & j & j \\ j & 0 & 0 \\ j & 0 & 0 \end{bmatrix}$

4.6 3dB 分支线耦合器如图 4.14 所示，混合环如图 4.15 所示，Lange（兰格）耦合器如图 4.16 所示。它们的散射参量分别为

$$[S] = -\frac{1}{\sqrt{2}}\begin{bmatrix} 0 & j & 1 & 0 \\ j & 0 & 0 & 1 \\ 1 & 0 & 0 & j \\ 0 & 1 & j & 0 \end{bmatrix}; \quad [S] = \frac{1}{\sqrt{2}}\begin{bmatrix} 0 & -j & -j & 0 \\ -j & 0 & 0 & -j \\ -j & 0 & 0 & j \\ 0 & -j & j & 0 \end{bmatrix}; \quad [S] = -\frac{1}{\sqrt{2}}\begin{bmatrix} 0 & j & 1 & 0 \\ j & 0 & 0 & 1 \\ 1 & 0 & 0 & j \\ 0 & 1 & j & 0 \end{bmatrix}$$

4.7 信号流图的化简规则有 4 个，分别为串联规则、并联规则、分裂规则和反馈规则。在例 4.11 中，步骤 1 用了分裂规则，步骤 2 用了反馈规则和串联规则，步骤 3 用了并联规则，步骤 4 用了分裂规则和串联规则，步骤 5 用了反馈规则和串联规则。

4.9 $S_{11} = 0.2e^{-j90°}$；$S_{12} \approx 0.98$；$S_{21} \approx 0.98$；$S_{22} = 0.2e^{-j90°}$。

4.10 $[Y] = \dfrac{1}{Z_1Z_2 + Z_2Z_3 + Z_1Z_3}\begin{bmatrix} Z_2 + Z_3 & -Z_3 \\ -Z_3 & Z_1 + Z_3 \end{bmatrix}$，$[Z] = \dfrac{1}{Y_1Y_2 + Y_2Y_3 + Y_1Y_3}\begin{bmatrix} Y_2 + Y_3 & Y_3 \\ Y_3 & Y_1 + Y_3 \end{bmatrix}$。

4.13 $\rho = 1.5$，正向电压传输系数 $S_{21} = 0.98e^{j\pi}$，反向电压传输系数 $S_{12} = 0.98e^{j\pi}$。

4.14 $S_{12} = S_{21} = 0.8e^{j90°}$，是互易网络；$S_{11} = S_{22} = 0.1e^{j0°}$，是对称网络；$|S_{11}|^2 + |S_{21}|^2 = 0.65 \neq 1$，不是无耗网络。

4.15 功率从端口 1 输入时，端口 3 无输出，端口 2、4 的输出功率都为输入功率的一半；以端口 1 归一化输入电压为基准，端口 2、3、4 的归一化输出电压分别为 $\dfrac{1}{\sqrt{2}}$、0、$j\dfrac{1}{\sqrt{2}}$。

第 5 章

5.1 电路串联谐振时，电感 L 储存的平均磁能与电容 C 储存的平均电能相等；串联谐振电路的谐振频率有 1 个；电路串联谐振时输入阻抗为纯电阻，$Z_{\text{in}} = R$；电阻 R 增大时品质因数 Q 将减小；带宽 BW 增大时品质因数 Q 将减小。

5.2 电路并联谐振时，电感 L 储存的平均磁能与电容 C 储存的平均电能相等；并联谐振电路的谐振频率有 1 个；电路并联谐振时输入导纳为纯电导，$Y_{\text{in}} = \dfrac{1}{R}$；电阻 R 增大时品质因数 Q 将增大；带宽 BW 增大时品质因数 Q 将减小。

5.3 长度为 $\lambda/2$ 的终端短路传输线和长度为 $\lambda/4$ 的终端开路传输线，具有串联谐振电路的特性；长度为 $\lambda/4$ 的终端短路传输线和长度为 $\lambda/2$ 的终端开路传输线，具有并联谐振电路的特性。

5.4 传输线谐振器的谐振频率有无数多个。图 5.6（a）是长度为 $n\lambda/2$ 的终端短路传输线，图 5.6（d）是长度为 $\lambda/4 + n\lambda/2$ 的终端开路传输线，这 2 种类型的传输线具有串联谐振电路的特性，其中 n 可以取任何正整数；图 5.6（b）是长度为 $\lambda/4 + n\lambda/2$ 的终端短路传输线，图 5.6（c）是长度为 $n\lambda/2$ 的终端开路传输线，这 2 种类型的传输线具有并联谐振电路的特性，其中 n 可以取任何正整数。

5.5 在微波波段，介质谐振器通常由低损耗、高相对介电常数的材料制成；通常选取小圆柱体或立方体的形状；可以通过调谐螺钉进行调谐；它与微带线产生耦合的强度主要取决于谐振器与微带线的间隔 d；介质谐振器的优点主要为成本低、尺寸和重量小、很容易与平面传输线耦合、可以调谐谐振频率、品质因数大等。

5.6 $L \approx 397.9 \text{nH}$，$C \approx 6.4 \text{pF}$。

5.7 $Q = 100$，$f \approx 15.9 \text{MHz}$；$Q_e = 100$，$Q_L = 50$，$f \approx 15.9 \text{MHz}$。

5.8 $Q \approx 17.9$，$Q_e \approx 40.2$，$Q_L \approx 12.4$，$f \approx 177.9 \text{MHz}$。

5.9 $f \approx 29.1 \text{MHz}$，$Q \approx 27.4$，$BW \approx 1.1 \text{MHz}$。

5.10 $l \approx 5.4 \text{cm}$，$Q \approx 532.1$。

5.11 $Q = 2\,000$。

第 6 章

6.1 匹配网络的实质是实现阻抗变换。传输线与负载之间的匹配网络，是使传输线无反射、线上载行波的一种技术措施。信源与负载之间的共轭匹配网络，是使传输线的输入阻抗与信源的内阻互为共轭复数，此时信源的功率输出为最大。匹配网络的选择准则是带宽、简单性、可实现性和可调整性。

6.2 集总参数元件的匹配网络是由电感和电容构成。由 2 个电抗性元件组成的 L 形负载匹配网络共有 8 种组合方式。

6.3 当传输线与负载之间的匹配网络选择图 6.1（b）时，要求负载位于图 6.2 所示的 $1 + jb$（归一化单位电导圆）内，或图 6.5（a）中 z_L 点所在的区域，在上述区域外的点为圆图上的负载匹配禁区。

6.4 每个节点都可以用等效串联阻抗 $Z_S = R_S + jX_S$ 表示，在每个节点处可以给出该点的品质因数。有载品质因数 Q_L 与节点品质因数 Q_n 的关系为 $Q_L = \dfrac{Q_n}{2}$。带宽与品质因数的关系为 $BW = \dfrac{f_0}{Q_L}$。

6.5 T 形和 π 形匹配网络有 3 个电抗元件。匹配网络设计的 4 个准则是简单性、带宽、可实现性和可调整性。L 形匹配网络的优点是结构简单，但其节点数目和节点在圆图上的位置是固定的，匹配网络的带宽无法调整，设计没有灵活性。T 形和 π 形匹配网络结构复杂，但节点在圆图上的位置可以灵活确定，设计时可以调整匹配网络的带宽，增加了设计的灵活性。

6.6 随着工作频率的提高，波长不断减小，当波长与元器件尺寸或电路尺寸相当时，可以采用分布参数元件实现匹配网络。常用的分布参数元件的匹配方法有单支节匹配、双支节匹配及四分之一波长阻抗变换器等。

6.7 支节也称为短截线，支节是指一段并联的终端短路的传输线或终端开路的传输线。单支节匹配就是在主传输线上并联一个支节，用支节的电纳抵消其接入处主传输线上的电纳，达到匹配。单支节匹配的优点是结构简单，缺点是支节的位置需要调节，解决的办法是采用双支节匹配。双支节匹配是使 2 个支节的位置固定不变，只调节 2 个支节的长度，达到匹配。

6.8 混合参数元件的匹配网络是集总参数元件与分布参数元件混合使用的匹配方法。这种匹配网络可以采用几段传输线以及间隔配置的并联电容构成。这种结构的优点是，比全部采用分布参数的匹配网络更紧凑；当增加网络中传输线及电容的数目时，可以调整电路的参数。

6.9 $L \approx 0.55\text{nH}$，$C \approx 5.7\text{pF}$，如图 6.1（h）所示。有 2 种匹配网络。

6.10 $L \approx 260\text{nH}$，$C \approx 4.2\text{pF}$，如图 6.1（a）所示。有 2 种匹配网络。

6.11 $C_1 = 2.2\text{pF}$，$C \approx 1.5\text{pF}$，如图 6.1（d）所示。有 4 种匹配网络。

6.12 $L \approx 12.7\text{nH}$，$C \approx 3.5\text{pF}$，如图 6.6（g）所示。有 2 种匹配网络。

6.13 $Q_L \approx 0.95$，$BW \approx 840\text{MHz}$。

6.14 $L_1 \approx 72.5\text{nH}$，$L_2 \approx 177.3\text{nH}$，$C_3 \approx 1.3\text{pF}$，电路如图 6.11（a）所示。

6.15 $L_3 \approx 1.5\text{nH}$，$C_3 \approx 2.7\text{pF}$，$L_1 \approx 4.0\text{nH}$，电路如图 6.11（b）所示。

6.16 $Z_L = (32.4 - j73.8)\Omega$。$d_1$ 和 l_1 有两组解：$d_1 = 0.082\lambda$，$l_1 = 0.08\lambda$；$d_1 = 0.218\lambda$，$l_1 = 0.42\lambda$。

6.17 $l_1 = 0.326\lambda$，$l_2 = 0.132\lambda$。

6.18 $z'_{\min 1} = 0.27\lambda$，$Z_{01} = 34.5\Omega$。

6.19 开路支节 $l_1 = 0.076\lambda$，$d_1 = 0.275\lambda$。

6.20 $l_1 = 0.079\lambda$，$C \approx 4.0\text{pF}$，$l_2 = 0.268\lambda$。

第 7 章

7.1 滤波器是二端口网络。理想滤波器的输出在通带内与它的输入相同，在阻带内为 0。

7.2 插入损耗定义为 $IL = 10\lg \dfrac{1}{1 - \left|\Gamma_{\text{in}}(\omega)\right|^2}$。插入损耗可以选特定的函数，随所需的响应而定，响应可以是通带内最平坦，对应的滤波器为巴特沃斯滤波器；响应可以是通带内有等幅波纹起伏，对应的滤波器为切比雪夫滤波器。

7.3 低通滤波器原型是假定源阻抗为 1Ω 和截止频率为 $\omega_c = 1$ 的归一化设计。滤波器的阶数 N 由滤波器响应的数学表示式确定，在低通滤波器原型中 N 与电感和电容的总数相同。N 值越大，阻带内的衰减越快。

7.4 集总参数滤波器是由电感和电容构成的，低通滤波器原型电路如图 7.5 所示。

7.5 滤波器的变换是进行反归一化设计，利用低通滤波器原型变换到任意源阻抗和任意频率的低通滤波器、高通滤波器、带通滤波器和带阻滤波器。滤波器的变换包括阻抗变换和频率变换两个过程。

7.6 低通滤波器原型变换为低通滤波器、高通滤波器、带通滤波器和带阻滤波器的频率变换分别为 $\dfrac{\omega}{\omega_c} \to \omega$、$-\dfrac{\omega_c}{\omega} \to \omega$、$\dfrac{\omega_0}{\omega_2 - \omega_1}\left(\dfrac{\omega}{\omega_0} - \dfrac{\omega_0}{\omega}\right) \to \omega$、$\left[\dfrac{\omega_0}{\omega_2 - \omega_1}\left(\dfrac{\omega}{\omega_0} - \dfrac{\omega_0}{\omega}\right)\right]^{-1} \to \omega$。

7.7 低通滤波器原型的电感变换到高通滤波器、带通滤波器、带阻滤波器时，分别是电容元件、电感与电容的串联、电感与电容的并联。低通滤波器原型的电容变换到高通滤波器、带通滤波器、带阻滤波器时，分别是电感元件、电感与电容的并联、电感与电容的串联。

7.8 当频率高于 500MHz 时，滤波器通常由分布参数元件构成。原因一是频率高时电感和电容的元件值过小，如此小的电感和电容已经不能再使用集总参数元件；原因二是此时工作波长与滤波器元件的物理尺寸相近，滤波器元件之间的距离不可忽视，需要考虑分布参数效应。

7.9 短截线滤波器将低通滤波器原型变换为分布参数滤波器时，采用了理查德变换和科洛达规则，其中理查德变换用于将集总元件变换为传输线段，科洛达规则可以将各滤波器元件分隔。

7.10 阶梯阻抗滤波器由很高和很低特性阻抗的传输线段交替排列而成，有低通滤波特性。平行耦合微带线滤波器将多个平行耦合微带线段的单元级连，级连后的网络可以构成带通滤波器。

7.11 滤波器的阶数 N=5。巴特沃斯低通滤波器原型的元件值为 $g_0=1$、$g_1=0.618$、$g_2=1.618$、$g_3=2$、$g_4=1.618$、$g_5=0.618$、$g_6=1$。

7.12 滤波器的阶数 N=3，切比雪夫低通滤波器原型的元件值为 $g_0=1$、$g_1=3.3487$、$g_2=0.7117$、$g_3=3.3487$、$g_4=1$。

7.13 $C_1' \approx 10.6\text{pF}$，$L_2' \approx 53.1\text{nH}$，$C_3' \approx 21.2\text{pF}$。

7.14 $L_1' \approx 23.3\text{nH}$，$C_2' \approx 12.9\text{pF}$，$L_3' \approx 15.7\text{nH}$，$C_4' \approx 12.9\text{pF}$，$L_5' \approx 23.3\text{nH}$。

7.15 $L_1' \approx 79.6\text{nH}$，$C_1' \approx 0.3\text{pF}$，$L_2' \approx 0.4\text{nH}$，$C_2' \approx 63.7\text{pF}$，$L_3' \approx 79.6\text{nH}$，$C_3' \approx 0.3\text{pF}$。$C_1'$、$L_2'$、$C_3'$ 元件值很小，说明此频率时集总参数滤波器不易实现。

7.18 3 个并联短截线在 6GHz 时长度均为 $\lambda/8$，3 个并联短截线的特性阻抗分别为 100Ω、25Ω、100Ω，2 个单位元件的特性阻抗分别为 100Ω、100Ω。

7.19 特性阻抗为 50Ω 时，微带线宽度 $W \approx 0.79\text{mm}$；特性阻抗为 100Ω 时，微带线宽度 $W \approx 0.12\text{mm}$，有效相对介电常数 $\varepsilon_{re} \approx 5.77$，波长 $\lambda \approx 41.6\text{mm}$；特性阻抗为 18Ω 时，微带线宽度 $W \approx 3.85\text{mm}$，有效相对介电常数 $\varepsilon_{re} \approx 7.69$，波长 $\lambda \approx 36.0\text{mm}$。5 阶微带线阶梯阻抗低通滤波器，$l_1=l_5 \approx 2.93\text{mm}$、$W \approx 3.85\text{mm}$；$l_2=l_4 \approx 3.40\text{mm}$、$W \approx 0.12\text{mm}$；$l_3 \approx 4.37\text{mm}$、$W \approx 3.85\text{mm}$。

7.20 $Z_{0e}|_1 \approx 61.6\Omega$，$Z_{0o}|_1 \approx 42.2\Omega$；$Z_{0e}|_2 \approx 54.4\Omega$，$Z_{0o}|_2 \approx 46.3\Omega$；$Z_{0e}|_3 \approx 54.4\Omega$，$Z_{0o}|_3 \approx 46.3\Omega$；$Z_{0e}|_4 \approx 61.6\Omega$，$Z_{0o}|_4 \approx 42.2\Omega$。

第 8 章

8.1 放大器稳定意味着反射系数的模小于 1，也即反射波的振幅比入射波的振幅小。这要求 $|\Gamma_S|<1$、$|\Gamma_L|<1$、$|\Gamma_{in}|<1$、$|\Gamma_{out}|<1$。条件稳定：只对部分的 $|\Gamma_S|<1$ 和 $|\Gamma_L|<1$，有 $|\Gamma_{in}|<1$ 和 $|\Gamma_{out}|<1$；绝对稳定：对所有的 $|\Gamma_S|<1$ 和 $|\Gamma_L|<1$，均有 $|\Gamma_{in}|<1$ 和 $|\Gamma_{out}|<1$。

8.2 输出稳定判别圆是在 Γ_L 的复平面上讨论稳定区域，其给出了 Γ_L 复平面上稳定与不稳定的边界。稳定区域可能是在输出稳定判别圆的圆内，也可能是在输出稳定判别圆的圆外，视具体情况而定。当 $|S_{11}|<1$ 时，史密斯圆图中心点（$\Gamma_L=0$ 点）的 $|\Gamma_{in}|=|S_{11}|<1$，处于稳定区域，此时若输出稳定判别圆包含史密斯圆图的中心点，Γ_L 的稳定区域在输出稳定判别圆内；此时若输出稳定判别圆不包含史密斯圆图的中心点，Γ_L 的稳定区域在输出稳定判别圆外。当 $|S_{11}|>1$ 时，史密斯圆图中心点（$\Gamma_L=0$ 点）的 $|\Gamma_{in}|=|S_{11}|>1$，处于不稳定区域，此时若输出稳定判别圆包含史密斯圆图的中心点，Γ_L 的稳定区域在输出稳定判别圆外；此时若输出稳定判别圆不包含史密斯圆图的中心点，Γ_L 的稳定区域在输出稳定判别圆内。

8.3 输入稳定判别圆给出了在 Γ_S 的复平面上稳定与不稳定的边界。放大器的稳定区域可能是在圆内，也可能是在圆外，视具体情况而定。

8.4 （1）$|S_{11}|<1$ 且 $|S_{22}|<1$。（2）输出稳定判别圆包含 Γ_L 的史密斯圆图，输入稳定判别圆包含 Γ_S 的史密斯圆图；或输出稳定判别圆位于 Γ_L 的史密斯圆图外，输入稳定判别圆位于 Γ_S 的史密斯圆图外。

8.5 当放大器不是绝对稳定时，有 $\mathrm{Re}(Z_{in})<0$、$\mathrm{Re}(Z_{out})<0$。若能使总输入阻抗为正，仍可确保是绝对稳定，采取的措施就是在其不稳定的端口增加一个串联或并联的电阻，以保证总输入阻抗为正。用增加电阻的方法实现放大器稳定，会带来一些副作用，如增益减小、噪声加大、放大器输出功率减小等。

8.6 在射频放大电路中，放大器的增益通常用功率增益进行描述。转换功率增益为负载吸收功率与匹配状态下源的资用功率之比；资用功率增益为匹配状态下晶体管的资用功率与匹配状态下源的资用功率之比；为负载吸收功率与晶体管输入端口的输入功率之比。

8.7 放大器的增益受晶体管的增益 G_0、输入匹配网络有效增益 G_S 和输出匹配网络有效增益 G_L 的控制。当 $\Gamma_{in}=\Gamma_S^*$ 和 $\Gamma_{out}=\Gamma_L^*$ 时，G_S 和 G_L 的值达到最大化，放大器可以有最大增益。

8.8 当 $S_{12}=0$ 时，为单向化功率增益。单向化设计 Γ_{in} 和 Γ_{out} 彼此独立，输入匹配网络与输出匹配网络无关，可以各自独立设计。单向晶体管在 $\Gamma_S=S_{11}^*$ 和 $\Gamma_L=S_{22}^*$ 时，可以得到最大增益。在 Γ_S 复平面上找出等增益 G_S 的曲线，在 Γ_L 复平面上找出等增益 G_L 的曲线，它们都是一个圆，称为等增益圆。

8.9 若驻波比为 1，称为匹配；若驻波比不为 1，称为失配。源失配因子 M_S 定义为传送到晶体管输入端的功率 P_{in} 占信源资用功率 P_{AVS} 的比例。$\rho_{in}=\dfrac{1+\sqrt{1-M_S}}{1-\sqrt{1-M_S}}$。

8.10 放大器的噪声系数 F 定义为放大器总输出噪声 P_{No} 与 $(P_{No})_i$ 的比值，噪声系数 F 也可以由放大器输入端额定信噪比与输出端额定信噪比的比值来确定。n 个放大器级连的总噪声系数为 $F=F_1+\dfrac{F_2-1}{G_{A1}}+\dfrac{F_3-1}{G_{A1}G_{A2}}+\cdots+\dfrac{F_n-1}{G_{A1}G_{A2}\cdots G_{An-1}}$，仅第一级对总噪声有较大影响，因此放大电路的第一级必须尽可能降低噪声。

8.11 放大器的最小噪声与最大增益不能同时达到。当 $\Gamma_S=\Gamma_{opt}$ 时，放大器的噪声系数 $F=F_{min}$，噪声系数最小。等 F 曲线是圆方程，称为等噪声系数圆，所有等噪声系数圆的圆心都落在史密斯圆图原点与 Γ_{opt} 的连线上，噪声系数越大，圆心距原点越近，圆的半径越大。

8.12 （1）$f=500\mathrm{MHz}$ 时，$C_L=39.04\angle108°$、$r_L=38.62$、$C_S=3.56\angle70°$、$r_S=3.03$，不是绝对稳定；（2）$f=750\mathrm{MHz}$ 时，$C_L=62.21\angle119°$、$r_L=61.60$、$C_S=4.12\angle70°$、$r_S=3.44$，不是绝对稳定；$f=1\mathrm{GHz}$ 时，$C_L=206.23\angle131°$、$r_L=205.42$、$C_S=4.39\angle69°$、$r_S=3.54$，不是绝对稳定；$f=1.25\mathrm{GHz}$ 时，$C_L=42.42\angle143°$、$r_L=41.40$、$C_S=4.24\angle68°$、$r_S=3.22$，绝对稳定。

8.13 （1）$f=500\mathrm{MHz}$ 时，$k=0.482$、$\Delta=0.221\angle-123°$，由于 $k<1$，$|\Delta|<1$，不是绝对稳定；（2）$f=1000\mathrm{MHz}$ 时，$k=0.875$、$\Delta=0.173\angle-163°$，由于 $k<1$，$|\Delta|<1$，不是绝对稳定；$f=1500\mathrm{MHz}$ 时，$k=1.310$、$\Delta=0.174\angle160°$，由于 $k>1$，$|\Delta|<1$，绝对稳定；$f=2\,000\mathrm{MHz}$ 时，$k=1.535$、$\Delta=0.226\angle121°$，由于 $k>1$，$|\Delta|<1$，绝对稳定。

8.14 输入端口串联电阻为 $R'_{in}=16.5\Omega$ 时，可以达到稳定；输入端口并联电导为 $G'_{in}=56\mathrm{mS}$ 时，可以达到稳定；输出端口串联电阻为 $R'_{out}=40\Omega$ 时，可以达到稳定；输出端

口并联电导为 $G'_{out} = 6.2\text{mS}$ 时，可以达到稳定。由于晶体管的耦合效应，通常只需稳定一个端口就可以达到稳定，因此选用上述 4 个措施中的任何一个，都能使晶体管稳定。

8.15 （1）转换功率增益 $G_T = 9.75\text{dB}$，资用功率增益 $G_A = 9.8\text{dB}$，功率增益 $G_P = 11.3\text{dB}$；（2）$P_{in} = 0.35\text{W}$，$P_{AVS} = 0.5\text{W}$，$P_L = 4.72\text{W}$，$P_{AVN} = 4.8\text{W}$。

8.16 （1）转换功率增益 $G_{TU\max} \approx 17.17\text{dB}$。

8.17 （1）转换功率增益 $G_{TU\max} \approx 14.54\text{dB}$；（2）$Z_{in} = \dfrac{50}{3}\Omega$。

8.18 （1）转换功率增益 $G_{TU\max} \approx 12.04\text{dB}$；（2）$Z_{out} = 50\dfrac{1 - j0.5}{1 + j0.5}\Omega$。

8.19 （1）$G_{TU\max} \approx 13.65\text{dB}$；（2）$U = 0.070$；（3）单向化设计的误差最大上限为 -0.59dB、最大下限为 0.63dB。

8.20 （1）$k = 1504$、$|\Delta| = 0.30$，绝对稳定；（2）$\Gamma_{MS} = 0.762\angle177.3°$、$\Gamma_{ML} = 0.718\angle103.9°$；（3）$G_{T\max} \approx 11.38\text{dB}$。

8.21 （1）$M_S \approx -1.55\text{dB}$，$M_L \approx -0.055\text{dB}$；（2）$\rho_{in} \approx 3.44$，$\rho_{out} \approx 1.22$。

8.22 -76dBm。

8.23 按放大器 1、放大器 2 级联，$F = 2.614$、$G_A = 26\text{dB}$；按放大器 2、放大器 1 级联，$F = 2.8$、$G_A = 26\text{dB}$。

8.24 $F \approx 2.63\text{dB}$，第一级对总噪声有较大影响。

第 9 章

9.1 放大器基于静态工作点的不同可以分为 A 类放大器、B 类放大器、AB 类放大器和 C 类放大器。A 类放大器晶体管在整个信号的周期内均导通；B 类放大器晶体管仅在半个信号的周期内导通；AB 类放大器晶体管对于小信号工作于 A 类，对于大信号工作于 B 类；C 类放大器晶体管导通时间小于半个信号周期。A 类放大器的效率最低（不高于 50%），C 类放大器的效率最高（可以接近 100%）。

9.2 放大器基于信号大小的不同可以分为小信号工作模式和大信号工作模式。小信号工作模式下，器件的工作状态近似是线性的；大信号工作模式下，器件非线性工作。

9.3 偏置网络是直流电路的设计。偏置电路的作用是在特定的工作条件下为放大器提供适当的静态工作点。

9.4 射频电路是射频交流信号的通路。偏置电路与射频电路的隔离可以采取射频扼流圈（RFC）、$\lambda/4$ 阻抗变换器、大电容和 $\lambda/4$ 阻抗变换器 3 种方案。

9.5 小信号放大器有最大增益放大器、固定增益放大器、最小噪声放大器、低噪声放大器和宽带放大器等设计方法。设计步骤：选择合适的晶体管；确定晶体管直流工作点，设计偏置网络；测量晶体管 $[S]$ 参量；检验晶体管稳定性；考察射频电路采用单向化设计还是双向化设计；设计射频输入、输出匹配网络，达到设计指标要求。

9.6 最大增益放大器要保证信源与晶体管之间以及晶体管与负载之间达到共轭匹配。最大增益放大器分单向化设计和双向化设计，单向化设计 $S_{12} = 0$，应满足 $\Gamma_S = S_{11}^*$、$\Gamma_L = S_{22}^*$，$G_{TU\max} = G_{S\max}G_0G_{L\max} = \dfrac{1}{1 - |S_{11}|^2}|S_{21}|^2\dfrac{1}{1 - |S_{22}|^2}$；双向化设计 $S_{12} \neq 0$，应满足 $\Gamma_S = \Gamma_{in}^*$、

$$\Gamma_L = \Gamma_{out}^* , \quad G_{Tmax} = G_{Smax} G_0 G_{Lmax} = \frac{1}{1-\left|\Gamma_{MS}\right|^2} \left|S_{21}\right|^2 \frac{1-\left|\Gamma_{ML}\right|^2}{\left|1-S_{22}\Gamma_{ML}\right|^2} .$$

9.7　最小噪声放大器要保证 $F = F_{min}$。最小噪声放大器应满足 $\Gamma_S = \Gamma_{opt}$，同时选 $\Gamma_L = \Gamma_{out}^*$，以 Γ_S 和 Γ_L 设计输入输出匹配网络。

9.8　在一个倍频程以上的宽频带范围内，若放大器具有基本平坦的功率增益，可以称为宽频带放大器。宽频带放大器的特性随频率而变化，包括 S_{21} 随频率的升高而下降（可达 6dB/倍频程）；S_{12} 随频率的升高而升高（可达 6dB/倍频程）；稳定性因子 k 随频率变化；频率变化会影响增益的平坦性；频率变化会影响噪声系数。宽频带放大器是以牺牲功率增益换取宽频带内功率增益的平坦性，设计方法包括补偿匹配网络、平衡放大器、负反馈、分布放大器等。

9.9　平衡放大器由 2 个 3dB 正交（90°）的耦合器和 2 个放大器构成，第 1 个耦合器将输入信号分成有相等幅值但相位相差 90° 的两路信号，以驱动 2 个放大器；第 2 个耦合器将 2 个放大器的输出信号重新组合在一起。平衡放大器的输出功率与单个放大器的输出功率相同。若系统的单个放大器出故障，平衡放大器还可以工作，但增益减小 6dB。

9.10　功率放大器由于信号幅度比较大，晶体管时常工作于非线性区域，小信号 $[S]$ 参量对大信号放大器通常失效。当工作频率大于 1GHz 时，常使用 A 类功率放大器。大信号下晶体管的特性参数主要有 1dB 增益压缩点、动态范围 DR、等功率线、交调失真、三阶截止点 IP、无寄生动态范围 DR_f 等。

9.11　功率放大器当晶体管的输入功率达到饱和状态时，增益开始下降，称为增益压缩。也就是说，当输入功率较低时，输出与输入功率成线性关系；当输入功率超过一定的量值之后，输出与输入功率为非线性关系，晶体管的增益开始下降。当晶体管的功率增益从其小信号线性功率增益下降 1dB 时，对应的点称为 1dB 增益压缩点。

功率放大器工作在晶体管的非线性区域，出现非线性失真，功率放大器的非线性失真主要是交调失真。在非线性放大器的输入端加 2 个或 2 个以上频率的正弦信号时，输出端会产生附加的频率分量，其中 nf_1、nf_2（n 为整数）称为谐波失真，$n_1 f_1 \pm n_2 f_2$（m_1 和 n_2 为整数）称为交调失真。新的频率分量除三阶交调 $2f_1 - f_2$ 和 $2f_2 - f_1$ 以外都可以被滤除，但三阶交调 $2f_1 - f_2$ 和 $2f_2 - f_1$ 由于距 f_1 和 f_2 太近而落在了放大器的频带内，不易用滤波器滤除，可以导致信号失真。

9.12　多级放大电路的主要特性参数有总功率增益 G_A、总噪声系数 F、三阶截止点功率 P_{IP}、最小输出可检信号功率 $P_{out,mds}$、1dB 增益压缩点的输出功率 $P_{out,1dB}$、动态范围 DR 等。晶体管排序的基本规则为：第一级放大器的噪声系数要尽可能小；最后一级放大器的三阶截止点功率 P_{IPn} 要尽可能大；最后一级放大器有较大的 1dB 增益压缩点输出功率。

9.13　$R_1 = 198\Omega$，$R_2 = 22k\Omega$。

9.14　$R_1 = 1.5k\Omega$，$R_2 = 3.18k\Omega$，$R_3 = 7k\Omega$，$R_4 = 200\Omega$。

9.15　$\Gamma_{MS} = 0.41\angle 166°$，$\Gamma_{ML} = 0.65\angle 13.6°$。

9.16　$F = 2.85$，也即 $F = 4.55dB$。$F = 1.45$，也即 $F = 1.61dB$。

9.18　$P_{in,mds} = -75dBm$，$P_{out,mds} = -55dBm$，$DR = 85dB$。

9.19　放大器的排序为 AMP-B、AMP-C、AMP-A。总噪声系数 $F = 2.13dB$，三阶截止点功率 $P_{IP} = 28dBm$。

9.20　$P_{in,mds} = -85.5dBm$，$P_{out,mds} = -60.5dBm$，$DR = 80.5dB$，$DR_f = 67dB$。

第 10 章

10.1 振荡器是射频信号源，将直流（DC）功率转换为交流（AC）波形。巴克豪森准则是 $AH(\omega)=1$。

10.2 振荡器有源器件为负阻器件，三端口负阻器件包括双极结晶体管、场效应晶体管、金属-半导体场效应晶体管等；二端口负阻器件包括隧道二极管、雪崩渡越二极管、耿氏二极管等。调谐网络可以选集总参数的电感和电容、微带线、介质谐振器、变容二极管、钇铁石榴石（YIG）等。

10.3 振荡器与放大器的相同点主要体现在器件的选择和偏置电路的设计。振荡器与放大器的不同点主要体现在振荡器无输入信号，振荡器的起振依赖于不稳定电路。

10.4 微波双端口振荡器产生稳态振荡的条件是 $k<1$、$\Gamma_{\text{in}}\Gamma_{\text{S}}=1$、$\Gamma_{\text{out}}\Gamma_{\text{T}}=1$。微波单端口振荡器产生稳态振荡的条件是负阻器件、$Z_{\text{in}}+Z_{\text{S}}=0$。

10.5 微波振荡器起振的条件是 $R_{\text{in}}(I,\omega)+R_{\text{S}}<0$；稳定振荡的条件是扰动被阻尼掉，

$$\frac{\partial R_{\text{in}}}{\partial I}\frac{\partial}{\partial \omega}(X_{\text{S}}+X_{\text{in}})-\frac{\partial X_{\text{in}}}{\partial I}\frac{\partial R_{\text{in}}}{\partial \omega}>0 \ 。$$

10.6 首先选择在振荡频率处不稳定的晶体管；然后配以正反馈增加其不稳定性；第三选择一个合适的 Γ_{T}（使其在晶体管的输入端产生一个大的负阻），确定终端网络；第四选择调谐网络的阻抗 Z_{S}（$R_{\text{S}}=|R_{\text{in}}|/3$、$X_{\text{S}}=-X_{\text{in}}$），确定调谐网络。

10.7 介质谐振器是高 Q 谐振电路，具有极好的温度稳定度，结构紧凑，容易与平面电路集成。介质谐振器通常放在微带线旁边形成调谐网络，介质谐振器本身等效于 RLC 并联谐振电路，但在微带线上为串联负载。调谐网络的设计步骤：首先放置 $\lambda/4$ 开路微带线；其次在 $\lambda/4$ 开路线处接介质谐振器；第三，由 Γ_{S} 和 Γ_{S}'（Γ_{S}' 为实数）决定微带传输线的长度 l_{r}；第四，计算谐振时谐振器的等效阻抗；第五，计算耦合系数；最后由谐振器的等效阻抗和耦合系数确定介质谐振器和所放置的位置。

10.8 变容二极管是一种利用 PN 结电容与其反向偏置电压的依赖关系制成的二极管，结电容与外加偏压之间的关系为 $C_{\text{j}}=\dfrac{C_{\text{j0}}}{\left(1-\dfrac{V_{\text{a}}}{V_{\text{bi}}}\right)}$。由变容二极管可以构成压控振荡器（VCO）。

YIG（钇铁石榴石）是一种磁性晶体材料，在偏置磁场下可以构成高 Q 谐振电路。在振荡器中，变容二极管和 YIG 都可以调谐振荡器的振荡频率，通常变容二极管的调谐范围比 YIG 小，但变容二极管的调谐速度比 YIG 快。

10.9 若 X_1 和 X_2 同为电感、X_3 为电容能构成 Hartley 振荡器，电路振荡的必要条件是 $\dfrac{C_2}{C_1}=\dfrac{g_{\text{m}}}{G_{\text{i}}}$，振荡频率是 $\omega_0=\sqrt{\dfrac{1}{L_3}\left(\dfrac{C_1+C_2}{C_1C_2}\right)}$。

10.10 若 X_1 和 X_2 同为电容、X_3 为电感能构成 Colpitts 振荡器，电路振荡的必要条件是 $\dfrac{L_1}{L_2}=\dfrac{g_{\text{m}}}{G_{\text{i}}}$，振荡频率是 $\omega_0=\sqrt{\dfrac{1}{C_3(L_1+L_2)}}$。

10.11 石英晶体谐振器有极高的品质因数、良好的频率稳定性、良好的温度稳定性，但其谐振频率一般不能超过 250MHz。在皮尔斯（Pierce）振荡器中，晶体用于调谐网络。

10.12 射频输出信号频率的技术指标有频率稳定度、频率温漂、电源牵引、相位噪声等。

相位噪声是振荡器的关键指标，是输出信号时域抖动的频域等效。相位噪声、调频噪声和抖动是同一问题的不同表示方法。

10.14 晶体管 B 更适合用做 2GHz 的振荡器设计。

10.15 （1）等效晶体管 $[S]$ 参量为 $[S'] = \begin{bmatrix} 1.72\angle 100° & 0.712\angle 94° \\ 2.08\angle -136° & 1.16\angle -102° \end{bmatrix}$；（2）选择 $\Gamma_{\mathrm{T}} = 0.5\angle 162°$，$\Gamma_{\mathrm{in}} = 2.3\angle 117.6°$；（3）$Z_{\mathrm{in}} = (-25.6 + \mathrm{j}24)\ \Omega$；（4）$Z_{\mathrm{S}} = (8.5 - \mathrm{j}24)\ \Omega$。

10.16 （1）终端反射系数 $\Gamma_{\mathrm{T}} = 0.909\angle -180°$；（2）终端阻抗 $Z_{\mathrm{T}} = (27.9 + \mathrm{j}23)\ \Omega$。

10.19 $L_2 = 1\mathrm{nH}$，$C_3 = 562.9\mathrm{pF}$。

10.20 $C_1 = 776.3\mathrm{pF}$，$C_2 = 3.45\mathrm{nF}$。

第 11 章

11.1 混频器是三端口器件，有 2 个输入端口，有 1 个输出端口。混频器的作用是将输入信号的频率升高或降低，同时完好保留原信号的特性。

11.2 下变频器用于射频接收系统，2 个输入端分别输入射频（RF）和本振（LO）信号，1 个输出端输出中频（IF）信号，理想下变频器的输出为差频，即 $f_{\mathrm{IF}} = f_{\mathrm{RF}} - f_{\mathrm{LO}}$。

11.3 上变频器用于射频发射系统，2 个输入端分别输入中频（IF）和本振（LO）信号，1 个输出端输出射频（RF）信号，理想上变频器的输出为和频，即 $f_{\mathrm{RF}} = f_{\mathrm{IF}} + f_{\mathrm{LO}}$。

11.4 实际混频器的频率输出是 $f_{\mathrm{out}} = mf_{\mathrm{in}} \pm nf_{\mathrm{LO}}$，其中 f_{out} 为混频器输出信号的频率（f_{RF} 或 f_{IF}）；f_{in} 为混频器 1 个输入信号的频率（f_{IF} 或 f_{RF}）；f_{LO} 为混频器另 1 个输入信号的频率（本振信号的频率）。混频器按照频率变换有 3 种类型，分别为上变频器、下变频器和谐波混频器。

11.5 由于 $\cos(f_{\mathrm{IF}}t) = \cos(-f_{\mathrm{IF}}t)$，下变频器将射频频率下移到中频频率时，中频频率为 $f_{\mathrm{IF}} = |f_{\mathrm{RF}} - f_{\mathrm{LO}}|$，"镜像响应"是指产生该中频 f_{IF} 的射频 f_{RF} 有 2 个。$f_{\mathrm{RF1}} = f_{\mathrm{LO}} + f_{\mathrm{IF}}$ 称为产生 IF 信号的"直接频率"；$f_{\mathrm{RF2}} = f_{\mathrm{LO}} - f_{\mathrm{IF}}$ 称为产生 IF 信号的"镜像频率"。

11.6 混频器是频率变换器件，变频损耗给出了频率变换的能力。以下变频器为例，变频损耗为可用 RF 输入功率与可用 IF 输出功率之比，即 $L_{\mathrm{C}} = 10\lg\left(\dfrac{P_{\mathrm{RF}}}{P_{\mathrm{IF}}}\right)$ dB。变频损耗越大，噪声系数越大，$F = 1 + (L_{\mathrm{C}} - 1)\dfrac{T}{T_0}$。

11.7 混频器是非线性器件，非线性的程度越高，频率变换的效果越好。但从另一个角度来说，混频器的输入信号与转换后的产物之间希望是完全线性的，也就是说，希望混频器输出的中频信号与输入的射频信号在幅度上成正比关系，是一个线性的移频器。混频器的线性特性受 1dB 增益压缩点、三阶交调和动态范围等因素的影响。

11.8 在下变频器中，本振激励功率比射频功率大，若本振功率不够，就会降低混频器的性能，甚至使混频器无法工作。混频器 LO、RF、IF 三个端口的频率不同，端口隔离度定义为一个端口的输入信号与其他端口得到的该频率信号功率的衰减量。混频器的 3 个端口应配以适当的匹配电路，以求得最大转换效率。

11.9 二极管小信号分析是指：在静态工作点（I_0、V_0）处，输入一个小信号 AC 电压 $v(t)$ 作用于二极管上，$V = V_0 + v$，此电压在二极管上所产生的电流响应，$I(V) = I_0 + i = I_0 + vG_{\mathrm{d}} +$

$\dfrac{1}{2}v^2G'_d+\cdots$。二极管非线性产生的新的频率分量是 $m\omega_{RF}\pm n\omega_{LO}$。

11.10 单端二极管混频器的一般框图（略）。以下变频器为例说明工作原理，RF 和 LO 信号输入到同相耦合器中，2 个输入电压合为一体，利用二极管进行混频。由于二极管的非线性，从二极管输出的信号存在多个频率，经过一个低通滤波器，可以获得差频 IF 信号。

11.11 单平衡混频器由 2 个单端二极管混频器与 1 个 3dB 耦合器构成。当 3dB 耦合器是 90°混合网络时，IF 输出是 $i_{IF}(t)=-kV_{RF}V_{LO}\sin\omega_{IF}t$。单平衡混频器的优点是带宽大、RF 端口可得到完全的输入匹配、可以除去所有偶数阶互调产物。

11.12 检波器是二端口器件，输入信号是射频信号，输出信号是射频信号的包络。检波器主要应用在解调电路中，实现峰值包络检波，输出信号与输入信号的包络相同。

11.13 整流器和检波器都是二端口器件，输入信号都是射频信号，输出信号都是射频信号的包络。整流器和检波器的不同之处在于，整流器输入的是未调制的射频信号，也就是说输入的射频信号包络为直流。

11.14 整流器在二极管静态工作点（ I_0、V_0 ）处加小信号射频电压 $v=v_m\cos(\omega_0 t)$ 时，电流输出为 $I=I_0+\dfrac{v_m^2G'_d}{4}+v_mG_d\cos(\omega_0 t)+\dfrac{1}{4}v_m^2G'_d\cos(2\omega_0 t)$，其中直流项 $v_m^2G'_d/4$ 为整流输出电流，所以二极管有整流特性。直流项 $v_m^2G'_d/4$ 与射频电压振幅 v_m 成平方关系，称为"平方率"工作状态。

11.15 检波器在小信号工作状态时，二极管的输出电流有直流电流（频率为 0）、包络信号（频率为 ω_m）、包络信号的高次谐波、射频信号、射频信号的高次谐波、包络信号与射频信号的组合等，再通过滤波器可以得到包络信号（频率为 ω_m），实现检波。其中包络信号为 $\dfrac{1}{2}mv_m^2G'_d\cos(\omega_m t)$，与射频电压振幅 v_m 成平方关系，因此二极管检波器称为"平方率检波"。

11.16 灵敏度是指检波器返回有用信息的能力。检波器灵敏度定义为输出电流与输入功率之比。整流器电流灵敏度与开路电压灵敏度的关系为 $\beta_v=\beta_iR_j$，与有限负载灵敏度的关系为 $(\beta_v)_{R_L\neq\infty}=\beta_i\left(\dfrac{R_j}{1+R_j/R_L}\right)$。为避免闪烁噪声的影响，混频器构成超外差接收机，对中频信号放大后再检波。

11.17 射频中心频率为 881.5MHz；高本振频率为 968.5MHz，镜像频率为 1 055.5MHz；低本振频率为 794.5MHz，镜像频率为 707.5MHz。

11.18 （1）$R_j=250\mathrm{k}\Omega$，$\beta_i=19.05\mathrm{A/W}$，$\beta_v=4.76\times10^6\mathrm{V/W}$，$(\beta_v)_{R_L\neq\infty}=3.81\times10^5\mathrm{V/W}$；（2）$R_j=623\Omega$，$\beta_i=19.05\mathrm{A/W}$，$\beta_v=11\,877\mathrm{V/W}$，$(\beta_v)_{R_L\neq\infty}=11\,870\mathrm{V/W}$。

第 12 章

12.1 在滤波器设计向导中，通过输入滤波器的类型（巴特沃思或切比雪夫等），以及输入设计指标（低通滤波器、高通滤波器、带通滤波器、带阻滤波器、通带频率范围、阻带衰减等），可以自动给出滤波器的电路图，并给出电路中元器件的参数。滤波器需要给出[S]参数仿真。

12.2 在低噪声放大器的设计中，晶体管静态工作点扫描可以采用设计模板。低噪声放大器需要给出[S]参数仿真。

12.3 在振荡器的设计中，分布参数匹配网络的设计可以采用微带线计算工具。振荡器需要做瞬态仿真。

12.4 在混频器的设计中，信号源需要采用"频域源"设计面板。混频器需要给出谐波平衡仿真。

参 考 文 献

[1] 吴万春. 电磁场理论. 北京：电子工业出版社，1985.

[2] 毕德显. 电磁场理论. 北京：电子工业出版社，1985.

[3] 谢处方，饶克谨. 电磁场与电磁波. 2 版. 北京：高等教育出版社，1985.

[4] 廖承恩. 微波技术基础. 西安：西安电子科技大学出版社，1995.

[5] 康华光，陈大钦，张林. 电子技术基础-模拟部分. 5 版. 北京：高等教育出版社，2006.

[6] 张肃文. 高频电子线路. 5 版. 北京：高等教育出版社，2009.

[7] Misra D K. 射频与微波通信电路——分析与设计. 张肇仪，徐承和，祝西里，译. 北京：电子工业出版社，2005.

[8] Reinhold Ludwig, Pavel Bretchko. 射频电路设计——理论与应用. 王子宇，张肇仪，徐承和，译. 北京：电子工业出版社，2002.

[9] Pozar D M. 微波工程. 张肇仪，周乐柱，吴德明，译. 北京：电子工业出版社，2007.

[10] Bahi I, Bhartia P. 微波固态电路设计. 郑新，赵玉洁，刘永宁，等译. 北京：电子工业出版社，2006.

[11] Grebenmikov A. 射频与微波功率放大器设计. 张玉兴，赵宏飞，译. 北京：电子工业出版社，2006.

[12] Weber R J. 微波电路引论——射频与应用设计. 朱建清，田立松，柴舜连，等译. 北京：电子工业出版社，2005.

[13] Radmanesh M M. 射频与微波电子学. 顾继慧，李鸣，译. 北京：科学出版社，2006.

[14] 池保勇，余志平，石秉学. CMOS 射频集成电路分析与设计. 北京：清华大学出版社，2006.

[15] 雷振亚. 射频/微波电路导论. 西安：西安电子科技大学出版社，2005.

[16] 胡树豪. 实用射频技术. 北京：电子工业出版社，2004.

[17] 宋铮，张建华，黄冶. 天线与电波传播. 2 版. 西安：西安电子科技大学出版社，2011.

[18] 吴万春　梁昌洪. 微波网络及其应用. 北京：国防工业出版社，1984.

[19] 陈振国. 微波技术基础与应用. 北京：北京邮电大学出版社，2002.

[20] 黄智伟. 射频电路设计. 北京：电子工业出版社，2006.

[21] 傅祖芸. 信息论:基础理论与应用. 3 版. 北京：电子工业出版社，2011.

[22] 樊昌信，曹丽娜. 通信原理. 6 版. 北京：国防工业出版社，2011.

[23] 黄玉兰，梁猛. 电信传输理论. 北京：北京邮电大学出版社，2004.

[24] 黄玉兰. 电磁场与微波技术. 北京：人民邮电出版社，2007.

[25] 黄玉兰. 射频电路理论与设计. 北京：人民邮电出版社，2008.

[26] 黄玉兰. ADS 射频电路设计基础与典型应用. 北京：人民邮电出版社，2010.

[27] 黄玉兰. 物联网-射频识别（RFID）核心技术详解. 北京：人民邮电出版社，2010.

[28] 黄玉兰. 物联网-ADS 射频电路仿真与实例详解. 北京：人民邮电出版社，2011.

[29] 黄玉兰. 物联网核心技术. 北京：机械工业出版社， 2011.

[30] 黄玉兰. 物联网概论. 北京：人民邮电出版社， 2011.

[31] 黄玉兰. 物联网-射频识别（RFID）核心技术详解. 2 版. 北京：人民邮电出版社，2012.

[32] 黄玉兰. 电磁场与微波技术. 2 版. 北京：人民邮电出版社，2012.

[33] 黄玉兰. 物联网射频识别（RFID）技术与应用. 北京：人民邮电出版社，2013.